航空发动机盘鼓组合结构动力学分析与试验技术

王海军　秦朝烨　韩清凯　薛　璞　著

西北工业大学出版社

西　安

【内容简介】 由叶片、轮盘和鼓筒等组成的盘鼓组合结构(Disc-drum Assembly),在高压、高温、变负载、变转速状态下工作,属重大旋转机械装备的关键结构件。盘片组合结构动力学和振动特性,对航空发动机疲劳寿命和性能具有决定性的影响,是制约发动机可靠性、耐久性乃至寿命进一步提高的关键问题。

本书可用作高校转子动力学专业研究生的教材,也可供进行发动机结构设计与试验的技术人员阅读、参考。

图书在版编目(CIP)数据

航空发动机盘鼓组合结构动力学分析与试验技术 / 王海军等著. —西安 : 西北工业大学出版社, 2024.5

ISBN 978-7-5612-9281-5

Ⅰ. ①航… Ⅱ. ①王… Ⅲ. ①航空发动机-结构动力学-研究 Ⅳ. ①V23

中国国家版本馆 CIP 数据核字(2024)第 088296 号

HANGKONG FADONGJI PANGU ZUHE JIEGOU DONGLIXUE FENXI YU SHIYAN JISHU

航空发动机盘鼓组合结构动力学分析与试验技术

王海军 秦朝烨 韩清凯 薛璞 著

责任编辑: 曹 江　　**策划编辑:** 黄 佩
责任校对: 张 潼　　**装帧设计:** 高永斌 郭 伟
出版发行: 西北工业大学出版社
通信地址: 西安市友谊西路 127 号　　邮编:710072
电　　话: (029)88491757, 88493844
网　　址: www.nwpup.com
印 刷 者: 西安五星印刷有限公司
开　　本: 787 mm×1 092 mm　　1/16
印　　张: 16.5
字　　数: 412 千字
版　　次: 2024 年 5 月第 1 版　　2024 年 5 月第 1 次印刷
书　　号: ISBN 978-7-5612-9281-5
定　　价: 92.00 元

如有印装问题请与出版社联系调换

前　言

由叶片、轮盘和鼓筒等组成的盘鼓组合结构(Disc-drum Assembly),在高压、高温、变负载、变转速状态下工作,属重大旋转机械装备的关键结构件。盘片组合结构动力学和振动特性,对航空发动机疲劳寿命和性能具有决定性的影响,是制约发动机可靠性、耐久性乃至寿命进一步提高的关键问题。

航空发动机、燃汽轮机、高端压缩机等叶轮机械,是国民经济和国防安全领域的重大技术装备。随着叶轮机械工作性能的不断提高,轮盘型面不断减薄,致使轮盘与叶片刚度接近,叶片、轮盘、鼓筒组成的盘鼓组合结构振动问题变得尤为突出,振动疲劳故障风险明显增加。例如,航空发动机的压气机盘鼓组合结构是多级结构组合,连接边界条件复杂,同时还受到气动激励、转静子碰摩等机械激励的共同作用,使转子系统动力学特性和振动行为变得复杂,容易激发转子和盘鼓组合结构的高阶共振,并导致叶片、轮盘、鼓筒结构产生高周疲劳损伤故障。盘鼓组合结构动强度和振动问题直接影响结构的完整性和可靠性,也影响转子系统和整机的振动品质。近十几年来,盘鼓组合结构振动导致的故障和事故时有发生,造成了严重损失。

目前,工程界进行叶片-轮盘等结合结构力学与振动分析,一方面是将叶片、轮盘、鼓筒进行零件级的分离,分别进行建模分析。如,当进行叶片振动分析时不考虑轮盘弹性的影响。事实上轮盘和叶片具有明显的耦合模态,只有进行合理的建模才能分析得到。盘鼓组合结构振动分析的挑战主要有:①叶片、轮盘、鼓筒的结构组装方式复杂,不同尺度的局部结构影响显著,存在变形不协调和不均匀的现象;②零件之间的连接方式包括止口过盈连接、螺栓连接等,其弹性边界条件处理困难,涉及接触和摩擦等非线性特性,具有载荷依赖性和变形依赖性,存在时变和突变等复杂现象;③盘鼓组合结构受到复杂的气动激励和机械激励,容易导致结构发生密频共振和耦合共振,振动相对较大,振动特性和行为复杂;④受推重比限制和结构轻量化要求,很难采用增加厚度或其他结构优化的方法提高强度储备或者降低振动应力,需要进行结构敏感性分析和采取具有针对性的结构动力学优化方法。

国外对盘鼓组合结构的动力学与振动问题开展了长期研究,取得了大量理论成果并掌握了大量工程实用技术，提升了盘鼓组合结构振动高精度分析能力，提高了典型组合结构对象的振动疲劳性能。我国目前针对盘鼓组合结构的振动分析理论和方法的研究不够深入，没有建立起相对完整的分析体系和工程实用方法，迫切需要建立盘鼓组合结构高精度建模、动态特性分析和振动行为分析的体系化基础理论、计算分析方法和提升相应的测试试验技术。

本书针对航空发动机、燃汽轮机、高端压缩机等重大旋转机械装备的典型盘鼓组合结构动力学与振动高精度分析需求，首次提出由叶片、轮盘、鼓筒等组成的盘鼓组合结构的零件级、组件级和系统级的多层次理论分析方法、有限元建模方法、试验方法，突破盘鼓组合结构的建模、复杂边界处理、响应预估等难题，进行分体结构和组合结构的固有特性和非线性特性测试，获得盘鼓组合结构的动力学特性和典型振动行为，为重大旋转机械装备结构设计提供相应的理论、方法和软件。

本书撰写分工如下：王海军完成了第1章盘鼓组合结构动力学与试验技术中的试验技术部分以及第5～8章内容的撰写；秦朝烨完成了第1章盘鼓组合结构动力学与试验技术中的盘鼓组合结构动力学分析部分以及第2～4章内容的撰写；韩清凯对全书技术路线进行了整体确认与审核；薛璞对全书所有试验技术与试验结果进行了指导与审核。

本书部分工作得到了国家自然科学基金项目（编号：92360305）的支持。

在撰写本书的过程中，笔者参考了相关文献资料，在此对其作者一并表示感谢，他们的研究成果为本书提供了参考和借鉴。

由于水平有限，本书难免存在不足之处，敬请广大读者批评指正。

著　者

2022年3月10日

目　录

第1章　绪　　论

1.1　引　　言

航空发动机、燃汽轮机、高端压缩机等重大叶轮机械装备，是国民经济和国防安全领域的重大技术装备。这些叶轮机械的核心部件转子结构，大量采用盘鼓组合结构。盘鼓组合结构一般是由叶片盘、封严盘、鼓筒等零件通过螺栓连接或焊接方式连接在一起的，是典型的薄壁板壳结构组件。盘鼓组合结构起到连接轴段、传递扭矩的作用，具有质量轻、刚度大、温度高、负荷大、转速变化范围大的特点，其动力学特性十分重要。在这些重大旋转机械装备研制、制造、装配和使用过程中，大量的叶片、轮盘、叶片-盘组合结构、盘鼓组合结构等重要转子部件，都需要进行详细准确的动力学分析，开展动力学特性的测试与试验，所涉及的理论与技术难度很大。

以航空发动机所采用的盘鼓组合结构转子系统为例。如图1.1所示，航空发动机转子系统具有复杂的结构形式，比如：双转子结构（包括压气机、涡轮、转轴等）旋转部件。

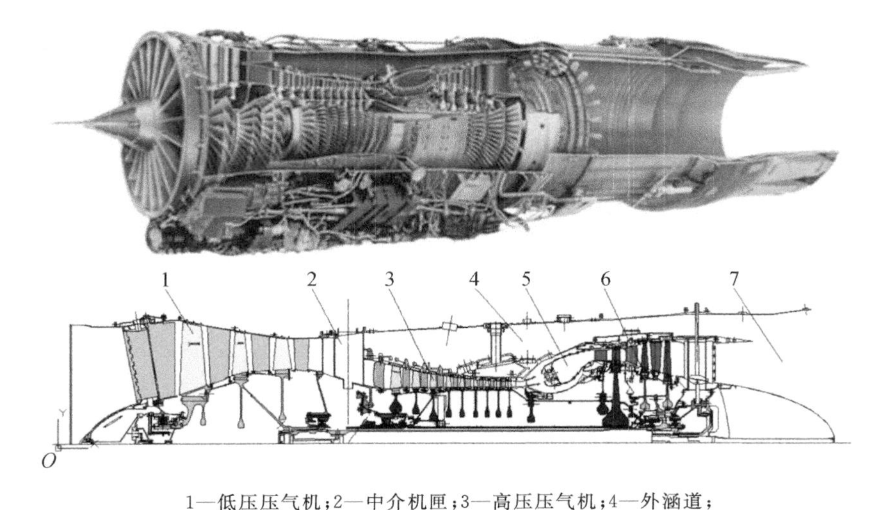

1—低压压气机；2—中介机匣；3—高压压气机；4—外涵道；
5—燃烧室；6—涡轮；7—加力燃烧室

图1.1　F110航空发动机总体结构

在航空发动机中，高压压气机部件一般包含叶片、轮盘、鼓筒、封严盘、高压鼓筒轴、高压涡轮等，如图 1.2 所示。高压转子系统的盘鼓组合结构串装于低压转子与燃烧室之间，空间十分紧凑。其转速大、增压比大、涡轮前温度高，承受更大的离心载荷、变化明显的温度梯度载荷与气动激励，部件之间、部件与系统之间动力学耦合明显。

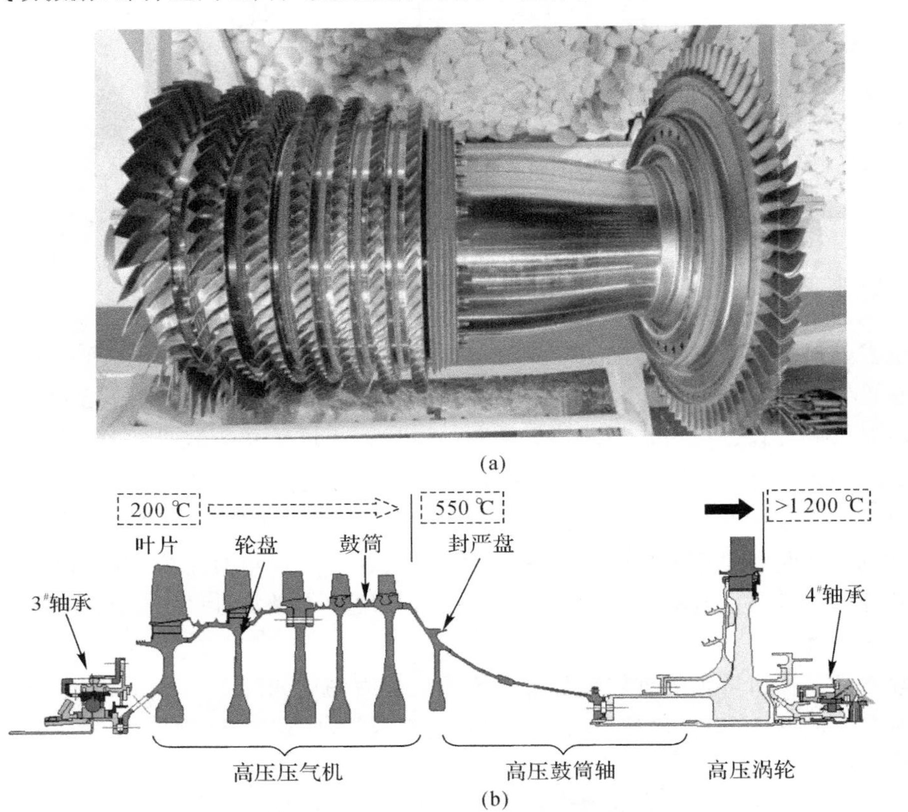

图 1.2　航空发动机高压转子系统盘鼓组合结构示意

(a) 高压转子系统盘鼓组合结构实物；(b) EJ200 高压转子剖面图

某型航空发动机的低压转子系统如图 1.3 所示。该低压转子为三支点支承方案，风扇/压气机盘鼓组合结构段通过可以传递扭矩和轴向力的柔性联轴器、细长低压轴连接到二级低压涡轮盘组件。

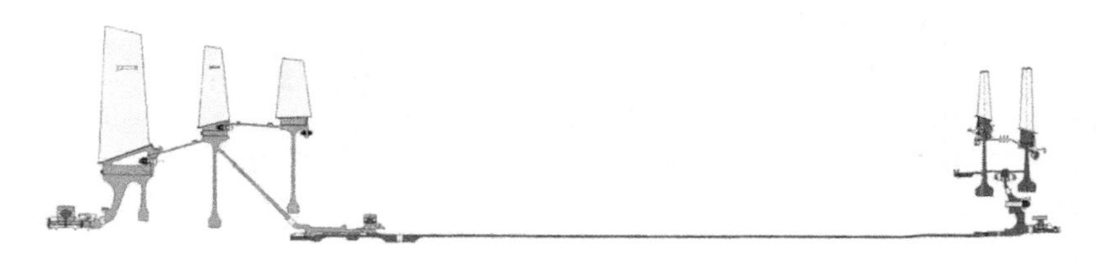

(a)

图 1.3　航空发动机低压转子系统与盘鼓组合结构示意

(a)低压转子系统示意图；

(b)

(c)

续图1.3 航空发动机低压转子系统与盘鼓组合结构示意图

(b)低压压气机段;(c) 低压涡轮段

总体来看,盘鼓组合结构在复杂气动激励和机械激励等条件下,容易产生振动,其振动特性和行为比较复杂;并且,盘鼓组合结构的振动还会导致碰摩,使转子系统产生振动并影响发动机整机振动性能。另外,盘鼓组合结构在承受较大的气动载荷、离心载荷以及较高温度条件下,会出现较高的动态应力,容易导致叶片、轮盘和鼓筒的高周疲劳失效。

在以往的研究中,当对螺栓连接的盘鼓转子结构动力学分析进行建模时,常常将螺栓连接结构与整体结构等效为一体进行处理,这种处理方法忽略了螺栓连接结构对于整体结构刚度的削弱作用,导致对盘鼓组合结构动力学特性和振动分析得不够精确。因此,在航空发动机盘鼓转子螺栓连接结构动力学分析以及转子系统的动力学分析中,亟待解决螺栓连接接触刚度精确建模,复杂多螺栓组连接刚度工程简化的技术难题。

航空发动机等装备所采用的盘鼓组合结构,以及叶片-轮盘(BD)、鼓筒、封严盘或者整体叶盘等多个结构件,均需要在结构设计的基础上,进行详细的动力学特性分析,揭示影响振动特性和动强度的主要因素,进行结构动态优化设计,并开展低循环疲劳试验、超转试验、耦合振动试验等测试与考核验证,这些工作是旋转机械结构强度与可靠性的主要技术内容。

1.2 盘鼓组合结构的动力学建模与分析研究

盘鼓组合结构的建模一般采用有限元法,并且采用相对简单的自由和两端固支约束的边界条件进行分析。盘鼓组合结构缺少合适的理论分析模型与高精度的工程建模方法。盘鼓组合结构具有复杂边界条件,具有密集模态和非线性模态的动力学特点。当受到多因素激励作用时,其振动行为也比较复杂。

绝大部分早期的研究工作是将叶片和轮盘分别加以研究的。对于叶片振动方面的研究历来为国内外学者高度重视,已经发表过大量的文献及报告。早期有关叶片振动研究方面的综述可参阅相关文献。

在叶片振动方面,按所用理论基础大体可分为两类:一类是基于梁理论的分析,即把叶片看作细长的梁来研究它的振动特性,早期的分析工作大多属于这一类型。但这种分析对于展弦比较小、叶片很薄以及当计算高阶固有频率及振型时误差较大。另一类是基于薄壳（板）理论的分析，其结果比用梁理论更为精确，然而计算较为复杂。按分析的方法也可分为两种：一是经典的计算方法，如 Stodola 法，Myklestad 法，Rayleigh 法以及 Montoya 法等。其中以数值积分为基础的 Montoya 法对有扭向的旋转叶片的弯扭联合振动计算，在 20 世纪 60 年代后期曾被国内外广泛采用。二是有限元法。自 20 世纪中期以来，由于电子计算机及有限元技术的发展，有限元法已大量应用于实际工程技术领域。在航空发动机叶片静力和动力有限元分析方面，大多采用以薄板或薄壳理论为基础所建立的单元，如三角形单元、四边形壳单元以及厚壳超参数单元等。

在轮盘振动分析方面，其基础理论为薄板理论。这一理论在圆板分析中的应用，Liessa 作了很好的归纳总结。Mindlin 在计算厚板时，考虑了转动惯性和剪切变形的影响，这一修正对厚板计算十分有效，为后来很多学者所采用，称之为 Mindlin 厚板理论。Mindlin 和 Derisicwicz 在计算厚圆板时，应用了厚板理论，使厚圆板的振动分析更为精确，同时也适用于薄圆板的情况，因而目前不少方法是建立在 Mindlin 厚板理论的基础上发展起来的。

事实上，叶片的振动特性很大程度上受到轮盘刚度的影响，尤其是在轮盘刚度较小的情况下影响更大。因此，对叶片和轮盘组合结构的振动研究，在压气机及涡轮机设计和使用过程中具有十分重要的意义。最早研究带叶片轮盘振动问题的是 Stodola，他推导了轮盘振动的微分方程，并考虑了叶片的影响。叶片以分布弯矩及剪力作用于轮盘的外缘。推导这种弯矩和剪力的条件是假设叶片数目很多，并把叶片看作一个刚体。对于变截面轮盘，在上述假设条件下，可以用 Rayleigh 法，根据不同的振型，选择合适的变形曲线，逐次逼近来求解。初始变形曲线可以选取均匀轴对称及非对称静载荷作用下，均匀或双曲线型轮盘的变形曲线。

由于 Stodola 假设叶片是刚性的，其结果往往会带来较大的误差。有人曾考虑计入叶片的柔度，但这种研究尚不能应用于带叶片轮盘的一般情况。其主要困难在于应用 Rayleigh 或 Rayleigh-Ritz 法需要选取具有足够精确度的初始变形曲线，事实上这种曲线往往只适合于某一振型，而对其他振型误差很大。

Armstrong 提出了分析带叶片轮盘振动特性的比较可靠的方法——导纳耦合法。Armstrong 推导了均匀自由圆板的导纳公式，并假定带叶片轮盘与无叶片轮盘在周向的振型是相似的。然而这种方法仅适合于带大量叶片、外形简单的结构，并且只有当计算低节径振型的振动时，才比较满意。Armstrong 将这种方法应用于带 80 个等厚度叶片的均匀自由轮盘，结果较好。Armstrong，Christie 和 Hague 将这种方法运用于实际的变厚度带叶片轮盘，结果不甚满意，即使轮盘导纳取了较多项的数值，误差仍达 10% 以上。Bishop 和 Mclead 推导了均匀圆板在各种边界条件下的导纳公式，扩大了导纳耦合法的应用领域。Ewins 导出了更为简单的轮盘导纳公式。这些公式可以方便地应用于均匀轮盘及带叶片轮盘的振动分析中，但计算规模增大很多。Ewins 还在上述基础上研究了叶片误差对带叶片轮盘振动特性的影响。

Cottney 进一步研究了叶冠对带叶片轮盘振动特性的影响。Cotney 和 Ewins 用导纳耦合法计算了实际的带叶冠和叶片的轮盘的固有频率。由于难以导出表示形状复杂的叶片和轮盘的导纳函数，所以他们用了简化的计算模型，当然这种简化会带来一定的误差。可见，尽管导纳耦合法能够解决带叶片轮盘的振动问题，也能计入叶冠的影响，然而对形状复杂的实际叶片和轮盘，难以达到十分满意的计算精度，也难以考虑旋转预应力以及温度梯度对带叶片轮盘动力特性的影响。除导纳耦合法外，Irretier 对简单的轮盘和叶片模型，将运动微分方程进行数值积分，对弯扭振动的叶片与在盘面内(纵向)和盘面外(横向)振动的轮盘的耦合振动进行了分析。分析中考虑了剪切变形、转动惯性、离心力以及安装角的影响。但这种方法计算比较复杂，而且仅适合于形状简单的结构。

考虑叶片的扭转角度，Leissa 和 Jacob 首先利用欧拉梁、铁摩辛柯梁模型及板模型研究了带扭转角度的复杂变角度叶片的三维振动问题。针对带扭转角梁模型板模型的动力学问题进展可参见 Rosen 及 Kielb 的综述。近二十年来，对于扭转梁模型的研究工作明显多于扭转板模型的研究。Lin 等研究了变截面、带预扭转角铁摩辛柯梁的动力学问题。最近，Tang 和 Yu 提出了带扭转角曲梁模型的广义变分原理，从而为非线性分析打下了基础。Sinha 推导了带预扭转角铁摩辛柯梁的轴向-弯曲-扭转耦合动力学方程，并用数值方法求解。Liu 则研究了这类梁的轴向-扭转耦合振动问题。Lee 等考虑旋转条件，分析了带预扭转角梁的稳定性问题。Sinha 和 Turner 在计算带有预扭转角叶片的固有频率时，则考虑了离心力场的影响。

考虑到轮盘柔性以及叶冠、凸肩等的耦合作用，孤立地分析单个叶片的振动已远远不够，而应分析盘片组合结构的整体振动和局部振动。从理论上讲，由于圆周循环对称，盘片结构系统是一种谐周期结构系统，但实际上，受制造公差、材质不均和使用中磨损不均等因素的影响，叶-盘各扇区间会有小量的差别，称为失谐量，使叶-盘系统成为失谐周期结构系统。叶-盘系统对失谐非常敏感，失谐后振型及激励不能均匀地传递，能量集中在较少的叶片上，使其振幅大大增加，并有较大的疲劳应力，引起叶片高周疲劳失效。疲劳失效严重地影响着发动机的质量和设计定型的周期。2006 年 Castanier 等对基于有限元的减缩模型建模方法在失谐识别、灵敏度分析与受迫响应预测方面的应用作了详细论述。2007 年，Lim 等又提出了一种新的子结构分解方法(Component Mode Mistuning，CMM)，将失谐叶盘分解为谐调叶盘与整圈的失谐叶片两部分，这种方法可考虑大失谐和非比例失谐问题。基于循环对称矩阵的研究结论，Pierre 和 Wei 等使用摄动法对模态局部化和频率转向问题进行了研究，对谐调情况的模态特点从理论上作了系统分析，发现模态局部化与频率轨迹转向是同一物理现象的两种不同表现形式，模型耦合程度的不同可能导致幅值放大因子不同。理论分析与试验结果均表明，一般失谐周期系统的动态特性与相应的协调周期系统的动态特性在一定条件下会有很大不同，这主要反映在两个方面：一是模态局部化，二是振动传递局部化。模态局部化可能导致系统的模态振型不是广延至整个结构，而是集中在较少的子结构上。振动传递的局部化则是指作用在系统上的激励被限制在局部区域，而不易传递到其他部位。但是，失谐盘片结构可以有效地抑制叶片颤振，是工程中得到应用的有效措施。然而，失谐盘片结构带来的振动局部化问题又可能使盘片结构的强迫响应显著变化，容易使叶片出现强迫振动失效。由于“错频”叶片建模非常困难，同时整体模型规模过大，所以叶盘整体结构的有限元分析往往较难实现。在这方面，目前多采用简化的多自由度集中参数模型进行失谐盘片结构动力学与振动分析。

在盘鼓组合结构中，鼓筒件可以视为具有约束边界的薄壁圆柱壳结构。在一般力学中，壳理论都是基于线性弹性理论发展的。根据不同工程实际应用的需要进行了不同的近似处理，形成了多个薄壳力学理论。1882 年，Rayleigh 提出壳体弯曲变形和拉伸变形可以分离，研究了无限长圆柱壳的弯曲和拉伸的自由振动频率。1888 年，Love 发展了 Kirchhoff 的薄板假设，建立了 Kirchhoff-Love 薄壁壳力学理论，并且可以认为 Rayleigh 的简化结果是 Love 壳体理论的特例。此外，Donnell，Flügge，Sanders 等先后建立了各自的近似薄壁壳理论。这些理论模型在薄壁圆柱壳结构动力学分析中都得到了应用。

对圆柱壳的研究大多是在经典齐次边界下的力学分析。如，Lam 和 Loy 基于 Love 壳理论，采用了伽辽金方法求解，以梁函数作为壳体轴向模态函数，考虑了 9 种不同的边界条件，包括两端固支、两端自由、两端简支、两端滑动以及固支-自由、固支-简支、固支-滑动、自由- 简支和自由-滑动。Suzuki 研究了在固支边界和简支边界条件下，旋转圆柱壳的频率特性和模态振型。Li 和 Lam 使用广义微分法研究了不同边界条件对薄壁圆柱壳频率特性的影响。Li 使用波传播法对固支-固支边界条件下圆柱壳的自由振动进行了研究。

对于薄壁圆柱壳具有一般边界的情况，可以采用人工弹簧模拟边界条件，常见的经典边界可以视为将人工弹簧刚度设置为极大或极小的特例。Liu 对具有任意边界条件下旋转加筋圆柱壳的振动特性进行了分析，采用了人工弹簧模拟边界，基于 Sanders 壳理论，采用正交多项式作为轴向模态函数并利用瑞利里兹方法推导了壳体自由振动的特征方程，分析了边界弹簧刚度、转速、加强筋参数等对固有频率的影响。Qin 建立了具有任意边界圆柱壳的自由振动微分方程，并对三种不同形式的位移容许函数进行了比较研究。以上对圆柱壳的边界设定均为理想的均匀支撑边界，而在实际工程应用中圆柱壳结构的边界往往是通过局部焊接、铆接、拉杆连接、螺栓连接等不同形式进行支撑的，其提供的边界约束通常是非均匀的，基于人工弹簧模拟还可以研究非均匀弹性边界，包括点或者线支撑的圆柱壳的动力学问题。

另外，在工程设计中，对于复杂激励下的叶片-盘鼓组合结构的动力学特性和振动分析，目前通常采用数值计算方法。因此，可以在数值计算初步估计的基础上，通过降维模型(reduced order model)可以很快得到初步设计方案，再通过详细的数值计算来验证。此外，在盘鼓组合结构动力学与振动研究领域，目前最新的进展是连接结构、叶片及轮盘裂纹等导致的非线性动力学问题，已在理论上发现了一些新的非线性动力学现象。

1.3 盘鼓组合结构动力学特性与振动的测试试验研究

盘片组合结构构型复杂、环境恶劣，在进行理论分析的基础上，测试试验是研究盘鼓组合结构动力学特性和振动的有效途径，进行盘鼓组合结构的动力学特性和振动的测试试验研究同等重要。

当进行盘片组合结构动力学和振动测试时，由于其薄壁结构的特殊性，对激振方式与拾取采集方式十分敏感。不同的激励方式与采集方式所得试验结果会产生较大的偏差。因此基于盘片组合结构的结构特征、动力学特征和振动响应特点，对比、分析并得到合理的薄壁圆柱壳振动特性的测试方法十分重要。盘片组合结构的固有特性测试，一般在自由边界条件下进行比较方便。但与复杂边界下的薄壁圆柱壳的固有特性存在较大差异，需要进行不同边界条件下的盘片组合结构固有特性测试结果对比。另外，对于不同边界条件下的盘片组合结构，在谐波扫频、随机扫频激励下进行固有特性的精准测试，以及对非线性固有特性进行测试，目前仍然是十分困难的。测试得到的动力学特性和振动响应结果，均可以提高对盘片组合结构动力学特性的规律性认识，也可用于对理论解析分析和有限元计算结果的对比与确认。

盘片组合结构动力学特性的测试主要依据实验模态分析技术。采用力锤、激振器、压电陶瓷等激励设备对盘片组合结构加以激励，通过加速度传感器获得振动响应，进而获得频响函数，通过对频响函数进行辨识来获得盘片组合结构的固有特性和阻尼特性。

例如，英国学者 Rongong 和 Tomlinson 利用铅锆钛(PZT)压电陶瓷激振对自有态下的薄壁圆柱壳进行试验研究，通过陶瓷材料在电场的作用下产生压缩变形，并将振动能量通过与圆环的刚性连接传递到被测结构上；同时，利用另一块 PZT 陶瓷作为响应传感器进行振动响应测量，通过对测试数据进行曲线拟合并绘制 Nyquist 图来获得固有频率和黏性阻尼参数，研究发现，使用 chirp 激励信号(随机激励信号的一种)可以更高效、更准确地识别圆柱壳的固有频率和阻尼。Masti 和 Sainsbury 利用电磁激振器对自由状态下的长圆柱壳开展步进正弦频响函数测试，重点研究涂覆约束层阻尼的位置、大小对圆柱壳阻尼减振效果的影响。所用的力传感器和加速度传感器都被布置于圆柱壳外表面，且激励点和响应点在径向正好相反，通过对获得的加速度导纳曲线进行辨识，获得了 0～1 500 Hz 内的固有频率和损耗因子。张新玉等也采用锤击法，对某自由状态下薄壁圆管型结构进行了模态振型测试，发现单点激励多点响应(SIMO)和多点激励单点响应(MISO)试验方法出现漏频现象，不能得到明显的振型，而采用多点激励多点响应(MIMO)可以比较全面、准确地获得圆柱壳的模态振型。Farshidianfar 等在简支边界条件下采用声学激励的方法对长圆柱壳进行了模态测试，发现相对于传统的接触式激励方法(激振器和力锤激励)，声学激励方法具很多明显的优势。由于激励能量均匀且充足，声学激励方法可以完整地激发 0～1 000 Hz 内的轴向和周向模态，且可以轻易激发起轴对称模态，例如周向波数 $n=0$ 的模态。而传统激振方式由于存在激励能量不可控、附加刚度和质量的影响等问题，造成难以激发结构特定频段内模态的问题。Zang 和 Ewins 利用商业化软件 LMS Test. lab 在自由状态下对航空发动机机匣进行了实验模态测试，采用 PolyMAX(多参考最小二乘复频域法)辨识获得了前 15 阶固有频率和模态振型，通过模态置信准则进一步验证了实验数据的正确性，可以为他们提出的“超模型”和有限元模型提供重要的参考数据，更好地实现模型验证、结构修改、动态设计的目标。

另外，还可以采用激光测振技术和激光全息干涉技术来获得盘鼓组合结构的动力学参数和振动。例如，Grigorenko 等采用激光全息干涉技术获得了一端约束状态下不同壁厚的薄壁圆柱壳的模态频率和振型。Sciammarella 和 Chang 采用激光全息干涉技术获得了两端约束的圆柱壳的振动位移信号。帝国理工学院的 Schwingshackl 等提出了一种针对薄壁圆柱壳结构进行 360°圆周扫描来高效获得工作变形分析(ODS)振型的方法。主要是利用激光多普勒测振仪，通过 45°反射镜将激光反射到圆柱壳的内表面进行振动测试。对于 ODS 振型，可以通过对同一激励频率下测试获得的不同圆周截面的扫描数据进行组合而获得；对于一定频段内的频响函数，可以在重复完成同一圆周截面扫描测试的基础上，通过逐步调整，关注频段内的激励频率，进而组合不同圆周截面的频响函数数据来实现。该方法极大地提高了测试效率和空间测试分辨率，但由于没有对激振力进行闭环控制，所以并没有给出准确获得 ODS 振型对应的激励幅度。

在试验研究方面，需要专门的盘鼓组合结构流体激振以及复合旋转的试验装备，考虑流体激振与叶片受气动激励的相似性，进而开展动力学特性、振动响应，以及疲劳与可靠性的研究，并可以用于验证盘鼓组合结构动力学理论分析的正确性。图 1.4 是 1980 年代美国航空航天局(NASA)格林研究中心的高速旋转试验台(Dynamic Spin Rig)。试验件在真空腔室内旋转，侧边的电磁轴承可以提供 220 N 的轴向或横向激励。该试验台的不足之处是，侧边的电磁轴承提供的轴向及横向激励不能真实模拟实际工作状态下叶片轮盘所受到的气流动载荷，因此，这台设备还在顶端安装了一个 1.65 mm 的空气喷嘴。但是，受真空度的要求，这个空气喷嘴只能提供脉冲激励。尽管如此，利用这台旋转试验设备，NASA 发现了航空发动机叶片-盘鼓组合结构的几类组合共振，并验证了叶片组存在的失谐及局部化现象。图 1.5 为 NASA 的新一代旋转实验平台，可以模拟气流对叶片激振。美国 Ohio 州立大学的涡轮研究中心则关注于涡轮叶片的振动问题，其试验台如图 1.6 所示，采用了真实气流激励，并有加温功能。

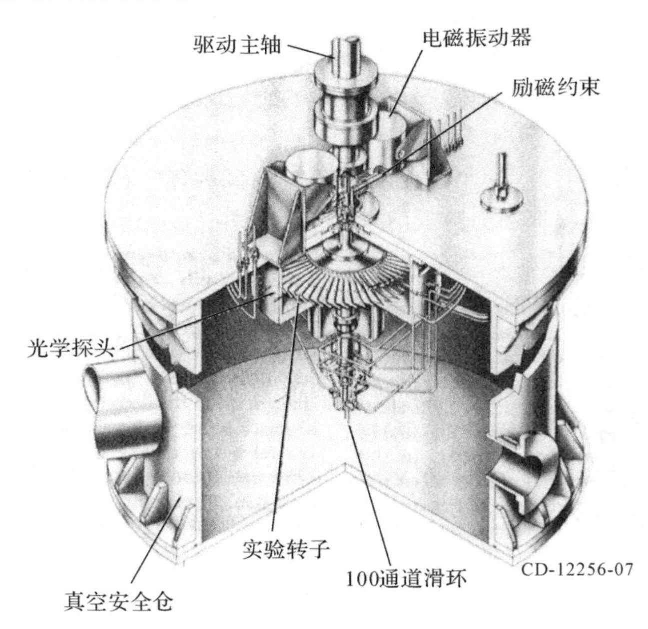

图 1.4　1980 年代的 NASA 试验台

图 1.5　NASA 的新一代试验台

目前，国际航空业界多使用德国申克(SCHENCK)生产的超转试验系统或高速动平衡机。但是，这类旋转试验机只能针对高速旋转转子系统而并没有考虑流场影响，没有用于激发叶片、轮盘振动的激励装置。

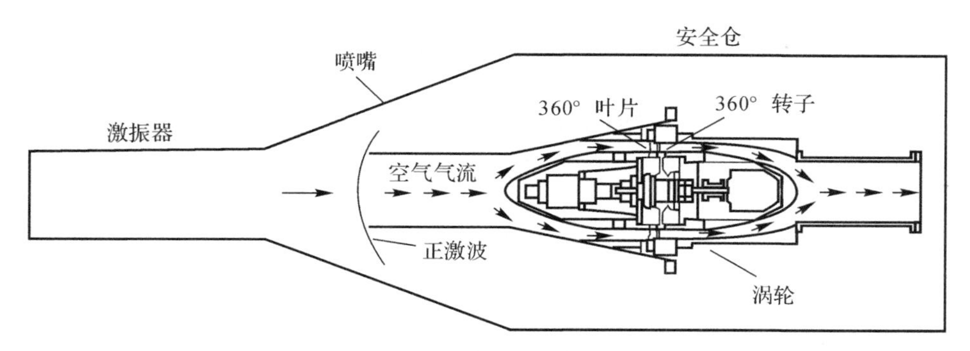

图1.6 美国Ohio州立大学的涡轮叶片振动试验台

1.4 本书主要内容

本书针对以航空发动机压气机转子为典型代表的具有复杂形式的叶片-盘-鼓组合结构，提出针对盘鼓组合结构的多层次建模思想，开展动力学建模与高精度振动分析研究，对复杂载荷条件和边界条件进行合理确定，基于适用的组合结构动力学模型，进行高精度动态特性分析和振动响应预估，揭示出叶片-盘-鼓组合结构的耦合共振机理，开展盘鼓组合结构的固有特性以及振动的测试技术与试验技术研究。

第2章　叶片和盘片组合结构动力学分析

考虑叶片叶根处榫头-榫槽的榫连接接触和摩擦特性，建立叶片-轮盘动力学分析模型，采用三阶模态截断，得到考虑叶根榫连接摩擦阻尼和在气动周期激励下的叶片-轮盘组合结构的振动响应。

叶片的榫头榫槽连接的接触边界条件对叶片振动影响较大，呈现非线性刚度和阻尼效应。本章建立了榫连接接触轮盘-叶片系统的有限元模型，讨论了几何参数(榫根倒角、安装角度和接触面积)、工作转速、摩擦因数，以及离心力、气动载荷、碰摩载荷对叶片榫根接触应力和叶片振动响应的影响。

2.1　引　　言

叶片受到复杂的载荷作用，包括离心力、气动力等，叶片容易因动应力过大而导致损坏。叶根接触面间的摩擦阻尼可以增加盘片系统的结构阻尼，在降低叶片振动、减小叶片动应力的同时，对盘片组合结构的动力学分析带来较大难度。

国内外学者描述接触干摩擦力主要采用相对滑动速度的不连续函数的“Sgn模型”和关于滑动位移滞后的连续函数“滞后弹簧摩擦模型”。摩擦接触模型主要采用整体滑动模型和部分滑动模型。干摩擦阻尼系统振动响应的求解采用解析法和数值解法，数值解法主要包括时域法和频域法两大类。其中，常用的方法包括Newmark法、Willsion法及Runge-Kutta法，这些方法可以跟踪系统响应时间历程，频域法主要有谐波平衡法。前人对干摩擦的研究多采用数值方法或者近似方法，并且模型的建立很少考虑榫槽的横向位移，认为榫槽是刚性的。

首先，建立叶片叶根榫头-榫槽连接接触的简化力学模型，模型由质量、弹簧和阻尼器构成，阻尼器摩擦力采用宏滑移摩擦模型，推导出接触摩擦的数学表达式。其次，建立离心力作用下考虑叶根摩擦阻尼的叶片的运动方程，考虑了分布周期气动载荷和内部阻尼，使用伽辽金法获得三自由度接触摩擦模型。最后，采用数值法对接触摩擦模型进行强迫振动响应分析。

2.2　考虑叶根接触摩擦的叶片简化力学模型

2.2.1　几何定义与力学模型简化

考虑叶根摩擦阻尼的盘片组合结构，其中 $OXYZ$ 为整体坐标系，O 点为盘片结构的轮盘中心，且以角速度 Ω 绕 Z 轴旋转。

对于某盘片组合结构，取出其中一个叶片，建立局部坐标系 $oxyz$，原点 o 为叶根底部，R 为 Oo 距离，如图 2.1 所示。

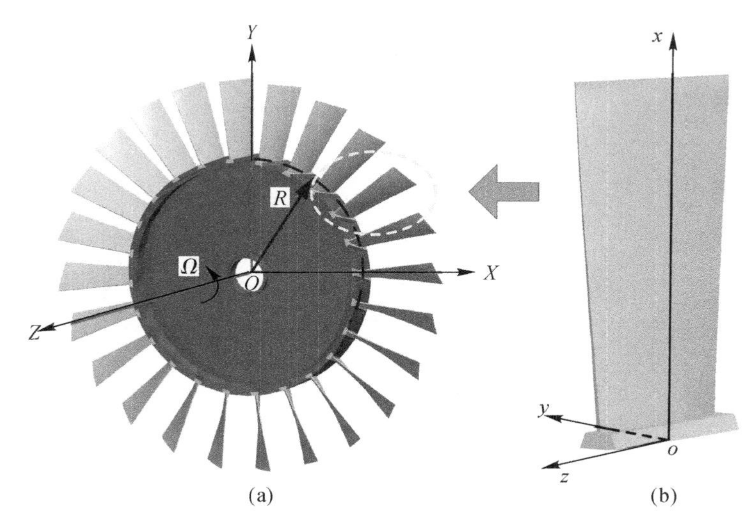

图 2.1　考虑叶根摩擦阻尼的盘片组合结构示意图

将叶片前三阶固有频率作为等效目标，可以将叶片简化为一个悬臂梁，如图 2.2 所示。叶片简化为悬臂梁模型的几何和材料参数分别为：密度 ρ、弹性模量 E、泊松比 μ、长度 L_0、宽度 B、厚度 H、横截面积 A。

在局部坐标系 $oxyz$ 中定义叶片简化悬臂梁的受力与变形量。如图 2.2 所示，叶片沿 x、y、z 方向的位移分量分别为 $u(x,t)$、$v(x,t)$ 和 $w(x,t)$。叶片受到的载荷有：均布作用于叶片压力面的周期气动载荷 $F_a(t)$、离心载荷 P、榫头榫槽接触面上的正压力 F_N 及摩擦力 F_f。

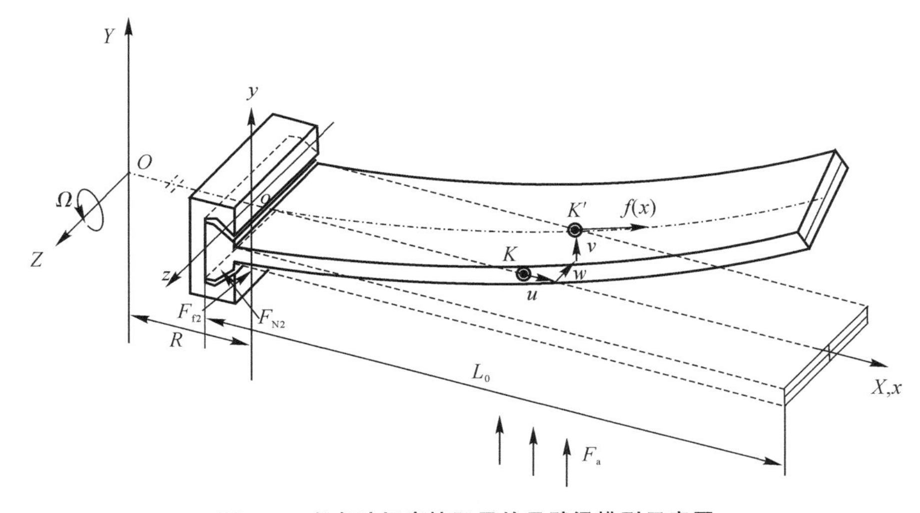

图 2.2　考虑叶根摩擦阻尼的悬臂梁模型示意图

2.2.2 考虑叶根接触摩擦作用于叶片上的载荷

采用弹簧和黏性阻尼器来描述榫头榫槽法向压力 F_{N1} 和 F_{N2}，采用库伦摩擦模型来描述榫头榫槽干摩擦力 F_{f1} 和 F_{f2}，如图 2.3 所示。设榫头榫槽间始终接触，且法线方向不发生变化。

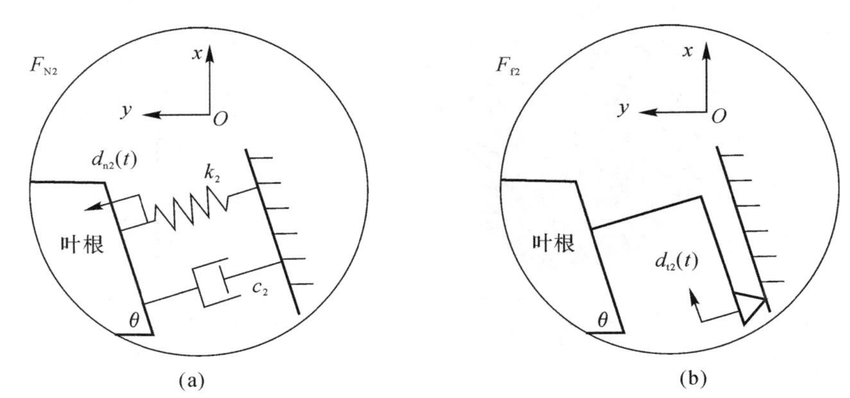

图 2.3 叶根接触作用力模型

燕尾形榫槽底角(bottom angle)为 θ，叶片横向位移为 $v(x,t)$。

作用于叶根上的正压力可表示为

$$F_{N1}=k_1 v_c\sin\theta+c_1\dot{v}_c\sin\theta \tag{2.1a}$$

$$F_{N2}=-k_2 v_c\sin\theta-c_2\dot{v}_c\sin\theta \tag{2.1b}$$

式中：$v_c=v(L_c,t)$为接触力作用处的位移；L_c 为接触作用力集中作用点距原点的距离。

榫头榫槽间摩擦力为

$$F_{f1}=\mu F_{N1}\mathrm{sgn}(\dot{v}_c) \tag{2.2a}$$

$$F_{f2}=\mu F_{N2}\mathrm{sgn}(\dot{v}_c) \tag{2.2b}$$

将力在 y 方向上分解，有

$$F_{Ny}=-F_{N1}\sin\theta+F_{N2}\sin\theta=\sin^2\theta[(-k_1-k_2)v_c+(-c_1-c_2)\dot{v}_c] \tag{2.3a}$$

$$F_{fy}=-F_{f1}\cos\theta-F_{f2}\cos\theta=\mu\sin\theta\cos\theta\mathrm{sgn}(\dot{v}_c)[(-k_1+k_2)v_c+(-c_1+c_2)\dot{v}_c] \tag{2.3b}$$

则对叶片横向振动产生的接触力为

$$\begin{aligned}F_{cy}&=F_{Ny}+F_{fy}\\&=[\mu\sin\theta\cos\theta\mathrm{sgn}(\dot{v}_c)-\sin^2\theta](k_2 v_c+c_2\dot{v}_c)-\\&\quad[\mu\sin\theta\cos\theta\mathrm{sgn}(\dot{v}_c)+\sin^2\theta](k_1 v_c+c_1\dot{v}_c)\end{aligned} \tag{2.4}$$

2.2.3 考虑叶根接触摩擦的叶片运动控制方程

采用牛顿(Newton)力学方法建立叶根接触摩擦-叶片系统的运动控制方程。

为建立有效的叶根接触摩擦-叶片系统的动力学模型，计算采用如下假设：

(1)叶根接触摩擦-叶片简化悬臂梁的横向振动为微振动。

(2)叶片的横截面和所有有关截面形状的几何参数在面内保持不变。

(3)叶根接触摩擦-叶片简化悬臂梁在变形前垂直于中性轴的截面在变形后仍为平面，且垂直于该轴线，剪切、扭转和翘曲效应不计。即基于 Euler-Bernoulli 梁假设。

(4)不考虑叶片自身周围介质阻尼和材料内部阻尼对振动的影响。

(5)不考虑 Coriolis 效应。忽略悬臂梁的纵向位移 u 和沿转轴方向的位移 w。

考察悬臂梁微元体 $\mathrm{d}x$ 中轴上的一点 K，变形后移动到了 K'点，如图 2.2 所示。

微元体 $\mathrm{d}x$ 在惯性坐标系 $OXYZ$ 的位置向量以$\boldsymbol{r}_O$ 表示为

$$\boldsymbol{r}_O=(R+x)\boldsymbol{i}+v(x,t)\boldsymbol{j} \tag{2.5}$$

式中：$\boldsymbol{i},\boldsymbol{j}$ 分别为沿叶片 OX，OY 轴的单位向量。显然有 $\boldsymbol{i}=\boldsymbol{i}'$且 $\boldsymbol{j}=\boldsymbol{j}'$。

微元体 $\mathrm{d}x$ 的惯性速度向量与加速度向量可表示为

$$\left.\begin{aligned}\boldsymbol{v}_{\mathrm{a}}&=v_x\boldsymbol{i}+v_y\boldsymbol{j}\\ \boldsymbol{a}_{\mathrm{a}}&=a_x\boldsymbol{i}+a_y\boldsymbol{j}\end{aligned}\right\} \tag{2.6}$$

其中：

$$\left.\begin{aligned}v_x&=-v(x,t)\Omega\\ v_y&=(R+x)\Omega+\frac{\partial v(x,t)}{\partial t}\end{aligned}\right\} \tag{2.7}$$

$$\left.\begin{aligned}a_x&=-\Omega^2(R+x)-2\Omega\frac{\partial v(x,t)}{\partial t}\\ a_y&=\frac{\partial v^2(x,t)}{\partial t^2}-\Omega^2 v\end{aligned}\right\} \tag{2.8}$$

根据 Newton 力学原理建立叶根接触摩擦的叶片运动控制方程。在叶根接触摩擦的叶片简化成悬臂梁(简称“悬臂梁”)的 x 处取一微元体 $\mathrm{d}x$，其受力分析如图 2.4 所示。作用于该微元体上的力分别有横截面上作用的剪力 $Q(x,t)$，轴向离心载荷 $f(x)$，气动载荷 $F_{\mathrm{a}}(t)$，弯矩 $M(x,t)$，变形量分别为$\dfrac{\partial Q(x,t)}{\partial x}\mathrm{d}x$，$\mathrm{d}f(x)$，$\mathrm{d}F_{\mathrm{a}}(t)$，$\mathrm{d}M(x,t)$。

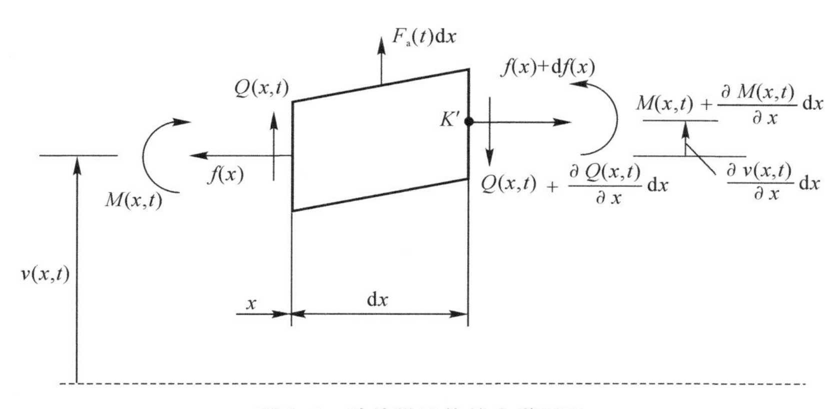

图 2.4　叶片微元体的力学原理

根据微元体的力和力矩平衡关系建立方程。

(1)力平衡关系。根据假设,只考虑叶片系统的横向振动。因此考虑 y 方向的力平衡,这时引入作用于叶片根部的接触摩擦力,得到横向振动位移 $v(x,t)$ 与各横向力之间的关系式:

$$Q(x,t)-\left[Q(x,t)+\frac{\partial Q(x,t)}{\partial x}\mathrm{d}x\right]+F_{a}(t)\mathrm{d}x+F_{cy}D(x-L_{c})\mathrm{d}x=\rho A\mathrm{d}xa_{y} \quad (2.9)$$

式中:$Q(x,t)$为横截面上作用的剪力;$F_{a}(t)$为前级静子叶片尾流激振产生的均布于叶片压力面的气动载荷。

$$F_{a}(t)=F_{a0}\cos(jN\Omega t),j=1,2,3,\cdots \quad (2.10)$$

式中:F_{a0} 为气动力幅值;j 为谐振力阶次;N 为上游叶栅排叶片数目或失速团数目;Ω 为转动角速度。

$D(x-h)$ 为 Dirac 函数,满足 $D(x)=\begin{cases}+\infty & x=0\\ 0 & x\neq 0\end{cases}$ 且 $\int_{-\infty}^{+\infty}D(x)\mathrm{d}x=1$。

将 $a_{y}=\frac{\partial v^{2}(x,t)}{\partial t^{2}}-\Omega^{2}v$ 代入式(2.9),并将方程除以 $\mathrm{d}x$,得到

$$\frac{\partial Q(x,t)}{\partial x}=-\rho A\frac{\partial v^{2}(x,t)}{\partial t^{2}}+\rho A\Omega^{2}v+F_{a}(t)+F_{cy}D(x-L_{c}) \quad (2.11)$$

(2)转动平衡关系。对微元体中性轴上 K' 点取力矩平衡,得到微元体的转动方程为

$$\left[M(x,t)+\frac{\partial M(x,t)}{\partial x}\mathrm{d}x\right]-M(x,t)-Q(x,t)\mathrm{d}x-f(x)\frac{\partial v(x,t)}{\partial t}\mathrm{d}x-F_{a}(t)\mathrm{d}x\frac{\mathrm{d}x}{2}=0 \quad (2.12)$$

式中:$f(x)$为轴向离心载荷。

$$f(x)=\int_{x}^{L}\rho A\Omega^{2}(R+x)\mathrm{d}x=-\frac{1}{2}\rho A\Omega^{2}(x-L)(x+2R+L) \quad (2.13)$$

略去包含 $\mathrm{d}x$ 的二次项,将式(2.12)简化为

$$Q(x,t)=\frac{\partial M(x,t)}{\partial x}-f(x)\frac{\partial v(x,t)}{\partial x} \quad (2.14)$$

(3)综合方程。由力矩曲率关系可知,根据假设(1),在小变形情况下,弯矩和挠度有如下关系式:

$$M(x,t)=EI\frac{\partial^{2}v(x,t)}{\partial x^{2}} \quad (2.15)$$

将式(2.14)和式(2.15)代入式(2.11),得到基于悬臂梁假设的、考虑叶根接触摩擦作用的叶片的横向振动微分方程:

$$EI\frac{\partial^{4}v(x,t)}{\partial x^{4}}+\rho A\frac{\partial^{2}v(x,t)}{\partial t^{2}}+\frac{1}{2}\rho A\Omega^{2}(x-L)(x+2R+L)\frac{\partial^{2}v(x,t)}{\partial x^{2}}-\rho A\Omega^{2}(x+R)\cdot\frac{\partial v(x,t)}{\partial x}-\rho A\Omega^{2}v(x,t)-F_{cy}D(x-L_{c})=F_{a}(t) \quad (2.16)$$

2.3 考虑叶根接触摩擦的叶片运动方程的求解方法

2.3.1 Galerkin 离散

采用 Galerkin 方法对叶根接触摩擦的叶片系统的动力学方程式(2.16)进行离散,然后进行求解。

在给定悬臂边界条件下,设该系统的固有频率为 ω_i,相应的振型函数为 $\varphi_i(x)$,引入广义坐标 $q_i(t)$,可将式(2.16)的解 $v(x,t)$设为

$$v(x,t)=\sum_{i=1}^{n}\varphi_i(x)q_i(t) \tag{2.17}$$

式中:n 为截取阶次,取前 n 阶模态。

由悬臂梁假设可知,特征函数为

$$\varphi_i(x)=\cosh\frac{\lambda_i}{L}x-\cos\frac{\lambda_i}{L}x-\frac{\cosh\lambda_i+\cos\lambda_i}{\sinh\lambda_i+\sin\lambda_i}\left(\sinh\frac{\lambda_i}{L}x-\sin\frac{\lambda_i}{L}x\right) \tag{2.18}$$

式中:λ_i 为特征值,满足 $\cos(\lambda_i)\cosh(\lambda_i)+1=0$;$L$ 为梁长度,$L=L_0$。

由振型函数的正交性,$\int_0^L\varphi_i(x)\varphi_k(x)\mathrm{d}x=\begin{cases}0 & (k\neq i)\\ L & (k=i)\end{cases}$,$\int_0^L\varphi_i^{(4)}(x)\varphi_k(x)\mathrm{d}x=\begin{cases}0 & (k\neq i)\\ \dfrac{\lambda_i^4}{L^3} & (k=i)\end{cases}$,可将原系统方程进行离散化。将式(2.17)代入式(2.16),将方程两边同时乘以 $\varphi_k(x)$,并对 x 在整个区间$[0,L]$上进行积分,得:

$$\begin{gathered}EI\sum_{i=1}^{n}q_i(t)d_1+\rho A\sum_{i=1}^{n}\ddot{q}_i(t)d_2+\frac{1}{2}\rho A\Omega^2\sum_{i=1}^{n}q_i(t)d_3-\rho A\Omega^2\sum_{i=1}^{n}q_i(t)d_4-\\ \rho A\Omega^2\sum_{i=1}^{n}q_i(t)d_2+\left\{\mu\sin\theta\cos\theta\,\mathrm{sgn}\left[\sum_{i=1}^{n}\varphi_i(L_c)\dot{q}_i(t)\right](k_2-k_1)-\sin^2\theta(k_1+k_2)\right\}\sum_{i=1}^{n}q_i(t)d_5+\\ \left\{\mu\sin\theta\cos\theta\,\mathrm{sgn}\left[\sum_{i=1}^{n}\varphi_i(L_c)\dot{q}_i(t)\right](c_2-c_1)-\sin^2\theta(c_1+c_2)\right\}\sum_{i=1}^{n}\dot{q}_i(t)d_5=\\ \int_0^L F_{a0}\varphi_k(x)\cos(jN\Omega t)\mathrm{d}x,k=1,2,\cdots,n\end{gathered} \tag{1.19}$$

式中:

$$d_1=\int_0^L\varphi_i^{(4)}(x)\varphi_k(x)\mathrm{d}x$$

$$d_2=\int_0^L\varphi_i(x)\varphi_k(x)\mathrm{d}x$$

$$d_3=\int_0^L (x-L)(x+2R+L)\varphi_i^{(2)}(x)\varphi_k(x)\mathrm{d}x$$

$$d_4=\int_0^L (x+R)\varphi_i^{(1)}(x)\varphi_k(x)\mathrm{d}x$$

$$d_5=\int_0^L \varphi_i(L_c)\varphi_k(x)D(x-L_c)\mathrm{d}x$$

其中，$\varphi_i^{(m)}(x)=\dfrac{\mathrm{d}^m\varphi_i(x)}{\mathrm{d}x}$，表示振型函数对 x 的 m 阶导数。

式(2.19)可以写成如下矩阵形式：

$$\boldsymbol{M}\ddot{\boldsymbol{q}}(t)+\boldsymbol{C}\dot{\boldsymbol{q}}(t)+\boldsymbol{K}\boldsymbol{q}(t)=\boldsymbol{F}(t) \tag{2.20}$$

式中：$\boldsymbol{q}(t)=[q_1(t),\cdots,q_n(t)]^{\mathrm{T}}$ 为广义坐标下的位移向量；$\boldsymbol{M}=\rho AL\,\mathrm{diag}(1,1,\cdots,1)_{n\times n}$ 是质量矩阵；$\boldsymbol{K}=\boldsymbol{K}_{\mathrm{e}}+\boldsymbol{K}_{\mathrm{c}}+\boldsymbol{K}_{\mathrm{con}}$ 为叶片系统的刚度矩阵，具有非对称的特点；$\boldsymbol{C}=\boldsymbol{C}_{\mathrm{r}}+\boldsymbol{C}_{\mathrm{con}}$，为叶根摩擦阻尼叶片系统的阻尼矩阵；$\boldsymbol{F}(t)$为对应于广义坐标 $\boldsymbol{q}(t)$的外载荷向量。

在 $\boldsymbol{K}$ 刚度矩阵中，$\boldsymbol{K}_{\mathrm{e}}$ 为弹性刚度矩阵，$\boldsymbol{K}_{\mathrm{c}}$ 为离心刚度矩阵，$\boldsymbol{K}_{\mathrm{con}}$ 为接触刚度矩阵，其表示式分别为

$$\boldsymbol{K}_{\mathrm{e}}=\frac{EI}{L^3}\mathrm{diag}(\lambda_1^4,\lambda_2^4,\cdots,\lambda_n^4)_{n\times n} \tag{2.21}$$

$$\begin{aligned}\boldsymbol{K}_c=&\ \frac{1}{2}\rho A\Omega^2\\
&\begin{bmatrix}\int_0^L (x-L)(x+2R+L)\varphi_1^{(2)}(x)\varphi_1(x)\mathrm{d}x & \cdots & \int_0^L (x-L)(x+2R+L)\varphi_1^{(2)}(x)\varphi_n(x)\mathrm{d}x\\ \vdots & \ddots & \vdots\\ \int_0^L (x-L)(x+2R+L)\varphi_n^{(2)}(x)\varphi_1(x)\mathrm{d}x & \cdots & \int_0^L (x-L)(x+2R+L)\varphi_n^{(2)}(x)\varphi_n(x)\mathrm{d}x\end{bmatrix}_{n\times n}+\\
&\rho A\Omega^2\begin{bmatrix}\int_0^L (x+R)\varphi_1^{(1)}(x)\varphi_1(x)\mathrm{d}x & \cdots & \int_0^L (x+R)\varphi_1^{(1)}(x)\varphi_n(x)\mathrm{d}x\\ \vdots & \ddots & \vdots\\ \int_0^L (x+R)\varphi_n^{(1)}(x)\varphi_1(x)\mathrm{d}x & \cdots & \int_0^L (x+R)\varphi_n^{(1)}(x)\varphi_n(x)\mathrm{d}x\end{bmatrix}_{n\times n}-\\
&\rho A\Omega^2 L\,\mathrm{diag}(1,1,\cdots,1)_{n\times n}\end{aligned} \tag{2.22}$$

$$\begin{aligned}\boldsymbol{K}_{\mathrm{con}}=&\{\mu\sin\theta\cos\theta\,\mathrm{sgn}\Big[\sum_{i=1}^{n}\varphi_i(L_c)\dot{q}_i(t)\Big](k_2-k_1)-\\ &\sin^2\theta(k_1+k_2)\}\mathrm{diag}[\varphi_1^2(L_c),\varphi_2^2(L_c),\cdots,\varphi_n^2(L_c)]_{n\times n}\end{aligned} \tag{2.23}$$

在阻尼矩阵中，$\boldsymbol{C}_{\mathrm{r}}=\alpha\boldsymbol{M}+\beta\boldsymbol{K}_{\mathrm{e}}$，为比例阻尼形式的系统结构阻尼，比例系数 $\alpha=2\times(\xi_2/\omega_2-\xi_1/\omega_1)/(1/\omega_2^2-1/\omega_1^2)$，$\beta=2(\xi_2\omega_2-\xi_1\omega_1)/(\omega_2^2-\omega_1^2)$，可以通过测定结构的模态阻尼比经计算得到。其中：$\xi_1$，$\xi_2$ 为第一、二阶模态阻尼比；ω_1，ω_2 为叶片的第一、二阶弯曲固有圆频率。

$\boldsymbol{C}_{\mathrm{con}}$ 为接触阻尼矩阵，其表达式为

$$\begin{aligned}\boldsymbol{C}_{\mathrm{con}}=&\{\mu\sin\theta\cos\theta\,\mathrm{sgn}[\sum_{i=1}^{n}\varphi_i(L_c)\dot{q}_i(t)](c_2-c_1)-\sin^2\theta(c_1+c_2)\}\times\\ &\mathrm{diag}\{\varphi_1^2(L_c),\varphi_2^2(L_c),\cdots,\varphi_n^2(L_c)\}_{n\times n}\end{aligned} \tag{2.24}$$

$\boldsymbol{F}(t)$的表达式为

$$\boldsymbol{F}(t)=F_{a0}\cos(jN\Omega t)\left[\int_0^L\varphi_1(x)\mathrm{d}x,\int_0^L\varphi_2(x)\mathrm{d}x,\cdots,\int_0^L\varphi_n(x)\mathrm{d}x\right]^{\mathrm{T}} \tag{2.25}$$

2.3.2　响应求解

可通过数值方法对振动微分方程式(2.20)进行求解，得广义坐标下响应 $q_i(t)$，转化成物理坐标，则得到物理坐标系下的频域响应：

$$v(x_0,t)=f(x_0)q(t) \tag{2.26}$$

式中：x_0 为提取响应处距原点 o 的高度，满足 $0\leqslant x_0\leqslant L$，叶根处 $x_0=0$，叶尖处 $x_0=L$；根据式(2.18)，得 $\boldsymbol{f}(x_0)=[\varphi_1(x_0),\varphi_2(x_0),\cdots,\varphi_n(x_0)]^{\mathrm{T}}$ 为 x_0 处的振型函数向量。

2.3.3　算例分析

对于某叶片，考虑叶根摩擦阻尼的叶片的振动分析，在分析过程中，引入叶片弱的系统阻尼，重点研究叶根接触摩擦对叶片的响应特性的影响。接触参数主要有法向接触刚度、法向接触阻尼和摩擦因数。同时，研究旋转角速度对考虑叶根接触摩擦的叶片的固有特性的影响，并绘制 Campbell 图。

设前级静子叶片数目 $N=36$，谐振次数 $j=1$，轮盘半径为叶片长度的倍数，即 $R=1.2\,L$。

为了与静止态实验数据对照，设置转速为 0，在研究旋转角速度对考虑叶根接触摩擦的叶片的固有频率的影响时，设转速范围为 0～60 000 r/min。

叶片简化时，只取其前三阶模态($n=3$)进行截断，即式(2.20)中 $\boldsymbol{M}$ 和 $\boldsymbol{K}$ 矩阵的维数为 3。

2.3.3.1　结构的几何和材料参数

采用实测的方法对叶片结构进行材料和几何参数的确认。叶片的材料参数见表 2.1，考虑叶根接触摩擦的接触参数见表 2.2。

表 2.1　叶片的材料参数

结构	材料	弹性模型/Pa	泊松比	密度/(kg·m^{-3})	质量/g
叶片	1Cr11Ni2W2MoV	2.14×10^{11}	0.3	7 800	166.6

表 2.2　叶根接触参数

接触刚度/(N·m^{-1})	接触阻尼/(Ns·m^{-1})	摩擦因数	叶根榫槽底角/(°)
1.5e^5	40	0.33	70

使用振动台对叶片进行 10 N·m、30 N·m 和 50 N·m 不同预紧力下的固有特性测试，并在所得各阶固有频率处对叶片进行 0.5 g、1.0 g、1.5 g、2 g、2.5 g 和 3 g 的定频激励，获得共振响应。采用自由振动衰减的包络线法获得某一激振频率下的模态阻尼比，采用激

光测振仪拾取叶片响应数据，本实验的装置简图如图 2.5 所示，与实验进行对照的实物图略。

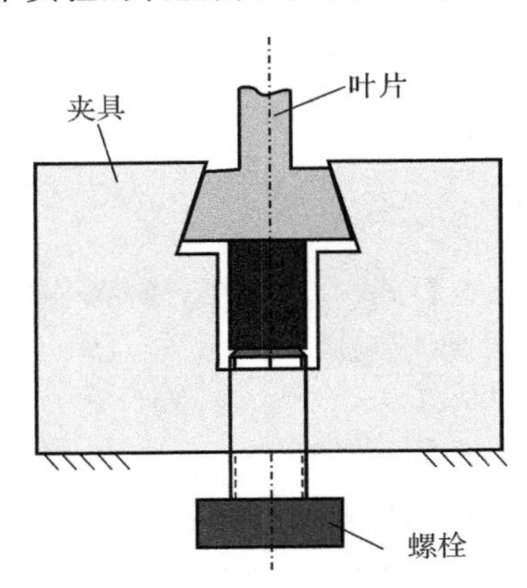

图 2.5　试验叶片及夹具的示意图

理论分析主要基于预紧力为 30 N·m 获得的实验数据，见表 2.3。

表 2.3　实验测得的叶片的的固有频率及模态阻尼比

阶次	振型	固有频率/Hz	模态阻尼比/(%)
1	一弯	253.25	0.095 4
2	一弯	1 011.75	0.081 8
3	一扭	1 189.50	0.024 2

通过实验数据，采用比例阻尼计算考虑叶根接触摩擦的叶片系统的阻尼。

对叶片前三阶固有频率相一致的情况进行模型简化，得到叶片简化成悬臂梁时的几何参数。首先利用悬臂梁固有频率计算公式，$\omega_i=\frac{\lambda_i^2}{L^2}\sqrt{\frac{EI}{\rho A}}=\frac{\lambda_i^2 H}{L^2}\sqrt{\frac{E}{12\rho}}$，$\omega_i$ 取模态实验所测得的叶片的圆频率。取叶片模化悬臂梁宽度 B 为叶片宽度测量值均值，$B=45.6$ mm，再取叶片模化悬臂梁长度 L 为实测叶片高度，$L=130$ mm，进而得到悬臂梁厚度 H。所得到叶片前三阶悬臂梁模型模化的几何参数见表 2.4。

表 2.4　叶片简化为悬臂梁时的几何参数

模化阶次	L/mm	B/mm	H/mm
1	130	45.6	5.07
2	130	45.6	3.22
3	130	45.6	1.35

2.3.3.2　响应特性

对静止状态下的考虑叶根接触摩擦的叶片进行响应计算，并与测试数据对照。

以均布气动载荷模拟激振能量，并分别改变激振能量为 0.5 g、1 g、1.5 g、2 g、2.5 g 和 3 g，以第 1 阶模化参数对应的计算结果为例，说明考虑有无接触摩擦对叶片振动幅值的影响，第 1 阶对应的考虑有无接触摩擦时叶片振动幅值的数值仿真数据见表 2.5，不同激振力下对应的考虑有无接触摩擦的叶片叶尖处的幅频曲线如图 2.6 所示。

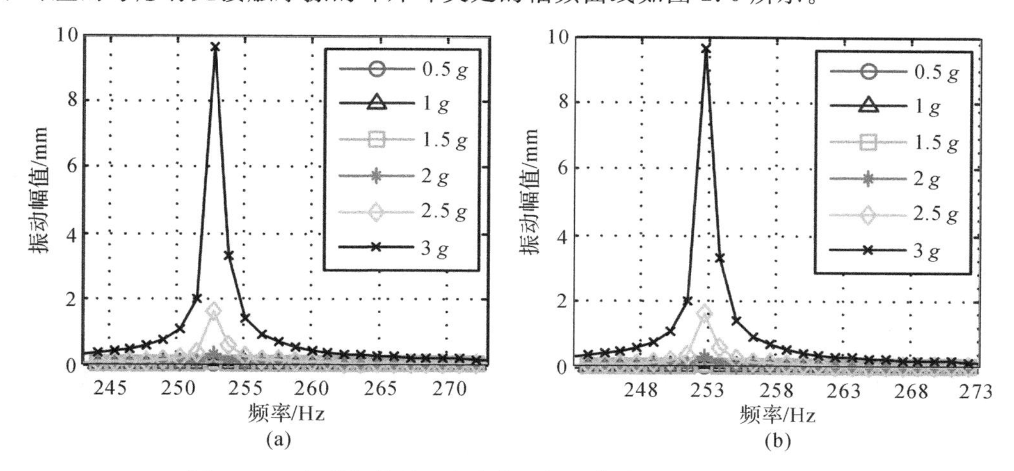

图 2.6　不同激振能量下考虑有无接触摩擦时叶片的振动幅值

(a) 考虑接触摩擦；(b) 不考虑接触摩擦

表 2.5　考虑有无接触摩擦时叶片振动幅值的对比

激振能量	0.5 g	1 g	1.5 g	2 g	2.5 g	3 g
考虑摩擦(A)/mm	0.013 37	0.026 7	0.080 2	0.321 1	1.605 8	9.635 9
不考虑摩擦(B)/mm	0.013 37	0.026 75	0.080 2	0.321 0	1.605 3	9.631 9
差值 $\|B-A\|/B$/(%)	0.006 9	0.013 8	0.020 8	0.027 7	0.034 6	0.041 6

由表 2.5 和图 2.6 可以看出，考虑接触摩擦后使叶片的振动幅值发生变化，具体如下：

(1)考虑接触摩擦后对叶片响应幅值计算的结果影响不大，考虑有无接触摩擦叶片振动幅值的差值在 10^{-4} 数量级及以下。

(2)两种情况的差值随激振能量的增加而增大，说明振动幅值越大，考虑接触摩擦对计算结果的影响会越明显。

(3)以第 2 阶和第 3 阶叶片模态为主简化得到的计算结果趋势与第一阶的趋势一致，故在此处略去第 2 阶和第 3 阶所对应的计算结果。

2.3.3.3　接触参数对系统响应特性的影响

研究叶根接触区的法向接触刚度、法向接触阻尼、接触面间摩擦因数对结构系统的响应特性的影响，考虑上述参数在一定范围内的变化对系统响应特性的影响，接触参数的变化范围见表 2.6。

表 2.6　接触参数的变化范围

接触刚度/(N·m^{-1})	接触阻尼/(Ns·m^{-1})	摩擦因数
10^4～10^8	10～90	0.1,0.3,0.5,0.7,0.9

(1)法向接触刚度的影响。假定叶片榫头与叶盘榫槽间法向接触刚度从 10^4 N/m 变化至

10^8 N/m,其余参数仍取表 2.2 中的。表 2.7 和图 2.7 中给出了叶片系统的响应幅值随法向接触刚度变化的结果。

表 2.7　叶片简化成悬臂梁系统时不同法向接触刚度下的振动幅值

	10^4(N・m^{-1})	10^5(N・m^{-1})	10^6(N・m^{-1})	10^7(N・m^{-1})	10^8(N・m^{-1})
第 1 阶	0.013 377 7	0.013 378 3	0.013 383 9	0.013 440 4	0.014 027 2
第 2 阶	$1.891\ 589\ 5\times10^{-5}$	$1.891\ 608\ 1\times10^{-5}$	$1.891\ 794\ 1\times10^{-5}$	$1.893\ 655\ 2\times10^{-5}$	$1.912\ 335\ 0\times10^{-5}$
第 3 阶	$9.205\ 597\ 3\times10^{-6}$	$9.206\ 013\ 2\times10^{-6}$	$9.210\ 173\ 6\times10^{-6}$	$9.252\ 222\ 1\times10^{-6}$	—

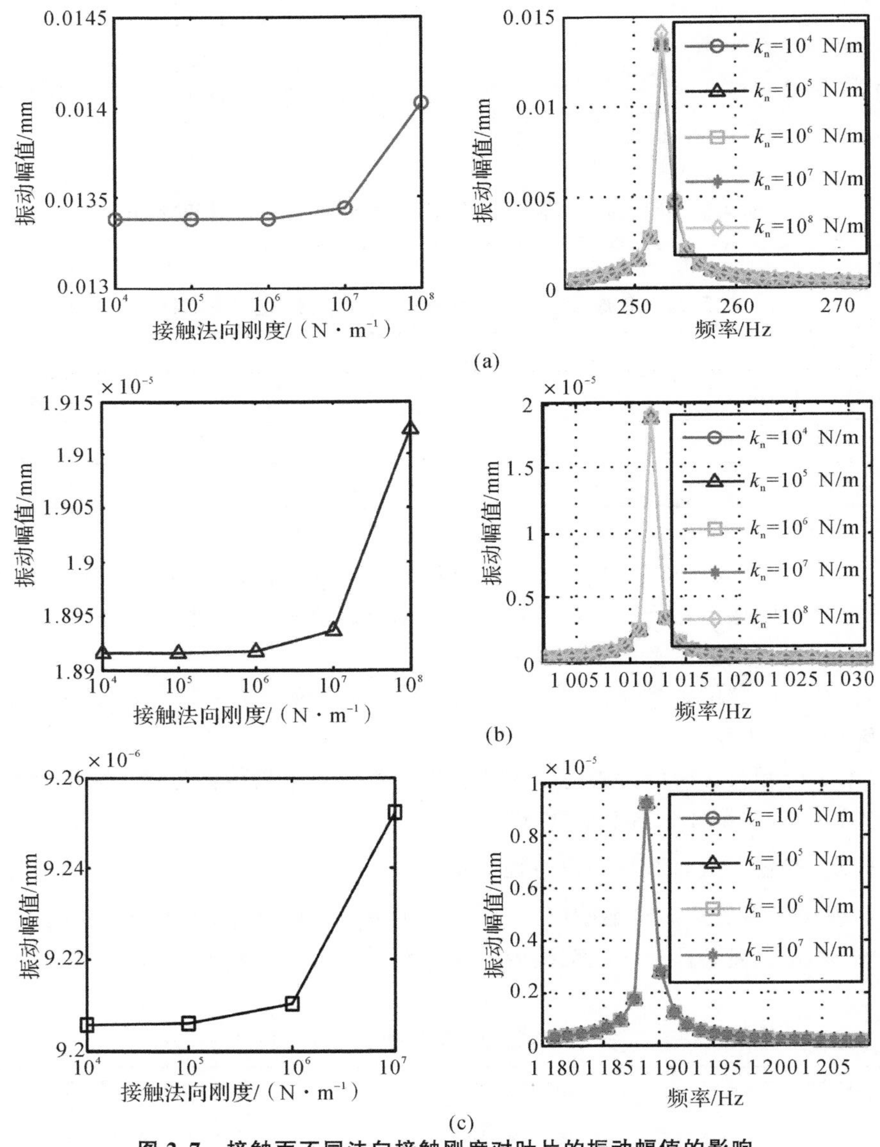

图 2.7　接触面不同法向接触刚度对叶片的振动幅值的影响

(a)第 1 阶模化;(b)第 2 阶模化;(c)第 3 阶模化

由表 2.7 和图 2.7 可以看出，考虑接触面的法向接触刚度，叶片的振动幅值发生了变化，结果表明，叶片各阶共振响应幅值随法向接触刚度的增大而增大，但是对叶片各阶的共振响应幅值的影响甚微。

(2)法向接触阻尼的影响。假定叶片榫头与叶盘榫槽间法向接触阻尼从 10 Ns/m 变化至 90 Ns/m，其余参数仍取表 2.2 中参数。表 2.8 和图 2.8 中给出了叶片系统的响应幅值随法向接触阻尼变化的结果。

表 2.8　叶片简化成悬臂梁系统时不同法向接触阻尼下的振动幅值

	10($Ns\cdot m^{-1}$)	30($Ns\cdot m^{-1}$)	50($Ns\cdot m^{-1}$)	70($Ns\cdot m^{-1}$)	90($Ns\cdot m^{-1}$)
第 1 阶	0.013 3	0.013 37	0.013 37	0.013 3	0.013 37
第 2 阶	1.891 5	1.891×10^{-5}	1.891×10^{-5}	1.891×10^{-5}	1.891×10^{-5}
第 3 阶	9.205×10^{-6}	9.205×10^{-6}	9.206×10^{-6}	9.207×10^{-6}	9.208×10^{-6}

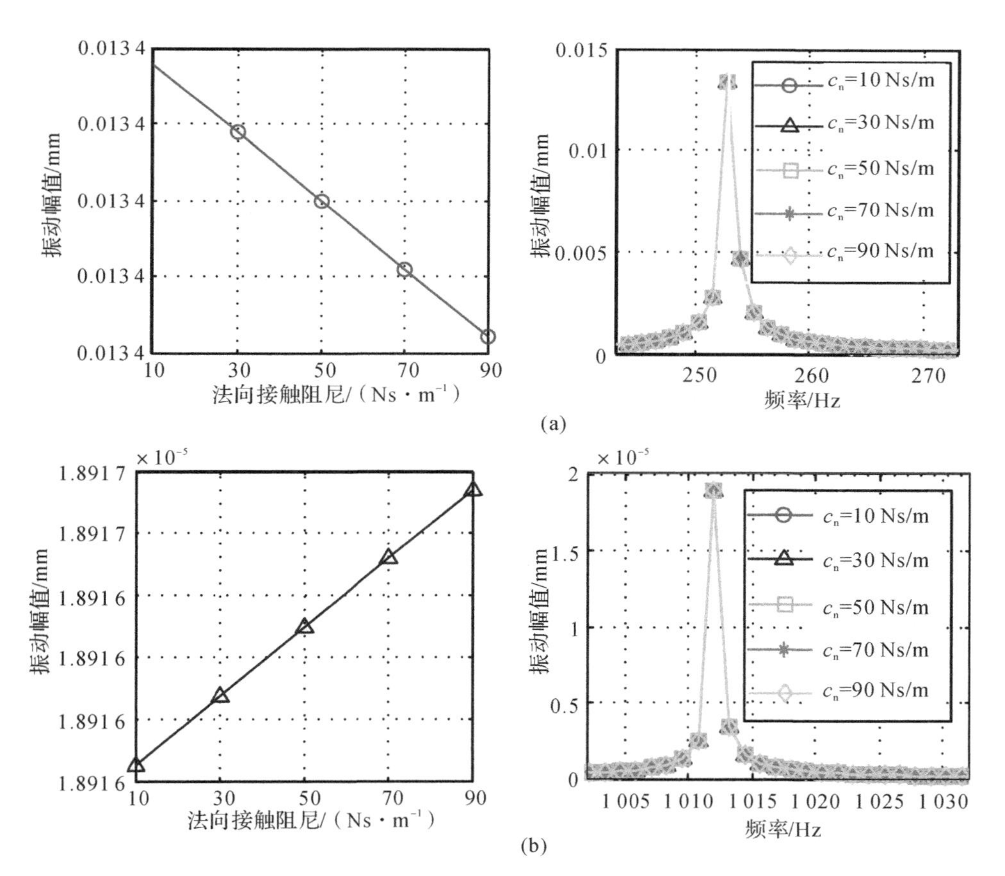

图 2.8　接触面不同法向接触阻尼对叶片的振动幅值的影响

(a)第 1 阶模化；(b)第 2 阶模化

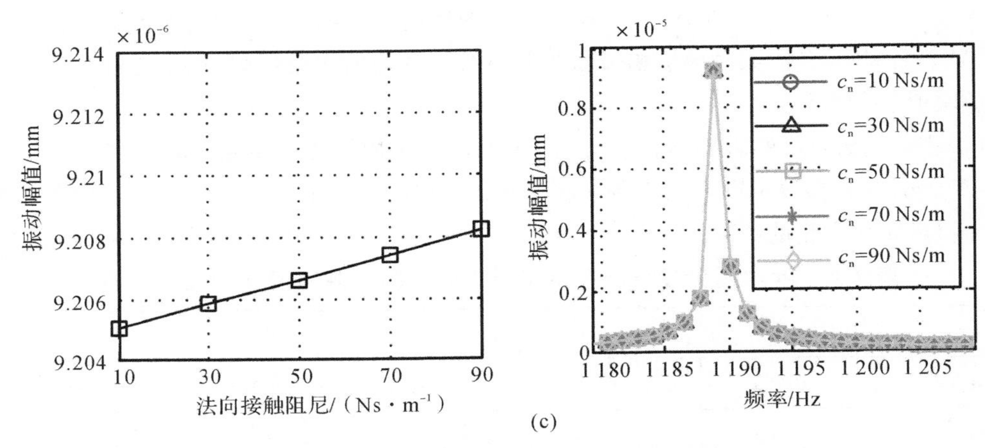

(c)

续图 2.8 接触面不同法向接触阻尼对叶片的振动幅值的影响

(c)第 3 阶模化

由表 2.8 和图 2.8 所示，在一定条件下计算的结果可知，随着接触区法向接触阻尼的变化，叶片的各阶共振响应幅值变化较小。

(3)摩擦因数的影响。假定叶片榫头与叶盘榫槽间接触面间摩擦因数取 0.1,0.3,0.5,0.7,0.9,其余参数见表 2.2。叶片的振动幅值随接触面间摩擦因数变化的结果基本相同，见表 2.9 和如图 2.9 所示。

表 2.9 叶片简化成悬臂梁系统时不同摩擦因数下的振动幅值

阶数	不同摩擦因数下的振动幅值/mm				
	0.1	0.3	0.5	0.7	0.9
第 1 阶	0.013 3	0.013 37	0.013 37	0.013 37	0.013 37
第 2 阶	1.891×10^{-5}	1.8916×10^{-5}	1.891×10^{-5}	1.891×10^{-5}	1.891×10^{-5}
第 3 阶	9.206×10^{-6}	9.206×10^{-6}	9.206×10^{-6}	9.206×10^{-6}	9.206×10^{-6}

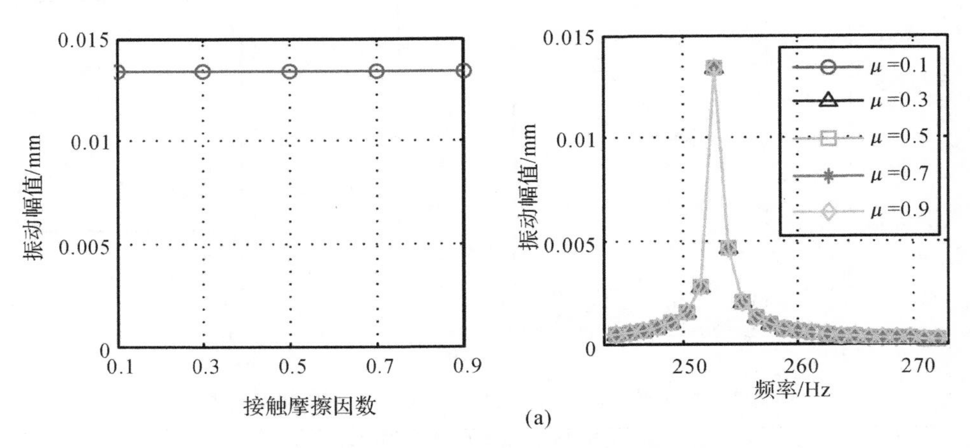

(a)

图 2.9 接触区接触面间不同摩擦系数对叶片共振幅值的影响

(a)第 1 阶模化；

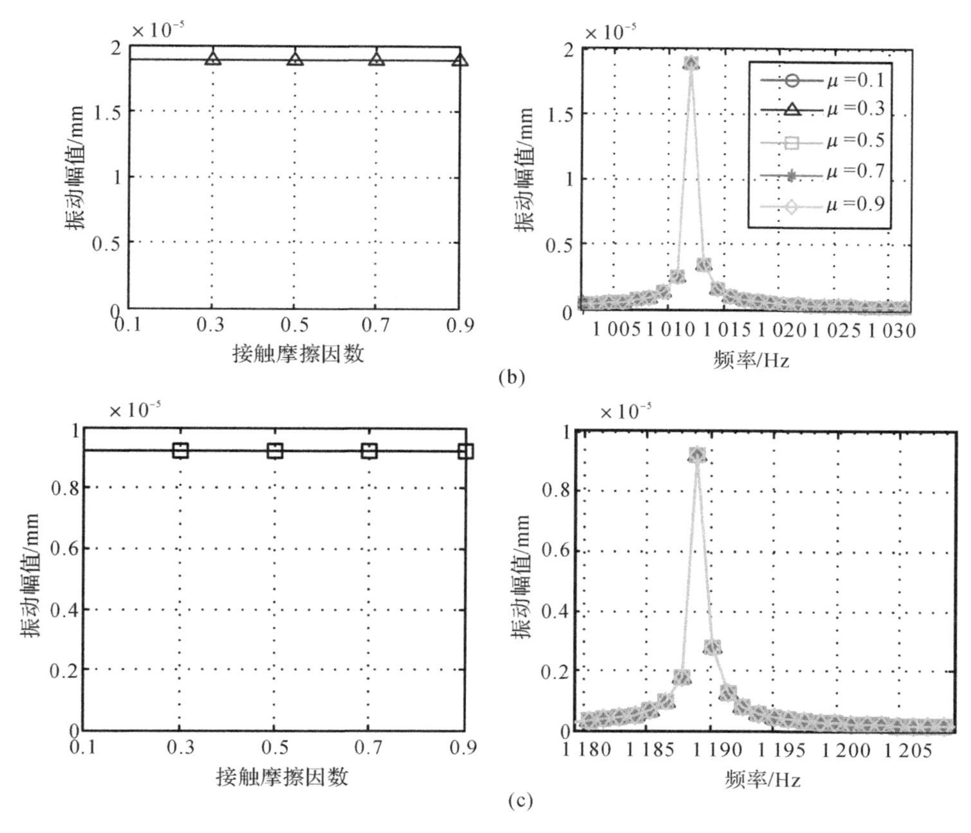

续图 2.9　接触区接触面间不同摩擦系数对叶片共振幅值的影响

(b)第 2 阶模化;(c)第 3 阶模化

由表 2.9 和图 2.9 可知,随着接触区摩擦系数的变化,叶片的各阶共振响应幅值基本不变,影响十分微弱。

2.3.3.4　旋转角速度对系统固有频率的影响

在 0～60 000 r/min 范围内改变转速,得不同转速条件下考虑叶根接触摩擦的叶片的固有频率,并绘制 Campbell 图,如图 2.10 所示。

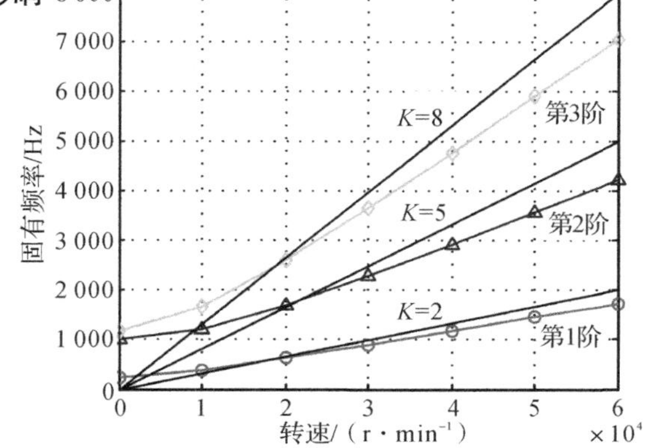

图 2.10　考虑叶根接触摩擦的叶片的 Campbell 图

由图 2.10 可以看出,当考虑叶根接触摩擦的叶片的工作转速范围在 10 000 r/min 左右,其第 2 阶频率曲线与激振频率线 $K=5$ 时相交,容易发生共振。当考虑叶根接触摩擦的叶片的工作转速范围在 10 000～20 000 r/min,其第 1 阶频率曲线与激振频率线 $K=2$ 时相交,容易发生共振。当考虑叶根接触摩擦的叶片的工作转速范围在 20 000 r/min 左右,其第 2 阶频率曲线与激振频率线 $K=$

5 时相交,其第 3 阶频率曲线与激振频率线 $K=8$ 时相交,容易发生共振。

2.4 考虑叶片榫头榫槽接触的盘片组合结构动力学特性

叶片共振特性的计算结果表明,采用榫根接触处理方法得到的高阶特性更适合实际。图 2.11 所示为叶片接触边界条件的建模和共振特性曲线。

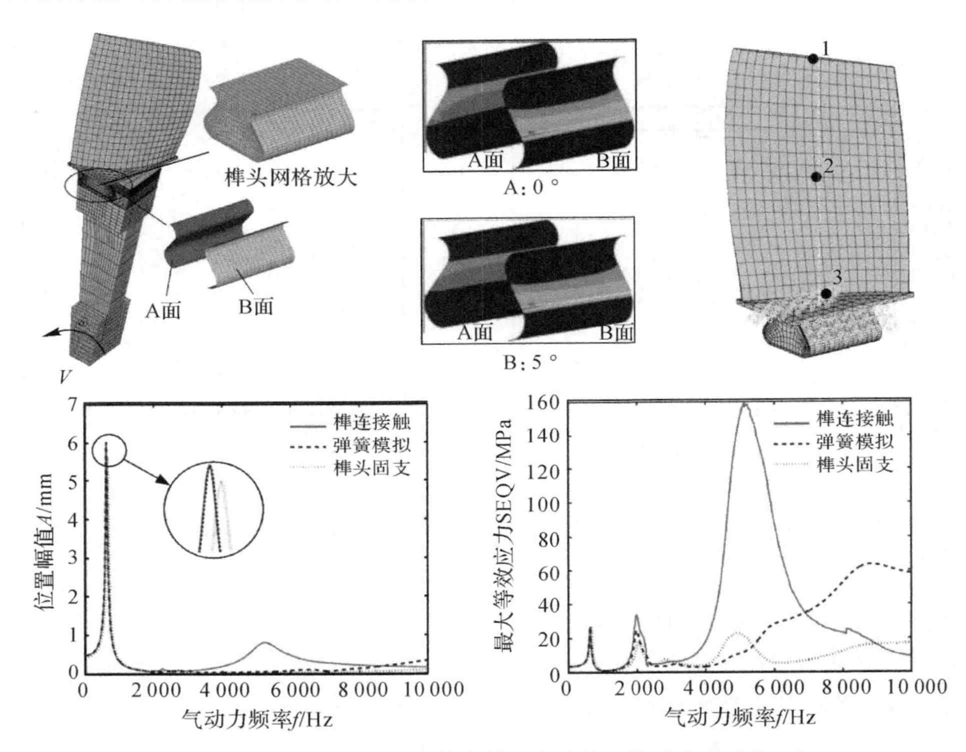

图 2.11 叶片榫根接触建模与叶尖振动模拟结果对比

叶片与轮盘之间的互相影响,不仅改变了频率的数值,而且改变了固有频率的阶数。将叶片与轮盘当作一个具有接触摩擦特性(Contact Friction Characteristics,CFC)的动力耦合系统(Dynamic Coupling System),在带有 CFC 的情况下,研究盘片组合结构的整体振动特性。为此,提出考虑 CFC 的情况下盘片组合结构的固有特性有限元计算分析方法,并对比分析叶片榫头与轮盘榫槽在固支边界条件下和带有 CFC 的边界条件下对固有特性的影响,绘制出各自的 Campbell 图。

关于叶根榫头与轮盘榫槽之间的关系,分别采用以下两种方式进行分析。

(1)固支边界条件。在叶片榫头两侧与轮盘榫槽之间的接触面进行节点自由度耦合,即将叶片与轮盘视为刚性连接。

(2)考虑接触摩擦特性(CFC)。在叶片榫头和轮盘榫槽之间可能会产生接触的表面上分别添加三维 8 节点的面-面接触单元 CONTA174 和三维目标单元 TARGE170。其中，摩擦因数设置为 0.3，接触刚度设置为 ANSYS 中的默认值 1.0，创建非对称接触对(Asymmetric Contact Pair)。最终创建的接触对如图 2.12(c)所示。

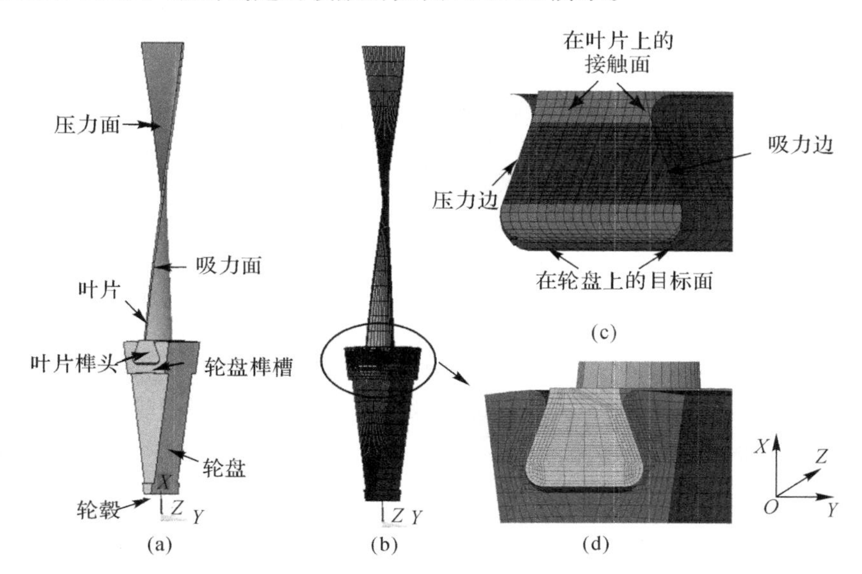

图 2.12　叶片-盘组合结构有限元模型

(a)几何模型(扇区)；(b)有限元模型；(c)接触单元；(d)榫头与榫槽(燕尾形)

叶片-盘(Blade Disk)组合结构的主要载荷为轮盘和叶片由于转动而产生的离心力。对 BD 分别施加 2 500 r/min，5 000 r/min，7 500 r/min 和 10 000 r/min 4 种转速，求解不同转速下 BD 的固有频率。

在计算过程中，施加循环对称边界条件，使其成为一个完整结构，能够更好地模拟叶片-盘(BD)组合结构的实际工作过程，使计算更加接近实际工况。对基本扇区进行循环扩展(Cyclic Expansion)，扩展后 BD 的有限元模型中网格节点数为 56 968，单元数为 53 528，其中接触单元为 5 232 个，接触区节点数为 5 664 个，接触区的压力边(吸力边)长度为 12 mm。

2.5　结果分析

2.5.1　固有频率和阵型

取某种转速下考虑 CFC 与叶片视为固支的情况下得到的固有频率和振型，观察 CFC 对 BD 固有特性的影响。表 2.10 为当 BD 转速为 10 000 r/min，节径数 $m_{bd}=0$ 时，考虑 CFC 和不考虑 CFC 的固有频率和振型。

由表 2.10 和图 2.13 可知，以考虑接触摩擦特性的振型图为例，通过观察 ANSYS 中的动态图来对比说明考虑接触摩擦特性和不考虑接触摩擦特性的叶片-盘组合结构模态振型的特点。

(1)当轮盘本身不振动时，即当叶片-盘(BD)组合结构的 $m_{bd}=0$，$n_{bd}=0$ 和轮盘的 $m_{d}=0$，$n_{d}=0$ 时，叶片-盘(BD)组合结构的振型图表现为叶片的振型。其中考虑接触摩擦特性和未考虑接触摩擦特性的振型图相符。如图 2.13(a1)(b1)，图 2.13(a2)(b2)，图 2.13(a3)(b3)，图 2.13(a6)(b5)，图 2.13(a10)(b9)所示。

(2)当轮盘发生节圆振动(即 BD 的 $m_{bd}=0$，$n_{bd}=2$)时，轮盘的振动可导致叶片发生复合振动。其中考虑接触摩擦特性和未考虑接触摩擦特性的振型图不相符，如图 2.13(a8)(b7)，图 2.13(a9)(b8)所示。图 2.13(a8)，图 2.13(b7)和图 2.13(a9)是叶片的复合振动，图 2.13(b8)是叶片的弯曲振动。对于 BD 结构的节圆振动，节圆有时会跑出轮盘，而存在于叶片处。特别是像具有长叶片的轮盘，极有可能产生这种情况。研究表明，伞形振动和具有节圆的振动只有在叶轮刚性不足的情况下才会发生。当轮盘较大、叶片较长、轮盘比较薄时，才可能发生节圆振动。具有节圆和节径的复合振动则更为少见。

(3)当轮盘沿轴有周向振动时(即表 2.10 中标注“————”处)，如图 2.13(a5)中的箭头方向，轮盘的周向扭转振动通过榫连结构传递到了叶片，导致叶片发生弯曲振动和弯扭复合振动，即叶片与轮盘发生了耦合振动。其中考虑接触摩擦特性和未考虑接触摩擦特性的振型图不相符，如图 2.13(a4)(b4)，(a5)，(a7)(b6)所示。在图 2.13(b4)(b6)中，轮盘不动，叶片-盘组合结构的振型图表现为叶片的振型。考虑接触摩擦特性的(a5)振型图在不考虑接触摩擦特性时没有对应的振型图出现，见表中标注“* *”处。说明不同的边界条件对 BD 的振型有影响。

考虑接触摩擦特性与不考虑接触摩擦特性的固有频率具有以下特点。

(1)在 BD 振型图相符情况下对应的固有频率，其中不考虑接触摩擦特性的 BD 结构的固有频率要比考虑接触摩擦特性的固有频率高。图 2.13(a1)(b1)，(a2)(b2)，(a3)(b3)，(a6)(b5)，a10(b9)振型图对应的固有频率差值分别为 13.14 Hz，11.07 Hz，68.71 Hz，11.73 Hz 和 8.19 Hz。

(2)在 BD 振型图不相符情况下对应的固有频率，其中考虑接触摩擦特性的 BD 中，图 2.13(a5)振型对应的固有频率在不考虑接触摩擦特性中没有对应的振型存在，即没有相应的固有频率。图 2.13(a4)(b4)，(a7)(b6)，(a8)(b7)，(a9)(b8)振型图对应的固有频率差值分别为 160.96 Hz，−87.68 Hz，107.11 Hz 和 16.21 Hz。

当 BD 呈现节径振动时，由于组合结构的对称性，在非 0 节径下每一阶均有两个相同的固有频率出现，相对应的振型呈现正交形式。所以，书中只列出了相同频率下的一组振型，正交形式的振型未一一列出。

表 2.10　节径数 $m_{bd}=0$ 对应的叶片-盘组合结构的固有特性

BD	轮盘	叶片		考虑 CFC		不考虑 CFC	
m_{bd}，n_{bd}	m_d，n_d	m_b，n_b	振型	固有频率/Hz	振型	固有频率/Hz	振型
0,0	0,0	1,1	一弯	204.21	图 2.13 (a1)	217.35	图 2.13 (b1)
0,0	0,0	1,2	一扭	452.21	图 2.13 (a2)	463.28	图 2.13 (b2)
0,0	0,0	1,2	一扭	508.92	图 2.13 (a3)	577.63	图 2.13 (b3)
————	————	2,1	二弯	816.04	图 2.13 (a4)	977.613	图 2.13 (b4)
————	————	3,1	三弯	1168.92	图 2.13 (a5)	* *	* *
0,0	0,0	2,2	二扭	1418.37	图 2.13 (a6)	1430.1	图 2.13 (b5)
————	————	3,1	三弯	1817.48	图 2.13 (a7)	1729.8	图 2.13 (b6)
0,2	0,0	3,1	复合	1914.33	图 2.13 (a8)	2021.44	图 2.13 (b7)
————	————	3,3	复合	2339.87	图 2.13 (a9)	2356.08	图 2.13 (b8)
0,0	0,0	3,2	三扭	2568.24	图 2.13 (a10)	2576.43	图 2.13 (b9)
0,0	0,0	1,3	弦振	* *	* *	3357.79	图 2.13 (b10)

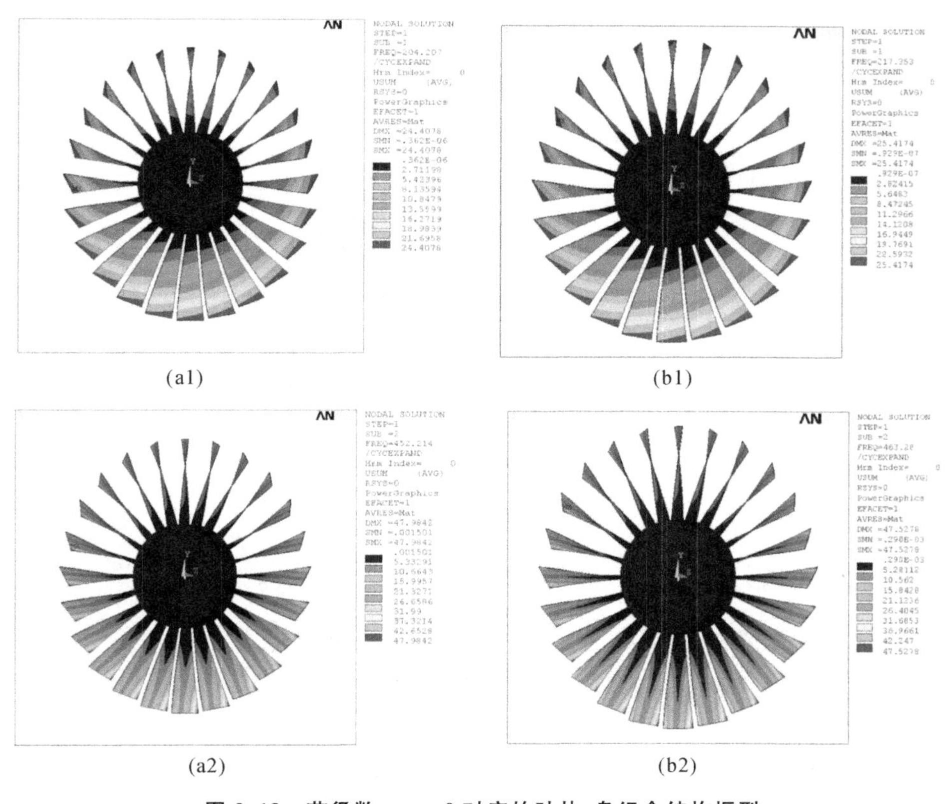

图 2.13　节径数 $m_{bd}=0$ 对应的叶片-盘组合结构振型

(a1)～(a2)考虑 CFC；(b1)～(b2)不考虑 CFC

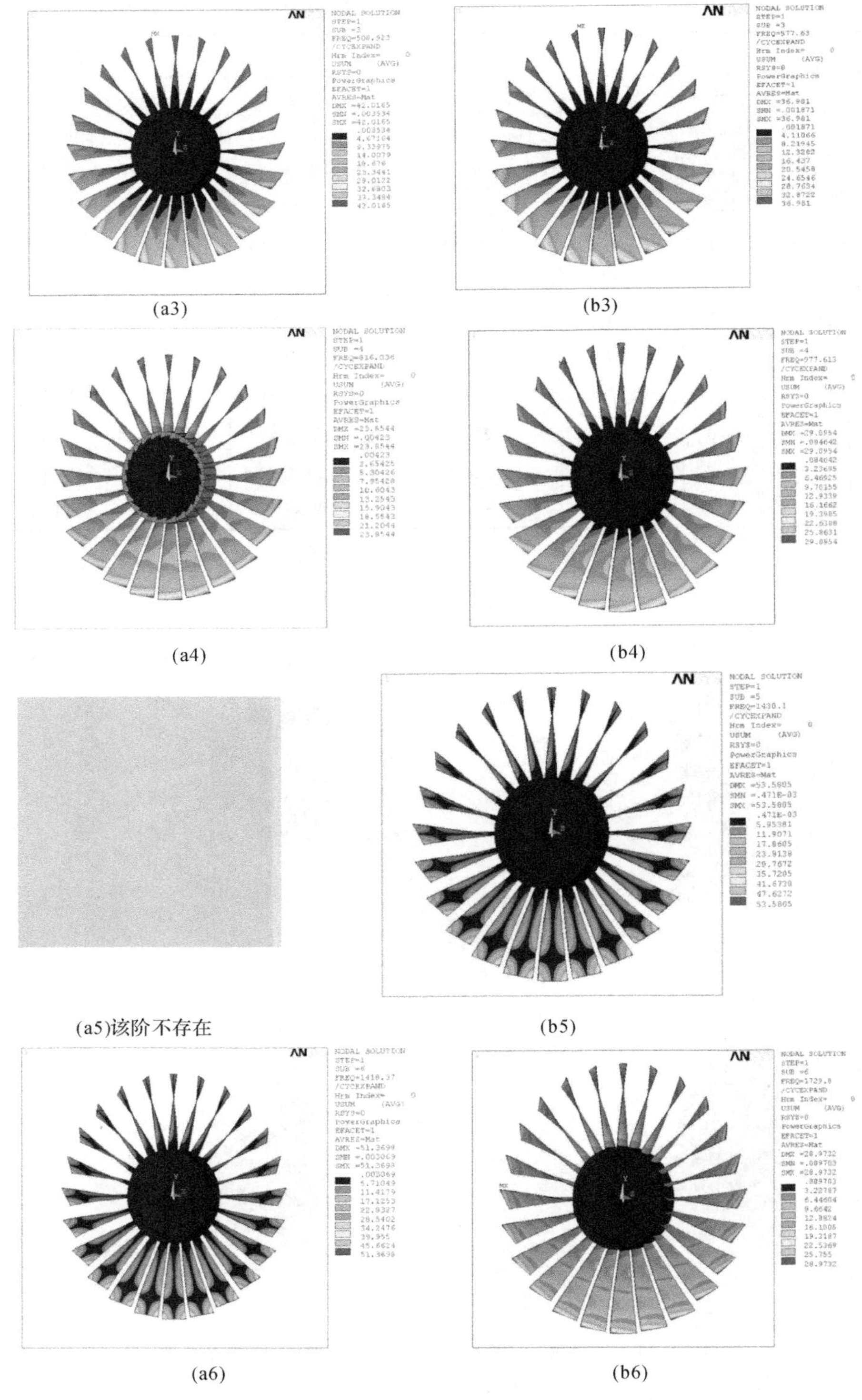

续图 2.13　节径数 $m_{bd}=0$ 对应的叶片-盘组合结构振型

(a3)～(a6)考虑 CFC；(b3)～(b6)不考虑 CFC

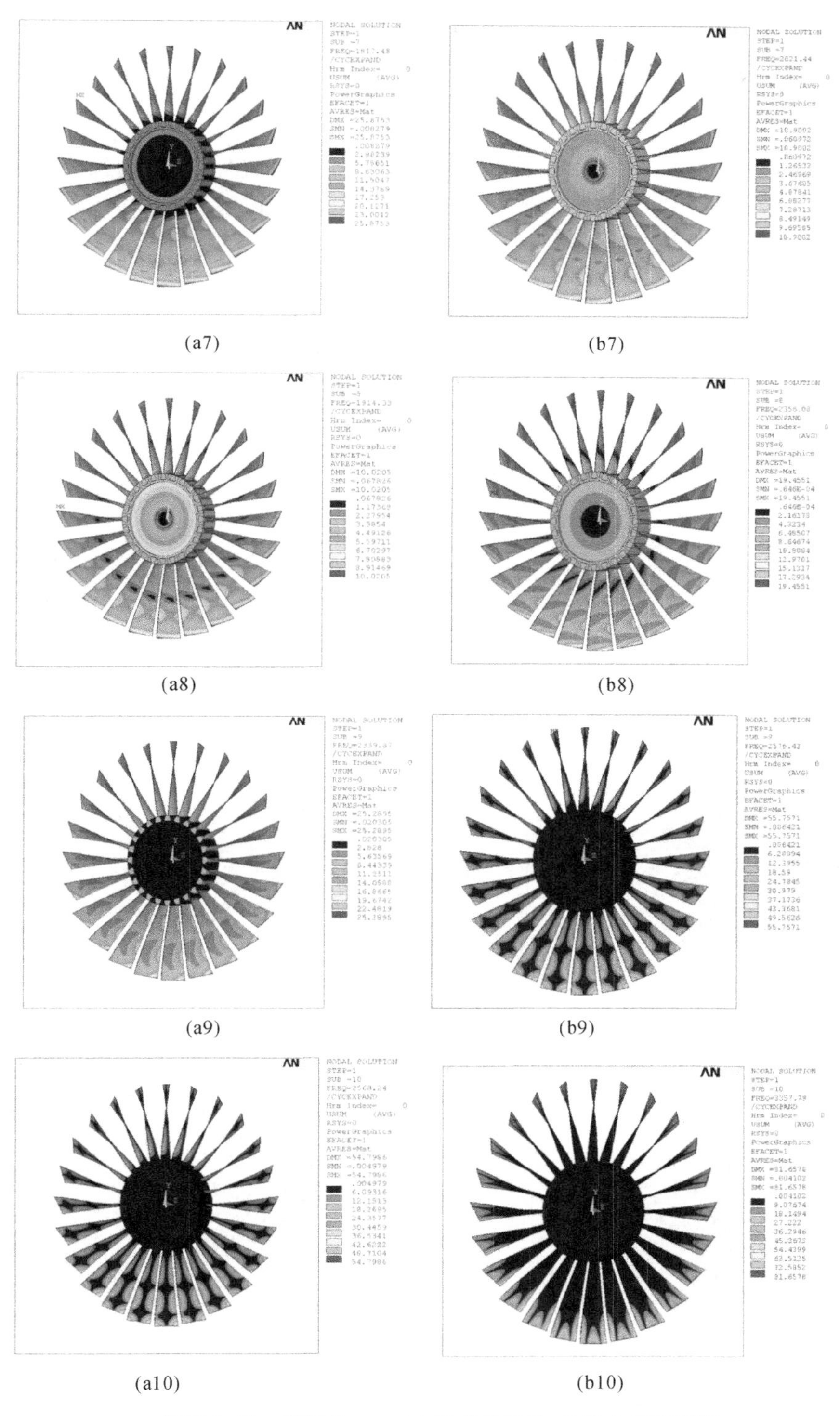

续图 2.13　节径数 $m_{bd}=0$ 对应的叶片-盘组合结构振型

(a7)～(a10)考虑 CFC；(b7)～(b10)不考虑 CFC

表 2.11 为 BD 转速为 10 000 r/min，节径数 $m_{bd}=4$ 时，对应地考虑 CFC 与不考虑 CFC 的 BD 固有频率和振型。由表 2.11 可知，考虑 CFC 与未考虑 CFC 时 BD 的固有频率有所差异，其中最大差值为 127.57 Hz，最小差值为 7.13 Hz。考虑 CFC 与未考虑 CFC 的模态振型比较相符，如图 2.14 所示。

其他节径数对应 BD 的模态振型与节径数 $m_{bd}=4$ 时特点相似，BD 的振型都主要表现为叶片的振动。这说明，BD 在低节径振动时，轮盘对叶片的振动影响较大，随着节径数的增大，轮盘对叶片的振动影响逐渐减小，更多的表现为叶片的振动形式。

对比节径数 $m_{bd}=0$ 和 $m_{bd}=4$ 时 BD 的固有频率可以看出，节径数 $m_{bd}=4$ 对应的固有频率大于节径数 $m_{bd}=0$ 对应的固有频率，说明 BD 的固有频率随着节径数的增加而增大。

表 2.11　节径数 $m_{bd}=4$ 对应的叶片-盘组合结构的固有特性

叶片盘	轮盘	考虑 CFC		不考虑 CFC	
m_{bd}, n_{bd}	m_d, n_d	固有频率/Hz	振型	固有频率/Hz	振型
4,0	0,0	211.58	图 2.14(a1)	218.71	图 2.14 (b1)
4,0	0,0	451.07	图 2.14 (a2)	463.56	图 2.14 (b2)
4,0	0,0 ·	503.22	图 2.14 (a3)	582.04	图 2.14 (b3)
4,0	0,0	868.11	图 2.14 (a4)	995.68	图 2.14 (b4)
4,0	0,0	1 415.35	图 2.14 (a5)	1431.95	图 2.14 (b5)

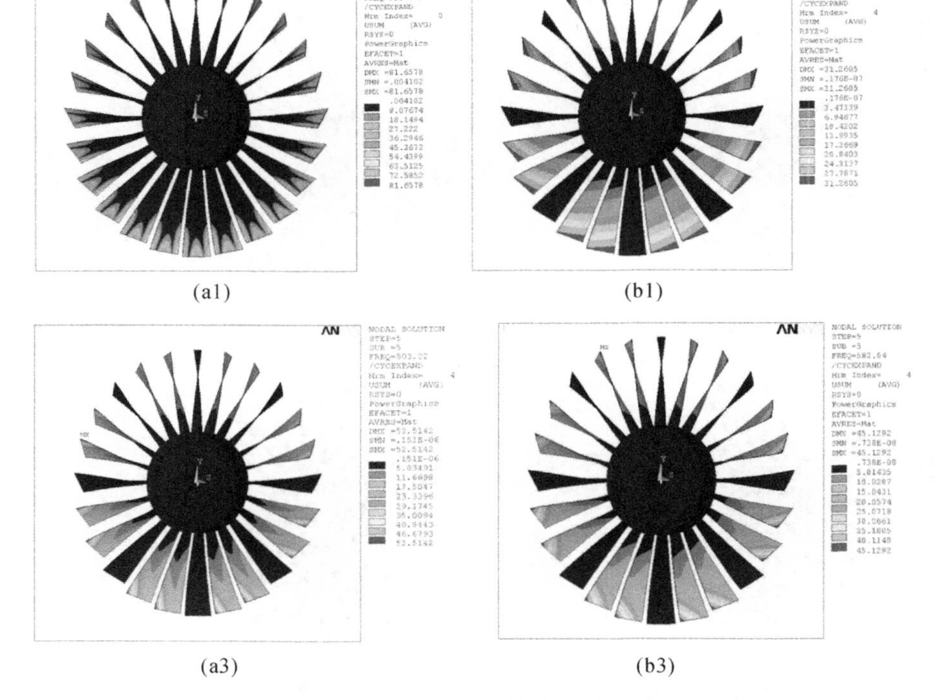

图 2.14　节径数 $m_{bd}=4$ 对应的叶片-盘组合结构振型

(a1)(a3)考虑 CFC;(b1) (b3) 未考虑 CFC

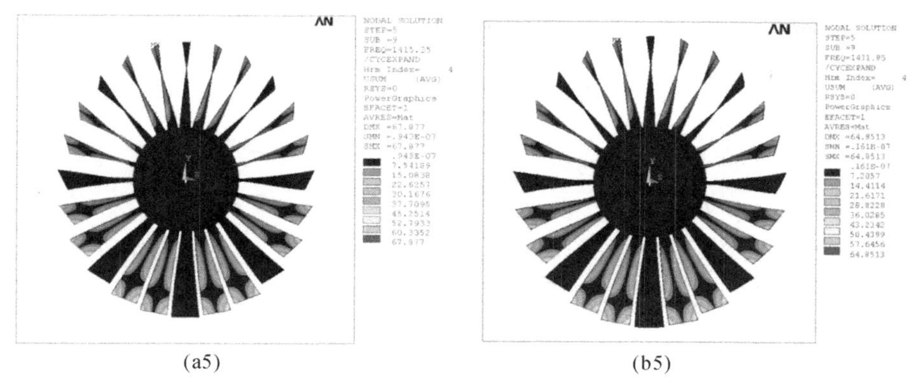

(a5)　　(b5)

续图 2.14　节径数 $m_{bd}=4$ 对应的叶片-盘组合结构振型

(a5)考虑 CFC;(b5) 未考虑 CFC

2.5.2　共振分析

对于建立的 BD 有限元模型,在前述 4 种转速下,分别分析 BD 在考虑 CFC 和未考虑 CFC,节径数 $m_{bd}=0\sim10$ 时的第 1 阶固有频率(即叶片发生 1 阶弯曲振动,轮盘不振动),绘制 Campbell 图。图 2.15 为考虑 CFC 时,BD 振动的 Campbell 图,图 2.16 为未考虑 CFC 时,BD 振动的 Campbell 图。

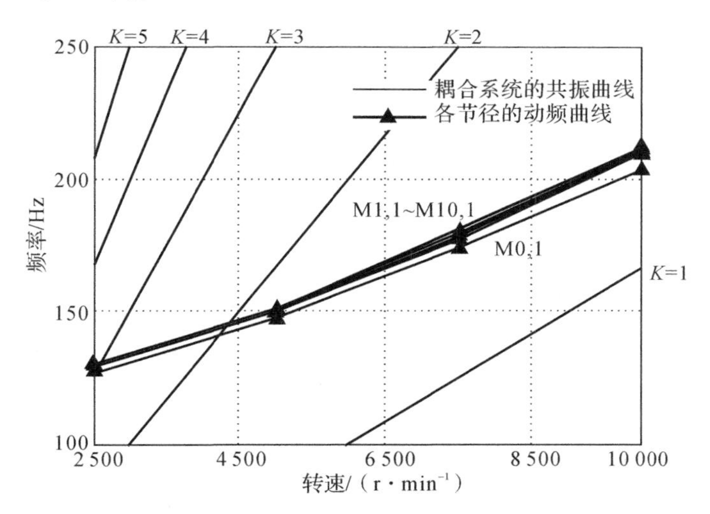

图 2.15　考虑 CFC 时,BD 振动的 Campbell 图

从图 2.15 和图 2.16 中均可以看出,从最低转速到最高转速,节径数 $m_{bd}=1$ 和节径数 $m_{bd}=4\sim10$ 的 1 阶频率线远离相应激振频率线,而节径数 $m_{bd}=2\sim3$ 对应的 1 阶频率与相应的激振频率线都有交点,因此很可能引起节径数 $m_{bd}=2\sim3$ 下的一阶振动。

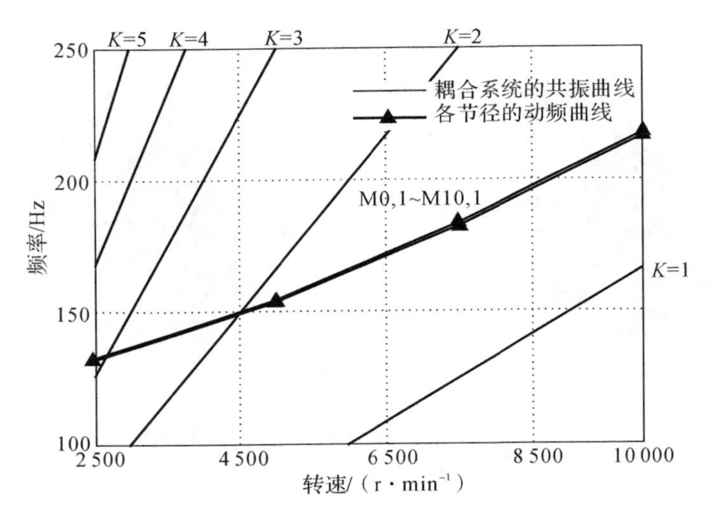

图 2.16 未考虑 CFC 时,BD 振动的 Campbell 图

在图 2.15 中,考虑 CFC 的各节径对应的 1 阶固有频率值,最大频率差值为节径数 $m_{bd}=0$ 和节径数 $m_{bd}=10$ 对应的固有频率,为 9.83 Hz;最小频率差值为节径数 $m_{bd}=9$ 和节径数 $m_{bd}=10$ 对应的固有频率,为 0.17 Hz。可以发现,随着节径数的增加,BD 的固有频率差值越来越小,更加接近于叶片本身的固有频率。

在图 2.16 中,未考虑 CFC 的各节径对应的 1 阶固有频率值,最大频率差值为 0.37 Hz,最小差值为 0 Hz。这说明当未考虑 CFC 时,节径数对第一阶固有频率的影响比考虑 CFC 时小。

2.6 本章小结

本章在解析分析和数值计算的基础上研究了考虑榫头榫槽接触摩擦的叶片的动力学特性。分析了考虑有无接触摩擦对叶片系统的共振响应幅值的变化,研究了榫头榫槽接触区法向接触刚度、法向接触阻尼、摩擦因数等参数对叶片系统的振动幅值的影响,分析了旋转角速度的变化对叶片固有频率的影响。通过计算,得出如下结论:

(1)将考虑接触摩擦特性的叶片系统简化成悬臂梁,采用 Euler-Bernoulli 梁模型,在微振动假设下忽略转动惯量及应变位移非线性。叶片受均布气动载荷、离心载荷以及榫头榫槽接触力作用。其中以弹簧和黏性阻尼器来表征榫头榫槽间的法向压力,以库伦摩擦模型表征榫头榫槽接触面间的摩擦力。

(2)基于 Newton 力学原理,根据力与力矩平衡,建立了受到均布气动载荷、离心载荷以及榫头榫槽接触力的叶片系统的偏微分运动控制方程。

(3)运用 Galerkin 方法对方程进行离散得到常微分控制方程。将榫头榫槽接触作用对叶片系统刚度及阻尼矩阵的影响引入系统,同时引入比例阻尼。通过 Newmark-β 法进行数值求解获得时域响应，并获得幅值谱图。

(4)考虑接触区有无接触摩擦对叶片的共振响应影响不大，考虑接触摩擦的叶片共振响应计算值略有升高，但差异率在 10^{-4} 数量级及以下，且随激振能量的增加而增大。

(5)随着接触区法向刚度的增加，叶片各阶共振响应幅值增大，不利于减振。当处于 $10^4 \sim 10^6$ 范围内，叶片各阶共振响应幅值增大的程度差别不大，仅略有上升；当处于 10^7 及以上时，共振响应幅值上升明显。因此，使法向接触刚度维持在 $10^6 \sim 10^7$ 区间内，减振效果较好。

(6)接触区法向接触阻尼和摩擦因数对叶片各阶共振响应幅值的影响不大。

第3章　盘鼓组合结构多层次建模与动力学分析

3.1　多层次建模的基本策略

3.1.1　结构描述

单级盘鼓组合结构由24个直板叶片、轮盘、筒件和锥壁组成，如图3.1所示。锥壁通过套齿固定在轴上；盘、筒件、锥壁之间通过24个螺栓连接；叶片与轮盘通过榫根连接。盘鼓组合结构的材料参数见表3.1。

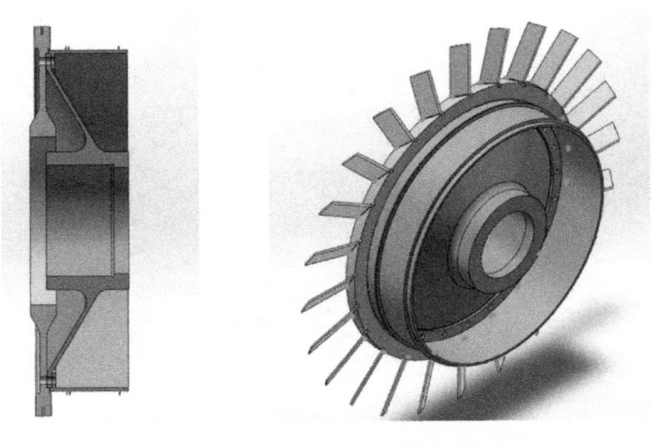

图3.1　单级盘鼓组合结构实体模型

表3.1　盘鼓组合结构的材料参数

材料	弹性模量/Pa	密度/(kg·m^{-3})	泊松比
40CrNiMoA	2.06×10^{11}	7 850	0.3

3.1.2　面向筒件振动特性分析的多层次建模策略

针对上述盘鼓组合结构，可以分成如下4个层次建模，进行对比分析，从而可以确定其中的关键零件——筒件的合适模型。

在不同层次模型的建立过程中，采用固有特性的计算值与实测值对比分析的方法进行模型的验证与确认。

(1)第 1 层次：全部构件整体组合模型 A。

在这一层次的建模，各结构件的边界条件最符合实际安装状态，而且可以反映出各个结构件之间的相互耦合作用。特别地，在这一层次的模型中，流体激振力可以直接施加在叶片上来计算筒件的振动响应特性。

(2)第 2 层次：叶片简化的组合模型 B。

除叶片外，轮盘、锥壁、筒件均为圆周对称结构，建模相对较简单。在这一层次，考虑将叶片进行简化、等效。在建模过程中，研究各结构件之间的连接关系对筒件振动特性的影响；在分析过程中，研究组合件特殊的振动行为、相互连接的各结构件相互之间振动特性的影响。

(3)第 3 层次：相邻构件组合模型 C。

在这一层次，将与筒件距离较远、影响相对较弱的结构逐个进行简化、等效。力求模型尽量简单，又能反映出相连结构的影响。

(4)第 4 层次：单一筒件模型 D。

单一筒件模型的建模主要考虑的是边界条件的正确处理以及相连结构件的等效。在这一层次中，进行不同边界条件下的筒件固有特性计算，与实测结果进行对比分析。

3.2　有限元建模的关键技术

有限元建模的总原则是根据工程分析的精度和目的，建立合适的、能模拟实际结构的有限元模型。主要包括分析对象几何模型的正确表达、单元的选取、边界约束与联接的处理等有限元技术。

3.2.1　单元类型

在盘鼓组合结构建模中，主要用到以下单元类型。

(1) MESH200 单元。MESH200 单元是仅用来划分网格的单元，对计算结果毫无影响。MESH200 单元可以与任意其他单元一起使用，它不具有自由度、材料特性、实常数或荷载。当不需要该单元时，可以删除或留在模型中，不影响计算结果。MESH200 单元可以通过设置单元属性来选择它的几何构造及节点布置，常用于拖拉和扫掠网格划分中。

(2) SOLID186 单元。SOLID186 单元是一种高阶 3 维 20 节点固体结构单元，它具有二次位移模式，可以更好地模拟不规则的网格[例如通过不同计算机辅助设计(CAD)系统建立的模型]。

该单元通过 20 个节点来定义，每个节点有 3 个沿着 xyz 方向平移的自由度。SOLID186 单元可以具有任意的空间各向异性，可采用混合模式模拟几乎不可压缩弹塑性材料和完全不可压缩超弹性材料。

(3) MATRIX27 单元。MATRIX27 单元是一种自定义单元，它是通过两个节点来定义的，节点的坐标在 ANSYS 工作空间中没有限制。每个节点有 6 个自由度(沿节点坐标系 x、y、z 方向的平动自由度和绕节点坐标系 x、y、z 方向的转动自由度)。

用一个 12×12 的矩阵就能定义一个 MATRIX27 单元的刚度特性，刚度矩阵可以通过实常数进行定义。对于一个由 1 号和 2 号节点确定的 MATRIX27 单元，在两节点之间施加 x、y、z 方向的相对刚度系数分别为 K_x、K_y、K_z，则其刚度系数矩阵为

$$
\boldsymbol{K}=\begin{bmatrix}
K_x & 0 & 0 & 0 & 0 & 0 & -K_x & 0 & 0 & 0 & 0 & 0 \\
 & K_y & 0 & 0 & 0 & 0 & 0 & -K_y & 0 & 0 & 0 & 0 \\
 & & K_z & 0 & 0 & 0 & 0 & 0 & -K_z & 0 & 0 & 0 \\
 & & & 0 & 0 & 0 & 0 & 0 & 0 & 0 & 0 & 0 \\
 & & & & 0 & 0 & 0 & 0 & 0 & 0 & 0 & 0 \\
 & & & & & 0 & 0 & 0 & 0 & 0 & 0 & 0 \\
 & & & & & & K_x & 0 & 0 & 0 & 0 & 0 \\
 & & & & & & & K_y & 0 & 0 & 0 & 0 \\
 & \text{对称} & & & & & & & K_z & 0 & 0 & 0 \\
 & & & & & & & & & 0 & 0 & 0 \\
 & & & & & & & & & & 0 & 0 \\
 & & & & & & & & & & & 0
\end{bmatrix}
$$

(4) MASS21 单元。MASS21 单元是一个具有 6 自由度的点单元。每个方向可以具有不同的质量和转动惯量。此单元由一个单一的节点来定义，其质量可以通过实常数进行定义。

3.2.2 边界约束条件与联接的处理方法

对于组合结构，各个结构件的联接条件对组合结构的振动特性影响非常大。在工程应用中，一般的处理方法是将轮盘、锥壁与筒件之间的联接视为绝对刚性，建模时将其建成一体的或者完全刚性联接的。但是，实际安装状态下两个零件的联接是区域性的、弹性的，因而完全刚性的联接会影响盘鼓组合结构动力学特性分析的正确性。

受实际安装状态的影响，单个结构件建模时边界条件需要确定。由于盘鼓组合结构大多为薄壁结构，相互联接的结构件刚度比较接近，这给边界条件的确定带来了更多的困难。以筒件为例，筒体结构是通过螺栓固定在锥壁结构上的，工程中通常考虑将其建成一端固支的模型进行分析，分析结果与实际很难取得一致。另外，组合结构中单个结构件的振动特性会不同程度地受到相连结构件的影响，单一结构件的建模分析应当考虑到这一影响。

3.3 算　　例

3.3.1 整体有限元模型

在 SOLIDWORKS 中建立一个扇区的三维实体模型(包括叶片、轮盘、锥壁、筒件),如图 3.2 所示。导入 ANSYS,采用三维实体单元 SOLID186 进行网格划分,然后沿对称轴在圆周方向上生成整体有限元模型,最终生成的有限元模型共有 39 802 个单元。

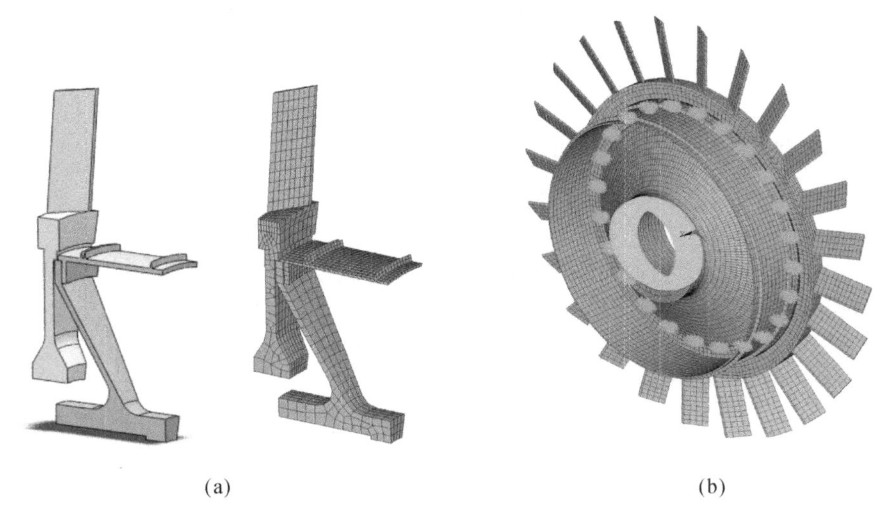

(a)　　(b)

图 3.2　带叶片的盘鼓组合结构有限元模型 SA

(a)单个扇区的模型;(b) 整体有限元模型

联接部位的处理方式为:将叶片与轮盘简化成一个整体,将轮盘与锥壁、筒件与锥壁对应 24 个螺栓联接位置的节点全部自由度耦合,约束锥壁中心套齿部分的全部自由度。

3.3.2 不同层次的有限元模型

4 个层次的不同模型分别如下。

(1)SA:将叶片与轮盘简化成一个整体,将轮盘与锥壁、筒件与锥壁对应 24 个螺栓联接位置的节点全部自由度耦合,约束锥壁中心套齿部分的全部自由度。该模型包含 39 802 个单元。

(2)SB:在有限元模型 SA 的基础上,完全忽略叶片,建立有限元模型 SB,各结构件的连接关系、边界条件与 SA 相同。该模型包含 35 616 个单元。

(3)SC:忽略叶片,将锥壁简化成一个圆环,保留轮盘、筒件与锥壁的连接关系,约束圆环内圈的全部自由度。该模型包含 17 760 个单元。

(4)SD:单独抽取出筒件结构件,约束 24 个螺栓连接位置的全部自由度。该模型包含 5 760 个单元。

各层次有限元模型如图 3.3 所示。

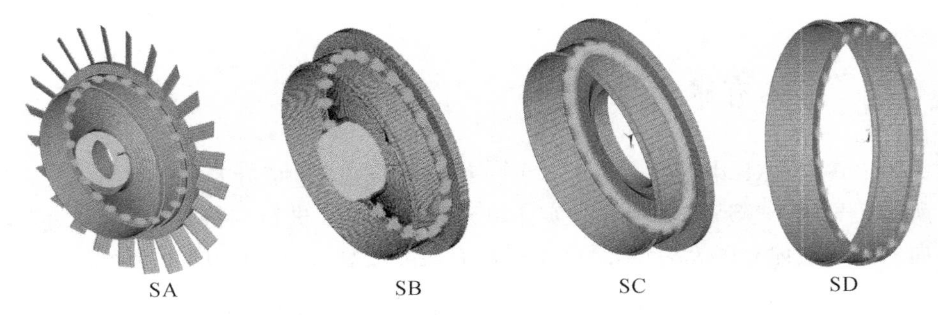

图 3.3 不同层次的筒件有限元模型

3.3.3 固有特性计算结果

基于各模型,在 ANSYS 中采用 Block Lanczos 法进行模态分析。

(1)耦合模态的对比。提取不同层次有限元模型计算得到的筒件振型为(1,5)~(1,12),将对应的固有频率与安装状态下的锤击法实测值进行对比,并计算差异率,见表 3.2。

表 3.2 不同层次模型计算得到的筒件固有频率

m,n	测试值/Hz	SA/Hz	差异/%	SB/Hz	差异/%	SC/Hz	差异/%	SD/Hz	差异/%
1,5	1 011.13	955.08	5.54	962.28	4.83	963.90	4.67	1 025.5	1.4
1,6	1 089.84	1 111.6	2.00	1 115.0	2.31	1 047.82	3.86	1 080.3	0.88
1,7	1 241.21	1 363.75	9.87	1 366.4	10.09	1 263.48	1.79	1 278.9	2.95
1,8	1 464.84	1 679.53	14.66	1 682.6	14.87	1 557.33	6.31	1 564.4	6.36
1,9	2 083.98	2 047.07	1.77	2 048.82	1.69	1 904.68	8.60	1 907.6	9.25
1,10	—	2 455.72	—	2 458.76	—	2 293.96	—	2 294.6	—
1,11	2 834.57	2 904.95	2.49	2 909.04	2.63	2 718.66	4.09	2 717.8	4.3
1,12	3 242.97	3 394.9	4.69	3 394.54	4.67	3 172.63	2.17	3 169.2	2.33

从表 3.2 中可以看出,针对筒件的固有频率,整体模型 SA 与单一筒件模型 SD 相比,在计算精度上并没有明显的提高。从单级盘鼓组合结构的结构特征来看,筒件是直接安装在锥壁上的,因而,确定合理的边界条件就可以满足筒件固有频率的计算精度要求。

图 3.4 为测试得到的筒件结构的频率响应函数(FRF)曲线,与单一筒件的有限元模型 SD 的计算结果相比,FRF 中会出现计算结果中不存在的峰值频率(见图 3.4 中 1、2、5)。从

SA 模型的计算结果中可以发现，这些频率来源于其他结构件的振动，如图 3.5 所示。

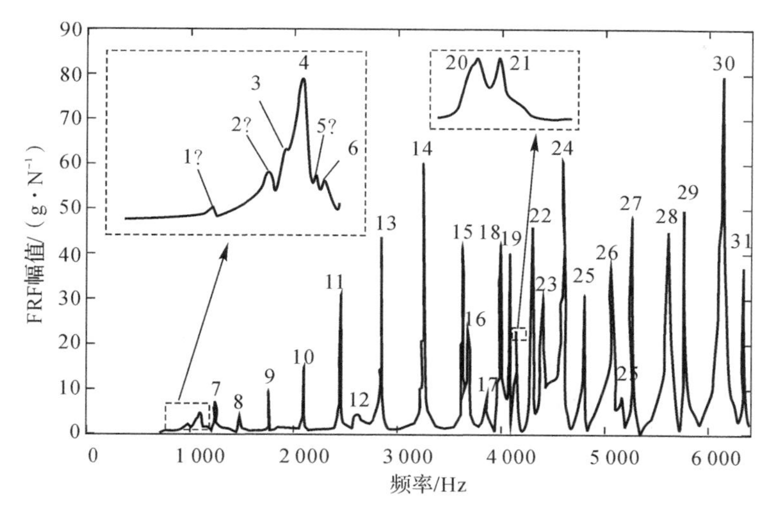

图 3.4　实验测试得到的筒件的 FRF 曲线

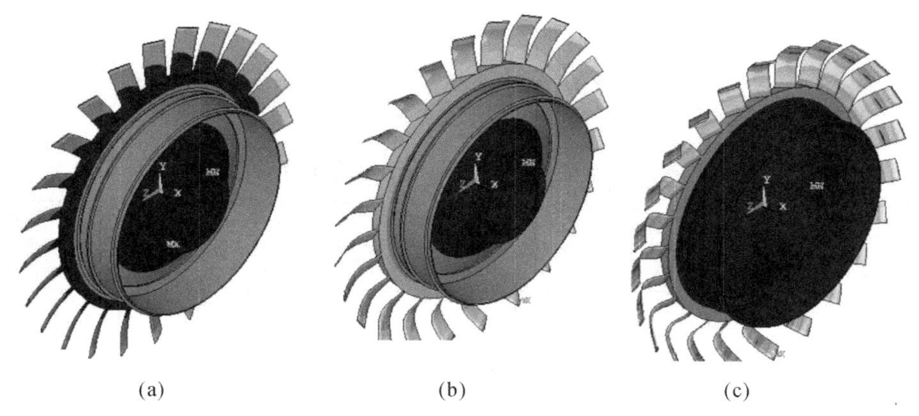

(a)　　(b)　　(c)

图 3.5　实测 FRF 曲线中 SD 模型中不存在的峰值对应的频率及振型

(a) 1—777.21 Hz；(b) 2—1 003.61 Hz；(c) 5—1 040.84 Hz

单一筒件的有限元模型 SD 无法反映出实际情况下由其他结构件耦合导致的筒件振动，这时筒件有发生耦合共振疲劳的风险。

(2)不同联接方式下盘鼓组合结构的固有特性分析。除叶片外，轮盘、锥壁、筒件均为圆周对称结构，建模相对较简单。在这一层次，考虑将叶片进行简化、等效。在建模过程中，研究各结构件之间的联接关系对筒件振动特性的影响；在分析过程中，研究组合件特殊的振动行为和相互联接的各结构件相互之间振动特性的影响。

对盘鼓组合结构的固有特性进行分析，并结合安装状态下筒件、轮盘测试得到的固有频率进行对比分析。

一般考虑轮盘、锥壁与筒件之间的联接是绝对刚性的，因此建模时一般将其建成一体或者完全刚性联接的。但是实际上两个零件的联接处有一定的弹性，因而完全刚性的联接会影响盘鼓组合结构的动力学特性分析。下面分别采用完全刚性联接、螺栓区域刚性联接以及等效弹性联接3种联接方式，进行筒件固有特性的对比分析。

1）完全刚性联接——SB－1模型。在ANSYS中建立盘鼓组合结构的有限元模型，将三个零件的联接处直接建成一体，即完全刚性联接，如图3.6所示。采用三维实体单元SOLID186进行网格划分，共划分35 616个单元。约束锥壁内圈套齿部分的全部自由度，采用Block Lanczos法进行模态分析，提取其前30阶固有频率及模态振型，见表3.3。

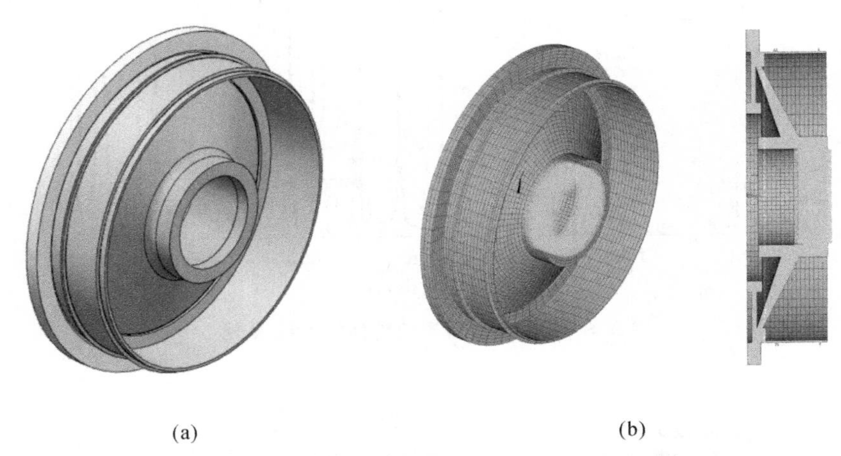

(a)　　(b)

图3.6　完全刚性联接的盘鼓组合结构有限元模型

(a)实体模型；(b)有限元模型

表3.3　完全刚性联接下盘鼓组合结构的前30阶固有频率及振型

阶次	振型	频率/Hz	阶次	振型	频率/Hz
1	整体1节径	449.05	16	耦合振型	2699.0
2	整体2节径	677.71	17	盘3节径1节圆	2885.8
3	盘内圈振动为主	940.83	18	筒件1,11	3021.2
4	筒1,3	1 094.0	19	筒件1,2	3 021.5
5	盘1节圆	1 227.4	20	盘2节圆	3 106.9
6	筒1,4为主	1 262.0	21	筒1,3为主，盘与第4阶不同	3 240.7
7	筒1,5	1 351.4	22	盘1节圆1节径 锥壁1节径	3 335.21
8	盘外圈振动为主	1 425.7	23	筒件1,12	3 497.6
9	盘1节径,1节圆	1 433.9	24	盘2节圆2节径 锥壁2节圆2节径	3 680.03
10	筒件1,6	1 464.6	25	盘4节径	3 726.02
11	筒件1,7	1 640.5	26	筒2,4　盘2节圆4节径	4 011.55
12	筒件1,8	1 889.8	27	筒1,13	4 011.86
13	盘2节径1节圆	2 047.1	28	筒1,1	4 046.84
14	筒件1,9	2 208.8	29	筒自由端呼吸	4 133.78
15	筒件1,10	2 589.0	30	筒2,3；锥壁3节径	4 133.89

从模态振型上来看(见图 3.7),以筒的振动为主要振型的阶次,单件之间的相互耦合作用比较弱;而以盘的振动为主要振型的阶次,盘的振动往往会伴随着筒件和锥壁的振动,存在比较强的耦合现象。分析其原因,主要是盘和锥壁与筒件之间的刚度差异引起的。轮盘相对比较厚、刚度大,而筒件属于薄壁件,刚度小。

在高阶部分(见表 3.3 中 26、27 阶与 29、30 阶),非常接近的两个频率对应着完全不同的两个模态振型。图 3.8 为第 26 阶与第 27 阶模态振型,两阶固有频率仅相差 0.25 Hz,却是完全不同的两种模态振型。因此,组合结构中筒件结构件的密频特征,除了筒体本身的各阶固有频率比较接近之外,组合结构存在的大量耦合振动还会使密频特征更加明显。

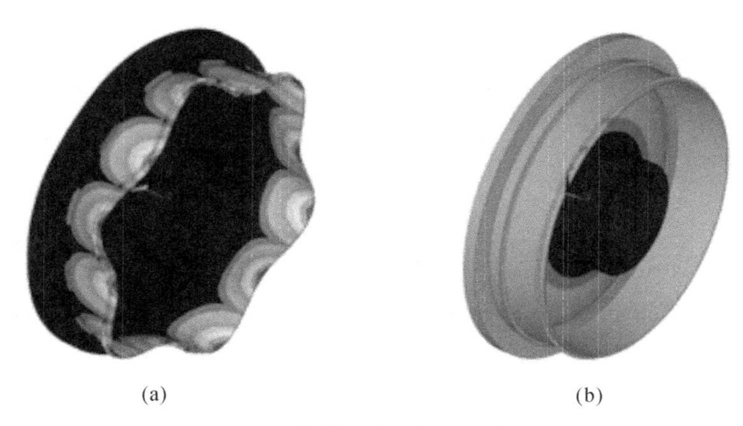

(a)　　(b)

图 3.7　盘鼓组合结构的模态振型

(a)筒件 $m=1,n=6$ 的组合件振型(1 464.6 Hz);(b)盘振动为主的组合件振型(940.83 Hz)

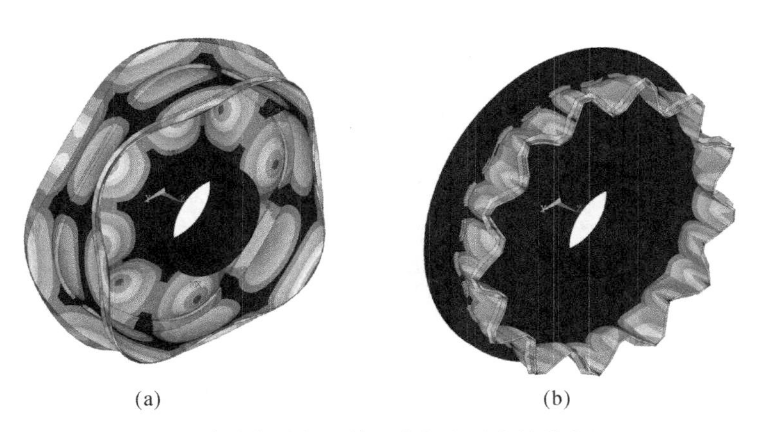

(a)　　(b)

图 3.8　高阶部分相近的两个频率对应的模态振型

(a) 4 011.55 Hz 对应的模态振型;(b) 4 011.8 Hz 对应的模态振型

2)螺栓区域刚性联接——SB-2 模型。在 ANSYS 中分别建立轮盘、锥壁和筒件的模型,将轮盘、锥壁以及筒件、锥壁螺栓联接处对应节点的全部自由度耦合(见图 3.9),约束锥壁内圈套齿部分的全部自由度,采用 Block Lanczos 法进行模态分析,提取其前 30 阶固有频率及模态振型,见表 3.4。

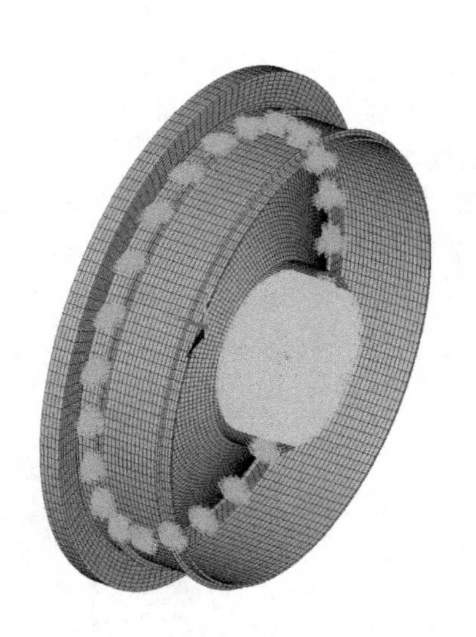
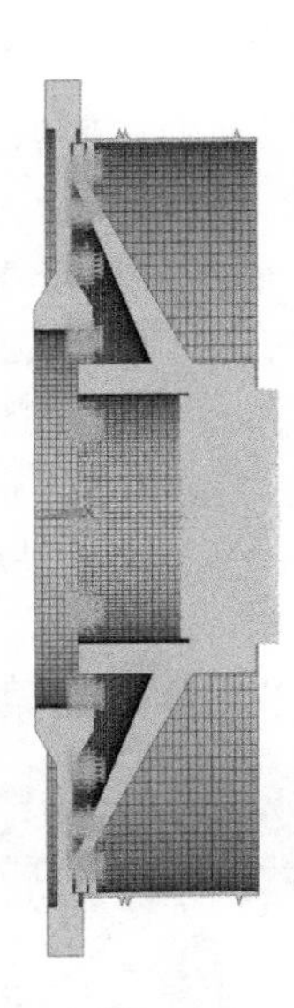

图 3.9　部分区域刚性联接的有限元模型

表 3.4　螺栓区域刚性联接盘鼓组合结构的前 30 阶固有频率及振型

阶次	振型(主要)	频率/Hz	阶次	振型(主要)	频率/Hz
1	盘 1 节圆	740.60	16	盘 2 节径,筒 $n=2$,	2283.41
2	整体 1 节径	742.01	17	耦合 盘为主	2401.48
3	筒 1,5	962.28	18	筒 1,10	2458.76
4	筒 1,4	969.57	19	盘 4 节径	2593.98
5	筒 1,6	1 115.0	20	盘 2 节圆	2 689.15
6	筒 1,2,整体 2 节径	1 148.5	21	盘 2 节圆 1 节径	2 876.6
7	盘 3 节径,筒 $n=3$	1 167.4	22	筒 1,11	2 909.04
8	盘 1 节径,1 节圆	1 228.9	23	整体 3 节径,盘 3 节径 1 节圆	3 169.15
9	筒 1,7	1 366.4	24	整体 3 节径,盘 2 节径 1 节圆	3 182.56
10	盘 外圈振动	1 421.8	25	耦合:盘 5 节径	3 195.91
11	盘 外圈振动	1 493.8	26	筒 1,12	3 394.54
12	筒 1,8	1 682.6	27	筒 1,13	3 922.04
13	盘 2 节径,1 节圆	1 881.1	28	盘 5 节径	3 953.5
14	筒 1,9	2 048.82	29	筒 1,1	3 969.57
15	盘 3 节径为主	2 158.66	30	锥壁 3 节径 盘 3 节径	4 047.96

3)等效弹性联接——SB－3 模型。实际上,组合结构中由螺栓进行联接的两个零件是一种非刚性的联接,因而考虑在 ANSYS 中建立零件两两等效弹性联接的有限元模型。

在轮盘、锥壁、筒件的结合面处添加 MATRIX27 单元,给定其刚度系数为 $K_x=K_y=$

$K_z=1\times10^{11}$ N/m。约束锥壁内圈套齿部分的全部自由度，采用 Block Lanczos 法进行模态分析，提取其前 30 阶固有频率及模态振型，见表 3.5。

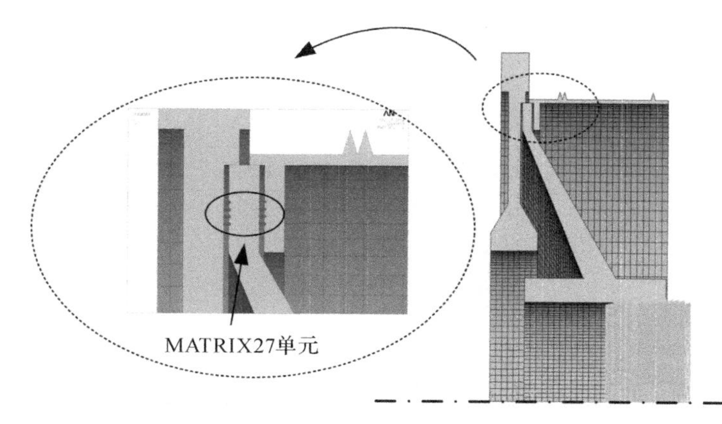

图 3.10　结构件两两弹性联接的组合件有限元模型

表 3.5　弹性联接状态下组合结构的前 30 阶固有频率及模态振型

阶次	振型	频率/Hz	阶次	振型	频率/Hz
1	整体 1 节径	660.10	16	筒 1,2	2 300.94
2	盘 1 节圆	784.04	17	整体耦合	2 383.54
3	筒 1,4	939.44	18	筒 1,10	2 461.66
4	筒 1,5	956.33	19	盘 4 节径	2 646.76
5	整体 2 节径	992.5	20	盘 2 节圆	2 706.93
6	筒 1,3 耦合	1 088.0	21	筒 1,11	2 911.76
7	筒 1,6	1 115.2	22	整体耦合	2 914.51
8	盘 1 节径 1 节圆	1 217.2	23	锥壁 3 节径，盘 2 节径 1 节圆	3 124.92
9	筒 1,7	1 369.1	24	锥壁 2 节径 盘 1 节圆 2 节径	3 199.17
10	盘 外圈伞形	1 398.0	25	盘 5 节径	3 277.16
11	盘 外圈伞形 锥壁	1 498.0	26	筒 1,12	3 400.11
12	筒 1,8	1 685.8	27	筒 1,13	3 924.64
13	盘 2 节径 1 节圆	1 887.63	28	耦合	3 936.5
14	筒 1,9	2 051.91	29	耦合锥壁	3 977.21
15	整体 3 节径	2 198.4	30	盘 6 节径	4 070.05

4）不同联接方式结果与实验测试结果对比。根据模态振型，将采用不同联接方式的盘鼓组合件中主要表现为筒件振动的振型对应的固有频率提取出来，与安装状态下实验测试得到的筒件的固有频率进行对比，见表 3.6。

表 3.6　不同联接方式组合结构中筒件的固有频率

m,n	测试/Hz	SB－1/Hz	差异/(%)	SB－2/Hz	差异/(%)	SB－3/Hz	差异/(%)
1,5	1 011.13	1 351.4	33.65	962.28	4.83	956.33	5.42
1,6	1 089.84	1 464.6	34.39	1 115.0	2.31	1 115.0	2.31
1,7	1 241.21	1 640.5	32.17	1 366.4	10.09	1 369.1	10.30
1,8	1 464.84	1 889.8	29.01	1 682.6	14.87	1 685.8	15.08
1,9	2 083.98	2 208.8	5.99	2 048.82	1.69	2 051.91	1.54
1,10	—	2 589.0	—	2 458.76	—	2 461.7	—
1,11	2 834.57	3 021.2	6.58	2 909.04	2.63	2 911.76	2.72
1,12	3 242.97	3 497.6	7.85	3 394.54	4.67	3 400.11	4.85
1,13	3 671.48	4 011.86	9.27	3 922.04	6.82	3 924.64	6.90

对比表 3.6 中组合结构不同联接方式下的计算结果可以看出：

a. 各结构完全刚性连接的 SB－1 模型，计算得到的筒件固有频率在低阶与实测值差异很大。

b. 随着周向波数 n 的增大，三种联接方式计算得到的结果之间的差异逐渐减小，这说明筒件的高阶固有频率受边界条件的影响比较小。

c. 等效弹性联接的 SB－3 模型与螺栓位置刚性联接的 SB－2 模型计算结果非常接近，这说明，螺栓联接状态是具有一定刚度值的弹性联接。

3.4　在叶片气动载荷作用下筒件的共振响应

基于多层次建模固有特性分析确认的边界及连接条件，采用 SA 模型，对叶片施加载荷，对叶片气动力激振下盘鼓组合结构的振动行为及共振响应进行分析计算。

将作用在叶片上的气动载荷等效成作用在叶片侧面轴向与周向两个方向的激振力，如图 3.11 所示。根据实验中气体喷嘴的气压及流量，单个叶片上受到的轴向与周向的力为 1.8 N。

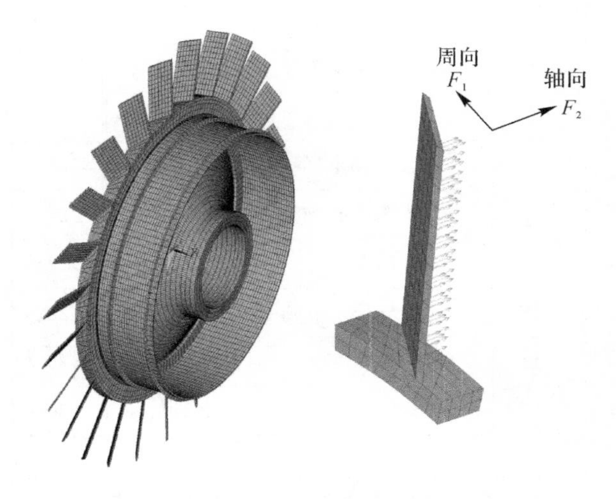

图 3.11　等效的叶片气动激振力

采用瑞利(Rayleigh)阻尼，将测试得到的前 2 阶固有频率($\omega=2\pi f$)及模态阻尼比(ζ)代入计算式 $\alpha+\beta\omega=\omega$，得到比例

阻尼系数 $\alpha=9.4425$，$\beta=6.1984\times10^{-7}$。

给定频率范围为 0～1 500 Hz，步长为 0.1 Hz，采用模态叠加法，进行谐响应计算分析。

(1)叶片的谐响应。参照实验测试中应变片的粘贴位置及方向，在叶片上对应的位置选择节点，提取其 Z 向振动位移和 X 方向的振动应力，绘制谐响应曲线。

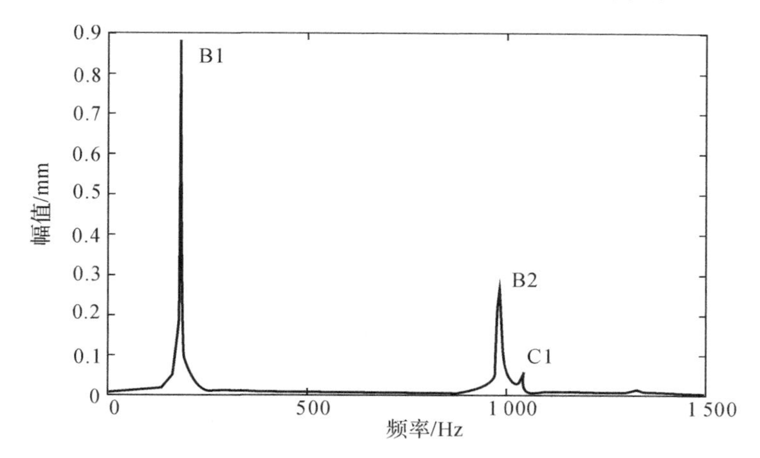

图 3.12 叶片激振下叶片上节点得到的谐响应曲线(Z 向位移)

图 3.12 为叶片上节点的 Z 向位移谐响应曲线。从图中可以看出，叶片上节点的谐响应曲线有 3 个比较明显的峰值(见图中 B1、B2 和 C1)。提取峰值频率对应的模态振型，如图 3.13 所示，B1 对应叶片的 1 阶弯曲振动，B2 对应叶片的 1 阶扭转振动，C1 对应耦合振动。

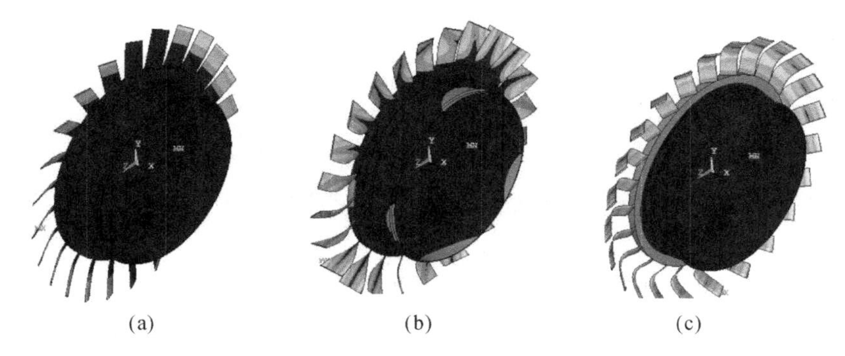

图 3.13 叶片上节点谐响应曲线峰值对应的模态振型

(a) B1—叶片 1 阶弯曲；(b) B2—叶片 1 阶扭转；(c) C1—耦合振动

(2)叶片的振动应力。根据实验测试中应变片的粘贴位置和方向，提取叶片上对应节点的 X 方向的振动应力，如图 3.14 所示。从图 3.14 中可以看出，0～1 200 Hz 频率范围内两个最高的应力峰值为叶片 1 阶弯曲(182.8 Hz，13.98 MPa)和叶片 1 阶扭转(984.4 Hz，3.24 MPa)。将结果列入表 3.7，与实验测试的结果进行对比分析。

(3)筒件的谐响应。图 3.15 为 500～1 500 Hz 频率范围内筒件上径向振动位移的谐响应曲线，从图 3.15 中可以看出，由于结构的固有频率比较密集，在 900～1 300 Hz 范围内出现了很多共振峰。其中，有 3 个最为明显的共振峰(见图中①②③)。提取这 3 个峰值频率对应的模态振型，如图 3.16 所示。

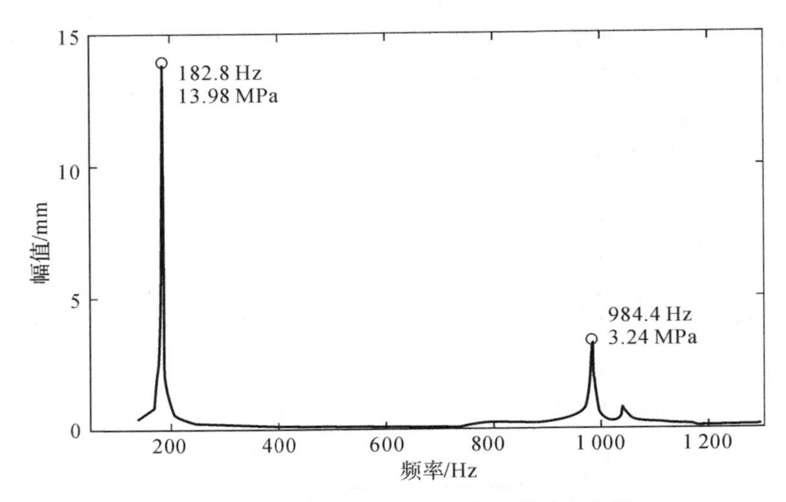

图 3.14 叶片上节点 X 方向应力谐响应曲线

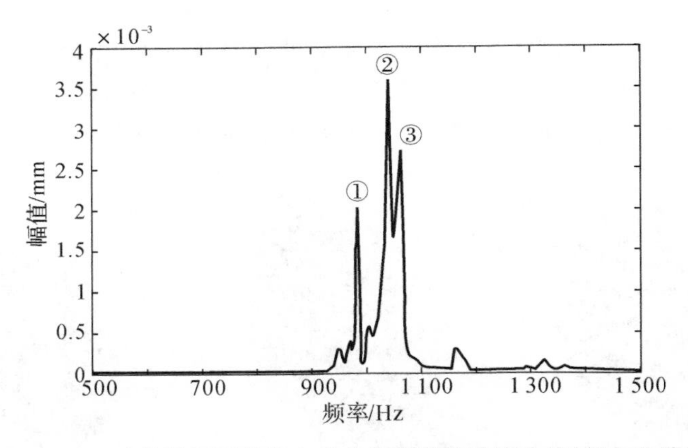

图 3.15 叶片激振下筒件上节点得到的谐响应曲线(径向位移)

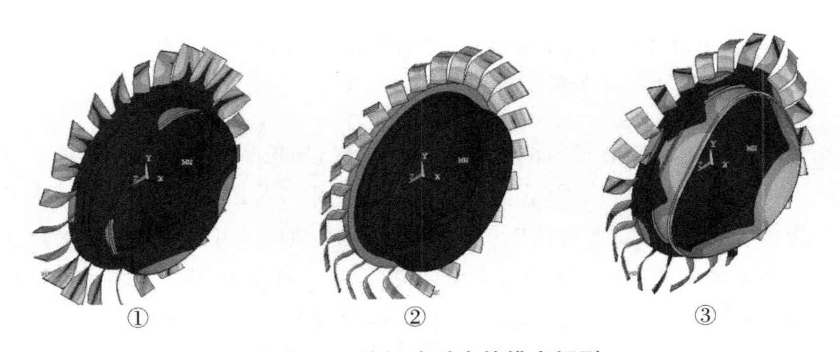

图 3.16 共振峰对应的模态振型

从图3.16中可以看出，在叶片气动力激振下，筒件出现较强共振峰值时，叶片上的振动量都比较大。由于筒件的振动是叶片振动激发的，所以只有当叶片发生强烈共振时，筒件上才会出现较大的振动。

(4)筒件的振动应力。图3.17为经过扩展得到的筒件上节点的Von Mises应力，提取峰值对应的振动应力值，与实验测试值进行对比，列入表3.7。

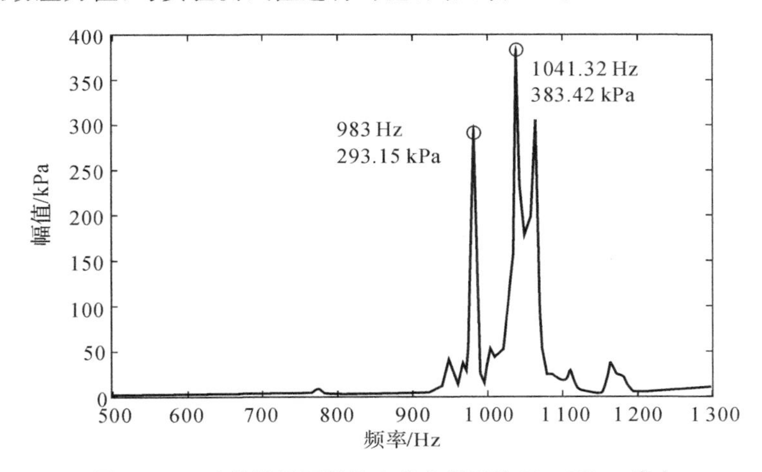

图3.17　叶片激振下筒件上节点得到的Von Mises应力

表3.7　叶片与筒件振动应力计算与实测结果对比

部件	项目	测试值	计算值	差异率/(%)
叶片	频率/Hz	194	182.8	5.77
	应力值/MPa	13.3	13.98	5.11
	频率/Hz	1 086	984.4	9.36
	应力值/MPa	2.61	3.24	24.14
筒件	频率/Hz	1 086	984.4	9.36
	应力值/kPa	231	293.15	26.88
	频率/Hz	1 132	1 046.84	7.52
	应力值/kPa	354	383.42	8.31

从表3.7中可以看出，气动激振力作用下直板叶片与筒件的振动应力计算结果与实测结果的差异率均在30%以内，能够较好地满足筒件的振动响应与疲劳破坏预估。

3.5　本章小结

综合各个层次下盘鼓组合结构的固有特性分析以及振动响应计算的结果，对不同层次下结构有限元模型的计算效率与合理性进行分析，见表3.8。

表 3.8　盘鼓组合结构多层次建模对比分析

层次	单元数	合理性评价
有限元模型 SA	39 802	(1)可以掌握包括叶片在内的各结构件振动对整机以及筒件振动特性的影响； (2)可以在叶片上直接施加气动激振力进行振动响应计算
有限元模型 SB	35 616	(1)可以反映出筒件与轮盘、锥壁的耦合振动； (2)轮盘等效载荷的施加无法反映出实际叶片气体激振
有限元模型 SC	17 760	(1)进行锥壁简化后的 SC 模型可以满足筒件固有特性计算的需要； (2)SC 模型计算出的结果中没有反映出组合结构中存在的耦合振动振型
有限元模型 SD	5 760	(1)在有合适的边界条件、等效处理相连构件的情况下，可以满足筒件结构件固有特性的分析要求； (2)无法得到安装状态下的耦合频率与振型； (3)叶片气激载荷无法施加，叶片气体激振下筒件的振动响应无法计算

对比分析表明，在 SA 模型中已经确认，叶片刚化处理后的有限元模型无法正确反映出叶片气动力激振下筒件的振动响应行为。在忽略叶片后的 SB 模型中，将叶片气动力载荷等效施加在轮盘上，也无法反映出叶片气激振动导致的筒件共振。因而，SB 模型无法用于叶片气激振动下筒件的共振响应计算。

第 4 章　鼓筒件动力学分析

4.1 引　　言

在航空发动机等旋转机械中广泛使用的盘鼓组合结构，特别是薄壁鼓筒件，具有刚性好、质量轻等优点，但在高速旋转状态下，由于复杂激励和环境条件，容易产生振动，甚至发生共振或失稳，所以开展鼓筒件的动力学研究十分重要。

有关薄壁鼓筒的力学研究最早追溯到 Aron。Love A. E. H. 首次为薄壳理论提出的数学模型称为 Love 第一近似理论（Love's first approximation theory）。此后，建立在 Kirchhoff-Love 假设基础之上的多个薄壳理论在很多场合得到应用，主要有 Donnell 理论、Flügge 理论、Sanders 理论等。

对于静止状态下的鼓筒，人们进行了大量的研究，在此不再评述。本章重点介绍旋转状态下的薄壁鼓筒的有关情况。Bryan 最早研究了旋转圆环的固有特性并且发现了行波现象；后来，Di Taranto 和 Lessen 研究了科氏力对旋转壳的影响；Srinivasan A. V.，Lauterbach G. F. 研究了旋转薄壁无限长鼓筒的固有特性，得到了科氏力和离心力对前后行波波速的影响规律；Zohar 和 Aboudi，Wang 和 Chen 则针对有限长旋转鼓筒进行了研究。

在分析方法方面，可以采用不同的解析方法分析不同边界条件下的旋转壳体的动特性。Saito 和 Endo 应用三角函数和伽辽金法求得了两端固支的旋转鼓筒的固有频率；Penzes 和 Kraus 利用复指数函数研究了具有不同边界条件的旋转鼓筒的固有特性；Lam K. Y. 和 Loy C. T. 对比了分别采用 Donnell、Flugge、Love、Sander 四种壳体理论的两端简支边界条件下的旋转鼓筒的前后行波特性；Loy 和 Lam 考虑离心力、科氏力和初始张力，分析了旋转速度、厚径比等因素对鼓筒固有频率的影响，包括两端简支、两端固支、一端固支一端简支、一端固支一端自由四种边界条件。Hua Li 等综合分析了旋转薄壁/厚壁鼓筒/圆锥壳的固有特性。

除了经典的解析方法之外，在壳体动力学分析中还大量采用传递矩阵法。传递矩阵法是将描述壳体动力学特性的基本方程写成一组一阶微分方程的矩阵形式，通过传递矩阵和界面处的匹配条件矩阵来描述整个结构，进而引入边界条件得到结构的动特性方程。Tottenham 和 Shimizu 基于 Flügge 壳体理论，最先提出了分析悬臂鼓筒自由振动的传递矩阵法；以后，Irie T 等利用传递矩阵法解决了变厚度锥壳和锥-柱组合壳体、环板-柱组合壳体的动力学分析问题。洪杰，郭宝亭和朱梓根针对旋转壳体，通过传递矩阵法分析了动、静坐标系下长径比、厚径比、科氏力对行波振动特性的影响。钟芳林、刘彦生等采用传递矩阵法求解了变截面鼓筒弯曲问题,并采用高精度的精细积分法计算了传递矩阵。

除了传递矩阵法之外,有限元法也可以用于旋转壳体的动特性分析。例如,Chen Y. 和 Zhao H. B. 等采用有限元法研究了高速旋转鼓筒的固有特性;Padovan J. 利用有限元法研究了旋转鼓筒的行波振动特性;Dan Guo、Zhaochang Zheng 和 Fulei Chu 利用有限元法分析了旋转鼓筒的振动特性,比较了大挠度变形、边界条件和旋转速度对旋转鼓筒的固有频率和模态的影响。曹航、朱梓根给出了用有限元法计算转动壳体的基本公式,用 MSC/NASTRAN 的 DAMP 语言编制了形成科氏力矩阵和离心刚度矩阵的程序,实现了转动壳体动特性的工程化计算。

在航空发动机等旋转机械实际服役过程中,由于工作状态和环境条件的影响,旋转薄壁鼓筒的振动行为比较复杂,工程中现有的旋转薄壁壳体的分析和设计原则,仅限于能够保证避开低阶静止模态和低阶行波共振。而在许多由强迫振动导致的旋转薄壁壳体振动疲劳问题中,主要是由于其高节径模态所对应的行波共振,这方面的研究并不充分。例如,洪杰,郭宝亭和朱梓根的研究表明,边界条件会对低阶模态参数产生明显影响,而对高节径模态特性并不了解。少数有关高节径振动的研究有:Goodier J. N. 和 Mclvor I. K. 对带有均匀分布径向激励的鼓筒的高阶振动特性的分析,Macke 针对航空发动机前级压气机壳疲劳断裂故障的高阶行波共振机理分析,Rongong J. A. 和 Tomlinson G. R. 针对带阻尼层的旋转薄壁圆环的高节径(20～40)振动特性的分析等。在近期研究中,还有采用类似处理加肋壳体的方式,用传递矩阵法得到了固支-自由等三种边界条件下、带有周向篦齿的薄壁鼓筒的固有特性。

本章在现有经典壳体力学理论的基础上,基于 Love 壳体理论,对比分析分别应用传递矩阵法和解析法,在三种边界条件(两端简支、两端固支和一端固支一端自由)下的旋转薄壁鼓筒的高节径模态特性。

4.2 鼓筒件力学模型建立

对于典型的旋转薄壁鼓筒,如图 4.1 所示。在柱坐标系 $Ox\theta z$ 中,鼓筒以角速度 Ω 绕 x 轴转动,$u(x,\theta,t)$、$v(x,\theta,t)$和 $w(x,\theta,t)$分别为鼓筒中面上任意一点在纵向、切向和径向(x、θ 和 z)三个方向上的位移。L、H 和 R 分别为鼓筒的长度、中面半径和壁厚,ρ 为材料密度,E 为杨氏模量,μ 为泊松比。

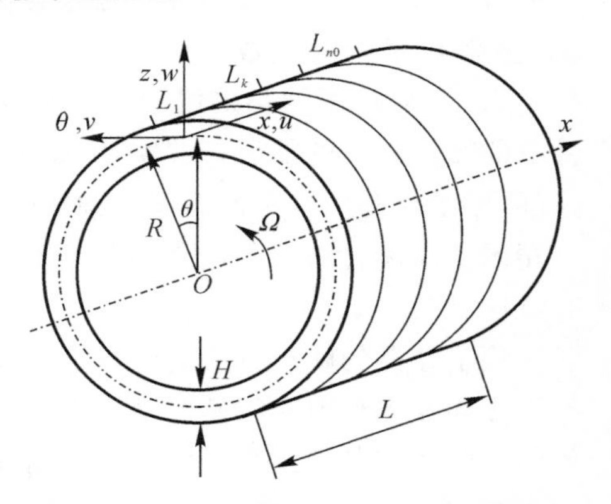

图 4.1 旋转薄壁鼓筒力学模型示意图

基于 Kirchhoff-Love 假设,设法向挠度沿中曲面法线不变,只讨论薄壁壳体的中面变形,忽略薄壁结构的转动惯性力矩,给出旋转薄壁鼓筒体纵向、切向和径向 u,v 和 w 三个方向上的动力微分平衡方程:

$$\rho H\frac{\partial^2 u}{\partial t^2}=\frac{\partial N_x}{\partial x}+\frac{1}{R}\frac{\partial N_{x\theta}}{\partial\theta}+N_\theta^0\left(\frac{1}{R^2}\frac{\partial^2 u}{\partial\theta^2}-\frac{1}{R}\frac{\partial w}{\partial x}\right)\tag{4.1a}$$

$$\rho H\frac{\partial^2 v}{\partial t^2}+2\rho H\Omega\frac{\partial w}{\partial t}-\rho H\Omega^2 v=\frac{1}{R}\frac{\partial N_\theta}{\partial\theta}+\frac{\partial N_{x\theta}}{\partial x}+\frac{Q_\theta}{R}+\frac{N_\theta^0}{R}\frac{\partial^2 u}{\partial x\partial\theta}\tag{4.1b}$$

$$\rho H\frac{\partial^2 w}{\partial t^2}-2\rho H\Omega\frac{\partial v}{\partial t}-\rho H\Omega^2 w=\frac{\partial Q_x}{\partial x}+\frac{\partial Q_\theta}{R\partial\theta}-\frac{N_\theta}{R}+\frac{N_\theta^0}{R^2}\left(\frac{\partial^2 w}{\partial\theta^2}-\frac{\partial v}{\partial\theta}\right)\tag{4.1c}$$

式中：N_θ^0 为离心力引起的初始切向应力项，$N_\theta^0=\rho H\Omega^2R^2$；$\rho H\frac{\partial^2 u}{\partial t^2}$，$\rho H\frac{\partial^2 v}{\partial t^2}$，$\rho H\frac{\partial^2 w}{\partial t^2}$为惯性力项；$2\rho H\Omega\frac{\partial w}{\partial t}$，$2\rho H\Omega\frac{\partial v}{\partial t}$为科氏力项；$\rho H\Omega^2 v$，$\rho H\Omega^2 w$ 为离心力项；Q_x、Q_θ 为沿 x 和 θ 方向中面上单位长度的横向剪力，其表达式为

$$Q_x=\frac{\partial M_x}{\partial x}+\frac{\partial M_{x\theta}}{R\partial\theta}\tag{4.2a}$$

$$Q_\theta=\frac{\partial M_{x\theta}}{\partial x}+\frac{\partial M_\theta}{R\partial\theta}\tag{4.2b}$$

引入等效 Kirchhoff 面内剪力 V_x 和横向剪力 S_x，其表达式分别为

$$\left.\begin{aligned}V_x&=Q_x+\frac{1}{R}\frac{\partial M_{x\theta}}{\partial\theta}\\S_x&=N_{x\theta}+\frac{M_{x\theta}}{R}\end{aligned}\right\}\tag{4.3}$$

式中：N_x、N_θ 和 $N_{x\theta}$ 表示轴向和周向的单位长度的内力分量；M_x、M_θ 和 $M_{x\theta}$ 表示轴向和周向的弯曲和扭转力矩。鼓筒体法向截面上沿 x、θ 方向中面上单位长度的内力和内力矩为

$$\left.\begin{aligned}N_x&=\int_{-\frac{H}{2}}^{\frac{H}{2}}\sigma_x\,\mathrm{d}z\\N_\theta&=\int_{-\frac{H}{2}}^{\frac{H}{2}}\sigma_\theta\,\mathrm{d}z\\N_{x\theta}&=\int_{-\frac{H}{2}}^{\frac{H}{2}}\tau_{x\theta}\,\mathrm{d}z\end{aligned}\right\}\tag{4.4a}$$

$$\left.\begin{aligned}M_x&=\int_{-\frac{H}{2}}^{\frac{H}{2}}\sigma_x z\,\mathrm{d}z\\M_\theta&=\int_{-\frac{H}{2}}^{\frac{H}{2}}\sigma_\theta z\,\mathrm{d}z\\M_{x\theta}&=\int_{-\frac{H}{2}}^{\frac{H}{2}}\tau_{x\theta}z\,\mathrm{d}z\end{aligned}\right\}\tag{4.4b}$$

式中：σ_x、σ_θ、σ_z 为 x、θ、z 三个方向的正应力。设鼓筒的材料是均匀、连续、各向同性的，上述应力分量的物理方程为

$$\left.\begin{aligned}\sigma_x&=\frac{E}{1-\mu^2}(\varepsilon_x+\mu\varepsilon_\theta)\\\sigma_\theta&=\frac{E}{1-\mu^2}(\varepsilon_\theta+\mu\varepsilon_x)\\\tau_{x\theta}&=G\gamma_{x\theta}\end{aligned}\right\}\tag{4.5}$$

式中：G 为剪切模量，$G=\dfrac{E}{2(1+\mu)}$；ε_x、ε_θ、$\gamma_{x\theta}$ 为正应变和剪应变，其几何方程为

$$\left.\begin{aligned}\varepsilon_x&=\varepsilon_x^{(0)}+z\kappa_x\\\varepsilon_\theta&=\varepsilon_\theta^{(0)}+z\kappa_\theta\\\gamma_{x\theta}&=\gamma_{x\theta}^{(0)}+z\chi_{x\theta}\end{aligned}\right\}\tag{4.6}$$

式中：薄壁鼓筒变形时的中面应变 $\varepsilon_x^{(0)}$、$\varepsilon_\theta^{(0)}$ 和剪应变 $\gamma_{x\theta}^{(0)}$ 表达式为

$$\left.\begin{aligned}\varepsilon_x^{(0)}&=\frac{\partial u}{\partial x}\\\varepsilon_\theta^{(0)}&=\frac{1}{R}\frac{\partial v}{\partial\theta}+\frac{1}{R}w\\\gamma_{x\theta}^{(0)}&=\frac{\partial v}{\partial x}+\frac{1}{R}\frac{\partial u}{\partial\theta}\end{aligned}\right\}\tag{4.7}$$

中面法线绕 x 轴和 θ 轴的转角 θ_x、θ_θ 为

$$\left.\begin{aligned}\theta_x&=-\frac{\partial w}{\partial x}\\\theta_\theta&=\frac{1}{R}v-\frac{1}{R}\frac{\partial w}{\partial\theta}\end{aligned}\right\}\tag{4.8}$$

中面曲率变化 κ_x、κ_θ 和扭率变化 $\chi_{x\theta}$ 为

$$\left.\begin{aligned}\kappa_x&=\frac{\partial\theta_x}{\partial x}\\\kappa_\theta&=\frac{1}{R}\frac{\partial\theta_\theta}{\partial\theta}\\\chi_{x\theta}&=\frac{\partial\theta_\theta}{\partial x}+\frac{1}{R}\frac{\partial\theta_x}{\partial\theta}\end{aligned}\right\}\tag{4.9}$$

将式(4.8)代入式(4.9)可得

$$\left.\begin{aligned}\kappa_x&=-\frac{\partial^2 w}{\partial x^2}\\\kappa_\theta&=\frac{1}{R^2}\left(\frac{\partial v}{\partial\theta}-\frac{\partial^2 w}{\partial\theta^2}\right)\\\chi_{x\theta}&=\frac{1}{R}\left(\frac{\partial v}{\partial x}-2\,\frac{\partial^2 w}{\partial x\partial\theta}\right)\end{aligned}\right\}\tag{4.10}$$

基于式(4.8)和式(4.10)，可得薄壁鼓筒体的法向截面上沿 x、θ 方向中面上的单位长度内力和内力矩与位移的关系式为

$$N_x=K\left[\frac{\partial u}{\partial x}+\frac{\mu}{R}(\frac{\partial v}{\partial\theta}+w)\right]\tag{4.11a}$$

$$N_{\theta}=K\left[\frac{1}{R}(\frac{\partial v}{\partial \theta}+w)+\mu \frac{\partial u}{\partial x}\right] \tag{4.11b}$$

$$N_{x\theta}=K\frac{1-\mu}{2}\left(\frac{\partial v}{\partial x}+\frac{1}{R}\frac{\partial u}{\partial \theta}\right) \tag{4.11c}$$

$$M_{x}=D\left[-\frac{\partial^{2} w}{\partial x^{2}}+\frac{\mu}{R^{2}}\left(\frac{\partial v}{\partial \theta}-\frac{\partial^{2} w}{\partial \theta^{2}}\right)\right] \tag{4.11d}$$

$$M_{\theta}=D\left[\frac{1}{R^{2}}\left(\frac{\partial v}{\partial \theta}-\frac{\partial^{2} w}{\partial \theta^{2}}\right)-\mu \frac{\partial^{2} w}{\partial x^{2}}\right] \tag{4.11e}$$

$$M_{x\theta}=D\frac{1-\mu}{2R}\left(\frac{\partial v}{\partial x}-2\frac{\partial^{2} w}{\partial x \partial \theta}\right) \tag{4.11f}$$

式中：K 为薄膜刚度，$K=\frac{EH}{1-\mu^{2}}$；D 为弯曲刚度，$D=\frac{EH^{3}}{12(1-\mu^{2})}$。

将内力表达式(4.11)代入动力平衡方程(4.1)，得到用位移 u、v 和 w 表示的动力平衡方程：

$$L_{11}u+L_{12}v+L_{13}w=0 \tag{4.12a}$$

$$L_{21}u+L_{22}v+L_{23}w=0 \tag{4.12b}$$

$$L_{31}u+L_{32}v+L_{33}w=0 \tag{4.12c}$$

式中：$L_{ij}\,(i,j=1,\ 2,\ 3)$ 为偏微分算子，具体表达式见附录 A.1。

4.3　鼓筒件动力学分析的传递矩阵法

对于式(4.1)，假设位移解的形式为

$$u(x,\theta,t)=\sum_{m=0}^{\infty}\sum_{n=0}^{\infty}\tilde{u}(x)\cos(n\theta \pm \omega t) \tag{4.13a}$$

$$v(x,\theta,t)=\sum_{m=0}^{\infty}\sum_{n=0}^{\infty}\tilde{v}(x)\sin(n\theta \pm \omega t) \tag{4.13b}$$

$$w(x,\theta,t)=\sum_{m=0}^{\infty}\sum_{n=0}^{\infty}\tilde{w}(x)\cos(n\theta \pm \omega t) \tag{4.13c}$$

式中：ω 表示旋转鼓筒的固有频率；m、n 分别表示轴向半波数和周向波数；“+”和“−”表示旋转坐标系中旋转薄壁鼓筒的后行波和前行波。

将位移函数式(4.13)代入中面转角表达式(4.8)，可得

$$\theta_{x}=\tilde{\theta}_{x}\cos(n\theta \pm \omega t) \tag{4.14a}$$

$$\theta_{\theta}=\tilde{\theta}_{\theta}\sin(n\theta \pm \omega t) \tag{4.14b}$$

式中：$\tilde{\theta}_{x}=-\frac{\mathrm{d}\tilde{w}}{\mathrm{d}x}$，$\tilde{\theta}_{\theta}=\frac{1}{R}\tilde{v}+\frac{n}{R}\tilde{w}$。

将位移函数式(4.13)代入内力表达式(4.2)～式(4.3)及式(4.11)，可得

$$[N_x \quad N_\theta \quad M_x \quad M_\theta \quad Q_x \quad V_x]^{\mathrm{T}} = [\widetilde{N}_x \quad \widetilde{N}_\theta \quad \widetilde{M}_x \quad \widetilde{M}_\theta \quad \widetilde{Q}_x \quad \widetilde{V}_x]^{\mathrm{T}} \cos(n\theta \pm \omega t) \tag{4.15a}$$

$$[N_{x\theta} \quad M_{x\theta} \quad Q_\theta \quad S_x]^{\mathrm{T}} = [\widetilde{N}_{x\theta} \quad \widetilde{M}_{x\theta} \quad \widetilde{Q}_\theta \quad \widetilde{S}_x]^{\mathrm{T}} \sin(n\theta \pm \omega t) \tag{4.15b}$$

式中：$\widetilde{N}_x = K\left[\dfrac{\mathrm{d}\widetilde{u}}{\mathrm{d}x} + \mu\left(\dfrac{n}{R}\widetilde{v} + \dfrac{1}{R}\widetilde{w}\right)\right]$，$\widetilde{N}_\theta = K\left(\dfrac{n}{R}\widetilde{v} + \dfrac{1}{R}\widetilde{w} + \mu\dfrac{\mathrm{d}\widetilde{u}}{\mathrm{d}x}\right)$

$\widetilde{N}_{x\theta} = K\dfrac{1-\mu}{2}\left(\dfrac{\mathrm{d}\widetilde{v}}{\mathrm{d}x} - \dfrac{n}{R}\widetilde{u}\right)$，$\widetilde{M}_x = D\left(\dfrac{\mathrm{d}\widetilde{\theta}_x}{\mathrm{d}x} + \mu\dfrac{n}{R}\widetilde{\theta}_\theta\right)$，$\widetilde{M}_\theta = D\left(\dfrac{n}{R}\widetilde{\theta}_\theta + \mu\dfrac{\mathrm{d}\widetilde{\theta}_x}{\mathrm{d}x}\right)$

$\widetilde{M}_{x\theta} = D\dfrac{1-\mu}{2}\left(\dfrac{\mathrm{d}\widetilde{\theta}_\theta}{\mathrm{d}x} - \dfrac{n}{R}\widetilde{\theta}_x\right)$，$\widetilde{Q}_x = \dfrac{\mathrm{d}\widetilde{M}_x}{\mathrm{d}x} + \dfrac{n}{R}\widetilde{M}_{x\theta}$，$\widetilde{Q}_\theta = \dfrac{\mathrm{d}\widetilde{M}_{x\theta}}{\mathrm{d}x} - \dfrac{n}{R}\widetilde{M}_\theta$

$\widetilde{V}_x = \widetilde{Q}_x + \dfrac{n}{R}\widetilde{M}_{x\theta}$，$\widetilde{S}_x = \widetilde{N}_{x\theta} + \dfrac{1}{R}\widetilde{M}_{x\theta}$

将位移函数式(4.13)和式(4.15)代入方程式(4.1)，可得

$$\frac{\mathrm{d}\widetilde{N}_x}{\mathrm{d}x} + \frac{n}{R}\widetilde{N}_{x\theta} - \rho H\Omega^2 R\left(\frac{n^2}{R}\widetilde{u} + \frac{\mathrm{d}\widetilde{w}}{\mathrm{d}x}\right) + \rho H\omega^2\widetilde{u} = 0 \tag{4.16a}$$

$$\frac{\mathrm{d}\widetilde{N}_{x\theta}}{\mathrm{d}x} - \frac{n}{R}\widetilde{N}_\theta + \frac{1}{R}\widetilde{Q}_\theta - n\rho H\Omega^2 R\frac{\mathrm{d}\widetilde{u}}{\mathrm{d}x} + \rho H(\omega^2\widetilde{v} \pm 2\omega\Omega\widetilde{w} + \Omega^2\widetilde{v}) = 0 \tag{4.16b}$$

$$\frac{\mathrm{d}\widetilde{Q}_x}{\mathrm{d}x} + \frac{n}{R}\widetilde{Q}_\theta - \frac{\widetilde{N}_\theta}{R} - \rho H\Omega^2(n^2\widetilde{w} + n\widetilde{v}) + \rho H(\omega^2\widetilde{w} \pm 2\omega\widetilde{\Omega}v + \Omega^2\widetilde{w}) = 0 \tag{4.16c}$$

从式(4.16b)和式(4.16c)可以看出，振动平衡方程中有$\pm 2\omega\Omega$因子项，这些项是由科氏力引起的，将产生频率不同的前、后行波。

定义鼓筒的某一横截面的状态向量如下[36]

$$\widetilde{\mathbf{Z}}(x) = [\widetilde{u} \quad \widetilde{v} \quad \widetilde{w} \quad \widetilde{\theta}_x \quad \widetilde{M}_x \quad \widetilde{V}_x \quad \widetilde{S}_x \quad \widetilde{N}_x]^{\mathrm{T}} \tag{4.17}$$

根据上述分析，壳体横断面状态向量中的位移、转角、内力和内力矩具有如下形式：

$$\mathbf{Z}(x,\theta,t) = \sum_{m=0}^{\infty}\sum_{n=0}^{\infty}\begin{bmatrix} \widetilde{u}(x)\cos(m\theta \pm \omega t) \\ \widetilde{v}(x)\sin(m\theta \pm \omega t) \\ \widetilde{w}(x)\cos(m\theta \pm \omega t) \\ \widetilde{\theta}_x(x)\cos(m\theta \pm \omega t) \\ \widetilde{M}_x(x)\cos(m\theta \pm \omega t) \\ \widetilde{V}_x(x)\cos(m\theta \pm \omega t) \\ \widetilde{S}_x(x)\sin(m\theta \pm \omega t) \\ \widetilde{N}_x(x)\cos(m\theta \pm \omega t) \end{bmatrix} \tag{4.18}$$

根据式(4.13)～式(4.16)，消除变量$\widetilde{\theta}_\theta$，$\widetilde{N}_\theta$，$\widetilde{N}_{x\theta}$，$\widetilde{M}_\theta$，$\widetilde{M}_{x\theta}$，$\widetilde{Q}_x$和$\widetilde{Q}_\theta$，可得旋转鼓筒的一阶常微分方程组：

$$\frac{\mathrm{d}\widetilde{Z}(x)}{\mathrm{d}x} = \widetilde{U}\cdot\widetilde{\mathbf{Z}}(x) \tag{4.19}$$

其中,$\boldsymbol{U}$ 是对应一阶常微分方程组的常系数矩阵,为一个 8×8 阶的矩阵,具体如下:

$$\boldsymbol{U}=\begin{bmatrix} 0 & U_{12} & U_{13} & 0 & 0 & 0 & 0 & U_{18} \\ U_{21} & 0 & 0 & U_{24} & 0 & 0 & U_{27} & 0 \\ 0 & 0 & 0 & U_{34} & 0 & 0 & 0 & 0 \\ 0 & U_{42} & U_{43} & 0 & U_{45} & 0 & 0 & 0 \\ U_{51} & 0 & 0 & U_{54} & 0 & U_{56} & U_{57} & 0 \\ 0 & U_{62} & U_{63} & 0 & U_{65} & 0 & 0 & U_{68} \\ 0 & U_{72} & U_{73} & 0 & U_{75} & 0 & 0 & U_{78} \\ U_{81} & 0 & 0 & U_{84} & 0 & 0 & U_{87} & 0 \end{bmatrix} \tag{4.20}$$

该常系数矩阵 $\boldsymbol{U}_{ij}(i,j=1,\cdots,8)$ 中的非零元素为与旋转鼓筒的固有频率 ω、转速 Ω、几何参数和材料参数有关,具体表达式见附录 A.2。

对于图 4.1 所示的光鼓筒或带有篦齿结构的鼓筒,都可以将壳体分成 n_0 个区段。对于某一区段的左右相邻端面,从一个端面到另一个端面的传递矩阵如下:

$$\widetilde{\boldsymbol{Z}}_{n_0}(\xi_{n_0})=\widetilde{\boldsymbol{T}}(\omega)\cdot\widetilde{\boldsymbol{Z}}_1(\xi_0),i=1,\cdots,n_0 \tag{4.21}$$

其中:$\boldsymbol{T}(\omega)$ 是带密封齿的鼓筒的整体传递矩阵,$\widetilde{\boldsymbol{T}}(\omega)=\prod_{i=1}^{n_0}\widetilde{\boldsymbol{T}}_i(\omega)$。

每一段鼓筒体的传递矩阵关系定义如下:

$$\widetilde{\boldsymbol{Z}}(\xi_i)=\widetilde{\boldsymbol{T}}_i(\omega)\ \widetilde{\boldsymbol{Z}}(\xi_{i-1}),i=1,\cdots,n_0 \tag{4.22}$$

其中:对于第 i 段鼓筒体,$\widetilde{T}_i(\omega)=\exp(U_iL_i)$。

为精确求解,对于具有同一厚度的每段鼓筒体,也可以沿着 x 方向划分为长度分别为 L_1, L_2, …, L_{k-1}, L_k 的 k 个子段,其传递矩阵关系定义如下

$$\widetilde{\boldsymbol{Z}}(L_k)=\widetilde{\boldsymbol{G}}(L_k)\widetilde{\boldsymbol{Z}}(L_{k-1}) \tag{4.23}$$

其中:$\boldsymbol{G}(L_k)$是每一个子段的传递矩阵, $\widetilde{\boldsymbol{G}}(L_k)=\exp(\widetilde{U}_kL_k)$。

利用传递矩阵法进行旋转薄壁鼓筒固有特性分析时,要根据不同的边界条件进行特征方程的确定。以下是两端固定、两端简支和一端固定一端自由三种边界条件下的特征方程。

对于鼓筒两端简支边界条件($S-S$),$v=w=M_x=N_x=0$, 可得整体传递矩阵关系如下

$$\begin{bmatrix} 0 \\ 0 \\ 0 \\ 0 \end{bmatrix}=\begin{bmatrix} \widetilde{\boldsymbol{T}}_{21} & \widetilde{\boldsymbol{T}}_{24} & \widetilde{\boldsymbol{T}}_{26} & \widetilde{\boldsymbol{T}}_{27} \\ \widetilde{\boldsymbol{T}}_{31} & \widetilde{\boldsymbol{T}}_{34} & \widetilde{\boldsymbol{T}}_{36} & \widetilde{\boldsymbol{T}}_{37} \\ \widetilde{\boldsymbol{T}}_{51} & \widetilde{\boldsymbol{T}}_{54} & \widetilde{\boldsymbol{T}}_{56} & \widetilde{\boldsymbol{T}}_{57} \\ \widetilde{\boldsymbol{T}}_{81} & \widetilde{\boldsymbol{T}}_{84} & \widetilde{\boldsymbol{T}}_{86} & \widetilde{\boldsymbol{T}}_{87} \end{bmatrix}\begin{bmatrix} \widetilde{\boldsymbol{u}}_x \\ \widetilde{\boldsymbol{\varphi}}_x \\ \widetilde{\boldsymbol{V}}_x \\ \widetilde{\boldsymbol{S}}_x \end{bmatrix} \tag{4.24}$$

其中:$\widetilde{T}_{ij}(i=1,2,\cdots,8;j=1,2,\cdots,8)$是整体传递矩阵$\widetilde{\boldsymbol{T}}(\omega)$的元素。

可以令式(4.24)的系数矩阵为零,以求得其非平凡解即固有频率 ω,即

$$\det(\boldsymbol{T}')=0 \tag{4.25}$$

对于鼓筒两端固定的边界条件(C-C),$\tilde{u}=\tilde{v}=\tilde{w}=\tilde{\varphi}_x=0$,整体传递矩阵关系如下:

$$\begin{bmatrix}0\\0\\0\\0\end{bmatrix}=\begin{bmatrix}\tilde{\boldsymbol{T}}_{15} & \tilde{\boldsymbol{T}}_{16} & \tilde{\boldsymbol{T}}_{17} & \tilde{\boldsymbol{T}}_{18}\\ \tilde{\boldsymbol{T}}_{25} & \tilde{\boldsymbol{T}}_{26} & \tilde{\boldsymbol{T}}_{27} & \tilde{\boldsymbol{T}}_{28}\\ \tilde{\boldsymbol{T}}_{35} & \tilde{\boldsymbol{T}}_{36} & \tilde{\boldsymbol{T}}_{37} & \tilde{\boldsymbol{T}}_{38}\\ \tilde{\boldsymbol{T}}_{45} & \tilde{\boldsymbol{T}}_{46} & \tilde{\boldsymbol{T}}_{47} & \tilde{\boldsymbol{T}}_{48}\end{bmatrix}\begin{bmatrix}\tilde{\boldsymbol{M}}_x\\ \tilde{\boldsymbol{V}}_x\\ \tilde{\boldsymbol{S}}_x\\ \tilde{\boldsymbol{N}}_x\end{bmatrix}=\boldsymbol{T}'\begin{bmatrix}\tilde{\boldsymbol{M}}_x\\ \tilde{\boldsymbol{V}}_x\\ \tilde{\boldsymbol{S}}_x\\ \tilde{\boldsymbol{N}}_x\end{bmatrix} \tag{4.26}$$

对于鼓筒一端固定一端自由的边界条件(C-F),$\tilde{M}_x=\tilde{V}_x=\tilde{S}_x=\tilde{N}_x=0$,可得整体传递矩阵关系如下:

$$\begin{bmatrix}0\\0\\0\\0\end{bmatrix}=\begin{bmatrix}\tilde{\boldsymbol{T}}_{11} & \tilde{\boldsymbol{T}}_{12} & \tilde{\boldsymbol{T}}_{13} & \tilde{\boldsymbol{T}}_{14}\\ \tilde{\boldsymbol{T}}_{21} & \tilde{\boldsymbol{T}}_{22} & \tilde{\boldsymbol{T}}_{23} & \tilde{\boldsymbol{T}}_{24}\\ \tilde{\boldsymbol{T}}_{31} & \tilde{\boldsymbol{T}}_{32} & \tilde{\boldsymbol{T}}_{33} & \tilde{\boldsymbol{T}}_{34}\\ \tilde{\boldsymbol{T}}_{41} & \tilde{\boldsymbol{T}}_{42} & \tilde{\boldsymbol{T}}_{43} & \tilde{\boldsymbol{T}}_{44}\end{bmatrix}\begin{bmatrix}\tilde{\boldsymbol{u}}_x\\ \tilde{\boldsymbol{v}}_x\\ \tilde{\boldsymbol{w}}_x\\ \tilde{\boldsymbol{\varphi}}_x\end{bmatrix} \tag{4.27}$$

为了求解上述用传递矩阵法得到的带篦齿或不带篦齿的旋转薄壁鼓筒的固有频率,在将具体几何参数和材料参数代入后,需要利用精细积分法加以计算。

4.4 鼓筒动力学分析的解析方法

对于薄壁鼓筒,其轴向振型接近于相应边界条件的梁的振型,故其振型函数可以用轴向梁函数和周向三角函数的组合形式来描述。设旋转状态下的光滑薄壁鼓筒的位移函数为

$$u(x,\theta,t)=\sum_{m=1}^{\infty}\sum_{n=1}^{\infty}U\,\Phi_u(x,\theta,t)=\sum_{m=1}^{\infty}\sum_{n=1}^{\infty}U\,\varphi_m^u(x)\,\varphi_n^u(\theta,t) \tag{4.28a}$$

$$v(x,\theta,t)=\sum_{m=1}^{\infty}\sum_{n=1}^{\infty}U\,\Phi_v(x,\theta,t)=\sum_{m=1}^{\infty}\sum_{n=1}^{\infty}V\,\varphi_m^v(x)\,\varphi_n^v(\theta,t) \tag{4.28b}$$

$$w(x,\theta,t)=\sum_{m=1}^{\infty}\sum_{n=1}^{\infty}U\,\Phi_w(x,\theta,t)=\sum_{m=1}^{\infty}\sum_{n=1}^{\infty}W\,\varphi_m^w(x)\,\varphi_n^w(\theta,t) \tag{4.28c}$$

式中:U,V 和 W 为位移幅值;m 为轴向半波数;n 为周向波数。

式(4.28)中,$\varphi_n^k(\theta,t)\,(k=u,v,w)$为鼓筒周向模态函数,其表达式为

$$\left.\begin{aligned}\varphi_n^u(\theta,t)=\varphi_n^w(\theta,t)=\cos(n\theta+\omega t)\\ \varphi_n^v(\theta,t)=\sin(n\theta+\omega t)\end{aligned}\right\} \tag{4.29}$$

式中:ω 为旋转鼓筒的固有频率值。

式(4.28)中,$\varphi_m^k(x)\;(k=u,\;v,\;w)$为鼓筒轴向模态函数,其表达式形式为轴向梁函数,即

$$\varphi(x)=a_1\cosh\left(\frac{\lambda_m x}{L}\right)+a_2\cos\left(\frac{\lambda_m x}{L}\right)-\sigma_m\left[a_3\sinh\left(\frac{\lambda_m x}{L}\right)+a_4\sin\left(\frac{\lambda_m x}{L}\right)\right] \tag{4.30}$$

式中:λ_m、σ_m 和 $a_i\,(i=1,2,3,4)$的值可由梁边界条件确定,具体如下。

(1)两端简支边界条件(S－S)。

$$\lambda_m = m\pi, \sigma_m = 1, a_1 = a_2 = a_3 = 0, a_4 = -1 \tag{4.31}$$

(2)两端固支边界条件(C－C)。

$$\cos(\lambda_m)\cosh(\lambda_m) = 1, \sigma_m = \frac{\cosh\lambda_m - \cos\lambda_m}{\sinh\lambda_m - \sin\lambda_m}, a_1 = a_3 = 1, a_2 = a_4 = -1 \tag{4.32}$$

(3)一端固支一端自由边界条件(C－F)。

$$\cos(\lambda_m)\cosh(\lambda_m) = -1, \sigma_m = \frac{\cosh\lambda_m + \cos\lambda_m}{\sinh\lambda_m + \sin\lambda_m}, a_1 = a_3 = 1, a_2 = a_4 = -1 \tag{4.33}$$

根据式(4.31)～(式 4.33),在上述三种边界条件和不同轴向半波数 m 的情况下,鼓筒的轴向模态函数的 λ_m 值可以通过数值解法求得。

把位移函数式(4.28)代入鼓筒的动力平衡方程式(4.12),进行 Galerkin 离散,可将旋转薄壁鼓筒的动力平衡方程变为常微分方程形式,即

$$\int_t\int_x\int_\theta (L_{11}u + L_{12}v + L_{13}w)\ \Phi_u\, \mathrm{d}\theta\, \mathrm{d}x\, \mathrm{d}t = 0 \tag{4.34a}$$

$$\int_t\int_x\int_\theta (L_{21}u + L_{22}v + L_{23}w)\ \Phi_v\, \mathrm{d}\theta\, \mathrm{d}x\, \mathrm{d}t = 0 \tag{4.34b}$$

$$\int_t\int_x\int_\theta (L_{31}u + L_{32}v + L_{33}w)\ \Phi_w\, \mathrm{d}\theta\, \mathrm{d}x\, \mathrm{d}t = 0 \tag{4.34c}$$

对式(4.34)进行积分计算,可得旋转薄壁鼓筒的频率特征方程:

$$\begin{bmatrix} c_{11} & c_{12} & c_{13} \\ c_{21} & c_{22} & c_{23} \\ c_{31} & c_{32} & c_{33} \end{bmatrix} \begin{bmatrix} \boldsymbol{U} \\ \boldsymbol{V} \\ \boldsymbol{W} \end{bmatrix} = 0 \tag{4.35}$$

式中:$c_{ij}(i,j=1,2,3)$为待定系数,与旋转鼓筒的固有频率 ω、转速 Ω、几何参数和材料参数有关,具体表达式见附录 A.3。

由方程式(4.35)的非平凡解条件可以得到旋转薄壁鼓筒的固有频率 ω 求解公式为

$$\omega^6 + \omega^4\beta_1 + \omega^3\beta_2 + \omega^2\beta_3 + \omega\ \beta_4 + \beta_5 = 0 \tag{4.36}$$

式中:β_i 为系数,具体表达式见附录 A.4。

式(4.36)是一个关于频率 ω 的 6 次代数方程,对应一组(m,n),可以求得 6 个固有频率 $\omega_{imn}(i=1,2,\cdots,6)$。这里的下标 m,n 对应相应振型,即沿轴向有 m 个半波数,沿周向有 n 个周向波数。其中绝对值最小的两个频率对应于以弯曲变形为主的行波频率[8]。

4.5　算例分析

设鼓筒件的几何参数为:长度 $L=0.256$ m,壁厚 $H=0.002\ 5$ m,中面半径 $R=0.16$ m。材料参数为:杨氏模量 $E=1.10\times10^{11}$ Pa,泊松比 $\mu=0.31$,密度 $\rho=4\ 480\ \mathrm{kg/m^3}$。

1. 两端简支边界下的鼓筒件的静止频率和行波频率

鼓筒件在静止状态、两端简支边界条件下的不同周向波数 n 和轴向半波数 m 的固有频

率如图 4.2 所示。在低节径下,即当周向波数 n 较小时,固有频率值先减小后增大,当周向波数 $n=5$ 时固有频率值最小。在高节径下,固有频率值逐渐增大。另外,当轴向半波数 m 较大时,鼓筒的静态固有频率值相对较大。

将传递矩阵法和解析法所求得的结果与文献[34]进行比较,二者之间的误差如图 4.3 所示,在较低周向波数下,近似解析法求得的结果与文献[34]结果的误差较大,而传递矩阵法求得的结果与文献[34]结果的误差很小,并且在高节径数下的误差均较小且均匀。可以认为用传递矩阵法计算得到的鼓筒静频结果具有合理性。

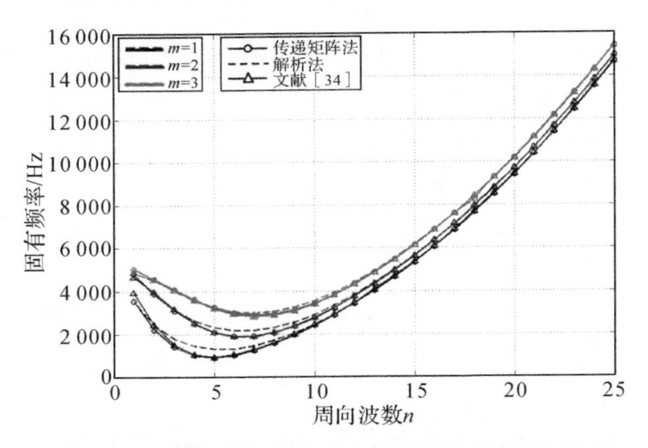

图 4.2 两端简支薄壁鼓筒的静频与周向波数关系曲线

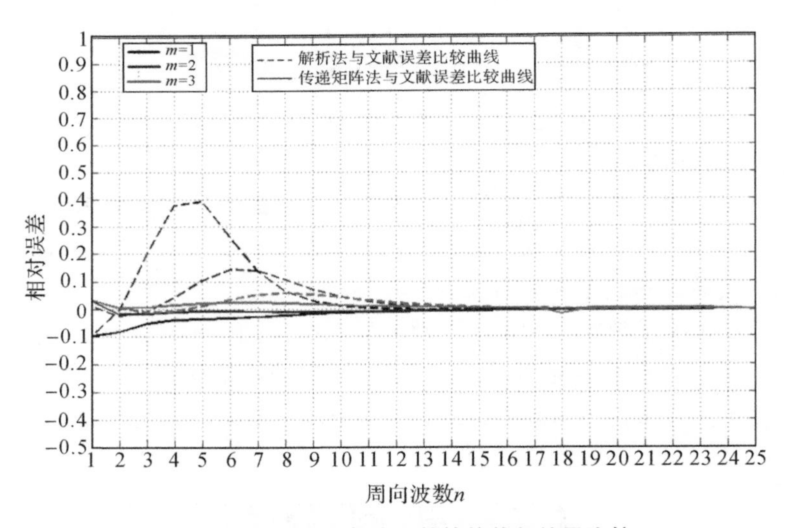

图 4.3 两端简支条件下鼓筒的静频结果比较

图 4.4 所示是在转动坐标系与两端简支边界条件下,旋转薄壁鼓筒在低节径下的行波频率曲线,分别对应着轴向半波数 $m=1$ 和低阶周向波数 $n=1,2,3,4$。由于科氏加速度(Coriolis acceleration)的影响,所以旋转薄壁鼓筒的前、后行波频率曲线明显分离。分别采用传递矩阵法和解析法得到的结果具有明显的一致性。在该图中,对目前工程领域中广泛

应用的行波频率经验公式[见式(4.34)]的计算结果也进行了对比，表明根据经验公式得到的结果误差明显较大。该经验公式的具体表达式参见附录A.5。

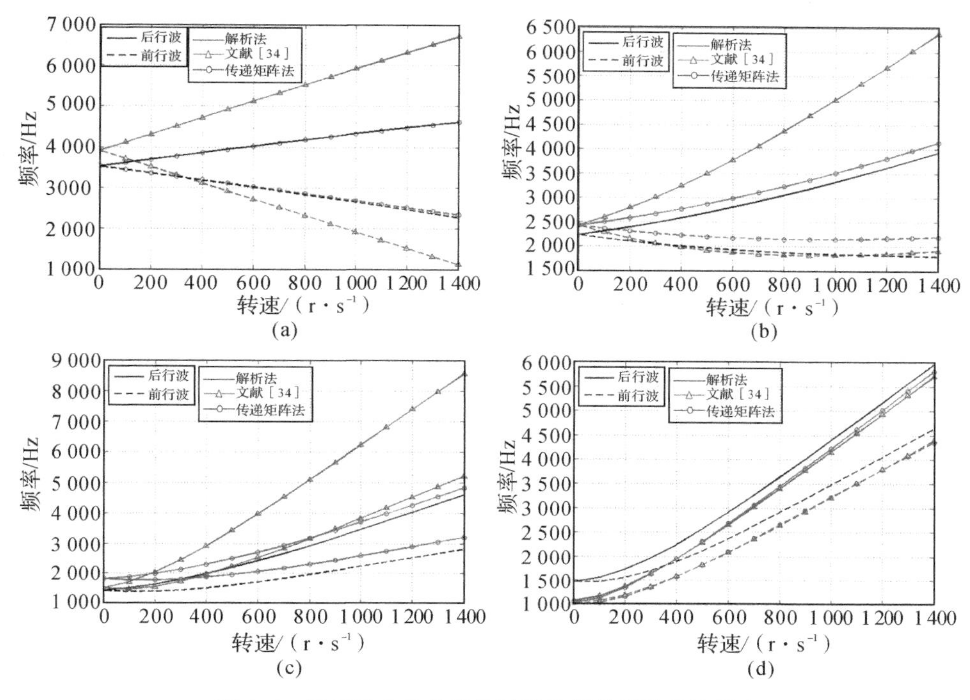

图4.4　两端简支旋转薄壁鼓筒的低节径数行波频率

(a) $n=1$;(b) $n=2$;(c) $n=3$;(d) $n=4$

由于科氏加速度的存在，所以节线既不是稳定的，也不随壳体以同样的角速度旋转，而是每个模态都有自己相对于静止坐标系的回转角速度。在上面的行波频率图中，下分支曲线对应前行波(forward whirl)，上分支曲线对应着后行波(backward whirl)。当壳体的旋转速度线与前行波线或后行波线有交叉时，都会产生明显的共振。

在轴向半波数 $m=1$ 的情况下，用传递矩阵法和解析法计算得到的在高阶周向波数下两端简支旋转鼓筒的行波频率值，如图4.5所示。可以看出，在高节径数(周向波数 $n=20\sim25$)下，前后行波频率值比较接近，并且前后行波的频率值变化趋势也一致。在图4.5中，还比较了由经验公式[见式(4.34)]计算得到的结果。由该经验公式所得到的结果，在高节径时趋势一致，而且误差很小。

2.两端固支边界下的鼓筒的静止频率和行波频率

在静止状态，两端固支边界条件下的鼓筒件的不同周向波数 n 和轴向半波数 m 的固有频率如图4.6所示。当低节径数即周向波数 n 较小时，固有频率值先减小后增大，当周向波数 $n=6$ 时固有频率值最小。在高节径下，固有频率值逐渐增大。另外，当轴向半波数 m 大时，鼓筒的静态固有频率值相对较大。

将传递矩阵法和解析法所求得的结果进行比较，二者之间的误差如图4.7所示，在较低周向波数下，解析法与传递矩阵法求得的结果误差较大(15%以内)，这是由解析法选择的位移函数引起的；但是在高节径数下两者的误差非常小(5%以内)且均匀。可以认为用传递矩

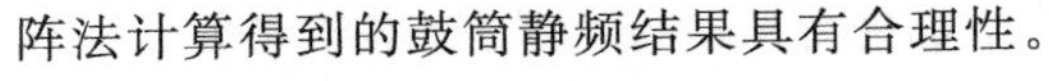
阵法计算得到的鼓筒静频结果具有合理性。

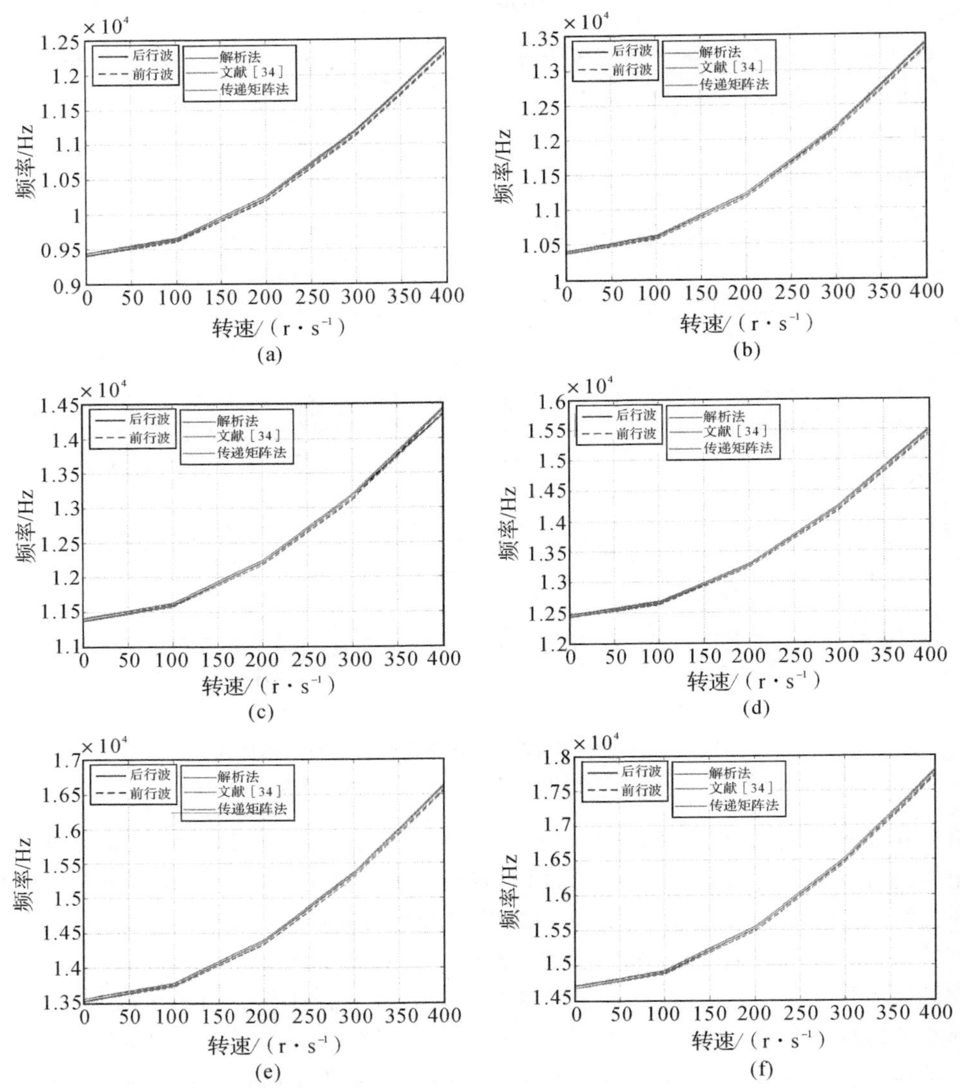

图 4.5　两端简支旋转薄壁鼓筒的高节径数行波频率(n=20～25)

(a)n=20；(b) n=21；(c)n=22；(d) n=23；(e)n=24；(f)n=25

图 4.8 所示是在转动坐标系下，两端固支边界条件下的旋转薄壁鼓筒在低节径下的行波频率曲线，分别对应着轴向半波数 $m=1$ 和低阶周向波数 $n=1,2,3,4$。由于科氏加速度(Coriolis acceleration)的影响，所以旋转薄壁鼓筒的前、后行波频率曲线明显分离。分别采用传递矩阵法和解析法得到的结果具有明显的一致性。

由于科氏加速度的存在，所以节线既不是稳定的，也不随壳体以同样的角速度旋转，而是每个模态都有自己相对于静止坐标系的回转角速度。在上面的行波频率图中，下分支曲线对应前行波(forward whirl)，上分支对应着后行波(backward whirl)。当壳体的旋转速度线与前行波线或后行波线有交叉时，都会产生明显的共振。

在轴向半波数 $m=1$ 的情况下，用传递矩阵法和解析法计算得到的在高阶周向波数下两端固支旋转鼓筒的行波频率值，如图 4.9 所示。可以看出，在高节径数（当周向波数 $n=20\sim25$）时，前后行波频率值比较接近，并且前后行波的频率值变化趋势也一致。

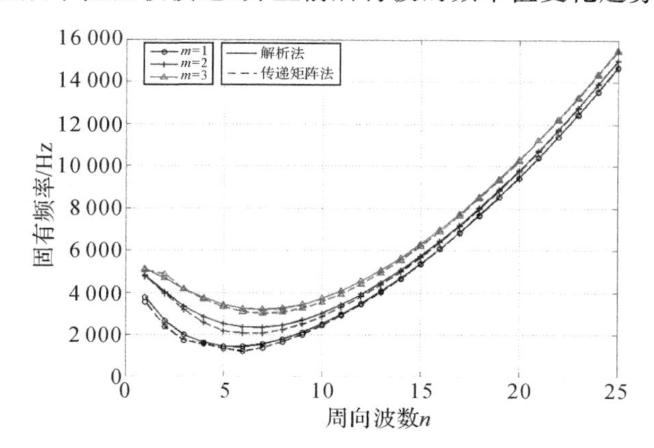

图 4.6　两端固支薄壁鼓筒固有频率与周向波数关系曲线

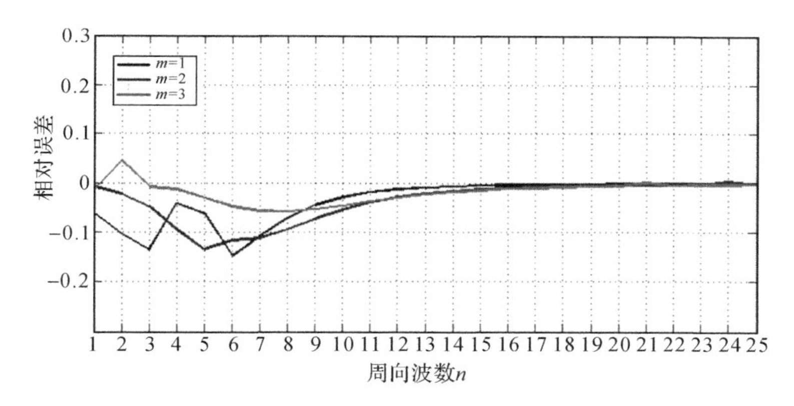

图 4.7　两端固支条件下光壁鼓筒的静频结果比较

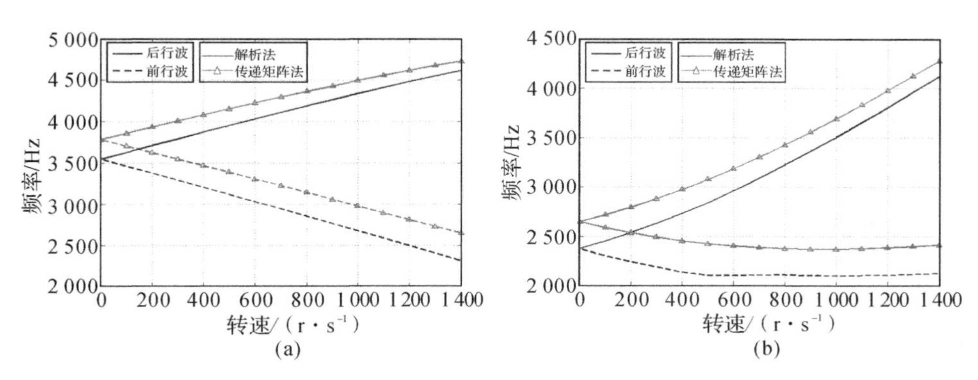

图 4.8　两端固支旋转薄壁鼓筒行波频率曲线

(a) $n=1$；(b) $n=2$

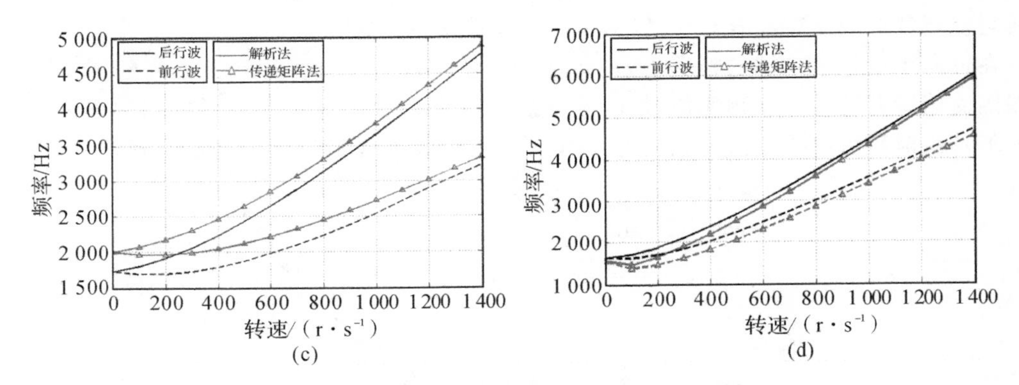

续图 4.8 两端固支旋转薄壁鼓筒行波频率曲线

(c) $n=3$;(d) $n=4$

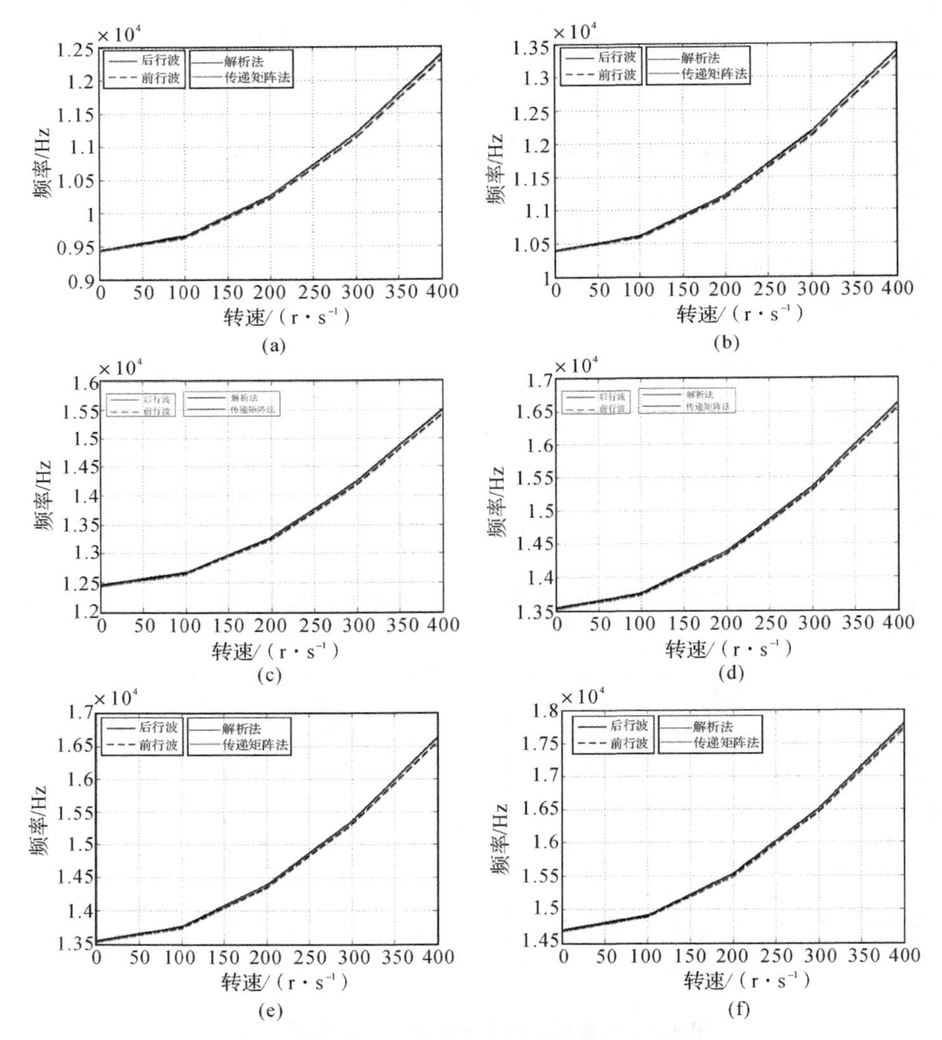

图 4.9 两端固支旋转薄壁鼓筒的高节径数行波频率($n=20\sim25$)

(a)$n=20$;(b) $n=21$;(c)$n=22$;(d) $n=23$;(e)$n=24$;(f) $n=25$

3. 一端固支一端自由边界下的光壁鼓筒的静止频率和行波频率

对于无篦齿结构的光滑薄壁鼓筒，在静止状态、一端固支边界条件下的光滑薄壁鼓筒的不同周向波数 n 和轴向半波数 m 的固有频率如图 4.10 所示。在低节径数下，即当周向波数 n 较小时，固有频率值先减小后增大，当周向波数 $n=3$ 时固有频率值最小。在高节径下，固有频率值逐渐升高。另外，当轴向半波数 m 较大时，鼓筒的静态固有频率值相对较大。

将传递矩阵法和解析法所求得的结果进行比较，二者之间的误差如图 4.11 所示，在较低周向波数下，采用解析法与传递矩阵法求得的结果误差较大(25%以内)；但是在高节径数下两者的误差非常小(5%以内)且均匀。可以认为用传递矩阵法计算得到的鼓筒静频结果具有合理性。

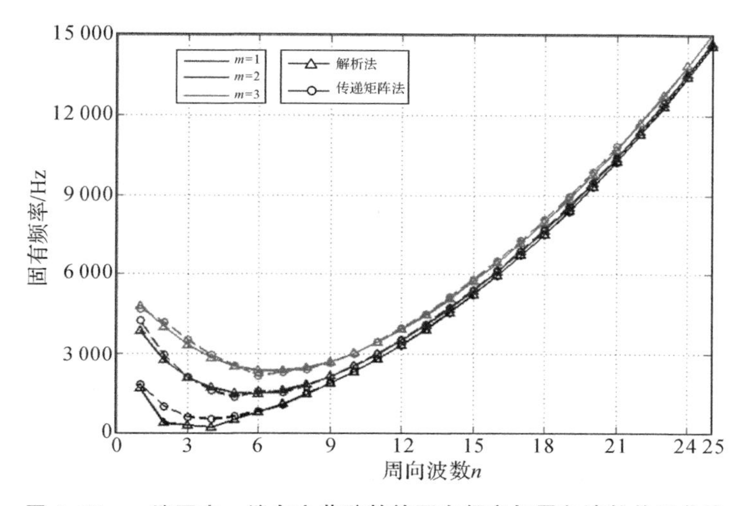

图 4.10　一端固支一端自由薄壁鼓筒固有频率与周向波数关系曲线

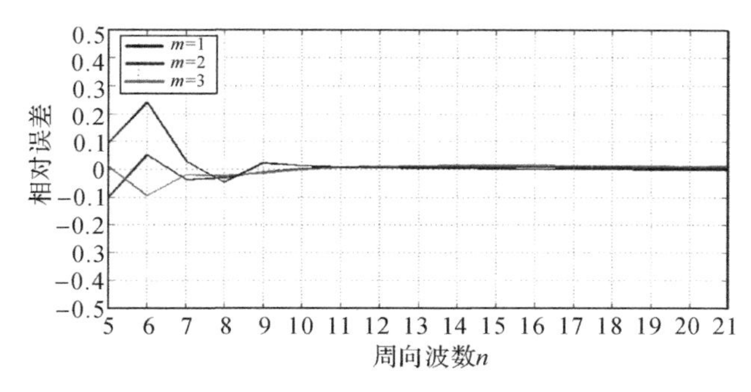

图 4.11　两端固支条件下光壁鼓筒的静频结果比较

图 4.12 所示是在转动坐标系，一端固支一端自由边界条件下的旋转薄壁鼓筒低节径的行波频率曲线，分别对应着轴向半波数 $m=1$ 和低阶周向波数 $n=1,6$。由于科氏加速度(Coriolis acceleration)的影响，旋转薄壁鼓筒的前、后行波频率曲线明显分离。分别采用传递矩阵法和解析法得到的结果具有明显的一致性。

由于科氏加速度的存在，所以节线既不是稳定的，也不随壳体以同样的角速度旋转，而是每个模态都有自己相对于静止坐标系的回转角速度。在上面的行波频率图中，下分支曲线对应前行波(forward whirl)，上分支对应着后行波(backward whirl)。当壳体的旋转速度线与前行波线或后行波线有交叉时，都会产生明显的共振。

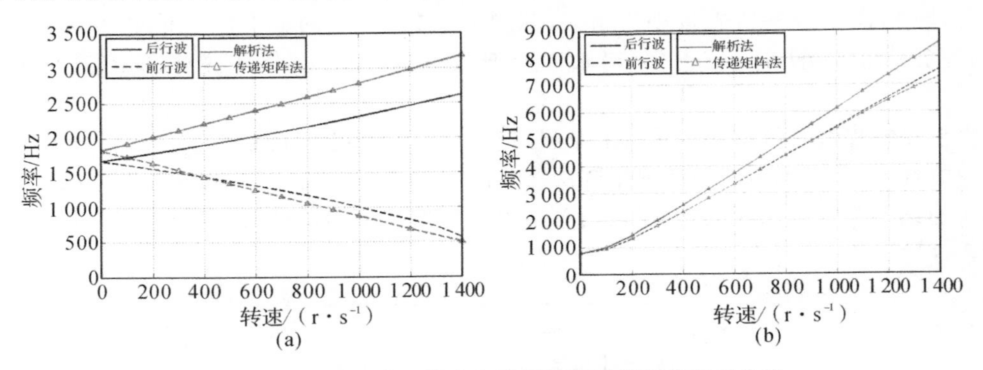

图 4.12　一端固支一端自由旋转薄壁鼓筒行波频率曲线

(a)$n=1$;(b)$n=6$

在轴向半波数 $m=1$ 的情况下，用传递矩阵法和解析法计算得到的在高阶周向波数下两端固支旋转鼓筒的行波频率值，如图 4.13 所示。可以看出，在高节径数(周向波数 $n=20\sim25$)下，前后行波频率值比较接近，并且前后行波的频率值变化趋势也一致。但是基于两种方法计算的结果误差比较大。

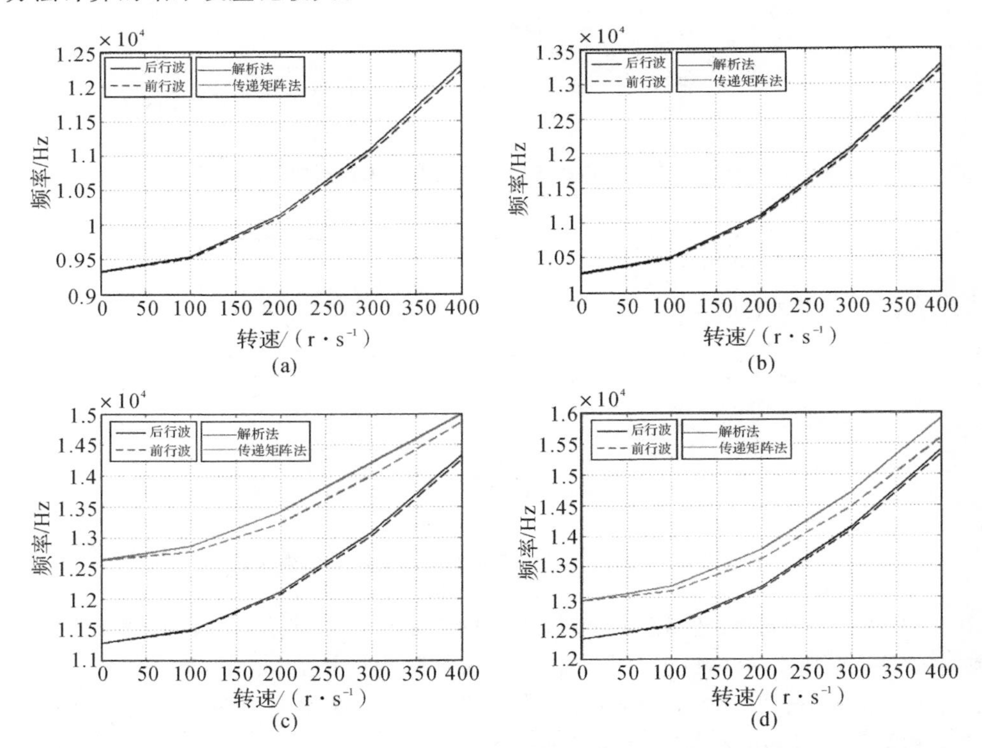

图 4.13　一端固支一端自由旋转薄壁鼓筒的高节径数行波频率($n=20\sim25$)

(a)$n=20$;(b) $n=21$;(c)$n=22$;(d) $n=23$

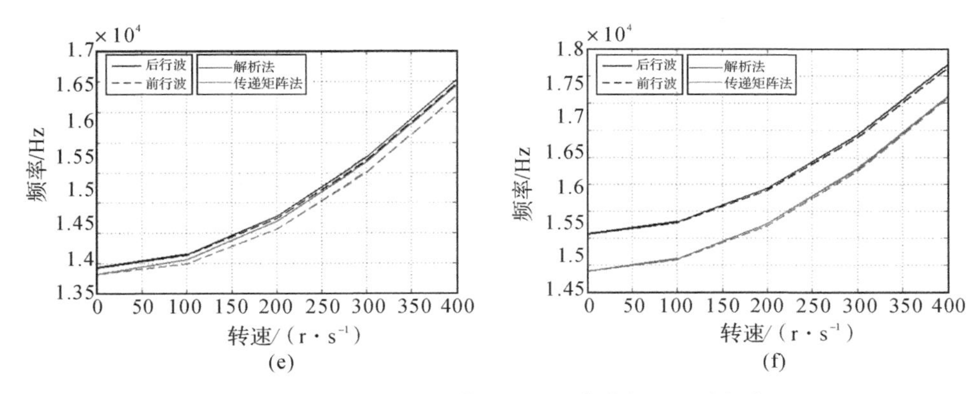

续图 4.13　一端固支一端自由旋转薄壁鼓筒的高节径数行波频率(n=20～25)

(e)n=24;(f) n=25

4.6　本章小结

本章给出了用于计算旋转薄壁鼓筒的静频和行波频率的基本公式与传递矩阵法。利用解析法进行了结果对比，所得到的静止频率和行波频率的计算结果具有一致性。

鼓筒件在静止状态下，低节径数即当周向波数 n 较小时的固有频率值先减小后增大，在高节径数下，固有频率值逐渐增大。另外，当轴向半波数 m 较大时，鼓筒的静态固有频率值相对较大。

在旋转状态下，由于科氏加速度的影响，所以旋转薄壁鼓筒的前、后行波频率曲线明显分离；节线既不是稳定的，也不随壳体以同样的角速度旋转，而是每个模态都有自己相对于静止坐标系的回转角速度。当壳体的旋转速度线与前行波线或后行波线有交叉时，都会产生明显的共振。在高节径数(在这里考虑到 n=20～25)下，前后行波频率值比较接近，并且前后行波的频率值变化趋势也一致。

第 5 章　鼓筒件动力学特性测试方法

对于第 4 章中的旋转薄壁鼓筒件，如图 4.1 所示，可以采用解析法和有限元法进行动力学分析。

本章对鼓筒件的固有频率测试方法进行研究，包括自由态、约束态等边界条件下的鼓筒件固有频率测试方法。组建 4 种不同形式的鼓筒件固有频率测试系统，并提出相应的测试流程；基于所提出的测试方法对处于自由态和约束态的鼓筒模拟件的固有频率和振型进行测试。

研究鼓筒件的阻尼参数的测试方法。测试方法分为频域法及时域法，其中频域法主要基于半功率带宽法，而时域法主要基于自由振动衰减法。

研究鼓筒件的振动响应测试方法。给出振动响应的测试实例，按激励方式的不同，对鼓筒件振动响应测试影响因素进行分析。主要从激振方式、激振点及拾振点位置、激励幅度等方面对约束态鼓筒件的振动响应测试结果的影响进行分析。

研究鼓筒件振动应力的间接测量技术。采用传统的应变电测法测应力是一项操作复杂且费时的一项工作，因此本章提出一种间接测试鼓筒件振动应力的方法。

5.1 引　　言

鼓筒件的振动特性参数主要包括固有频率、模态振型、振动响应、阻尼参数和振动应力等。鼓筒件的振动特性参数可用于结构动力学的建模、响应预估和动态优化设计等环节。

由于不同的夹持方式、激振方式和振动响应采集方式等会对鼓筒件的固有特性产生非常大的影响，所以需要基于其结构特征和振动响应行为特点，研究科学可行的振动测试方法，并对传统的振动测试方法加以改进，排除那些根本就不适合针对鼓筒件开展振动测试的方法，为鼓筒件的精准振动测试找到最适合的实验测试技术。同时，通过实验研究还可以总结和发现鼓筒件的固有特性和响应特性变化规律及影响因素，进一步研究其阻尼特性的测试和辨识方法，为涂层减振技术研究提供实验数据支持。

鼓筒件属于薄壁短圆柱壳试件，其周向振动特性丰富，而轴向振动单一。对其进行有效振动参数测试通常需考虑并解决以下问题。

1. 传感器附加质量的影响

由于薄壁圆柱壳的壁厚较薄，整体质量较轻，传统的接触式传感器受到附加刚度和质量的影响，所以接触式测量都存在一定的测试误差。以本书研究的圆柱壳为例，表 5.1 列出了压电陶瓷激励下通过不同接触形式的传感器测试获取的模态频率。由表中的数据可知，即使采用质量只有 0.6 g 的轻质加速度传感器，其测试结果也有 1～13 Hz 不等的测试误差。因此，为了精确测试模态频率，本章选择非接触振动测量的方式。

表 5.1　不同接触形式的传感器测试获取的圆柱壳模态频率/ Hz

传感器类型	质量/g	模态频率/Hz					
		模态阶次					
		1	2	3	4	5	6
BK4508B	4.8	1 238	1 328	1 347	1 509	1 762	1 804
BK 4517	0.6	1 241	1 334	1 356	1 521	1 786	1 804
激光测振	0	1 249	1 335	1 358	1 524	1 789	1 805

2. 边界条件的有效模拟

不同预紧力下薄壁圆柱壳固有特性的测试结果如图 5.1 所示，可以看出不同的边界约束条件会对模态频率和模态振型的测试结果造成很大影响，不但影响某阶模态频率，还会影响振型次序。实际测试时必须保证被测圆柱壳体可以被有效夹紧，且为了保证约束边界条件，需通过力矩扳手来确定夹具上螺栓的拧紧力矩，例如，对于 12.9 级的 M8 螺栓最多承受大约 40 N・m 的力矩，在测试薄壁圆柱壳的模态频率和振型前，需要先开展预实验，即分别拧紧夹具上螺栓三次，并在对应的边界状态测试前三阶模态频率，如果在三次边界条件下测试获得的前三阶固有频率相差不大，则确定其为正式测试时所采纳的约束条件，若每阶固有频率都有 10 Hz 以上的差距，则证明上述约束态边界条件存在问题，需要进一步增大拧紧力矩，重新确定力矩值。

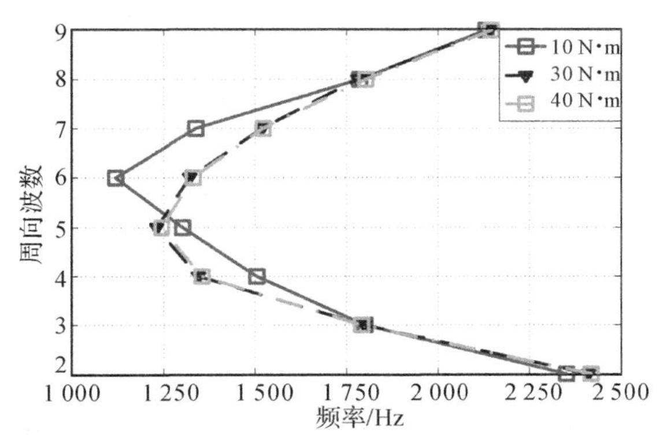

图 5.1　实验测试获得的不同约束边界条件下的模态频率和模态振型

3. 振动参数正确性的有效判定

振动参数正确性的有效判定是影响振动测试准确性的主要因素之一，例如压电陶瓷激励时激励信号的类型对薄壁圆柱壳的测试结果有着一定程度的影响。图 5.2 比较了瞬态随机(burst random)和周期蜂鸣脉冲(periodic chrip)两种激励信号，可以看出图 5.2(a)频响函数曲线较为光滑，且相干系数接近于 1。因此，对于压电陶瓷这种激振形式，采用 Periodic Chrip 会获取最好的测试效果；同理，经反复比较，若采用激振器激励，则 Burst random 会获取较好的测试精度。

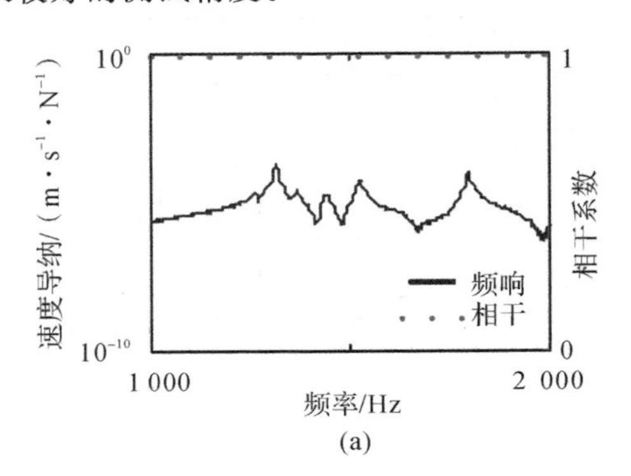

(a)

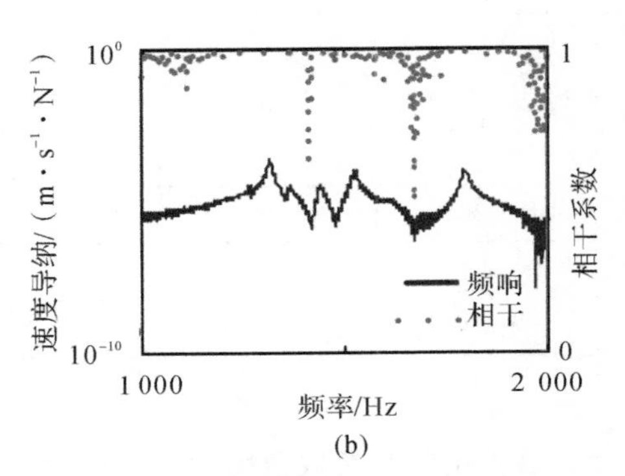

(b)

图 5.2 压电陶瓷激励下不同激励信号测出的频响和相干函数

(a)周期蜂鸣脉冲信号；(b)瞬态随机信号

4. 数据处理技术

平均技术在测试圆柱壳的频响函数中有着重要的作用。它不仅可以用于消除测量中随机噪声的影响以提高信噪比，还可以消除结构的弱非线性对测量数据带来的影响。图 5.3 (a)为平均 5 次的频响函数和相干函数频谱；图 5.3 (b)为平均 20 次的结果。从中可以看出，图 5.3 (b)的频响函数曲线比图 5.3 (a)光滑了许多，且关心频段内的相干值更好，可见，适当增加平均次数可以更好地识别圆柱壳的模态频率。

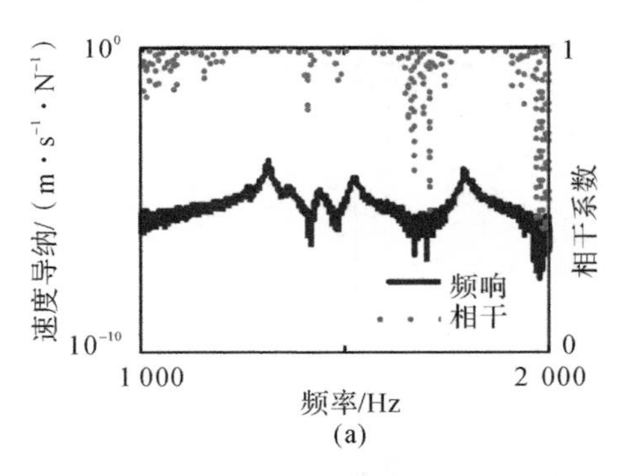

(a)

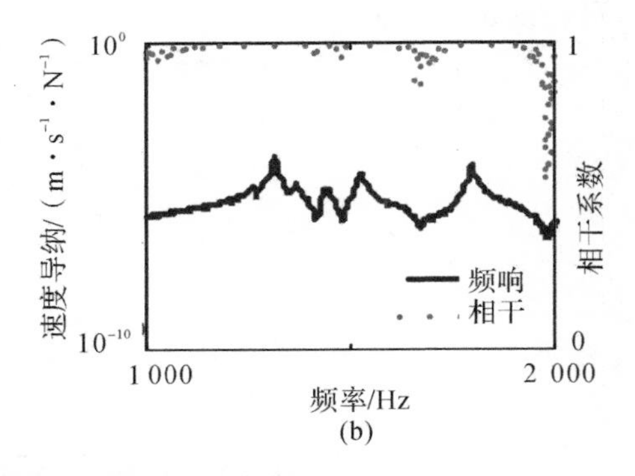

(b)

图 5.3 不同平均次数测出的频响函数和相干函数

(a) 1 个激励点；(b)2 个激励点

5.2　鼓筒件固有频率与振型测试

鼓筒件的固有频率是其重要的动力学特性参数之一，本章研究面向自由态、约束态等边界条件下的鼓筒件固有频率测试方法。首先，分析影响鼓筒件固有频率测试精度的因素；其次，组建 4 种不同形式的鼓筒件固有频率测试系统，并提出相应的测试流程；最后，基于所提出的测试方法，对处于自由态和约束态的鼓筒原理件、模拟件的固有频率进行测试。

5.2.1　影响鼓筒件固有频率测试精度的因素

固有频率测试通常是从测得的频响函数或频域响应中辨识而来的，因而凡是对结构系统真实频响函数或频域响应有影响的因素，均可能影响固有频率的测试精度。以下从传感器附加质量、边界约束条件、背景噪声、激励信号类型及泄漏误差、测量点和激励点的位置及激励点数量、测试平均次数等 6 方面分析影响固有频率测试精度的因素。

1. 附加质量的影响

当进行鼓筒件固有频率测试时，一些激励装置(例如压电陶瓷激励)、拾振传感器等都可能会给系统增加附加质量。这些附加质量可能会对鼓筒件固有频率测试结果产生影响，降低了固有频率的测试精度。以下以拾振传感器为例，说明附加质量对固有频率测试结果的影响。

实验研究发现：拾振传感器附加质量对约束态鼓筒原理件固有频率测试结果有着重要的影响。图 5.4 为固有频率测试研究曾采用的拾振方法，分别为用 B&K 加速度传感器 4508B 和 4517，以及用激光测振仪拾振。各类型传感器的附加质量以及针对同一点的测试结果均列在表 5.2 中。

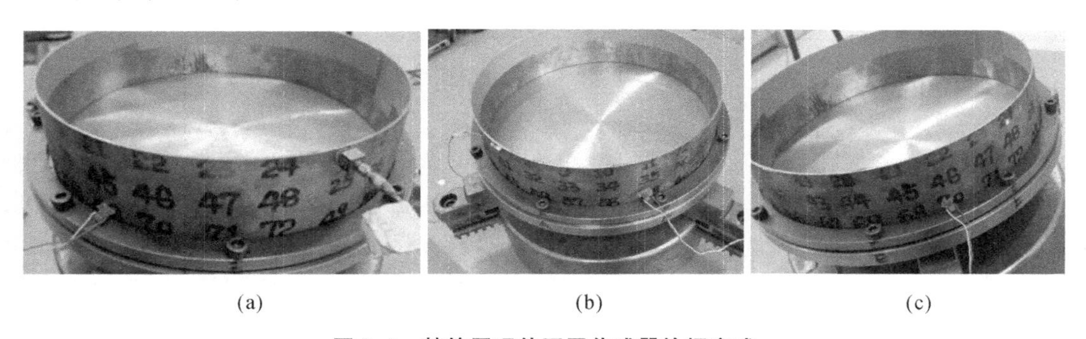

(a)　　(b)　　(c)

图 5.4　鼓筒原理件不同传感器拾振方式

(a)4508B 拾振；(b)轻质加速度 4517 拾振；(c)激光测振仪拾振

对比表5.2中的测试结果可以看出，拾振传感器自身质量对固有频率测试结果会有一定程度的影响，传感器质量越大，则影响越大。因而，考虑到测量的准确性，应优先采用激光测振仪拾振。

表5.2　用不同拾振传感器获得的固有频率

传感器型号	附加质量/g	固有频率/Hz									
		1	2	3	4	5	6	7	8	9	10
4508B	4.8	1 238	1 328	1 347	1 419	1 509	1 528	1 639	1 762	1 804	2 126
4 517	0.6	1 241	1 334	1 356	1 425	1 521	1 529	1 639	1 786	1 804	2 140
激光测振仪	0	1 254	1 335	1 358	1 426	1 524	1 530	1 636	1 789	1 805	2 147

2. 边界条件的影响

薄壁圆柱壳的约束条件对其固有频率测试也有很大的影响。表5.3为不同预紧力下薄壁圆柱壳固有频率的测试结果，从中可发现边界约束条件对固有频率测试结果影响很大。为了保证每次测试在同一边界条件下进行，必须通过力矩扳手确定力矩大小(对于12.9级的M8螺栓可以设定为40 N·m)，并以统一规定的力矩来拧紧夹具上的螺栓(见图5.4)，然后分别测试前三阶固有频率，至少测试三次，直到各次测试结果相差不大为止，确定为正式测试时所采纳的约束条件。同时，还需开展Maxwell互异性实验，排除约束边界造成的非线性影响。

表5.3　不同约束边界条件下的固有频率

拧紧力矩/N·m	固有频率/Hz						
	1	2	3	4	5	6	7
10	1 119	1 305	1 341	1 505	1 788	—	2 133
30 Nm	1 232	1 322	1 346	1 521	—	1 804	2 142
40	1 249	1 335	1 358	1 524	1 789	1 805	2 147

3. 背景噪声的影响

本章主要讨论采用非接触激光测振仪测试固有频率时，背景噪声对其测试结果的影响。激光测振仪属于高精密仪器，其测试灵敏度可达40 000 mV/m/s，因而对测试环境的要求较高。大地的振动、实验人员大声说话等都会被记录到时域波形中。特别是当利用振动台基础激励固有频率时，由于强制风机冷却，所以背景噪声较大，若激励幅度较小，则会产生更严重的背景噪声干扰，从而影响固有频率的测试精度。可以通过提高激励幅度并增加测试平均次数来提高信噪比，同时使用抗混叠滤波器来有效排除关注频率外的背景噪声的干扰。

4. 激励信号类型及泄漏误差的影响

激励信号的类型是影响频响函数测试质量的主要因素之一。以压电陶瓷激励为例，图

5.5 比较了三种激励信号，随机(random)、瞬态随机(Burst random)以及周期啁啾(Periodic Chrip)脉冲对约束态薄壁圆柱壳固有频率测试精度的影响。从图 5.5 中可以看出，当周期啁啾脉冲激励时，相干系数接近于 1 且频响函数更加平滑，从而说明对于压电陶瓷这种激振形式，采用 Periodic Chrip 会获取最好的测试精度和效果。同理，经过反复比较，若采用电磁激振器激励，则 Burst random 会获取较好的测试精度。

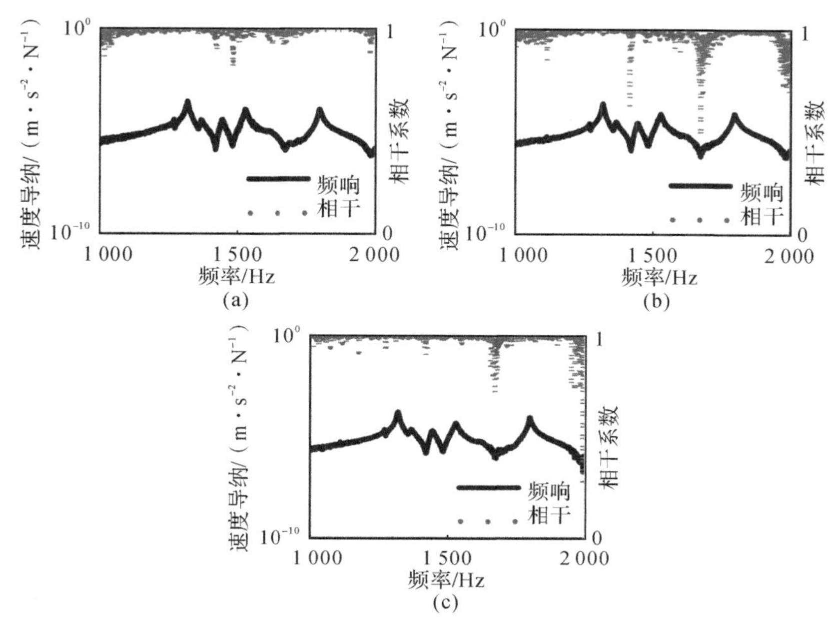

图 5.5　压电陶瓷激励下不同激励信号测出的频响和相干系数

(a)周期啁啾脉冲信号；(b)瞬态随机信号；(c)随机信号

激励信号的泄漏误差也会对圆柱壳的固有频率测试造成影响。如果响应信号相对于采样窗函数不是周期的，或者不是完整的瞬态信号，那么正确进行离散傅里叶变换的条件就被破坏，从而造成了泄漏误差。脉冲激励属于瞬态信号，周期随机激励属于周期信号，随机信号则是典型的非周期信号。可以根据表 5.4，通过选择正确的窗函数来将泄漏和外部噪声所引起的误差降至最低。

表 5.4　不同激励信号对应的最佳窗函数

激励设备	力锤	激振器	压电陶瓷	振动台
激励信号	脉冲	瞬态 随机	周期 啁啾脉冲	正弦 扫频
窗函数	力窗	汉宁窗	汉宁窗	汉宁窗

5. 测量点和激励点的位置及激励点数量的影响

圆柱壳属于圆形自闭环结构，若只有一个激励点，则总有测量点相对其距离或较近或较远。图 5.6 列出了相对应激励点 0°、90°、180°，即原点、中间点和最远点三个测点位置的相干系数。从中可以发现，90°、180°两个测点的相干系数数据很多都低于0.8，对应获取的频响函数曲线均不太光滑。可见，响应点相对于激励点的距离确实对模态频率测试结果有着一定的影响。

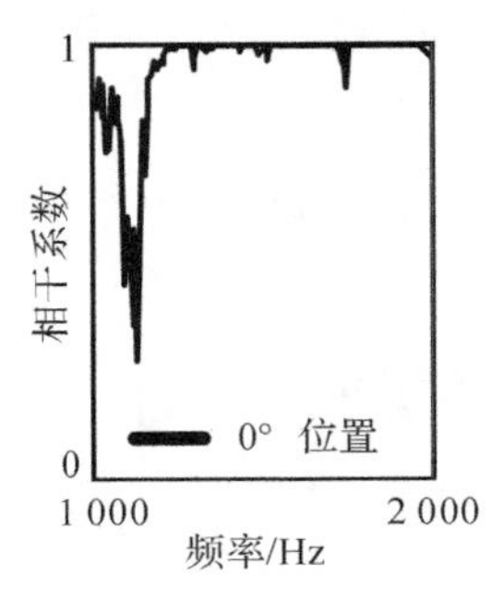

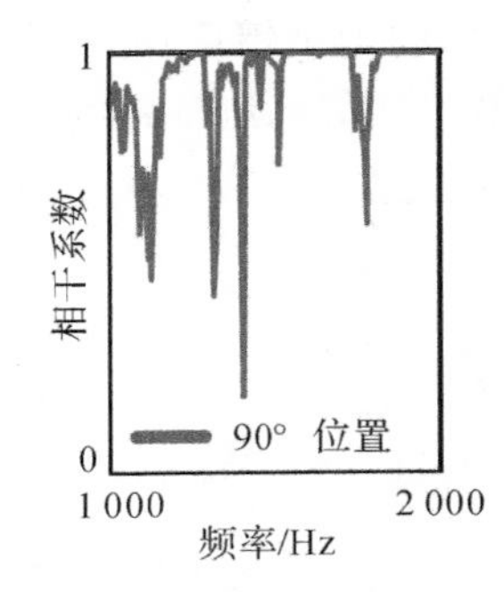

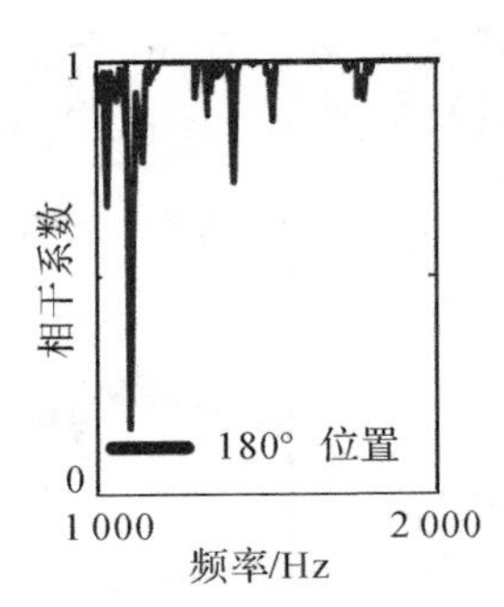

图 5.6 不同响应位置测出的相干系数

适当提高激振力幅可以在一定程度上克服测点位置对模态频率测试精度的影响。若仍不能有效激发最远点位置的模态，则需考虑增加激振通道数，从多个位置同时激励圆柱壳。以压电陶瓷激励为例，图5.7列出了激励点数量对圆柱壳第一阶固有特性的影响。可以发现当采用1个压电陶瓷激励时[见图5.7(a)]，激振能量在整个结构上分布不均匀，若测量点相对应激励点太远，则会发生“漏阶”现象。而当采用两个压电陶瓷在不同位置激励圆柱壳[见图5.7(b)]时，圆柱壳的模态被充分激发。

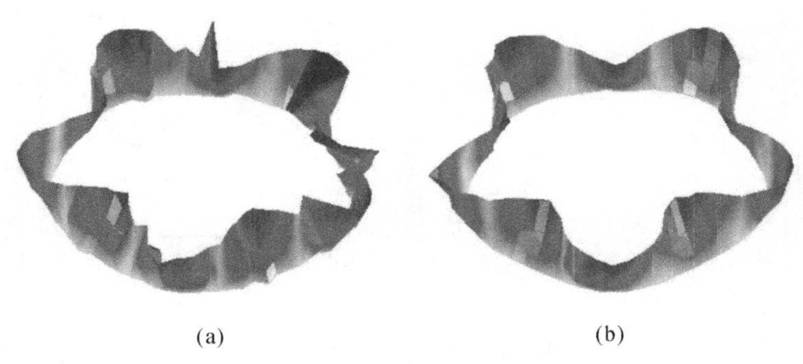

图 5.7 激励点数量对第一阶固有特性的影响

(a)1个激励点；(b)2个激励点

6. 测试平均次数的影响

平均技术在估算频响函数中有着重要的作用。它不仅可以用于消除测量中的随机噪声的影响以提高信噪比，还可以消除结构的弱非线性对测量数据带来的影响。引言中的数据处理技术部分和图5.3，对适当增加平均次数可以更好地识别固有频率进行了相关说明，在此不赘述。

5.2.2 鼓筒件固有频率测试系统

为了有效地对鼓筒件的固有频率进行测试，按激振方式的不同，分别组建锤击激励、压电陶瓷激励、电磁激振器直接激励、振动台基础激励等4类测试系统，现分别说明如下。

5.2.2.1　锤击激励测试系统

用力锤激励鼓筒件进行锤击法测试，所涉及的仪器设备包括模态力锤、激光测振仪、数据采集前端、高性能笔记本电脑等。测试系统现场如图 5.8 所示，具体仪器配置见表 5.5。

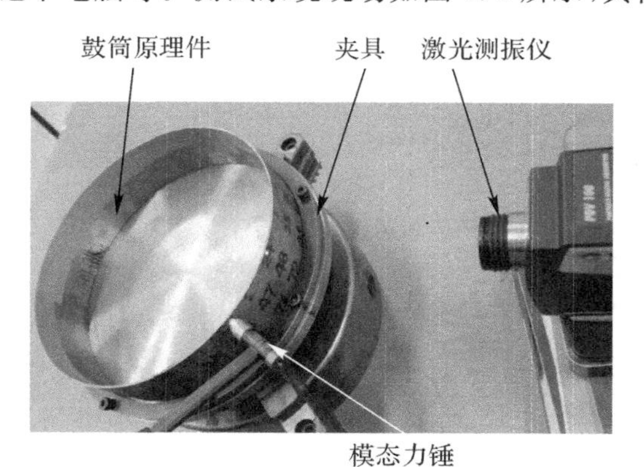

图 5.8　锤击法约束态鼓筒原理件固有频率测试

说明：这里的拾振主要采用激光位移传感器，主要是为了避免附加质量的影响。已通过实验证实，黏结在筒壁上的加速度传感器对筒的固有频率测试结果有着重要的影响。

表 5.5　锤击法测试仪器设备配置

序号	名称
1	LMS 16 通道便携式数据采集前端控制器
2	PCB 086C01 型力锤
3	Polytec PLD－100 激光测振仪
4	高性能笔记本电脑

5.2.2.2　压电陶瓷激励测试系统

采用压电陶瓷可实现鼓筒原理件高频固有频率测试，测试系统主要包括 PI 压电陶瓷、驱动电源、激光测振仪、数据采集前端、高性能笔记本电脑等。图 5.9 为测试现场图，表 5.6 为主要仪器配置。

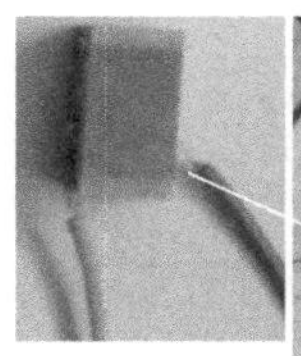

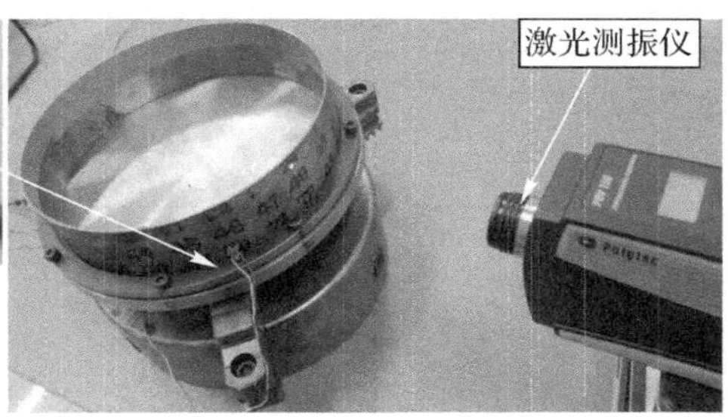

图 5.9　压电陶瓷激励测试系统

表 5.6 压电陶瓷激励测试仪器设备配置

序号	名称
1	LMS 16 通道便携式数据采集前端控制器
2	PI 压电陶瓷 P-885.10
3	高频压电陶瓷驱动电源
4	Polytec PLD-100 激光测振仪
5	高性能笔记本电脑

5.2.2.3 电磁激振器直接激励测试系统

用电磁激振器的柔性杆激励鼓筒原理件,采用直接激励的方式获得薄壁圆柱壳的固有频率,所涉及的仪器设备包括电磁激振器、激光测振仪、数据采集前端、高性能笔记本电脑等。图 5.10 为测试现场图,表 5.7 为主要仪器配置。

图 5.10 电磁激振器基础激励测试系统

表 5.7 电磁激振器基础激励测试仪器设备配置

序号	名称
1	LMS 16 通道便携式数据采集前端控制器
2	BK4824 型激振器
3	BK 2732 型功率放大器
4	Polytec PLD-100 激光测振仪
5	高性能笔记本电脑

5.2.2.4 振动台基础激励测试系统

用电磁振动台对基础激励鼓筒原理件进行固有频率测试,所涉及的仪器设备包括电磁振动台、激光测振仪、数据采集前端、高性能笔记本电脑等。图 5.11 为测试现场图,表 5.8 为主要仪器配置。

图 5.11 电磁振动台基础激励测试系统

表 5.8 电磁振动台基础激励测试仪器设备配置

序号	名称
1	LMS 16 通道便携式数据采集前端控制器
2	金盾 EM－1000F 电磁振动台
3	Polytec PLD－100 激光测振仪
4	高性能笔记本电脑

5.2.3 鼓筒件固有频率测试方法

鼓筒件固有频率测试，主要是获得由激励信号和响应信号所产生的频响函数或者由响应信号时频变换得到的频域响应。按照测试原理，仅有一组频响函数或者一个拾振点的频域响应就可以辨识鼓筒件的固有频率。但是，为了保证测试精度，通常用几个测点或者每个测点重复几次测试，获得若干组频响函数或频域响应来辨识鼓筒件的固有频率。以下对照 5.2.2 节的固有频率测试系统，说明鼓筒件固有频率的测试方法。同时也在本节后半部分对固有频率测试的正确性进行讨论。

5.2.3.1 基于不同测试系统的鼓筒件固有频率测试流程

这里主要以约束态的鼓筒件为例加以说明，对于自由态，仅可以用力锤及压电陶瓷激励测试。

1. 锤击激励测试流程

(1)对薄壁光筒进行有限元分析，掌握薄壁构件模态振动特点。

(2)在实际构件上进行测点编号并拧紧薄筒安装边的螺栓，薄筒的测试边界条件为一端约束状态。

(3)基于有限元分析结果(这里主要是各阶固有频率)，基于薄壁光筒的具体结构特征，选择频段为 0～2 000 Hz，采样频率为 5 120 Hz。

(4)科学地确定激励点及拾振点。

(5)对测试进行基本设置,包括拾振及激励传感器灵敏度设置,锤击激励脉冲触发值,对力信号加瞬态窗。

(6)进行锤击测试,获得激励信号以及响应信号。

(7)对激励及响应信号进行滤波、降噪处理,获得频响函数 FRF。

(8)由测得的 FRF 进行固有频率辨识,对照有限元模态振型确定固有频率。

2. 压电陶瓷激励测试流程

(1)在实际构件上进行测点编号并拧紧薄筒安装边的螺栓,薄筒的测试边界条件为一端约束状态。

(2)进行分析频段设置,选择分析频段为 0～2 000 Hz,采样频率为 5 120 Hz。

(3)设定压电陶瓷的激励信号类型为 Periodical Chirp,并对各类信号加矩形窗,软件设置 3 V 激励信号,高频压电陶瓷驱动电源的偏置电压设置为 70 V,将信号源的激励电压放大 24 倍后通过压电陶瓷对试件激励,采用衰减器将压电陶瓷端的力信号衰减并反馈到采集前端控制器,实现压电陶瓷激振力的实时采集。

(4)获得各个测点的频响函数并辨识出固有频率。

(5)由测得的 FRF 进行固有频率辨识,对照有限元模态振型确定固有频率。

3. 激振器直接激励测试流程

(1)在实际构件上进行测点编号并拧紧薄筒安装边的螺栓,薄筒的测试边界条件为一端约束状态。

(2)进行分析频段设置,选择分析频段为 0～2 000 Hz,采样频率为 5 120 Hz。

(3)设定激励信号类型为 Burst random 激励鼓筒件。

(4)获得各个测点的频响函数并辨识出固有频率。

(5)由测得的 FRF 进行固有频率辨识,对照有限元模态振型确定固有频率。

4. 振动台基础激励测试流程

(1)在实际构件上进行测点编号并拧紧薄筒安装边的螺栓,薄筒的测试边界条件为一端约束状态。

(2)确定扫频激励频段为各阶固有频率的 75%～125%、扫描速率为 1 Hz/s、激振能量为 1 g,在此频段内进行定幅扫频激励。

(3)进行分析频段设置,选择分析频段为 0～2 000 Hz,采样频率为 5 120 Hz。

(4)通过对响应信号进行处理,获得其三维瀑布图,从而精确获得试件的固有频率值。

5.2.3.2 鼓筒件固有频率测试准确性判定

准确判定固有频率的较好的方法是结合模态振型,但模态振型的测试通常非常复杂,需要布置大量的节点,测试任务繁重。

假如只是想获知固有频率,可采用上述多种测试系统进行测试,各测试方法之间可进行相互验证,从而快速确定鼓筒原理件的固有频率。另外,还可以借助有限元获得的模态振型来评判所考虑频率区间内模态的数量,从而辅助进行固有频率的辨识。

由于振动台的结果可重复性较好,所以也可以把振动台扫频的测试结果作为参考。

5.2.4　鼓筒原理件固有频率测试

5.2.4.1　问题描述

鼓筒原理件如图 5.12 所示，质量为 1 070 g，设计的尺寸参数见表 5.9，具体材料参数见表 5.10。

图 5.12　鼓筒原理件

表 5.9　鼓筒原理件的尺寸参数

长度/mm	壁厚/mm	内半径/mm	外半径/mm	质量/g
70	2	142	144	1 070

表 5.10　悬臂薄筒材料参数

材料	弹性模量/Pa	泊松比	密度/(kg·m^{-3})
结构钢	2.12×10^{11}	0.3	7 850

5.2.4.2　鼓筒原理件固有特性的有限元求解

为了对鼓筒原理件进行有效测试，需要初步了解其动力学特性，这里采用 ANSYS 软件，采用有限元法对鼓筒原理件进行固有特性计算。

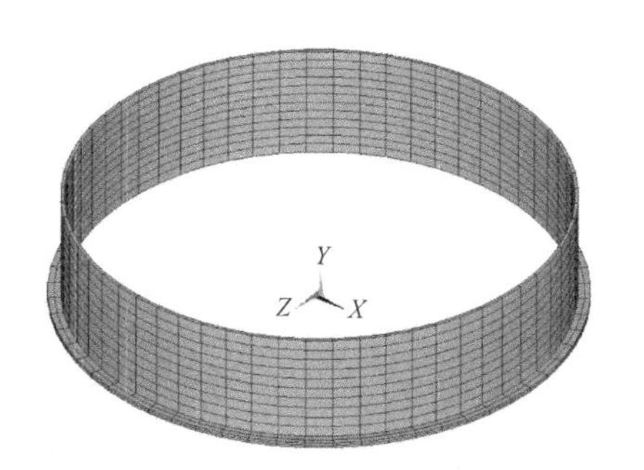

图 5.13　70 鼓筒原理件有限元模型

1. 自由态固有频率分析

选取 Solid186 结构实体单元，创建 70 鼓筒原理件自由态有限元模型，如图 5.13 所示，共有 720 个单元，5 340 个节点。相应的固有频率计算结果见表 5.11。模态振型如图 5.14 所示。

表 5.11 自由态 70 mm 鼓筒固有频率

(m,n)	锤击实验	有限元	误差/(%)
1,4	113.2	118.77	4.92
1,4	192.4	197.23	2.51
1,3	286.4	302.73	5.70
1,4	490.8	519.82	5.91
1,3	589.6	622.93	5.65
1,5	724.9	768.78	6.05
1,6	992	1 054.5	6.30
2,4	1 117	1 187	6.27
1,7	1 307	1 381.2	5.68
1,8	1 545	1 752.1	13.40

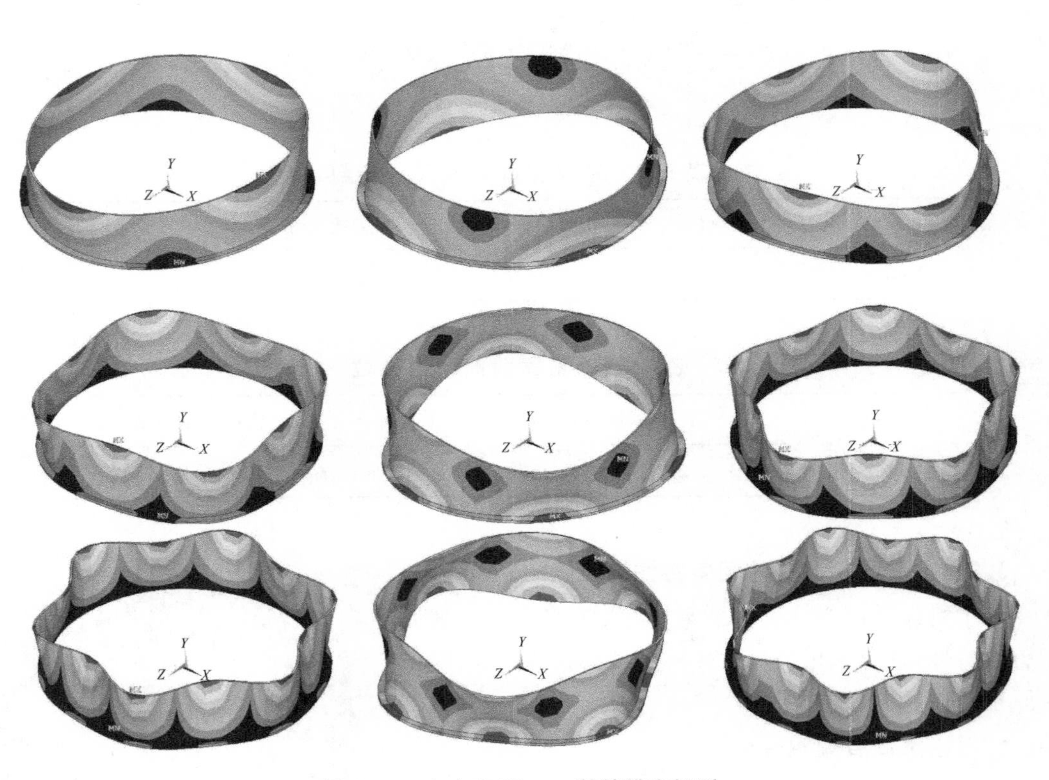

图 5.14 自由态 70 mm 鼓筒模态振型

2. 约束态固有频率分析

选取 Solid95 结构实体单元，采用从相邻面扫过体的方法填充生成网格，单元总数为 3 464，节点数为 7 352，图 5.15 为所创建的有限元模型。

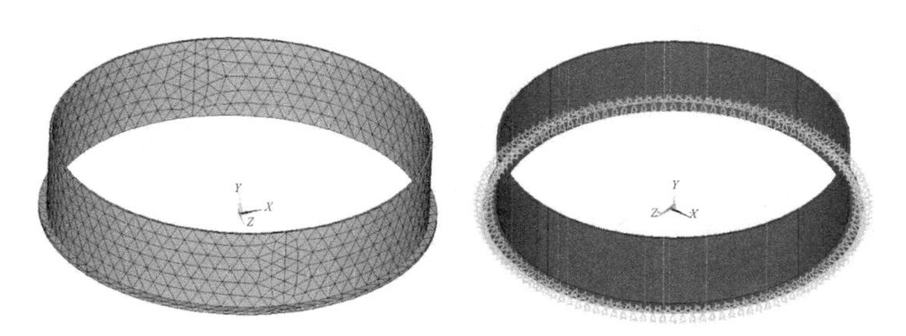

图 5.15　约束态鼓筒有限元模型及边界约束

需要说明的是：由于薄壁光筒存在加工壁厚不均匀和锈蚀的影响，所以对鼓筒原理件的几何尺寸作了修正。表 5.12 为有限元计算时选用的几何参数。相应的固有频率分析结果列在表 5.13 中。模态振型如图 5.16 所示。

表 5.12　约束态 70 鼓筒原理件有限元分析时采用的几何参数

长度 mm	壁厚 mm	内半径 mm	外半径 /mm	约束边外 半径/mm	约束边 厚度/mm	约束边 孔径/mm
70	1.92	142	144	150	3	4

表 5.13　约束态 70 鼓筒固有频率

(m,n)	固有频率/Hz		差值/(%)
	有限元	锤击实验	
1,5	1 264.2	1 249.0	1.4
1,6	1 334.7	1 335.0	0.2
1,4	1 368.5	1 358.0	0.8
1,7	1 529.0	1 524.5	0.5
1,3	1 723.8	1 789.0	3.8
1,8	1 813.7	1 805.0	0.5

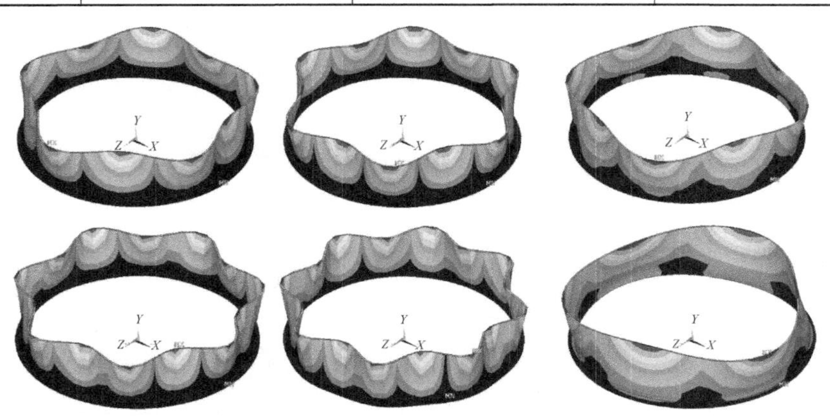

图 5.16　约束态 70 mm 鼓筒模态振型

5.2.4.3　自由态鼓筒原理件固有频率测试

测试自由态的鼓筒原理件主要采用锤击法，测试现场如图 5.17 所示。由测试获得的频响函数如图 5.18 所示，辨识出自由态鼓筒原理件的固有频率，测试结果列在表 5.14 中。

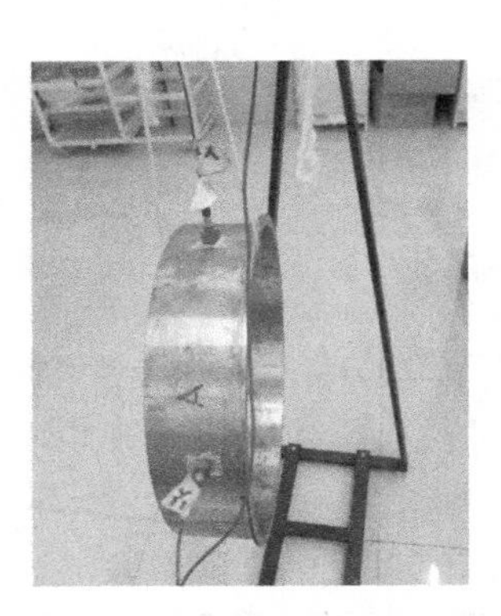

图 5.17　自由态鼓筒原理件固有频率测试现场图

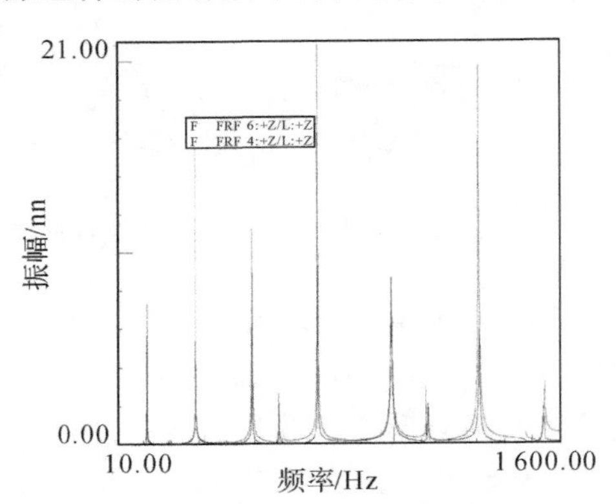

图 5.18　自由态鼓筒原理件测试获得的频响函数

5.2.4.4　约束态鼓筒原理件固有频率测试

通过第 5.2.2 部分搭建的各种测试系统，并按照本书提出的测试流程对 70 约束态鼓筒原理件固有频率进行测试。

图 5.19 为用于获得 70 鼓筒原理件固有频率的频响函数或时频域响应。

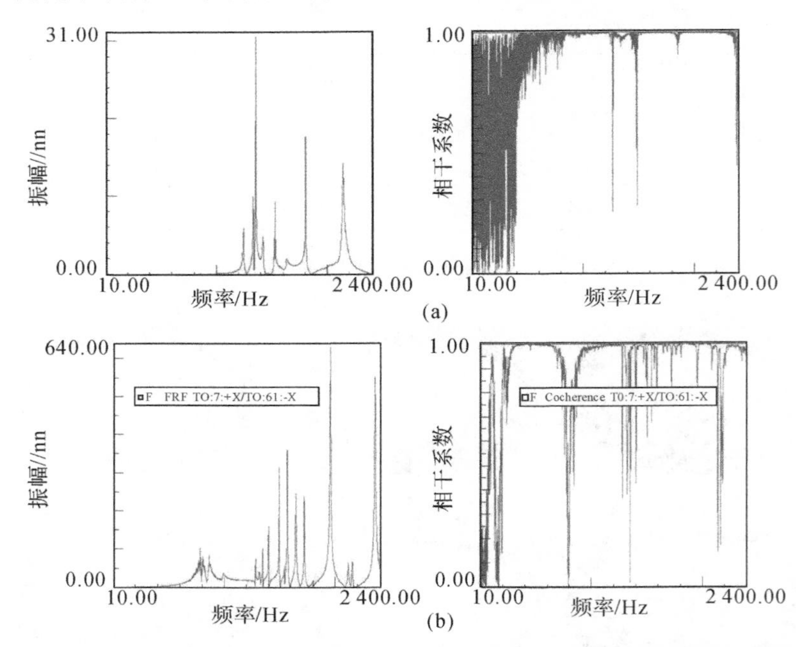

图 5.19　用于辨识约束态 70 鼓筒原理件固有频率的频响函数或频域响应

(a)锤击法获取的约束态 70 鼓筒原理件频响函数和相干系数；

(b)激振器直接激励获取的约束态 70 鼓筒原理件频响函数和相干系数

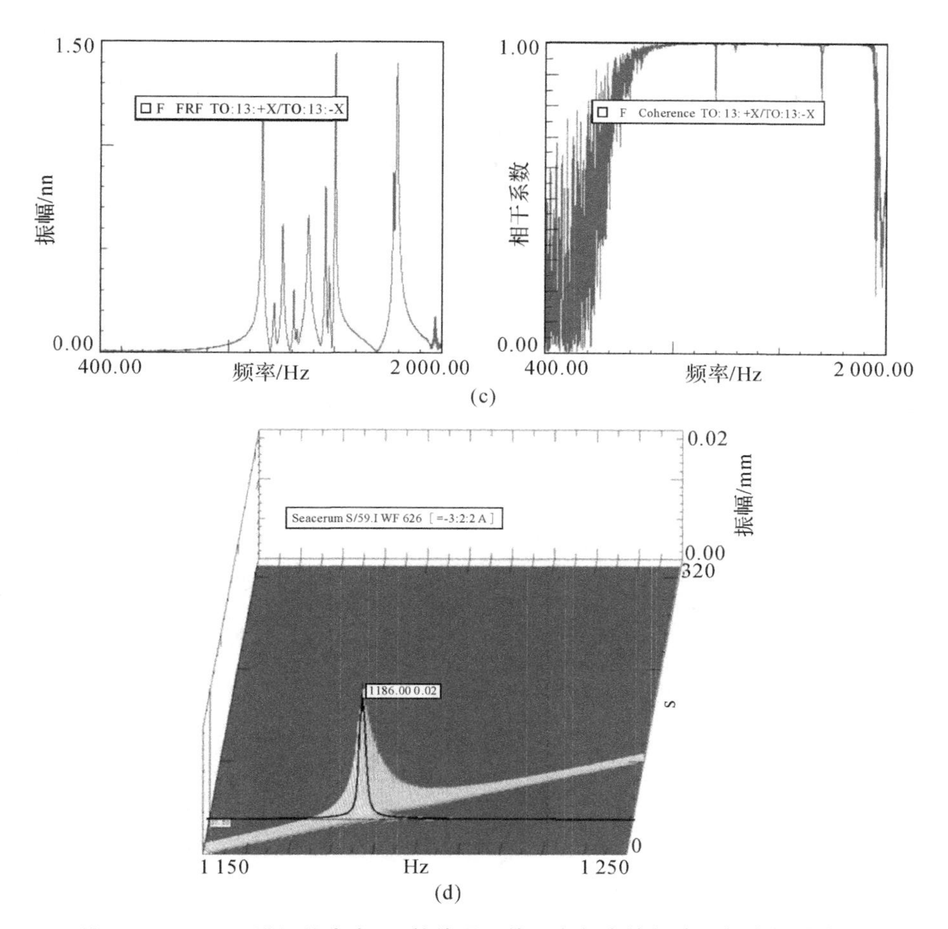

(c)

(d)

续图 5.19　用于辨识约束态 70 鼓筒原理件固有频率的频响函数或频域响应

(c)压电陶瓷激励获取的约束态 70 鼓筒原理件频响函数和相干函系数；

(d)振动台基础激励获得的约束态 70 鼓筒原理件的三维瀑布图

以下将锤击法、压电陶瓷激励、激振器基础激励、振动台基础激励所获得固有频率列在表 5.14 中。

表 5.14　70 mm 约束态鼓筒原理件测试获取的固有频率

模态阶次	m,n	固有频率/Hz			
		锤击激励	激振器激励	压电陶瓷激励	基础激励
1	1,5	1 245.5	1 239.5	1 249.0	1 247.0
2	1,6	1 330.0	1 319.5	1 335.0	1 332.5
3	1,4	1 354.0	1 343.5	1 358.0	1 357.5
4	1,7	1 528.5	1 491.0	1 524.5	1 522.0
5	1,3	1 792.0	1 720.0	1 789.0	1 791.5
6	1,8	1 804.0	1 801.5	1 805.0	1 805.0

从表 5.14 中可以发现，利用上述 4 种测试系统，测试所得的固有频率总体差别不大，且与理论分析值也有较好的对应。其中，激振器激励时获得的固有频率，较其他三种激励方式差别较大。

目前固有频率的确定是通过对比不同测试方法，如果均含有某个阶次的频率值，那么对该固有频率进行确认。

5.2.5 鼓筒模拟件固有频率测试

5.2.5.1 问题描述

鼓筒模拟件相对于原理件，从结构上更加接近鼓筒真实件，除具有与轮盘相连接的安装边外，还含有蓖齿，如图 5.20 所示。鼓筒件具体结构尺寸见表 5.15，材料参数见表 5.16。

图 5.20 鼓筒模拟件

表 5.15 鼓筒实验件的几何参数

筒的编号	外径/mm	高度/mm	壁厚/mm	篦齿高/mm	篦齿间距/mm	螺栓孔边厚度/mm	螺栓孔径/mm
G1	203	90	5	5	57	4	9

表 5.16 鼓筒材料参数

材料	弹性模量/Pa	泊松比	密度/($kg \cdot m^{-3}$)	质量/g
42CrMo	2.12×10^{11}	0.28	7 850	5 260

5.2.5.2 鼓筒模拟件固有频率有限元求解

1. 自由态鼓筒模拟件有限元分析

为了对鼓筒模拟件进行有效测试，需要初步了解其动力学特性，这里利用 ANSYS 软件，采用有限元法对鼓筒模拟件进行固有特性计算。选取了 Solid95 结构实体单元，采用从相邻面扫过体的方法填充生成网格，单元总数为 76 168，节点数为 148 232，图 5.21 为所创建的有限元模型，这里忽略了蓖齿的影响。

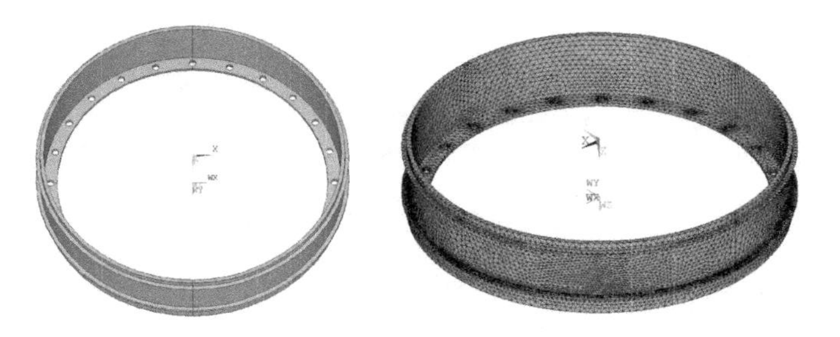

图 5.21　自由态 G1 鼓筒模拟件有限元模型

基于所创建的模型所求解的固有频率见表 5.17。相应的模态振型如图 5.22 所示。

表 5.17　自由态 G1 鼓筒模拟件固有频率

(m,n)	固有频率/Hz		误差/(%)
	锤击实验	有限元	
1,2	155	158.21	2.07
1,2	296	289.28	2.27
1,3	408	419.92	2.92
1,4	712	724.24	1.72
1,3	979	932.83	4.72
1,5	1 062	1 067	0.47
1,6	1 465	1 455.3	0.66
1,4	1 900	1 801.3	5.19
1,9	1 926	1 895.6	1.58

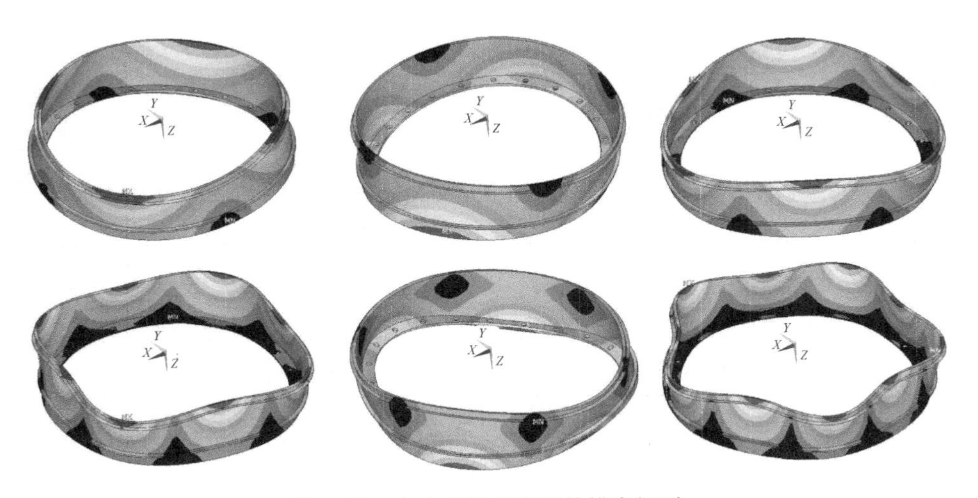

图 5.22　自由态鼓筒模拟件模态振型

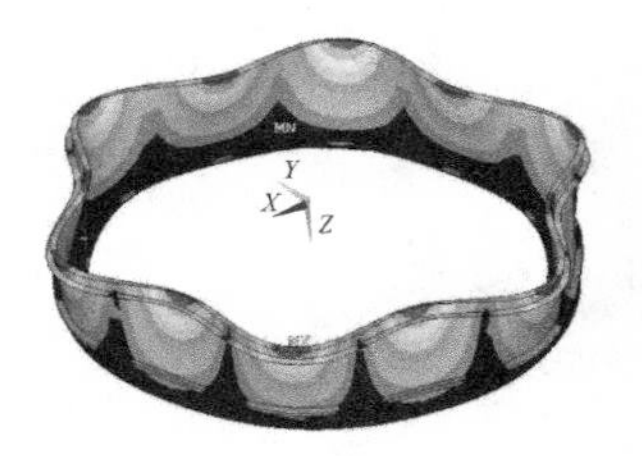
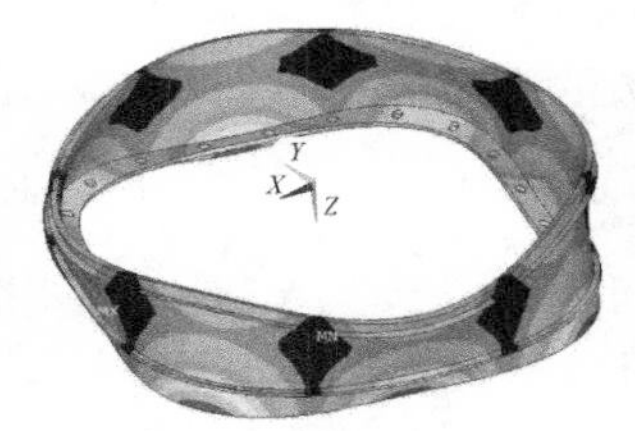
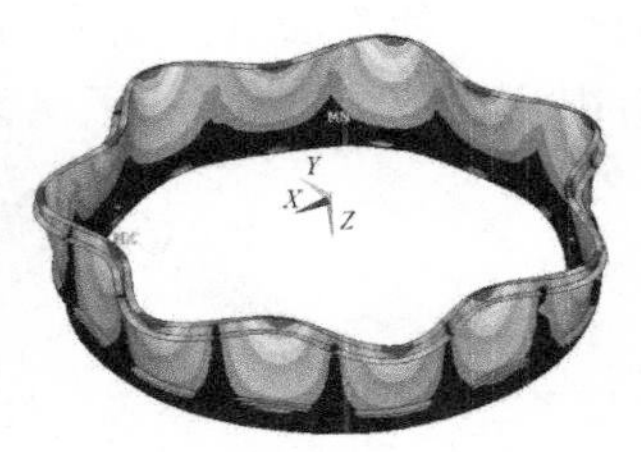

续图 5.22　自由态鼓筒模拟件模态振型

2. 约束态鼓筒模拟件有限元分析

由于薄壁光筒存在加工壁厚不均匀和锈蚀的影响，所以先以壁厚作为主要修改参数，实际测量质量为 1 380 g，修正有限元模型的壁厚为 1.92 mm，然后利用 ANSYS 软件，采用扇形旋转的方式建立有限元模型(见图 5.23)，选取 Solid95 结构实体单元，采用从相邻面扫过体的方法填充生成网格，单元总数为 19 062，节点数为 39 099，约束采用 24 个孔面全约束。分析所采用的几何及物理参数见表 5.18 和表 5.19，固有频率列在表 5.20 中。模态振型如图 5.24 所示。

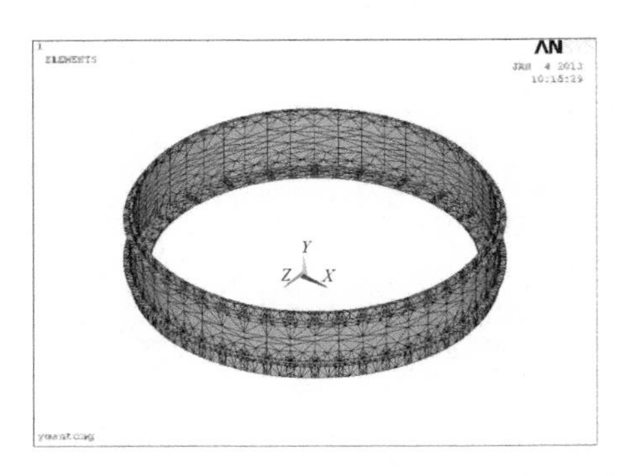
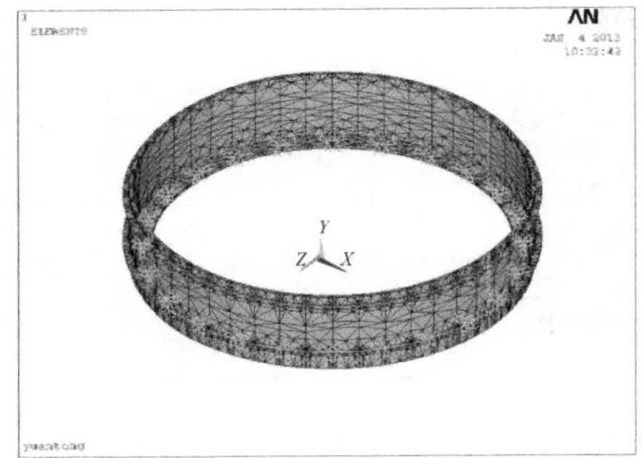

图 5.23　约束态鼓筒模拟件有限元模型及边界约束

表 5.18　鼓筒实验件的几何参数

筒的编号	外径/mm	高度/mm	壁厚/mm	篦齿高/mm	篦齿间距/mm	螺栓孔边厚度/mm	螺栓孔径/mm
G1	203	90	4	5	57	4	9

表 5.19　鼓筒材料参数

材料	弹性模量/Pa	泊松比	密度/($kg \cdot m^{-3}$)	质量/g
42CrMo	2.12×10^{11}	0.28	7 850	5 260

表 5.20　约束态 G1 鼓筒模拟件固有频率

(m,n)	固有频率/Hz		误差/(%)
	锤击实验	有限元	
1,3	489.2	498	1.80

续表

(m,n)	固有频率/Hz		误差/(%)
	锤击实验	有限元	
1,4	787.4	779	1.07
1,5	1 131.2	1 148	1.48
1,6	1 525.3	1 553	1.81
1,7	1 976.9	2 005	1.42
1,8	2 488.7	2 512	0.96
1,9	3 341.9	3 078	7.89
1,10	3 416.5	3 704	8.41

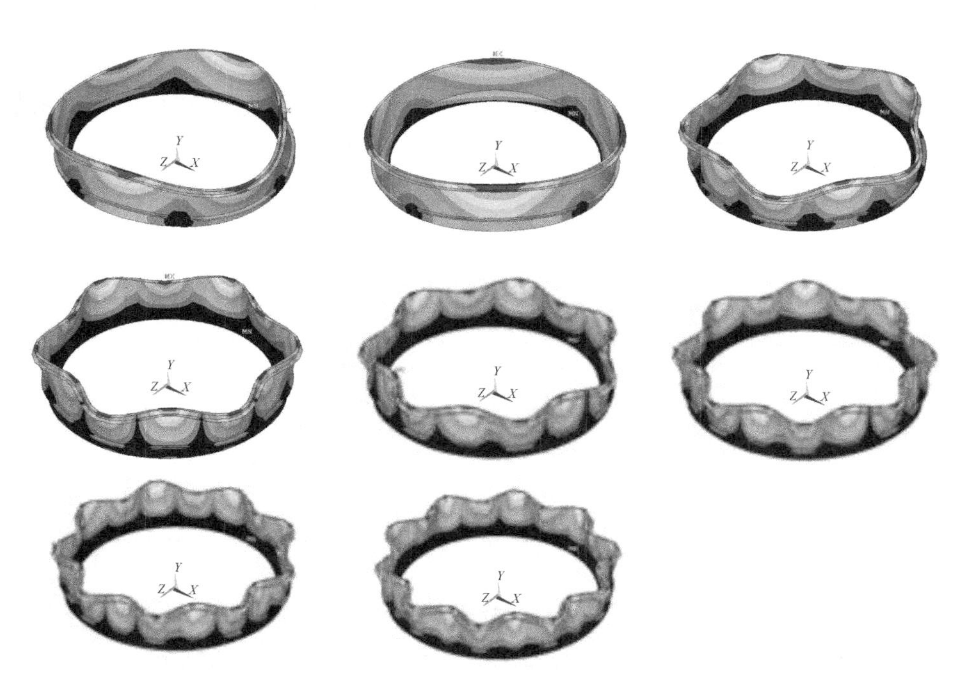

图 5.24 约束态鼓筒模拟件模态振型

5.2.5.3 自由态鼓筒模拟件固有频率测试

鼓筒模拟件用柔性绳吊起，固定在支架上，从而实现自由态的边界条件，如图 5.25 所示。

当实际进行鼓筒测试时，采用以下具体仪器组配。

方案 1：力锤激励加 1 个轻质加速度传感器 B&K4517 拾振。

方案 2：力锤激励加 4 个放置在鼓筒原理件不同位置的 B&K 4508B 加速度传感器拾振。

图 5.25 自由态鼓筒原理件固有频率测试

具体测试规划如图 5.26 所示。

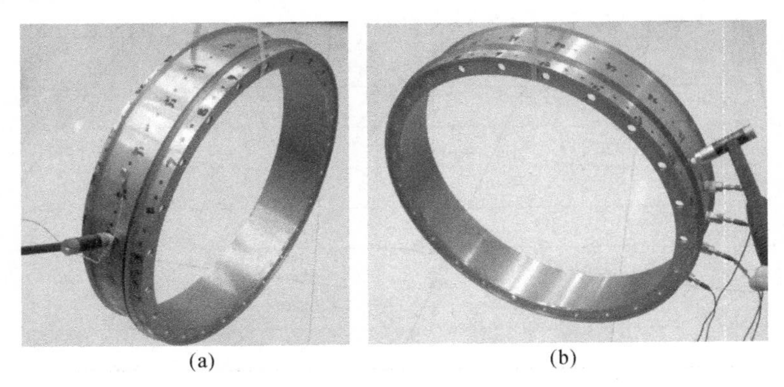

图 5.26 鼓筒模拟件固有频率测试具体规划

(a)方案 1;(b)方案 2

按照上述两种测试方案,对 G1 鼓筒模拟件进行固有频率测试,所获得的频响函数如图 5.27 和图 5.28 所示。具体获得的固有频率列在表 5.21 中。

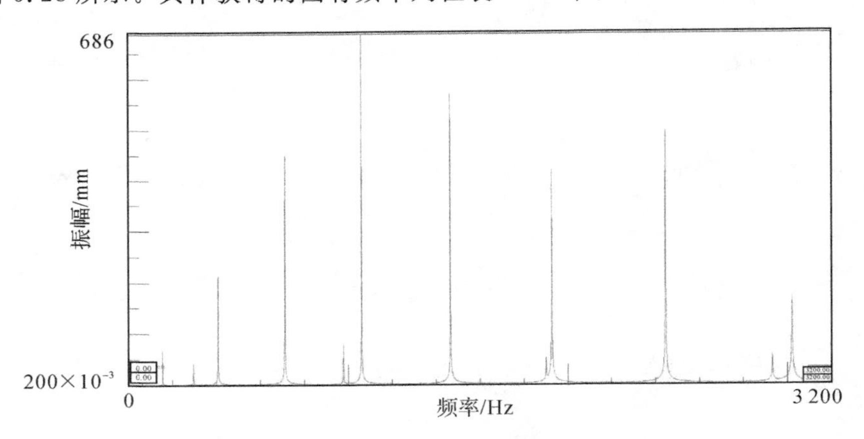

图 5.27 G1 鼓筒方案 1 的频响函数

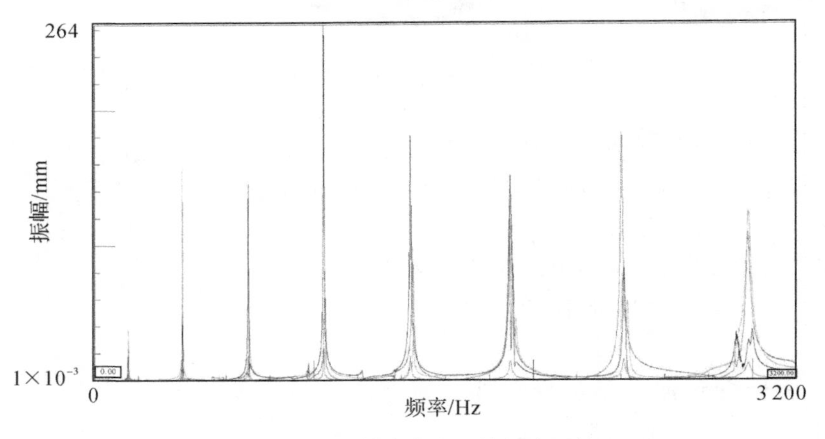

图 5.28 G1 鼓筒方案 2 的频响函数

表 5.21　G1 鼓筒测试固有频率测试结果

模态	固有频率/Hz		有限元计算结果/Hz
	力锤和 4 个 4508B	力锤和 1 个 4517	
1	154	155	151.79
2	295	296	296.07
3	406	408	394.09
4	708	712	677.9
5	978	979	979.41
6	1 057	1 062	999.93
7	1 458	1 465	1 366.4
8	1 906	1 926	1 782.6
9	2 445	2 445	—
10	—	2 931	—
11	3 000	3 022	—
12	3 650	3 667	—

5.2.5.4　约束态鼓筒模拟件固有频率测试

用力锤激励鼓筒原理件进行锤击法测试，所涉及的仪器设备包括模态力锤、激光测振仪、数据采集前端、高性能笔记本电脑等。测试系统现场如图 5.29 所示。响应的测试结果件见表 5.22。

图 5.29　锤击法约束态鼓筒原理件固有频率测试

表 5.22　约束态鼓筒模拟件固有频率测试结果

阶数	振型	频率/Hz	阻尼比/(%)
1	1,3	489.2	0.17
2	1,4	787.4	0.03

续表

阶数	振型	频率/Hz	阻尼比/(%)
3	1,5	1 131.2	0.03
4	1,6	1 525.3	0.02
5	1,7	1 976.9	0.02
6	1,8	2 488.7	0.03
7	1,9	3 341.9	0.14
8	1,10	3 416.5	0.18

根据上述测试结果，对各种方法的优缺点总结如下：

(1)锤击激励方法不需要与被测结构有任何连接，没有附加质量误差，其结果与基础激励测试结果比较接近。但是，为了获取更好的测试结果，需要经验，例如敲击量级要相当，且不能出现连击等。

(2)激振器激励时采用的 Burst random 信号具有随机的幅值和相位，使得激励能量在感兴趣的频带上都有分布，测试效率非常高。但由于力传感器本身质量(BK 8230 力传感器的质量为 30.2 g)会带来较大的附加质量和刚度影响，其固有频率测试精度较其他三种方法相差较大，除非加以修正，否则此方法不太适合用来测试薄壁圆柱壳的固有频率。

(3)压电陶瓷激励采用的 Periodic Chrip 信号，其激励能量较大且其具有周期性，可以最大限度地减少泄漏误差。该方法的测试效率也非常高，可以一次性获取关注频带上的各阶固有频率，其结果与基础激励测试结果也比较接近。但必须考虑压电陶瓷附加质量的影响(即使其仅重 2 g)，当进行固有频率测试时，应将其布置在靠近圆柱壳约束端的根部位置以减少附加质量的影响。

(4)振动台基础激励方法由于其激振能量可以被精确控制，所以能够得到信噪比非常好的响应信号。且没有任何附加质量和刚度的影响，测试状态即为圆柱壳真实的受力状态，因此，相对应其他三种方法，其测试精度最高，但比较费时。

5.3 鼓筒件模态振型测试方法研究

模态振型反映了结构件共振时的变形情况，是一种重要的结构动力学特性。获得鼓筒件的模态振型对于后续的响应分析和测试同样具有很好的指导意义。本章研究约束态、自由态鼓筒原理件和模拟件模态振型的测试方法。在分析鼓筒件模态振型测试精度影响因素的基础上，搭建 4 种模态振型测试系统，并提出相应的测试方法和流程。最后，进行实例研究，对处于自由态及约束态的鼓筒原理件模拟件的模态振型进行测试。

5.3.1　鼓筒件模态振型测试精度的影响因素

这里对鼓筒件模态振型提取主要有两种原理——基于频响函数的模态振型辨识和基于共振响应的模态振型辨识。因而凡是影响鼓筒件频响函数测试以及共振响应测试精度的因素，都将影响模态振型的测试精度。另外，模态振型反映的是结构件共振时的振动特性，测点的数量也直接影响振型的测试精度。下面分析在鼓筒件测试中影响模态振型测试精度的因素。其中在第 2 章中影响固有频率测试精度的因素同样会影响模态振型的测试。以下列举几个关键点，进行简要说明。

1. 薄壁圆柱壳本身的结构特征影响

由于薄壁圆柱壳的壁厚较薄，整体质量较轻，使得传统的接触式传感器受到附加刚度和质量的影响，所以接触式测量都存在一定的测试误差。例如本书所研究的薄壁圆柱壳，从图 5.30 中可以看出，不同测点的频率峰值出现"偏移"，导致固有频率和模态振型识别出现很大的误差。因此，为了精确测试其固有特性，必须选择非接触振动测量的方式。

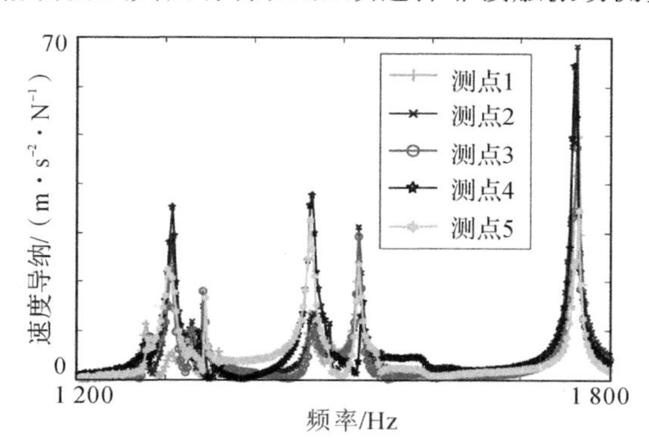

图 5.30　接触方式下传感器测试的频响函数

2. 边界约束条件的影响

表 5.23 为不同预紧力下薄壁圆柱壳固有特性的测试结果，可以看出边界约束条件不仅使得薄壁圆柱壳的固有频率发生了很大的变化，而且对应的模态振型也发生了很大程度的变化。实际测试时必须保证在同一边界条件下进行，必须通过力矩扳手确定力矩大小（对于 12.9 级的 M8 螺栓可以设定为 40 N·m），并以统一规定的力矩来拧紧夹具上螺栓，然后分别测试前三阶固有频率，至少测试三次，直到各次测试结果相差不大为止，将其确定为正式测试时所采纳的约束条件。

表 5.23　不同预紧力下薄壁圆柱壳固有特性测试结果

力矩/（N·m）	阶数	1	2	3	4	5
20	固有频率/Hz	1 234	1 280	1 304	1 411	1 659
	模态振型（m，n）	1,5	1,6	1,7	1,4	1,8
40	固有频率/Hz	1 254	1 305	1 358	1 524	1 723
	模态振型（m，n）	1,5	1,6	1,4	1,7	1,3

3. 响应测点和激励点的位置及数量的影响

为了全面反映圆柱壳的模态振型，除了布置一定数量的响应测点外，还需考虑激励点数量的影响，若只有一个激励点，则总有响应测点相对其距离较近或较远。图 5.31 列出了响应测点相对激励点 0°、90°、180°，即原点、中间点和最远点三个位置的相干函数。从中可以发现，90°、180°两个位置的相干函数数据很多都小于 0.8，对应获取的频响函数曲线均不太光滑。

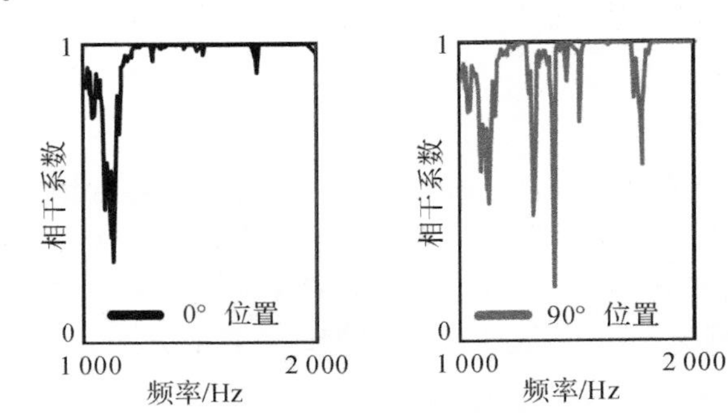

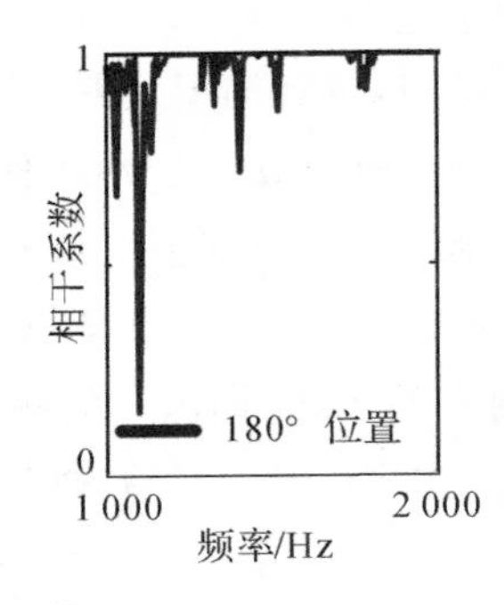

图 5.31　不同响应位置测出的相干函数

适当提高激振力幅可以在一定程度上克服测点位置对频响函数测试精度的影响。若仍不能有效激发最远点位置的模态，则需考虑增加激振点数量，从多个位置同时激励圆柱壳。以压电陶瓷激励为例，图 5.32 列出了激励点数量对圆柱壳第一阶固有特性的影响。可以发现当采用 1 个压电陶瓷激励时[见图 5.32(a)]，激振能量在整个结构上分布不均匀，发生了“漏阶”现象。而当采用两个压电陶瓷在不同位置激励圆柱壳[见图 5.32(b)]，圆柱壳的一阶模态被充分激发。

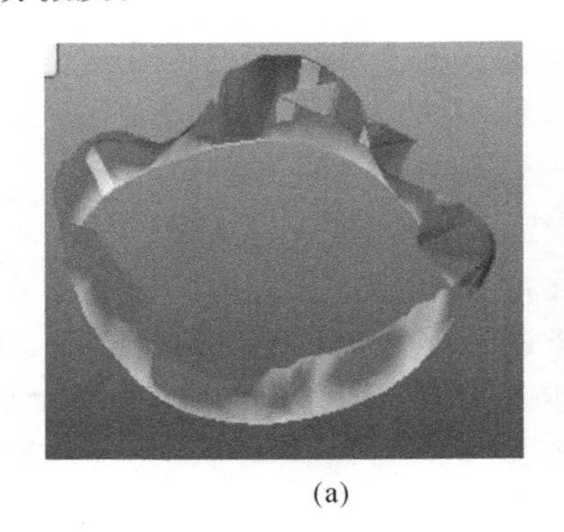

(a)

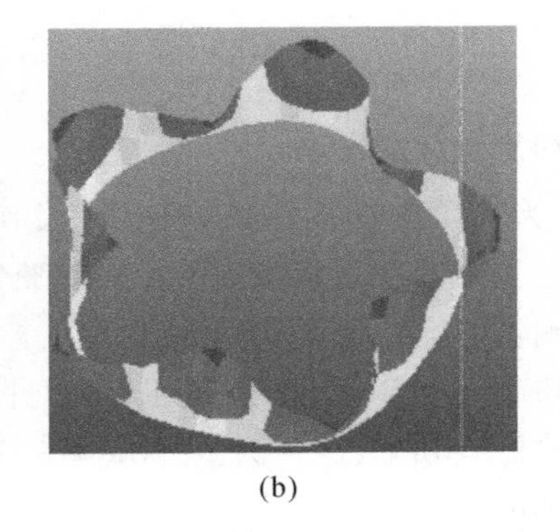

(b)

图 5.32　激励点数量对第一阶固有特性的影响

(a)1 个激励点；(b) 2 个激励点

4. 模态参数识别方法的影响

模态参数识别可统分为频域法和时域法，两者各有优缺点，其中时域最小二乘法、固有时间尺度分解(ITD)法、稀疏时域法(STD)法、复指数法和特征系统实现法等所采用的原始数据是结构振动响应的时间历程，包括环境噪声的影响，由此产生的大量虚假模态一直是影响时域法模态参数识别精度的主要因素。两者相比，频域识别法则更直观且应用更广泛，包括导纳圆拟合法、频域最小二乘法、有理分式多项式法和正交多项式法等。比利时 LMS 公司提出的 PolyMax 法其实也是建立在上述方法上的一种改进方法。

图 5.33 为通过压电陶瓷激励，采用 LMS 的 PolyMax 方法[也称为多参考最小二乘复频域(LSCF)]获取的一圆柱壳的频响函数稳态图，图 5.34 分别为当多项式阶次 $N=26$ 和 $N=30$ 时分别识别出的第一阶固有频率对应的模态振型，结果见表 5.24，对于不同的 N 值，则会获得不同的固有频率和模态振型，由于稳态图包含了许多虚假的极点信息，在进行模态振型辨识时出现了误差，可见商业化模态振型测试方法在准确获得圆柱壳的模态振型上也存在一定的问题。

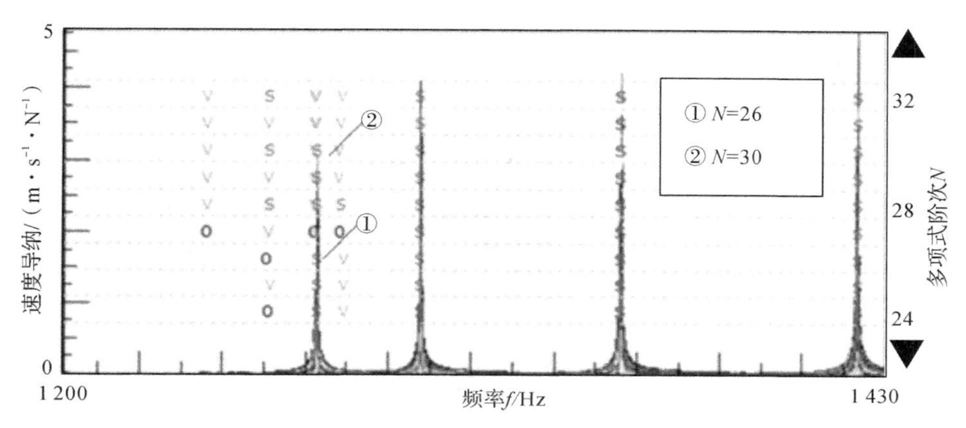

图 5.33　采用 LMS 的 PolyMax 获取的圆柱壳的频响函数稳态图

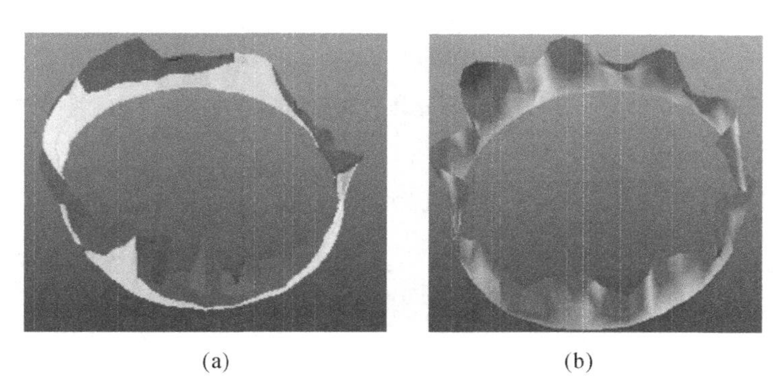

(a)　　(b)

图 5.34　采用 PolyMax 方法获取的第一阶模态振型

(a) $N=26$ 时对应模态振型；(b) $N=30$ 时对应模态振型

表 5.24　不同多项式阶次对应的第一阶固有频率和模态振型

多项式阶次	固有频率/Hz	模态振型(m, n)
26	1 254.2	难以描述
30	1 254.2	1,6

5.3.2 鼓筒件模态振型测试系统

鼓筒件模态振型测试系统与第5.2节所述的固有频率测试系统基本相同，包括锤击模态振型测试系统、压电陶瓷激励模态振型测试系统、电磁激振器模态振型测试系统、振动台基础激励模态振型测试系统。

为了提高测试效率，研发了一种激光扫描测试系统。在保证提供连续激励能量的前提下，可快速进行模态振型测试。

图5.35为压电陶瓷正弦激励-激光连续旋转测试模态振型测试系统。当用压电陶瓷激励鼓筒原理件，激光连续旋转进行模态振型测试时，所涉及的仪器设备除包括常规振动测试设备外，还新引入了旋转电机、直流电源、反光镜等设备。通过直流电机带动反光镜的旋转实现鼓筒圆周响应的连续测试。

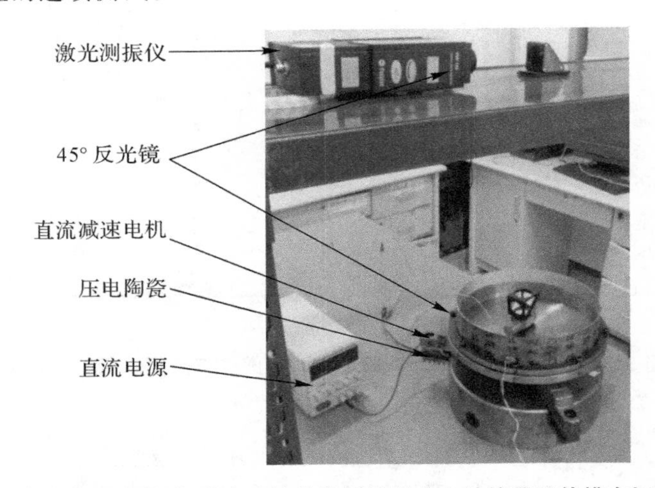

图5.35 压电陶瓷正弦激励-激光连续旋转测试约束态鼓筒原理件模态振型实验系统

5.3.3 鼓筒件模态振型测试方法

鼓筒件模态振型测试原理主要有两个：一是由测试获得的频响函数矩阵来辨识模态振型，涉及的测试系统包括锤击激励测试系统、压电陶瓷随机激励测试系统、电磁激振器随机激励测试系统；二是用共振频率激励试件进行纯模态测试获得模态振型，涉及的测试系统包括压电陶瓷定频激励测试系统、振动台基础激励测试系统。以下针对各种激励形式，对相关模态振型测试方法进行介绍。

5.3.3.1 基于各种激励形式的鼓筒件模态振型测试方法

1.锤击法模态振型测试

(1)对鼓筒原理件进行有限元分析，掌握薄壁构件模态振动特点。

(3)拧紧压板的螺栓，薄筒的测试边界条件为一端约束状态。

(4)选择频段为0～2 000 Hz，采样频率为5 120 Hz，进行模态振型测试。

(4)建立鼓筒原理件的结构建模，将网格划分为3×24个测点，并在试件上进行测点编号。

(5)对测试进行基本设置,包括拾振及激励传感器灵敏度设置,锤击激励脉冲触发值,对力信号加瞬态窗。

(6)用力锤逐点敲击激励鼓筒原理件的各个测试点,固定激光测点并逐一获取各点的频响函。

(7)基于所测点的频响函数绘制稳态图,辨识出各阶固有频率并计算留数,对识别后的结果进行模态质量归一化处理,提取和绘制模态振型,输出模态振型动画。

2. 压电陶瓷随机激励模态振型测试

(1)对薄壁光筒进行有限元分析,掌握薄壁构件模态振型的特点。

(2)在实际构件上进行测点编号,在本次试验研究中共规划了 3×24 个测点。

(3)拧紧压板的螺栓,薄筒的测试边界条件为一端约束状态。

(4)选择频段为 0～2 000 Hz,采样频率为 5 120 Hz,进行模态振型测试。

(5)科学地确定激励点,设置激励为 Periodical Chirp 随机信号,一次性激发试件分析频段内的各阶模态,加 Hanning 窗,软件设置 3 V 激励信号,偏置电压为 75 V,将信号源的激励电压放大 24 倍后通过压电陶瓷对试件激励,采用 BNC 衰减器将压电陶瓷端的力信号衰减并反馈到采集前端控制器,实现压电陶瓷激振力的实时采集。

(6)以 Periodical Chirp 随机信号激励试件。

(7)将激光点逐点移动,对测试结果进行线性平均(10 次以上),最终获取 72 个测点的频响函数。

(8)获得各个测点的频响函数并绘制稳态图,辨识出各阶固有频率并计算留数,对结果进行模态质量归一化处理,提取和绘制模态振型,输出模态振型动画。

3. 柔性杆电磁激振器随机激励模态振型测试

(1)对薄壁光筒进行有限元分析,掌握薄壁构件模态振型的特点。

(2)在实际构件上进行测点编号,在本次试验研究中共规划了 3×24 个测点。

(3)拧紧压板的螺栓,将薄筒的测试边界条件为一端约束状态。

(4)选择频段为 0～2 000 Hz,采样频率为 5 120 Hz,进行模态振型测试。

(5)将激振器的柔性顶杆和力传感器通过强力磁铁吸附在薄筒夹具上,设定激振器的激励信号类型为 Brust Random ,并对各类信号加矩形窗,软件设置 1 V 激励信号,由功率放大器放大,调节功率放大倍数后实现对悬臂薄筒的激励(放大倍数最终由电压和电流参数反映,如 0.2 A,1.2 V)。

(7)将激光点逐点移动,对测试结果进行线性平均(10 次以上),最终获取 72 个测点的频响函数。

(8)获得各个测点的频响函数并绘制稳态图,辨识出各阶固有频率并计算留数,对结果进行模态质量归一化处理,提取和绘制模态振型,输出模态振型动画。

4. 压电陶瓷定频激励模态振型测试

(1)对薄壁光筒进行有限元分析,掌握薄壁构件模态振型的特点。

(2)在实际构件上进行测点编号,在本次试验研究中共规划了 3×24 个测点。

(3)拧紧压板的螺栓,薄筒的测试边界条件为一端约束状态。

(4)选择频段为 0～2 000 Hz,采样频率为 5 120 Hz,进行模态振型测试。

(5)在获取固有频率的基础上,以各阶固有频率作为激励频率做共振响应测试(纯模态测试),科学地确定激励点,设置激励为 Sine 信号,加 Hanning 窗,软件设置 3 V 激励信号,偏置电压为 75 V,将信号源的激励电压放大 24 倍后通过压电陶瓷对试件激励,采用衰减器将压电陶瓷端的力信号衰减并反馈到采集前端控制器,实现压电陶瓷激振力的实时采集。

(6)以某阶固有频率激励试件。

(7)通过旋转电机带动激光点沿试件内环面进行 360°扫描测试,电机的转速设定为 1.5 r/min,对激励及响应信号进行滤波、降噪处理,经过转化、标定后获得鼓筒原理件每点的振动响应峰值和带相位的自谱。

(8)对带相位的自谱进行模态振型辨识,并对照有限元分析结果,完成某一阶模态振型的绘制。

(9)改变激振频率,依次绘制其他模态振型。

5. 振动台定频激励旋转激光扫描模态振型测试

(1)精确测试鼓筒件各阶固有频率。

(2)以共振频率激励约束态圆柱壳,对照圆柱壳的共振特征来判断其是否处于共振状态。

(3)进行激光扫描测试并采集响应信号。

(4)数据处理获得各阶模态振型,包括响应数据预处理、响应信号的缩减处理和提取、绘制共振激励下的模态振型。

需要说明的是,上述测试系统及方法主要针对约束态鼓筒件测试,对于自由态鼓筒件,可选用锤击法及压电陶瓷激励进行模态振型测试。

5.3.3.2 鼓筒件模态振型测试正确性判定

目前,约束态模态振型测试正确性的判定主要基于有限元法获得的模态振型。为了能与测试软件中基于线框模型输出的模态振型云图进行对照,进行有限元模态分析时也应以各阶模态的位移云图方式输出,同时,应将所有模型的方向和显示比例设为一致。图 5.36 为采用有限元法和实验获得模态振型云图的比较。

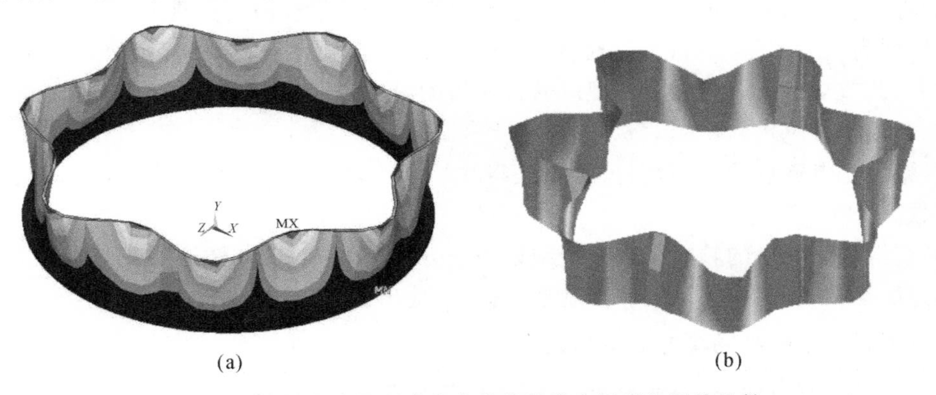

图 5.36 采用有限元法和实验获得模态振型云图的比较

(a)有限元模态振型;(b)实验模态振型

5.3.4　自由态鼓筒模拟件模态振型测试

鼓筒模拟件的具体参数参见 5.2.5 节。

1. 测试系统

用力锤逐点敲击激励鼓筒原理件的各个测试点，加速度传感器粘贴到鼓筒的其中一个测点位置，逐一获取各点的频响函数后辨识模态振型，所涉及的仪器设备包括模态力锤、轻质加速度传感器、数据采集前端、高性能笔记本电脑等。测试系统现场如图 5.37 所示，具体仪器配置见表 5.25。

图 5.37　力锤逐点敲击，加速度传感器定点测试模态振型测试

表 5.25　锤击法模态振型测试仪器设备配置

序号	名称
1	LMS 16 通道便携式数据采集前端控制器
2	PCB 086C01 型力锤
3	BK 4517 轻质传感器
4	高性能笔记本电脑

2. 测试流程

(1)对薄壁光筒进行有限元分析，掌握薄壁构件模态振动特点。

(2)在鼓筒采用软绳悬挂，保证测试边界条件为自由态。

(3)基于有限元分析结果(这里主要是各阶固有频率)，基于薄壁光筒的具体结构特征，选择频段为 0～6 400 Hz，采样频率为 12 800 Hz。

(4)建立薄壁光筒的结构建模(线框模型)，将网格划分为 3×72 个测点，并在试件上进行测点编号。

(5)对测试进行基本设置，包括拾振及激励传感器灵敏度设置，锤击激励脉冲触发值，对力信号加瞬态窗。

(6)用力锤逐点敲击激励鼓筒原理件的各个测试点，固定激光测点并逐一获取各点的频响函数。

(7)基于所测点的频响函数绘制稳态图，辨识出各阶固有频率并计算留数，对识别后的结果进行模态质量归一化处理，提取和绘制模态振型，输出模态振型动画。

3. 测试结果

最终测试结果见表 5.26。

表 5.26　力锤逐点敲击，加速度传感器定点测试获得的前 12 阶模态振型

阶次	实验结果		有限元结果	
	固有频率 (m,n)	实验振型	固有频率 (m,n)	模态振型
1	154.7 (上边 1,2)		163.74 (上边 1,2)	
2	296.4 (下边 1,2)		289.38 (下边 1,2)	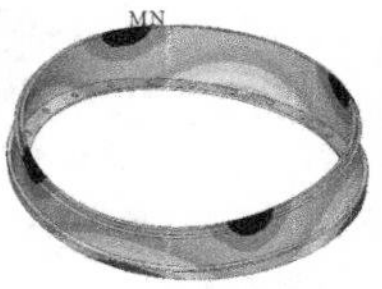
3	408.1 上(1,3)	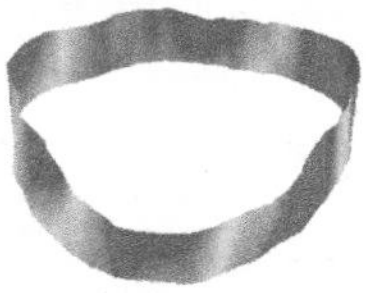	434.32 上(1,3)	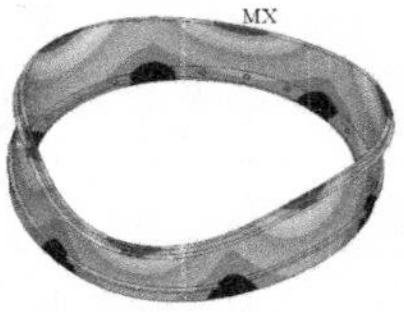
4	711.4 上(1,4)	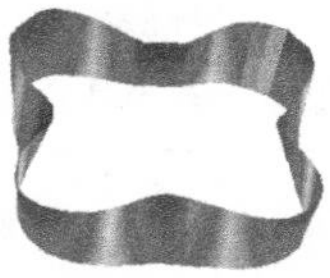	753.97 上(1,4)	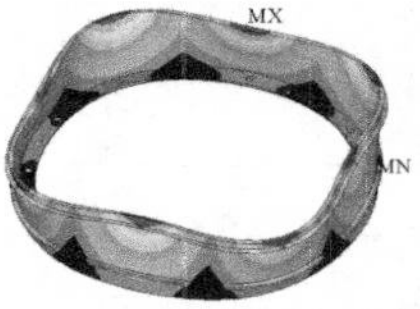
5	979.2 下(1,3)	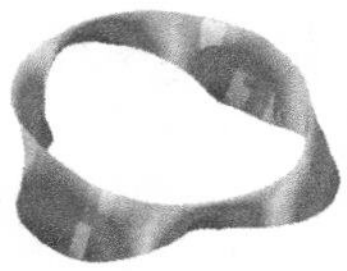	934.25 下(1,3)	
6	1 062.3 上(1,5)	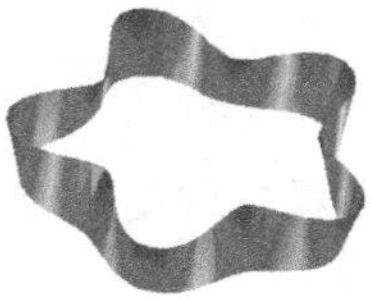	1 118.4 上(1,5)	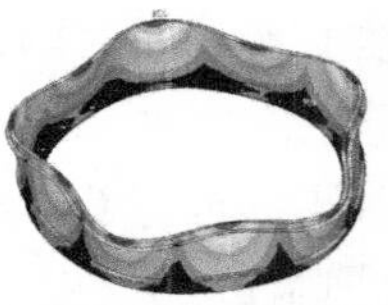

续表

阶次	实验结果		有限元结果	
	固有频率 (m,n)	实验振型	固有频率 (m,n)	模态振型
7	1 466.2 上(1,6)		1 532.4 上(1,6)	
8	1 900.9 下(1,4)		1 803.6 下(1,4)	
9	1 926.9 上(1,7)		2 008.4 上(1,7)	
10	2 445.2 上(1,8)		2 545 上(1,8)	

5.3.5　基于实验模态理论的约束态鼓筒原理件模态振型测试

约束态鼓筒原理件的相关尺寸见 5.2.4 节，测试所涉及的仪器设备同表 5.25。锤击法测试约束态模态振型的流程见 5.3.3.1 小节。图 5.38 为所创建的用于表征模态振型的线框模型。表 5.27 列举出了具体的测试结果。

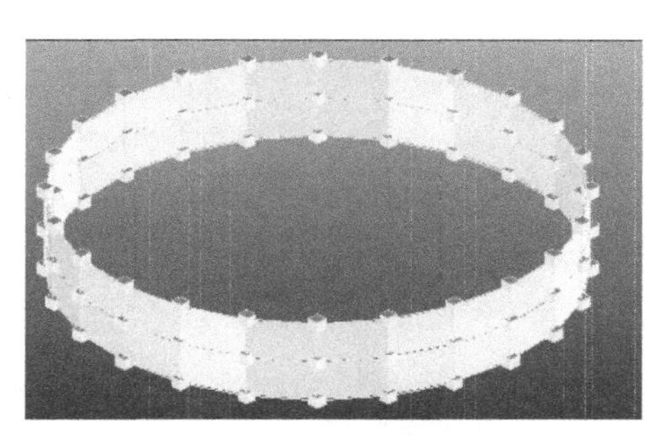

图 5.38　薄壁光筒实验测试线框模型

表 5.27　锤击法获得的约束态鼓筒原理件模态振型

有限元频率/Hz	实验频率/Hz	有限元振型	试验模态振型	节径数 m,n
1 279.1	1 283.8	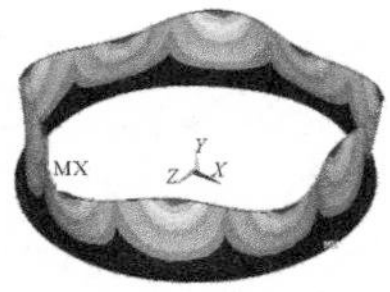	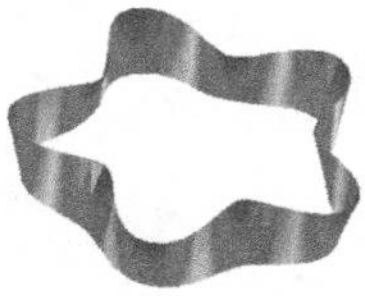	1,5
1 335.8	1 357.6	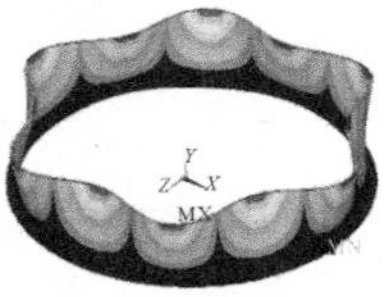	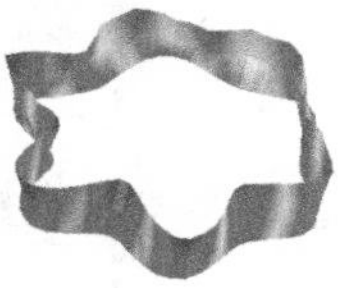	1,6
1 369.9	1 389.7	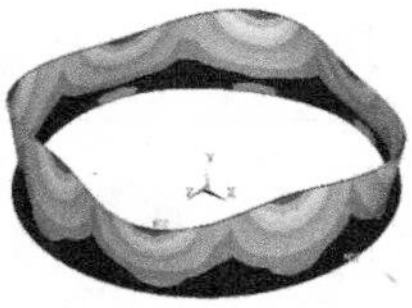	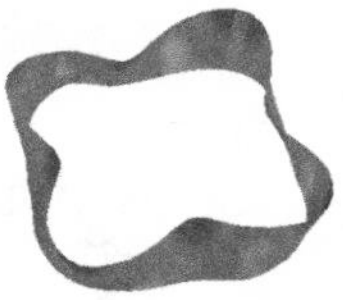	1,4
1 533.3	1 548.2	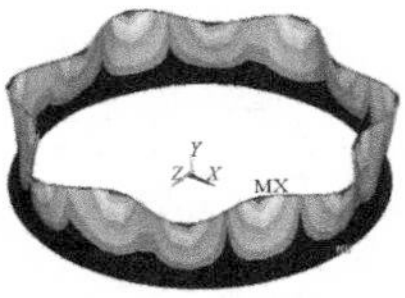	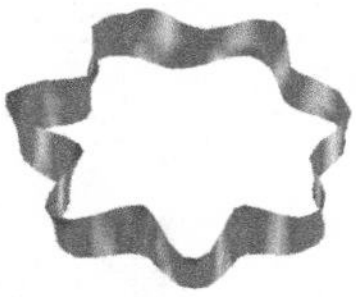	1,7
1 723.8	1 754.9	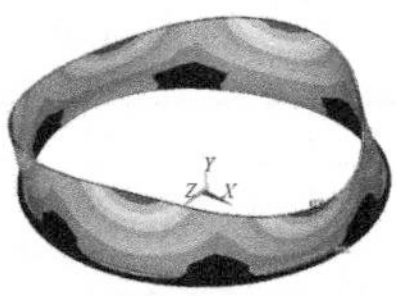	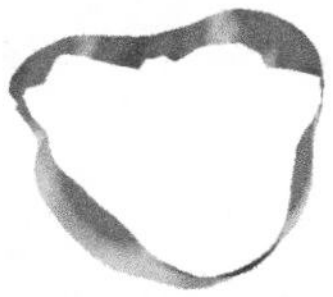	1,3
1 813.7	1 851.8	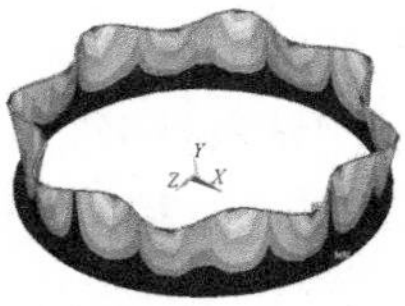		1,8
2 169.7	2 147	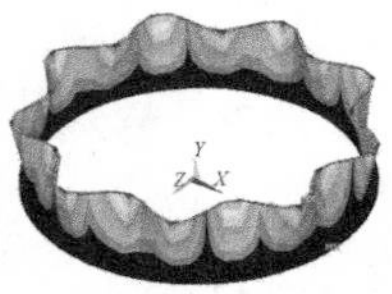		1,9
2 424.6	2 467.5	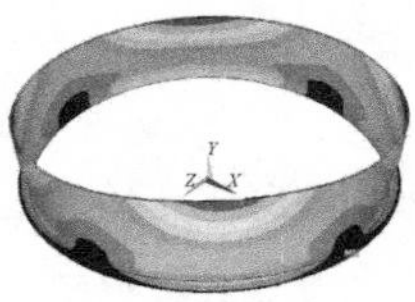		1,2

5.3.6　基于共振响应的约束态鼓筒原理件模态振型测试

图5.39为实际组配的用于测试约束态圆柱壳模态振型的旋转激光扫描测试系统。激光多普勒测振仪(LDV)、稳压电源、直流减速电机、反光镜等组成旋转激光测振装置,为该测试系统的关键环节。其中,稳压电源主要用于为直流减速电机供电,直流减速电机用于驱动反光镜进行定速回转实现激光扫描,两组反光镜主要用于改变激光光路并进行测振。电磁振动台为激励设备,用于激发约束态圆柱壳使其处于不同阶次的共振状态。此外,还配有数据采集前端以及高性能笔记本电脑,用于采集和处理获得的响应信号。

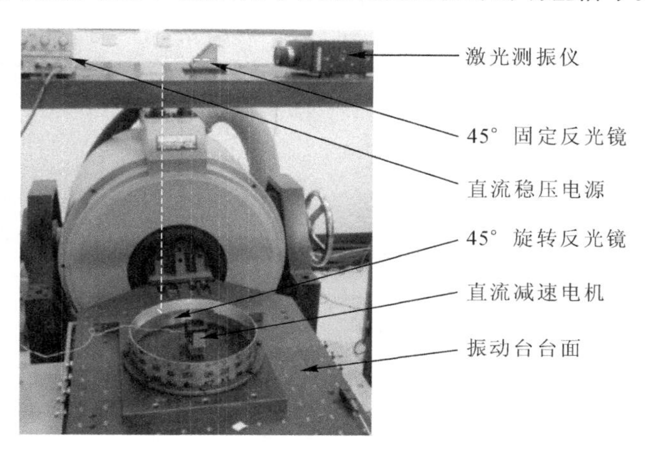

图5.39　约束态圆柱壳激光旋转扫描模态振型测试系统

上述系统测试约束态圆柱壳模态振型的具体过程可描述为:振动台以共振频率基础激励薄壁圆柱壳,使其处于共振状态;激光束通过两组45°反光镜照射到圆柱壳内环面上;启动直流减速电机,由电机带动反光镜沿试件内环面进行360°扫描;采集各测点的响应信号,从而记录了圆柱壳共振状态的响应行为,实现某一阶模态振型的测量。

值得注意的是旋转过程中电机的振动会对影响经由反光镜反射的激光光束的投射效果,如果激光点出现较大的波动,将对振动响应测试造成一定的干扰。因此,需要根据电机振动的幅度采取适当减振措施,这里采用黏弹性橡胶材料进行电机的隔振处理。

按照本书所提出的测试流程对约束态圆柱壳模态振型进行测试,旋转扫频速度为1.5 r/min,一个旋转扫描周期内的测点数多达413 777,前6阶模态振型的测试时间(包括数据处理)为1 h左右,测试结果见表5.28。

表5.28　有限元和激光旋转扫描获得的固有频率和模态振型

阶数	固有频率/Hz		振型(m,n)
	有限元	激光旋转扫描	
1	1 264.2	1 247	1,5
2	1 334.7	1 332.5	1,6
3	1 368.5	1 357.5	1,4

续表

阶数	固有频率/Hz		振型(m,n)
	有限元	激光旋转扫描	
4	1 529	1 522	1,7
5	1 723.8	1 791.5	1,3
6	1 813.7	1 805	1,8

以下对第 6 阶模态振型测试加以说明。图 5.40 为扫描测试获得的时域响应数据,用于辨识模态振型。为了判定对应的响应信号是否表明结构处于共振状态,提取圆柱壳上若干点的响应,如图 5.41 和图 5.42。从图 5.41 和图 5.42 中可以看出,圆柱壳处于共振状态。

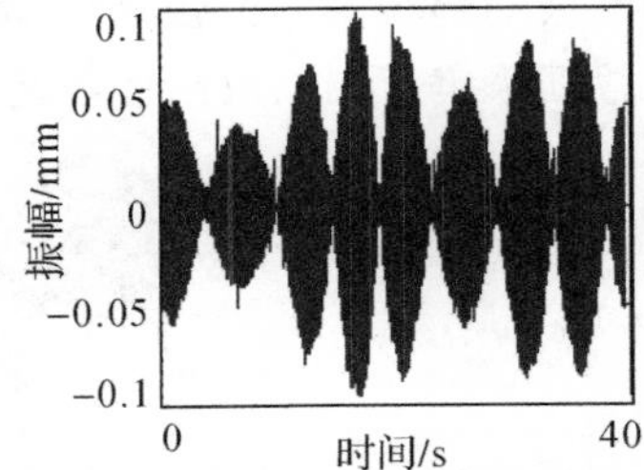

图 5.40　共振激励下第 6 阶响应信号的时域波形

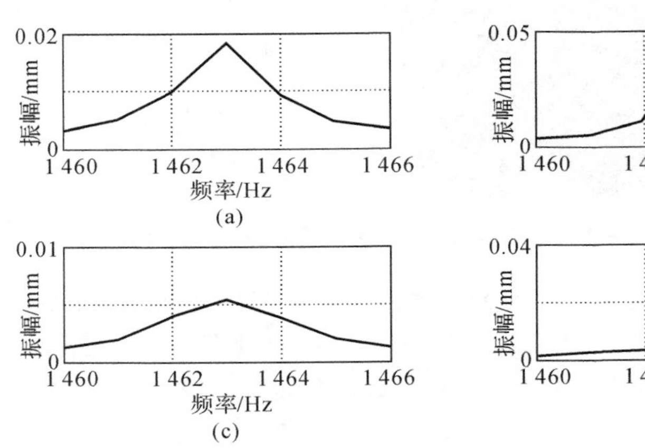
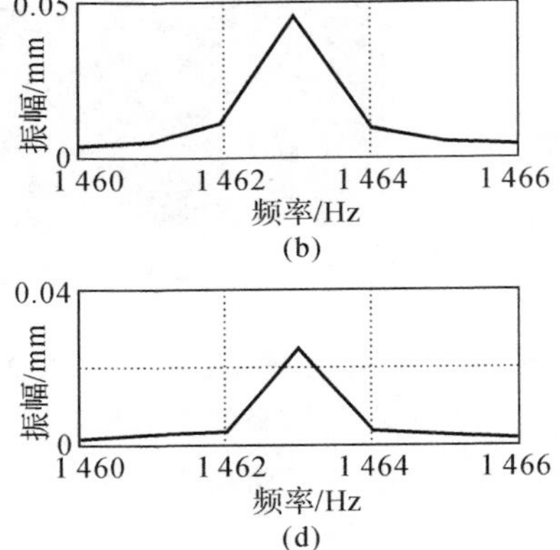

图 5.41　共振激励时部分测点的振幅

(a)测点 1;(b)测点 2;(c)测点 3;(d)测点 4

图 5.42　共振激励时部分测点的相位

(a)测点 1;(b)测点 2;(c)测点 3;(d)测点 4

图5.43给出了第6阶有限元和旋转激光扫描获得的模态振型。可见其与有限元分析的结果基本一致。

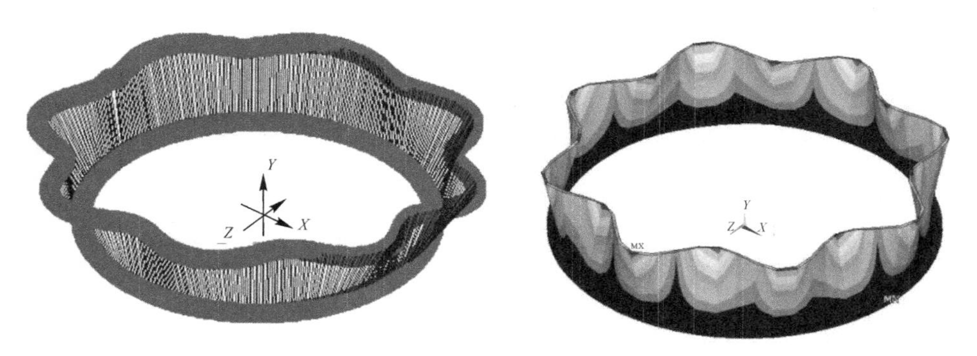

图5.43　有限元和旋转激光旋转扫描分别获得的第6阶模态振型

5.4　鼓筒件振动响应测试影响因素分析

振动响应描述的是结构在指定激振力作用下，指定点的振动状态。响应测试结果与激振力、拾振点、边界条件、构件的结构形式等因素密切相关。以下分析激振方式、激振点及拾振点位置、激励幅度等因素对约束态鼓筒件振动响应测试结果的影响。

5.4.1　激振方式的影响

本书选用压电陶瓷、电磁激振器、振动台对鼓筒件进行激励，进而进行响应测试研究，相应的激振设备如图5.44所示。结构件的响应测试以研究结构件自身的动力学性能为主，因而期望获得定频稳态谐波激励。以下，分别对上述三种激励方式是否可以实现稳态定频谐波激励进行比较、分析。

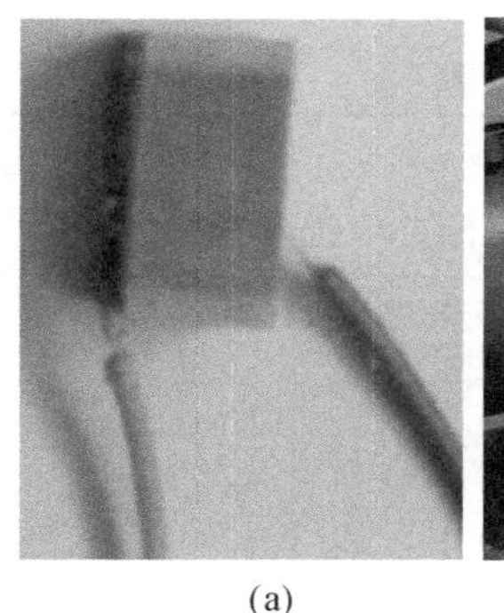
(a)

(b)

(c)

图5.44　鼓筒原理件振动响应测试可选用大的激振设备

(a)压电陶瓷；(b)电磁激振器；(c)振动台

5.4.1.1 压电陶瓷激励的定频线性激振能力

通过相关实验可以看出，对于压电陶瓷激励系统，在一定的频率范围和激励幅度下可以实现定频线性激励。对于本实验室所选用的PI陶瓷，可参照表5.29～表5.33来实现压电陶瓷激振器定频激励控制。

表5.29 信号源激励幅度设定为1 V时，不同频率下的激励信号幅度

激励频率/Hz	信号源（电压/V）	激励信号（衰减反馈电压/V）		
		1X	2X	3X
300	1	0.98	0	0
600	1	0.98	0	0
900	1	0.97	0	0
1 200	1	0.96	0	0
1 500	1	0.95	0	0.003
1 800	1	0.94	0	0.005
2 100	1	0.93	0	0.006
2 400	1	0.91	0	0.007
2 700	1	0.9	0	0.008

表5.30 信号源激励幅度设定为1.5V时，不同频率下的激励信号幅度

激励频率/Hz	信号源（电压/V）	激励信号（衰减反馈电压/V）		
		1X	2X	3X
300	1.5	1.47	0	0
600	1.5	1.47	0	0
900	1.5	1.46	0	0
1 200	1.5	1.44	0	0
1 500	1.5	1.43	0	0
1 800	1.5	1.42	0.04	0.04

表5.31 信号源激励幅度设定为2 V时，不同频率下的激励信号幅度

激励频率/Hz	信号源（电压/V）	激励信号（衰减反馈电压/V）		
		1X	2X	3X
300	2	1.97	0	0
600	2	1.96	0	0
900	2	1.94	0	0
1 200	2	1.92	0.05	0.04

表5.32 信号源激励幅度设定为2.5 V时，不同频率下的激励信号幅度

激励频率/Hz	信号源（电压/V）	激励信号（衰减反馈电压/V）		
		1X	2X	3X
300	2.5	2.46	0	0
600	2.5	2.44	0	0
900	2.5	2.41	0.09	0.07

表5.33 信号源激励幅度设定为3 V时，不同频率下的激励信号幅度

激励频率/Hz	信号源（电压/V）	激励信号（衰减反馈电压/V）		
		1X	2X	3X
300	3	2.95	0	0
600	3	2.93	0.03	0.02

5.4.1.2 电磁激振器激励定频线性激振能力

电磁激振器是一种接触式直接激励，激励点的力幅可由力传感器直接获得，不必再进行专门的标定。以下考核激振频率、激振力幅以及激励点所处的位置对柔性杆电磁激振器线性激振能力的影响。

1. 激振频率的影响

用柔性杆在激振器的上部激励鼓筒原理件，如图5.45所示，分别采用700 Hz、1 600 Hz、2 600 Hz、3 600 Hz、4 600 Hz、5 600 Hz、6 600 Hz进行激励，由于柔性杆激振器精确定幅调整困难（涉及调整信号源和功率放大器），所以这里并未精确指定激励幅度。所产生的激励信号如图5.46和图5.47所示。其中图5.46中的激励信号对应于图5.45(a)激励点在筒上部的情况，而图5.47对应激励点在筒下部的情况。

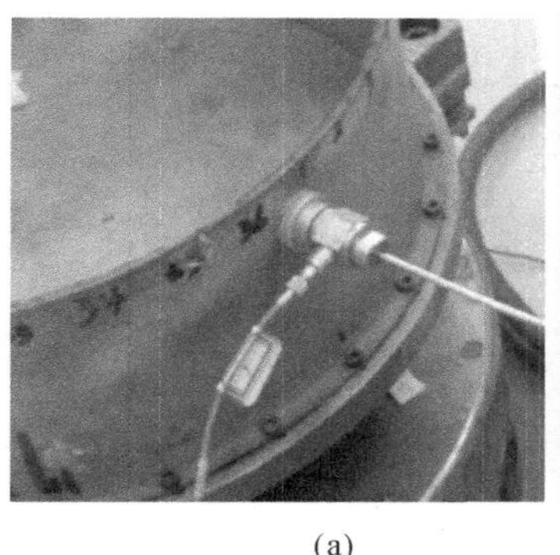

(a)

(b)

图5.45 电磁激振器激励

(a)激励点上部；(b)激励点下部

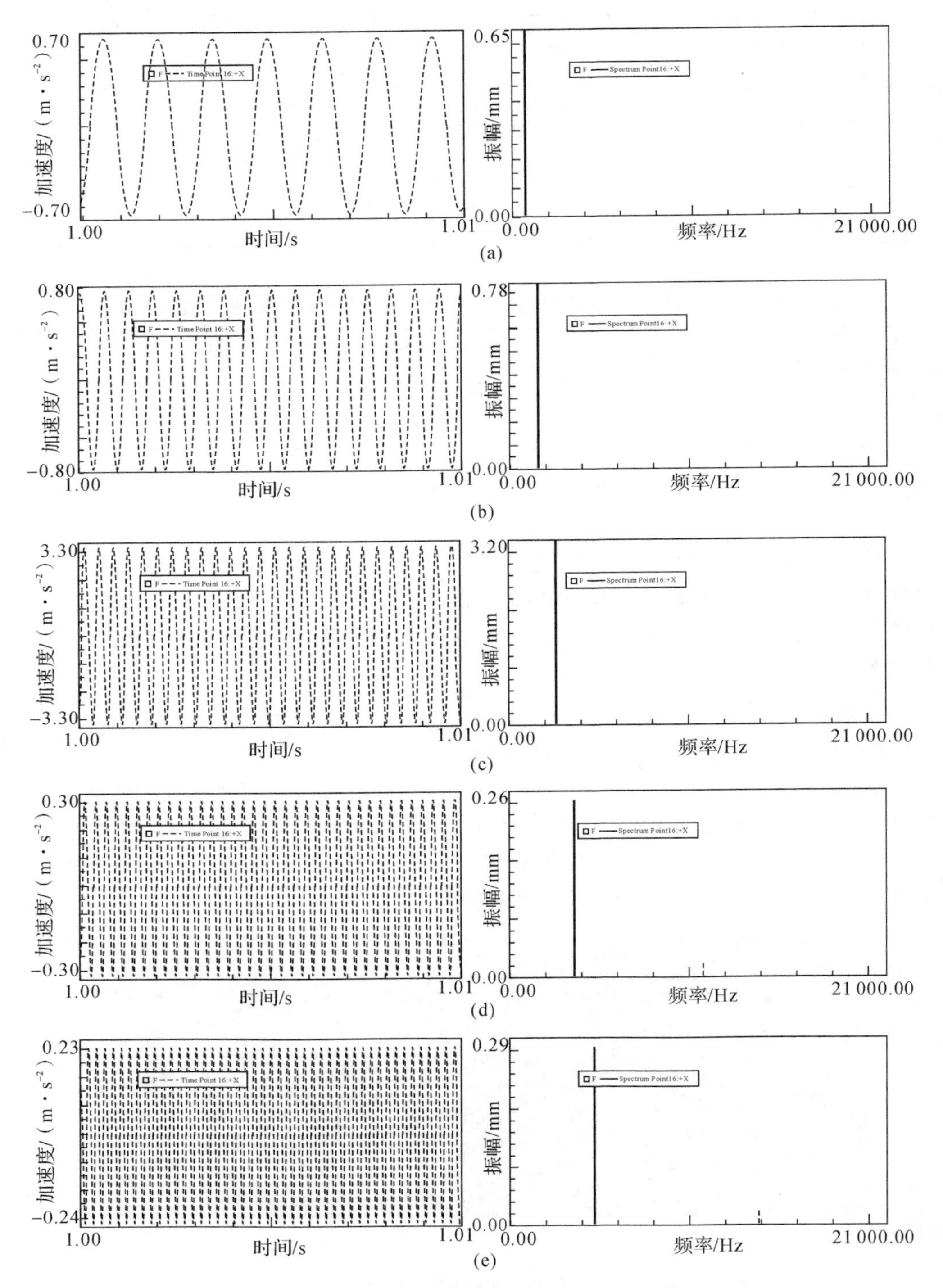

图 5.46 激励点在鼓筒件上部时，不同激励频率下的柔性杆激励信号

(a)700 Hz;(b)1 600 Hz;(c)2 600 Hz;(d)3 600 Hz;(e)4 600 Hz

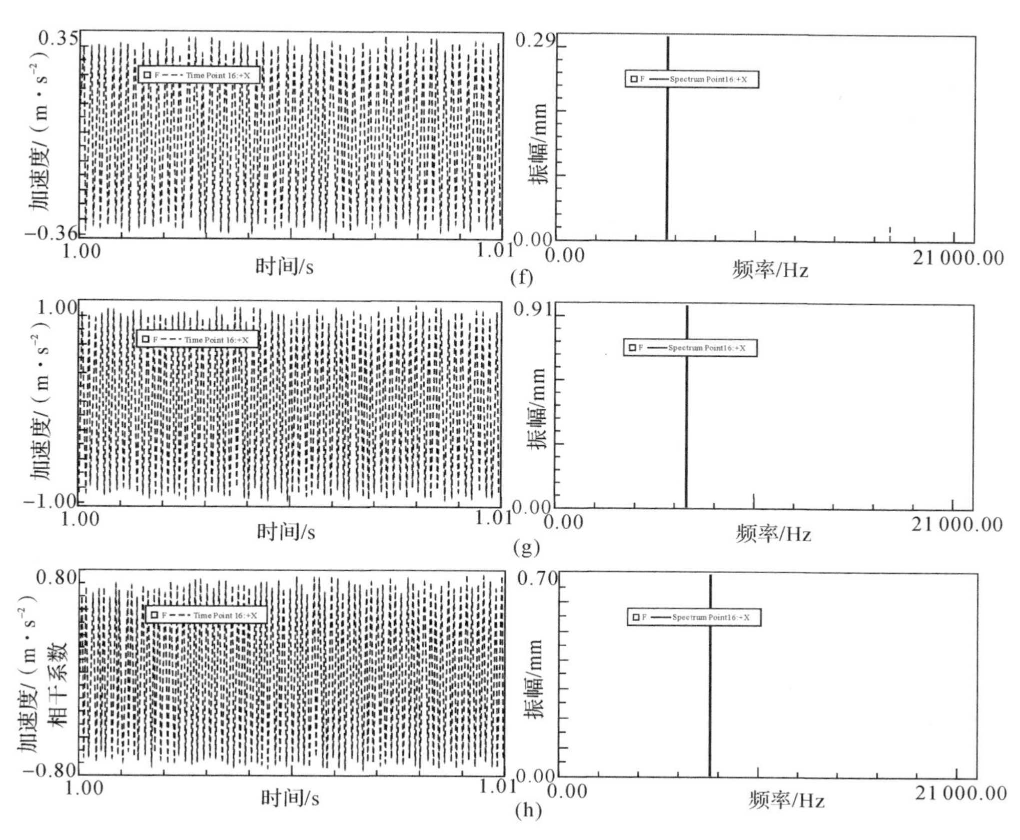

续图 5.46　激励点在鼓筒件上部时，不同激励频率下的柔性杆激励信号

(f)5 600 Hz;(g)6 600 Hz;(h)7 600 Hz

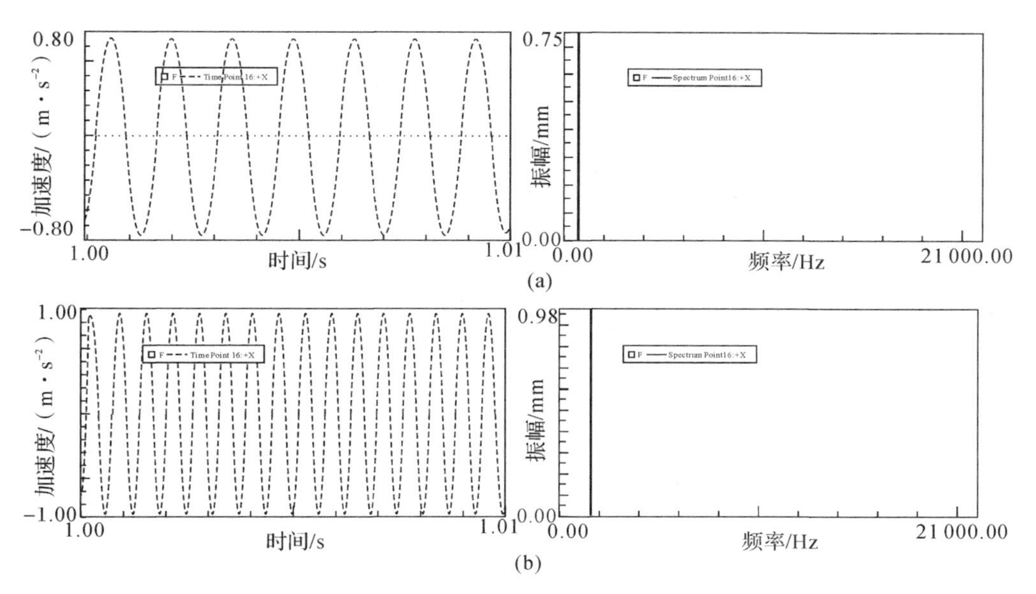

图 5.47　激励点在鼓筒件下部时，不同激励频率下的柔性杆激励信号

(a)700 Hz;(b)1600 Hz

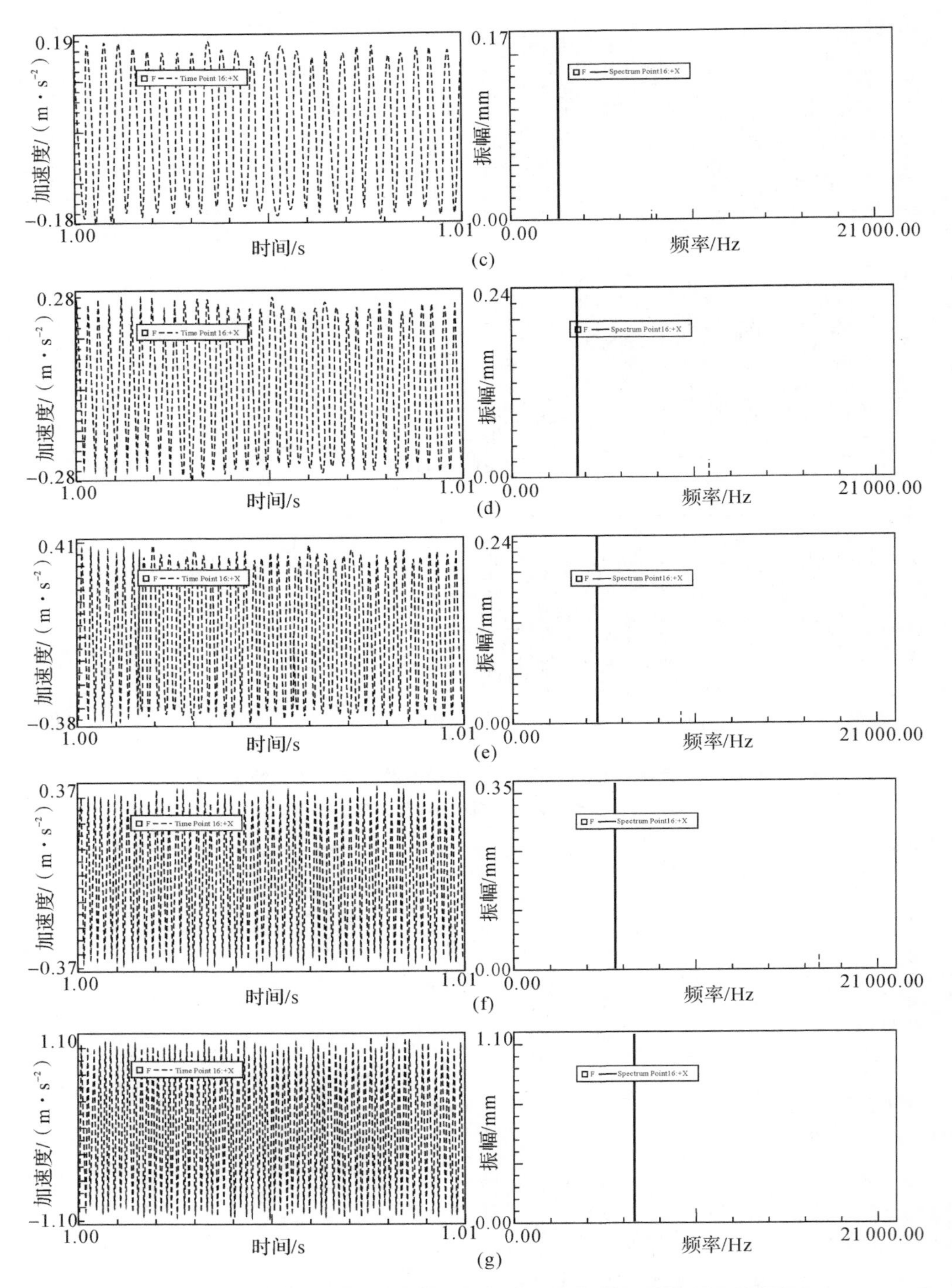

续图 5.47 激励点在鼓筒件下部时，不同激励频率下的柔性杆激励信号

(c)2 600 Hz；(d)3 600 Hz；(e)4 600 Hz；(f) 5 600 Hz；(g) 6 600 Hz

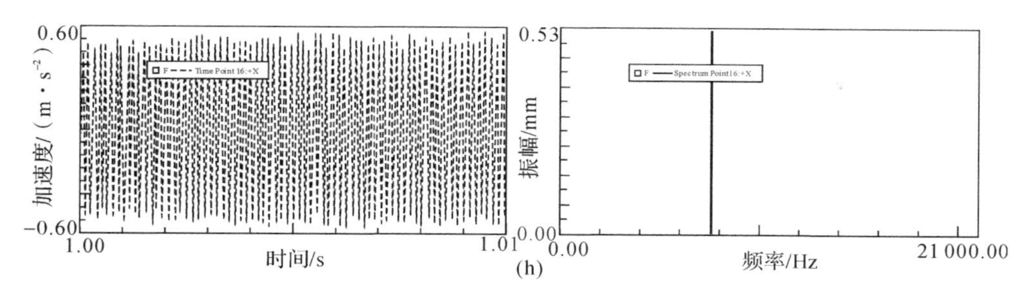

续图 5.47　激励点在鼓筒件下部时,不同激励频率下的柔性杆激励信号

(h)7 600 Hz

从图 5.46 可以看出,当激励点在鼓筒件上部时,激振频率为 3 600 Hz、4 600 Hz、5 600 Hz 激励信号出现倍频成分,定频线性激振能力下降。而对应图 5.47,当激励点在鼓筒件下部时,激振频率分别为 2 600 Hz、3 600 Hz、4 600 Hz 时,定频线性激励能力下降。可见,对于本测试系统,在 700～7 600 Hz 频率范围内,柔性杆激振器定频线性激振能力会随着激振频率的增加而下降,主要表现在 2 600～5 600 Hz 的频段,如激振频率继续增加,则定频线性激振能力改善。

2. 激励点的放置(在刚性很大的平面上)

为了排除鼓筒件结构对柔性杆激振器激振能力的影响,将激励点布置在刚性很大的台面上,如图 5.48 所示,以考核柔性杆激振器的线性激振能力。相应的激励输出信号如图 5.49 所示。

图 5.48　柔性杆激振器放置在一个刚性很大的平面上

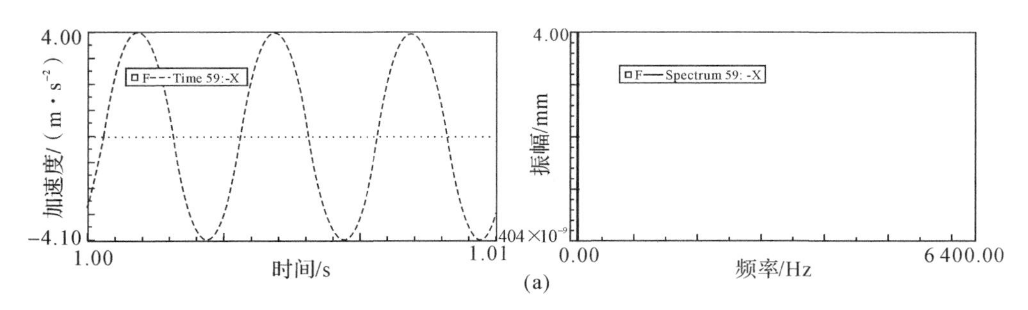

图 5.49　激励点位置在一个刚性很大的平面上,柔性杆激振器产生的激励信号

(a)100 Hz

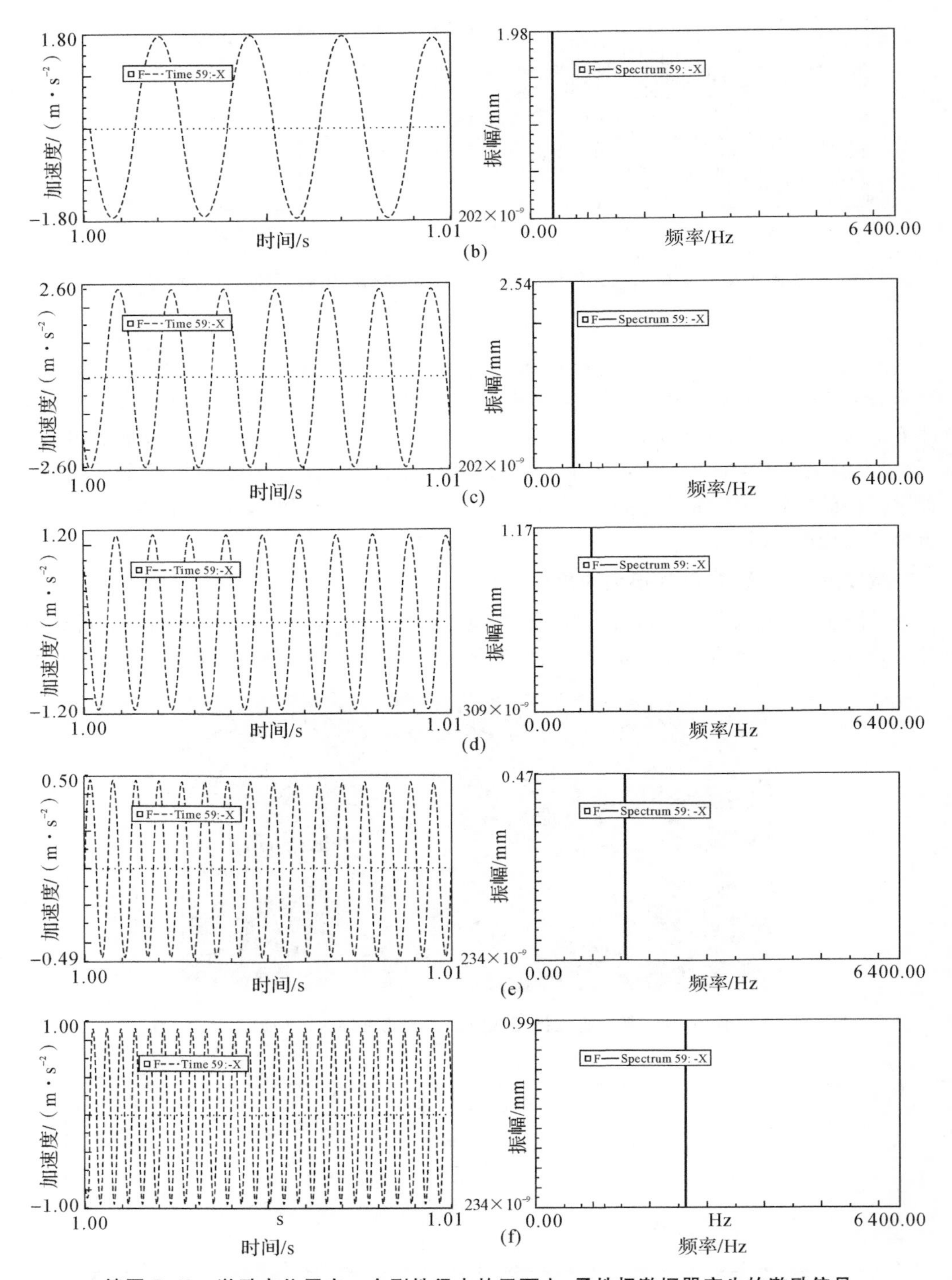

续图 5.49　激励点位置在一个刚性很大的平面上，柔性杆激振器产生的激励信号

(b)400 Hz；(c)700 Hz；(d)1 000 Hz；(e)1 600 Hz；(f)2 600 Hz

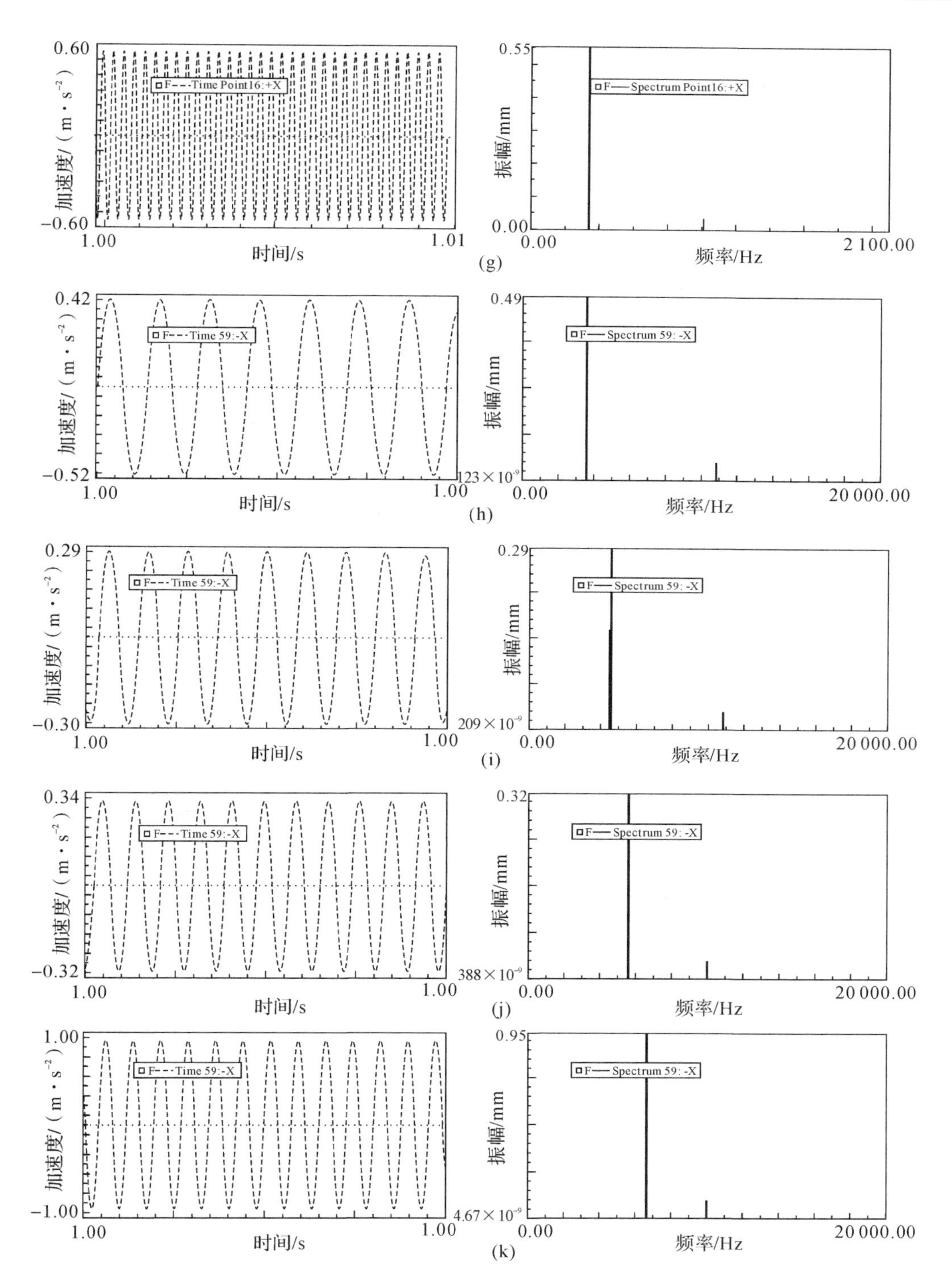

续图 5.49　激励点位置在一个刚性很大的平面上，柔性杆激振器产生的激励信号

(g) 3 400 Hz;(h) 3 600 Hz;(i) 4 600 Hz;(j) 5 600 Hz;(k) 6 600 Hz

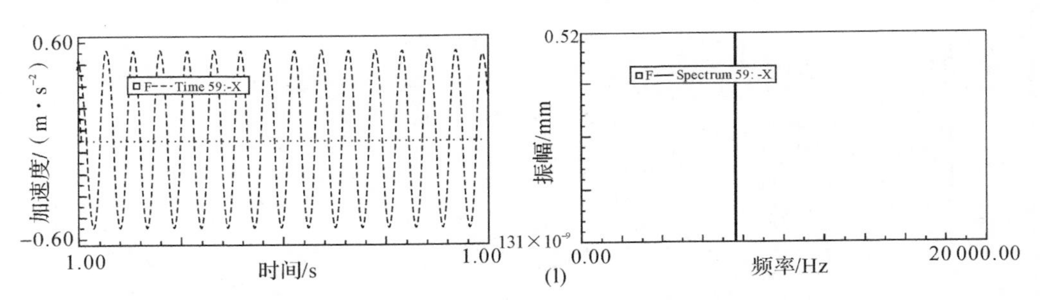

(l)

续图 5.49 激励点位置在一个刚性很大的平面上，柔性杆激振器产生的激励信号

(j)7600 Hz

从图 5.49 可以看出，柔性杆激振器激励点放置在一个刚性很大的平面上，当激励信号频率为 3 400～3 600 Hz 时，出现了较强的倍频成分，表明线性激振能力恶化。由此分析，在这个频率段，定频线性激振能力变差，不是因为与测试试件的耦合效应，可能是激振器系统自身结构特征或性能决定的。

3. 激励幅度的影响

以下考核激励幅度对柔性杆电磁激振器定频线性激振能力的影响。虽然柔性杆激振器激励幅度不易精确控制，但可以由功率放大器宏观上调整激励幅度。图 5.50 列举了 700 Hz 定频激励下，不同激励幅度下，柔性杆激振器输出的激励信号。

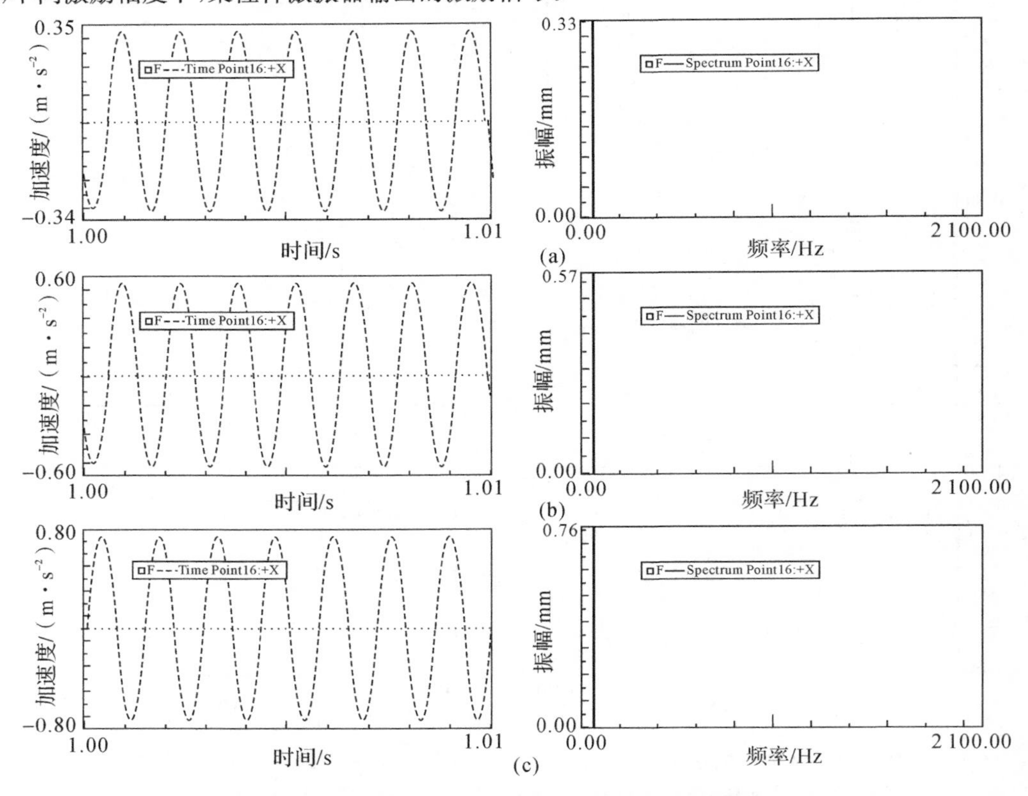

图 5.50 700 Hz 定频激励下，不同激励幅度下柔性杆激振器输出的激励信号

(a)0.33 N；(b)0.57 N；(c)0.76 N

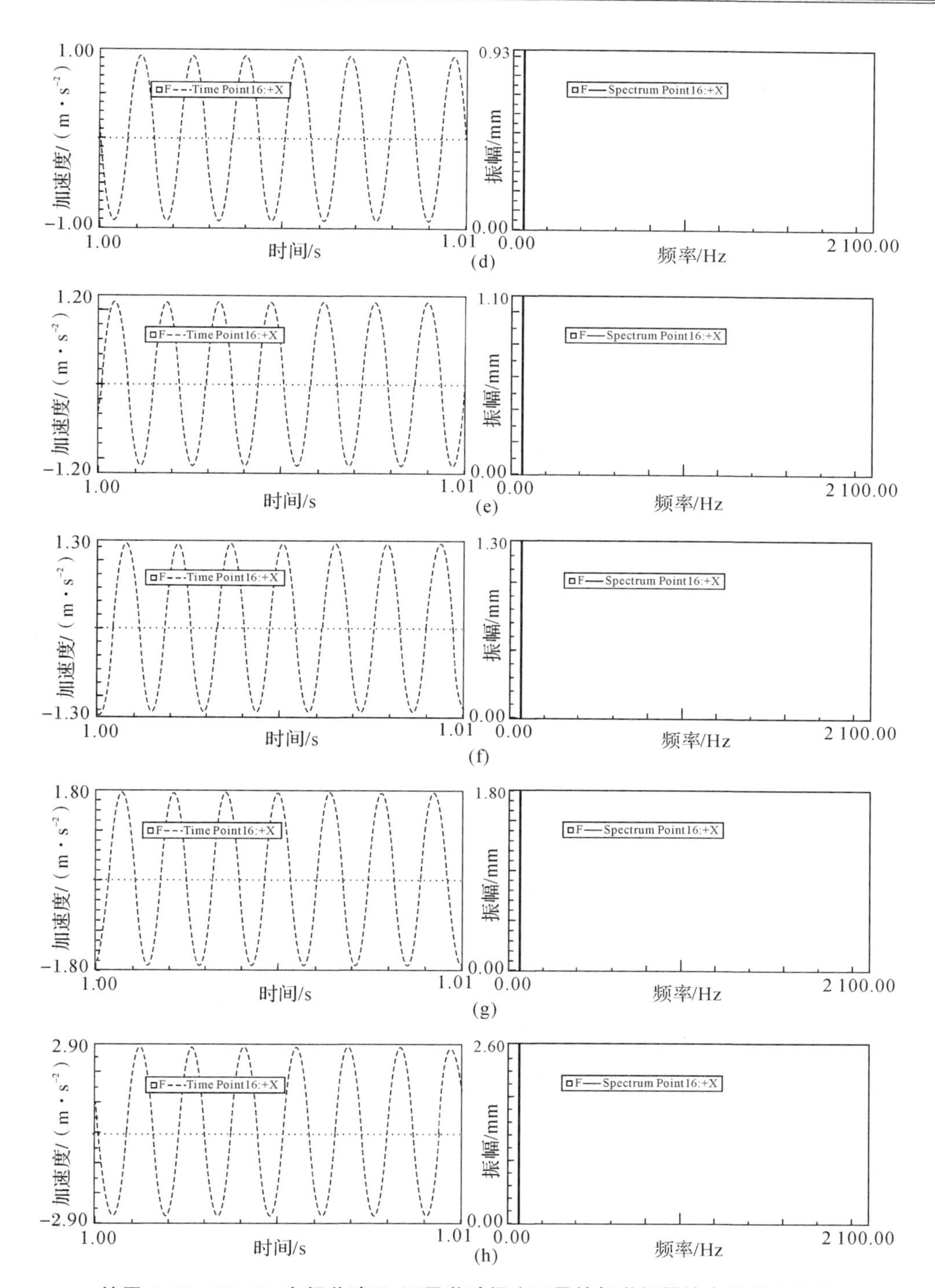

续图 5.50　700 Hz 定频激励下，不同激励幅度下柔性杆激振器输出的激励信号

(d)0.93 N;(e)1.10 N;(f)1.30 N;(g)1.77 N;(h)2.77 N

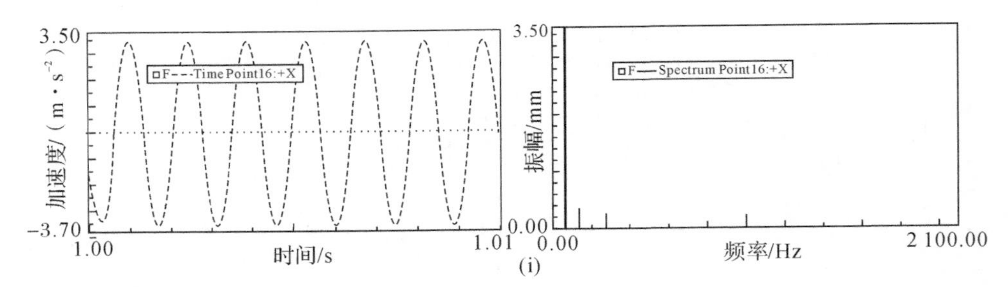

续图 5.50　700 Hz 定频激励下，不同激励幅度下柔性杆激振器输出的激励信号

(i)3.50 N

从图 5.50 可以看出，柔性杆激振器随着激励幅度的增加，定频线性激振能力会变差。这符合对一般结构非线性现象的认识。

5.4.1.3　振动台激励

将鼓筒原理件固定在振动台上，并在夹具处沿振动方向安装加速度传感器，如图 5.51 所示，检测加速度信号的谐波稳定性。激振频率分别为 700 Hz、1 280 Hz、1 310 Hz，激励幅度为 1 g，测得的加速度响应信号如图 5.52 所示。

图 5.51　振动台激励鼓筒原理件

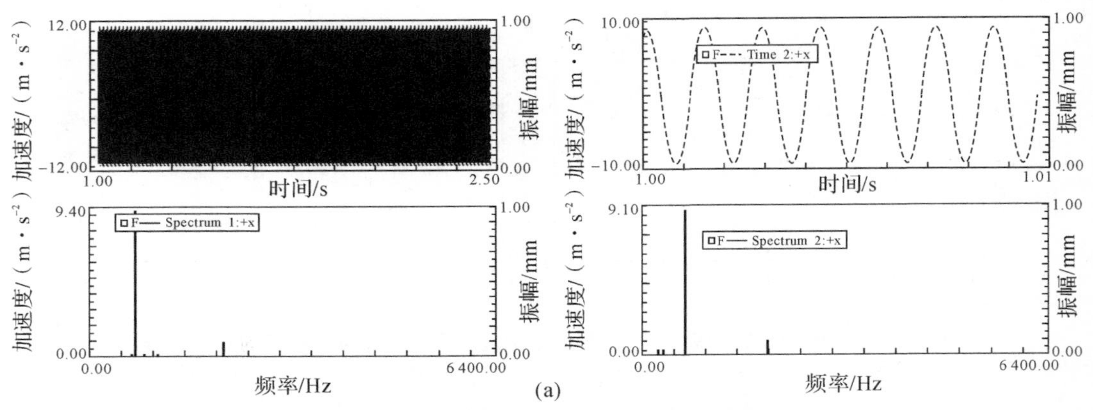

图 5.52　测得的基础激励加速度响应信号

(a)700 Hz

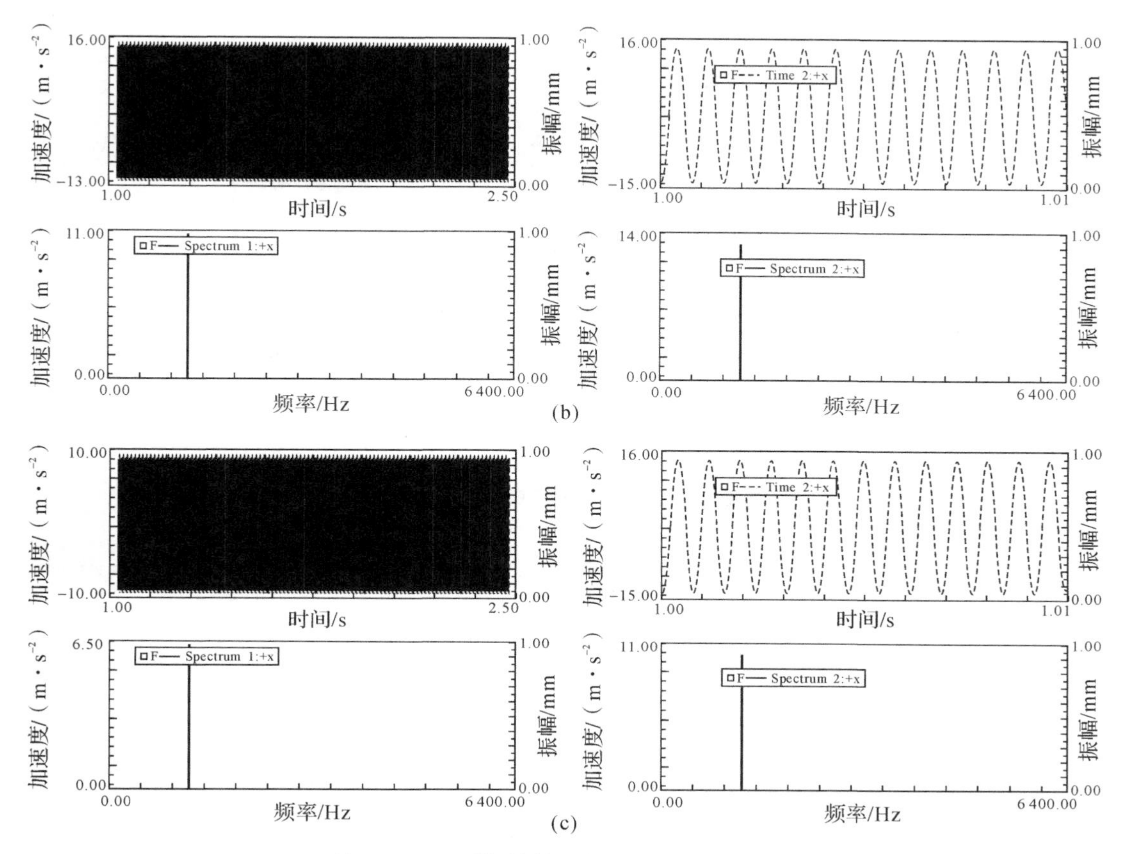

续图 5.52　测得的基础激励加速度响应信号

(b)1 280 Hz;(c)1 310 Hz

由图 5.52 可见，振动台激励信号比较稳定，不会出现其他谐波成分，因而可以作为研究约束态鼓筒原理件共振或非共振响应的激振方式。

5.4.2　拾振点位置对响应测试的影响

以下研究激振器直接激励、振动台基础激励，拾振点位置对响应测试结果线性度的影响。

5.4.2.1　电磁激振器激励时拾振点位置对响应测试的影响

将激励点及拾振点均布置在鼓筒原理件的自由端处，如图 5.53 所示。测试图示三个位置，分别为靠近激励点、偏离激振点 90°和远离激励点(近似 180°)响应。激振频率为 700 Hz，力幅设定为 2 V，相应的激励信号如图 5.54 所示，3 个测点的响应信号如图 5.55～图 5.57 所示。

激励信号为信噪比很好的定频稳态信号，但是不同的测点得到的相应线性度差别较大。一般规律为：

(1)在激励点附近，布置响应测试点，响应结果的线性度较好，如测点 1。

图 5.53 激振器激励响应测试实验(考核测点位置的影响)

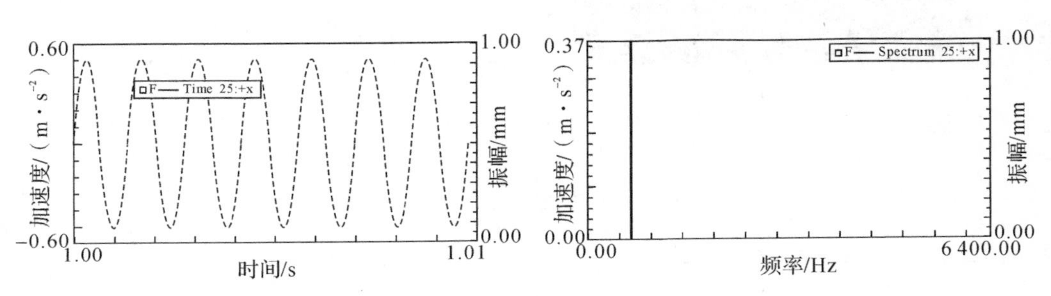

图 5.54 激励信号

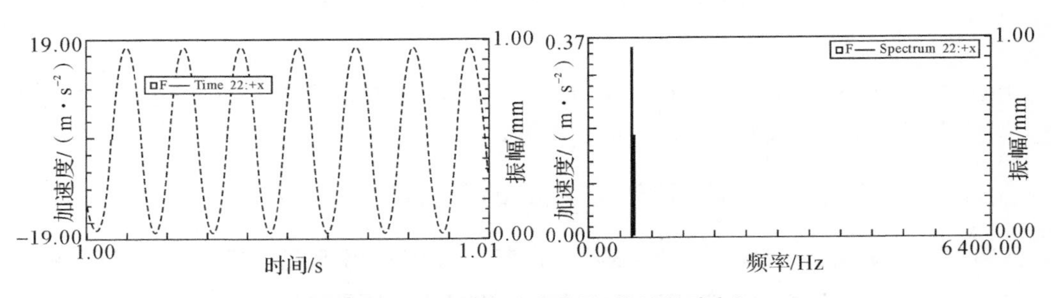

图 5.55 测点 1 的响应信号(靠近激励点)

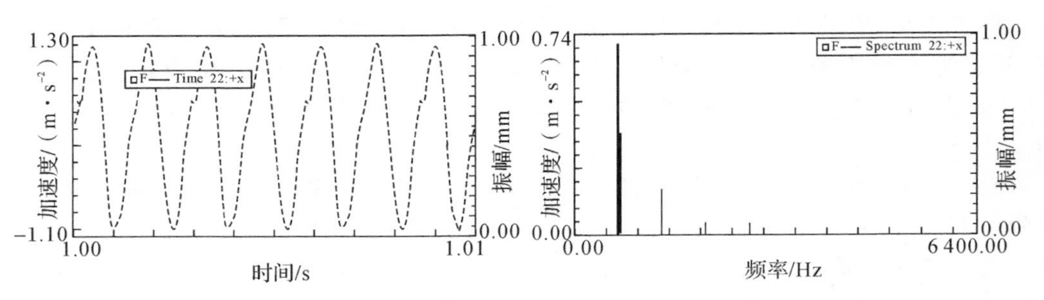

图 5.56 测点 2 的响应信号(位于偏离激振点 90°方向)

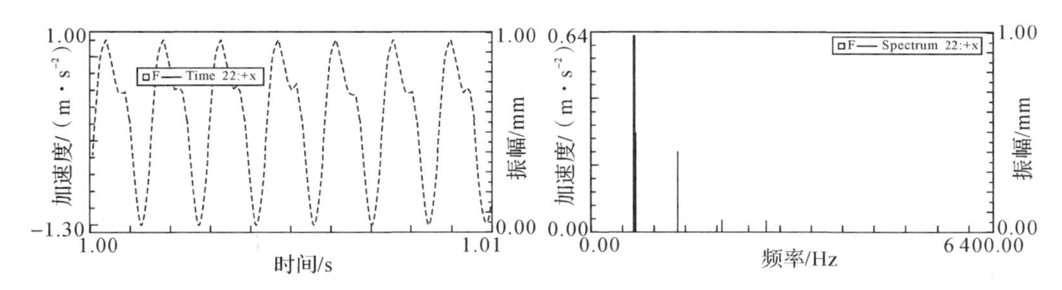

图 5.57　测点 3 的响应信号(远离激励点)

(2)随着测试点远离激励点,响应信号的线性度越来越差,2X 频,3X 频响应幅度均出现。

分析导致这种现象的原因,可能是:①激励点附近振动较大,信噪比较好。②约束边界条件对测试结果影响,测点离激励点越远影响越大。

5.4.2.2　振动台激励时拾振点位置对响应测试的影响

以下分析当振动台基础激励时,拾振点位置对响应测试的影响。图 5.58 为振动台基础激励测试系统。图 5.59～图 5.61 为测得的响应信号。

图 5.58　振动台激励响应测试实验

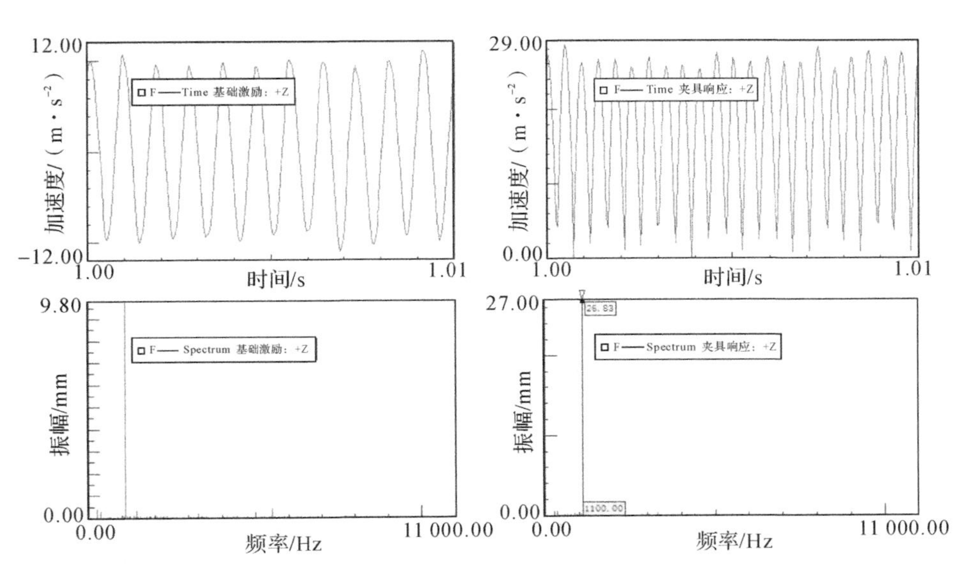

图 5.59　振动台 1 g 激励 1 100 Hz 时 1,2,3 点的振动响应

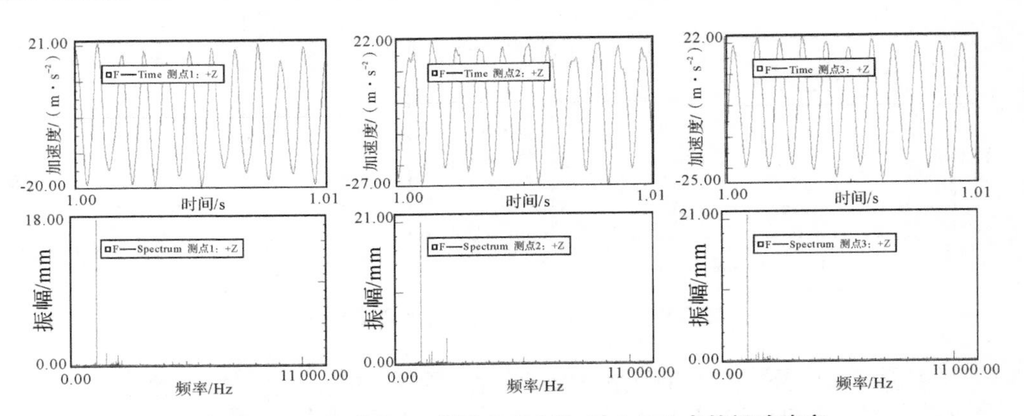

续图 5.59　振动台 1 g 激励 1 100 Hz 时 1,2,3 点的振动响应

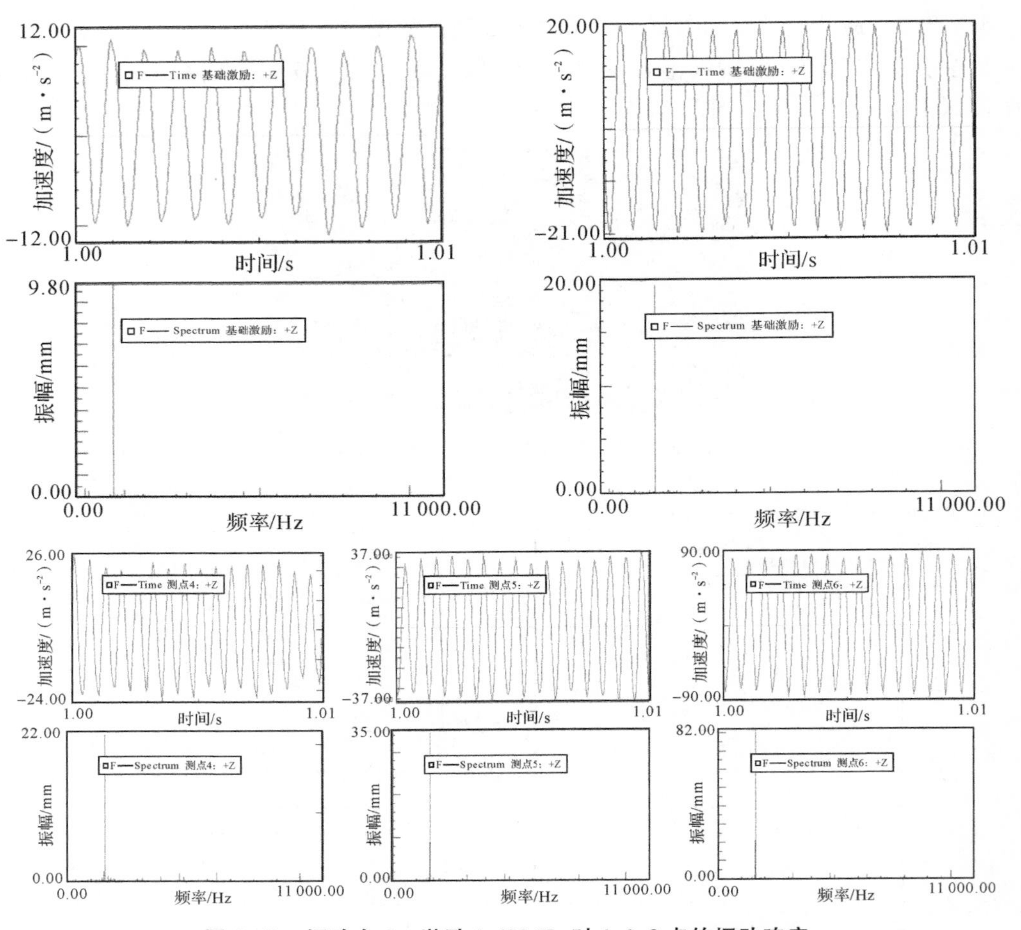

图 5.60　振动台 1 g 激励 1 600 Hz 时 1,2,3 点的振动响应

振动台基础激励方法由于其激振能量可以被精确控制，所以能够得到信噪比非常好的响应信号。但是不同的测点得到的响应线性度有一定的差别。一般规律为：

(1)在与振动台激励方向相同的位置附近，布置响应测试点，响应幅值较大，且线性度较好，如测点 1,3 所示。

(2)在与振动台激励方向呈 90°的位置附近，布置响应测试点，响应幅值较小，线性度不如与激励方向相同的测点位置，随着测试点远离激振方向，响应信号的线性度有发生变差的可能，但通过调整激励幅度，可以将 2X 频，3X 频的响应幅度控制在可以接受的范围内。

分析产生这种现象的原因，可能是：①约束边界条件对测试结果影响；②振动台本身固有特性的影响。

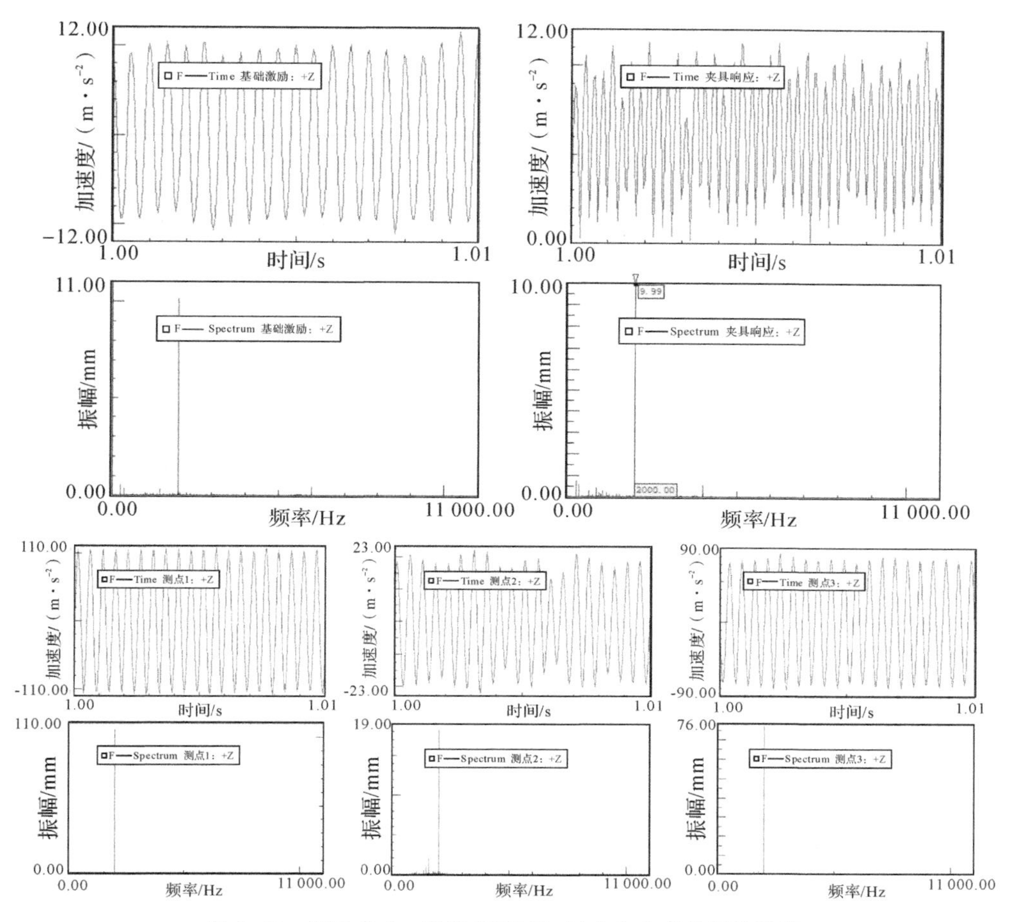

图 5.61　振动台 1 g 激励 2000 Hz 时 1,2,3 点的振动响应

5.4.3　激励点的位置对响应测试的影响

以下分析当柔性杆激振器激励约束态鼓筒件时，激励点位置对响应测试结果的影响。将激振器激励点分别布置在筒外侧面上、中、下三个位置，如图 5.62 所示。同样测试 5.4.2 节所述的 3 个位置的响应，这里用 4、5、6 点来表示。三种情况下的激励频率及激励幅度设置相同，测得的激励信号和响应分别如图 5.63～图 5.71 所示。

图 5.62　激励位置的布置

(a)放上部;(b)放中部;(c)放下部

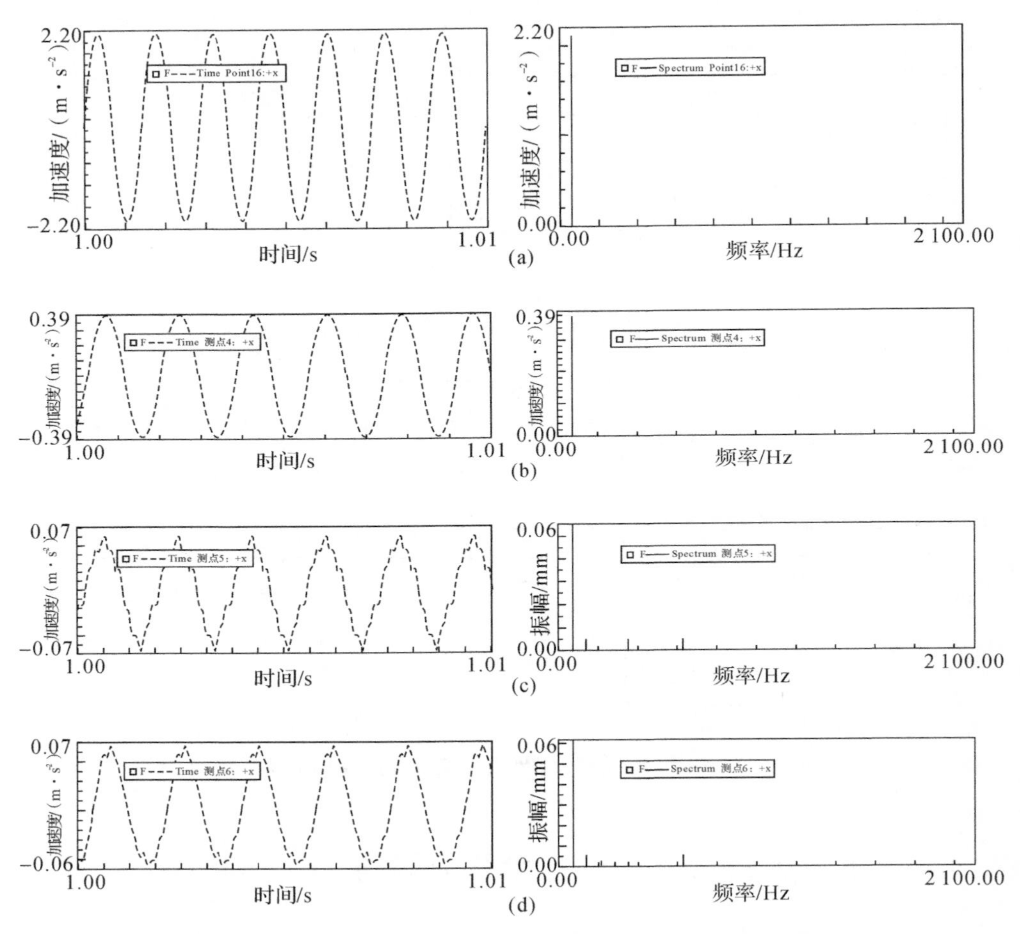

图 5.63　在 700 Hz、2.12 N 激励下,激励点在鼓筒件上部测得的激励及响应信号

(a)激振器激励信号;(b)测点 4 的响应信号(靠近激励点);

(c)测点 5 的响应信号(位于偏离激振点 90°方向);(d)测点 6 的响应信号(远离激励点)

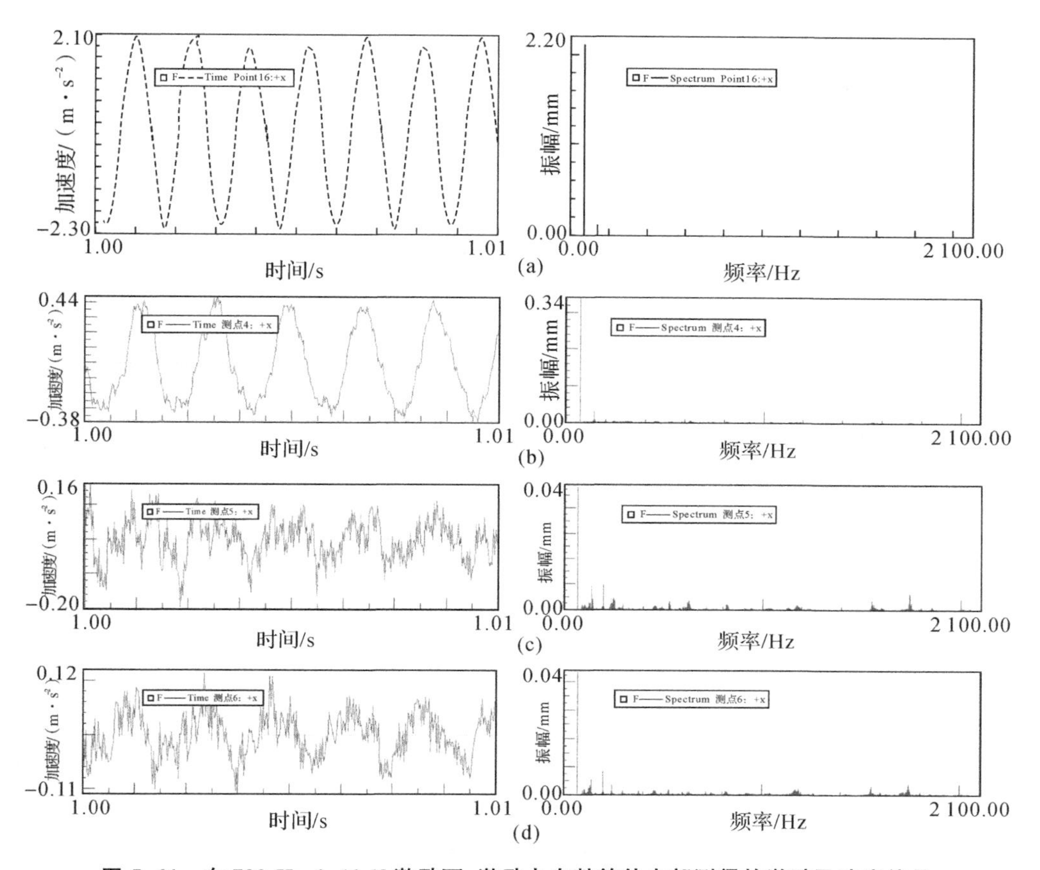

图 5.64　在 700 Hz、2.12 N 激励下，激励点在鼓筒件中部测得的激励及响应信号

(a)激振器激励信号；(b)测点 4 的响应信号(靠近激励点)；(c)测点 5 的响应信号(位于偏离激振点 90°方向)；(d)测点 6 的响应信号(远离激励点)

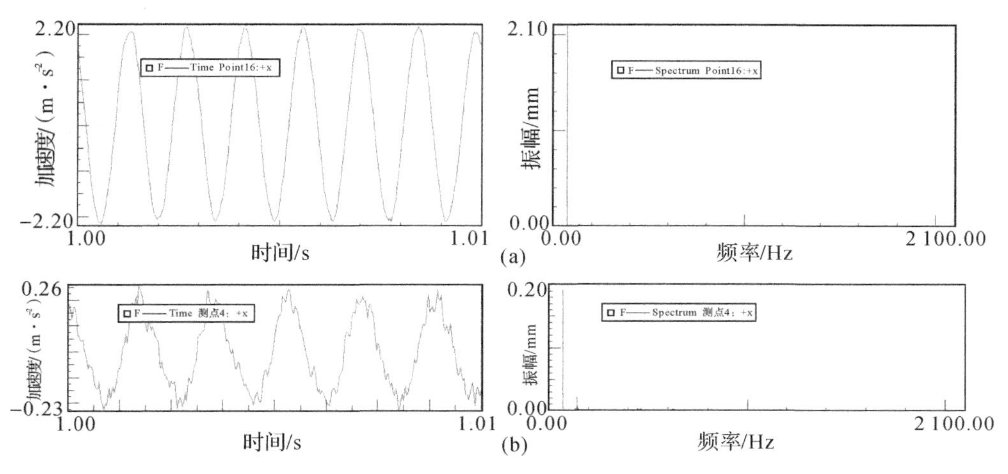

图 5.65　在 700 Hz、2.09 N 激励下，激励点在鼓筒件下部测得的激励及响应信号

(a)激振器激励信号；(b)测点 4 的响应信号(靠近激励点)

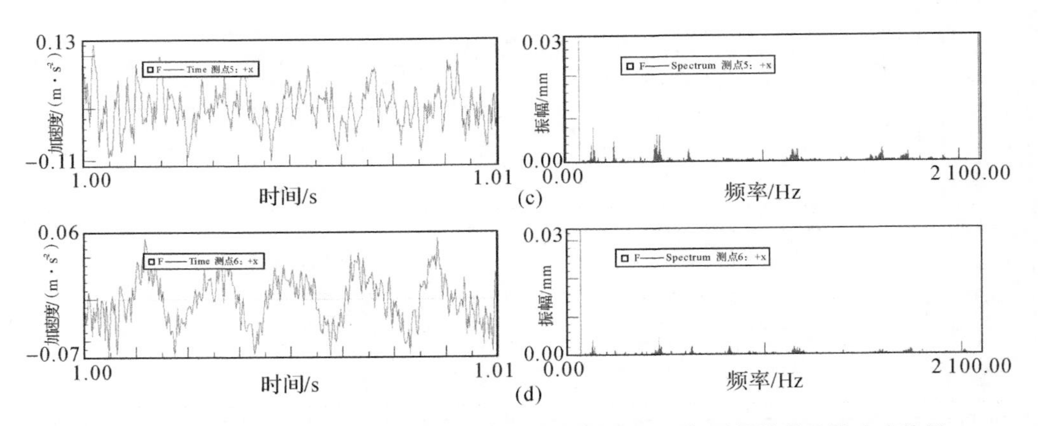

(c)

(d)

续图 5.65 在 700 Hz、2.09 N 激励下,激励点在鼓筒件下部测得的激励及响应信号

(c)测点 5 的响应信号(位于偏离激振点 90°方向);(d)测点 6 的响应信号(远离激励点)

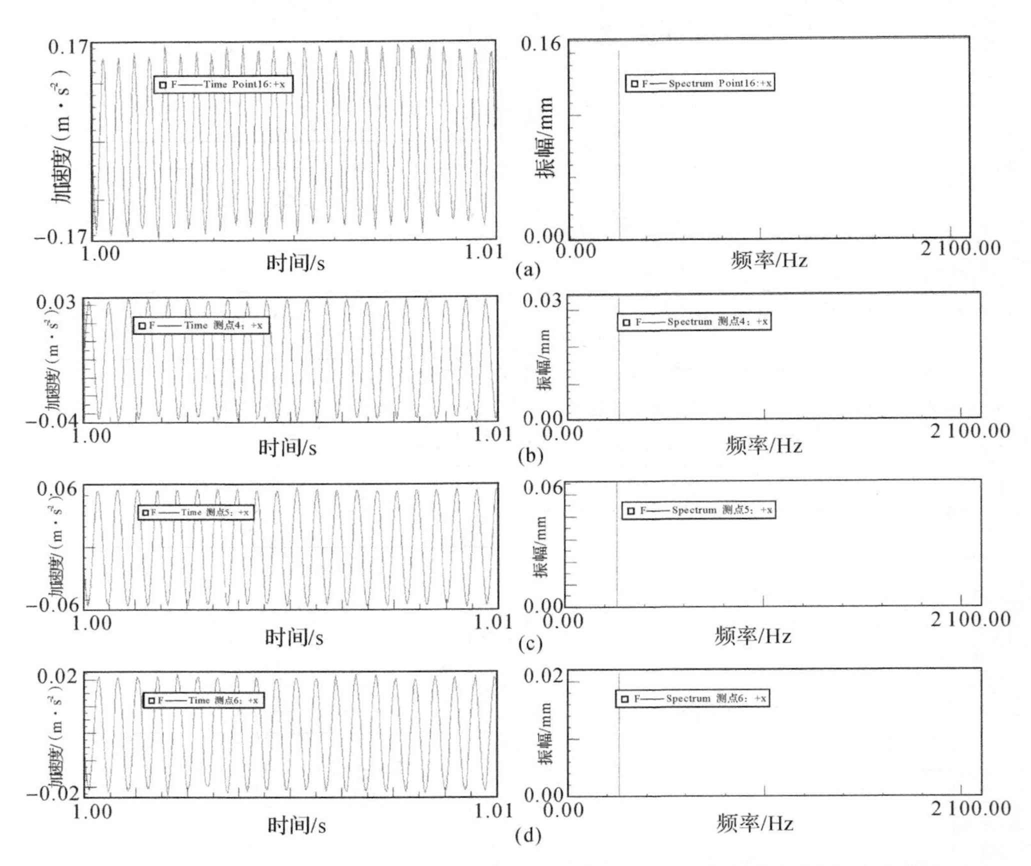

(a)

(b)

(c)

(d)

图 5.66 在 2 600 Hz、0.15 N 激励下,激励点在鼓筒件上部测得的激励及响应信号

(a)激振器激励信号;(b)测点 4 的响应信号(靠近激励点);

(c)测点 5 的响应信号(位于偏离激振点 90 度方向);(d)测点 6 的响应信号(远离激励点)

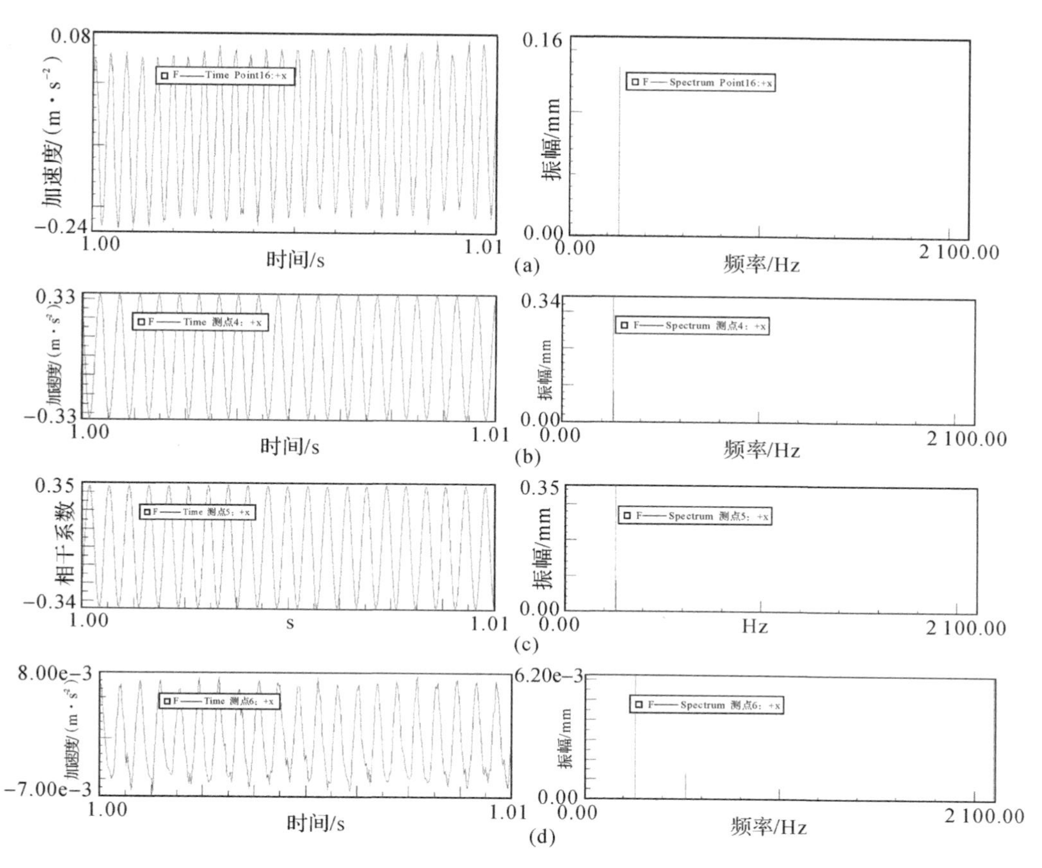

图 5.67　在 2 600 Hz、0.14 N 激励下，激励点在鼓筒件中部测得的激励及响应信号

(a)激振器激励信号；(b)测点 4 的响应信号(靠近激励点)；

(c)测点 5 的响应信号(位于偏离激振点 90°方向)；(d)测点 6 的响应信号(远离激励点)

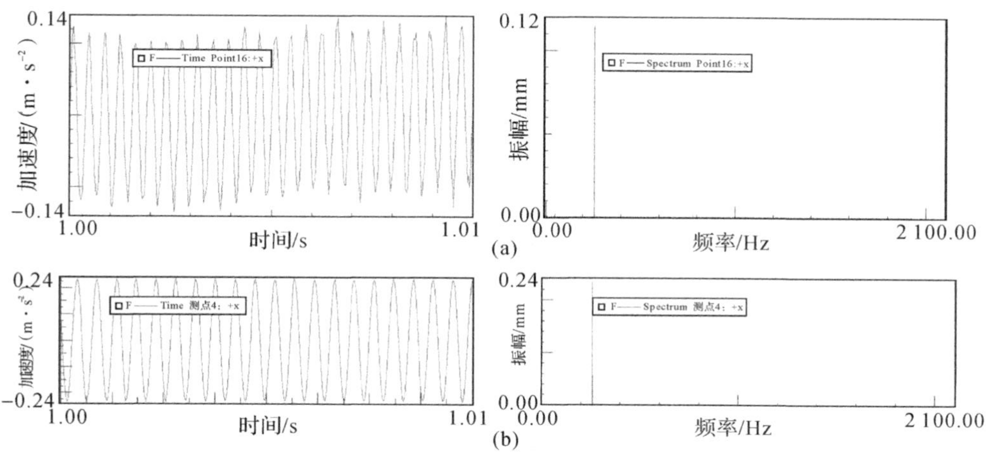

图 5.68　在 2 600 Hz、0.11 N 激励下，激励点在鼓筒件下部测得的激励及响应信号

(a)激振器激励信号；(b)测点 4 的响应信号(靠近激励点)

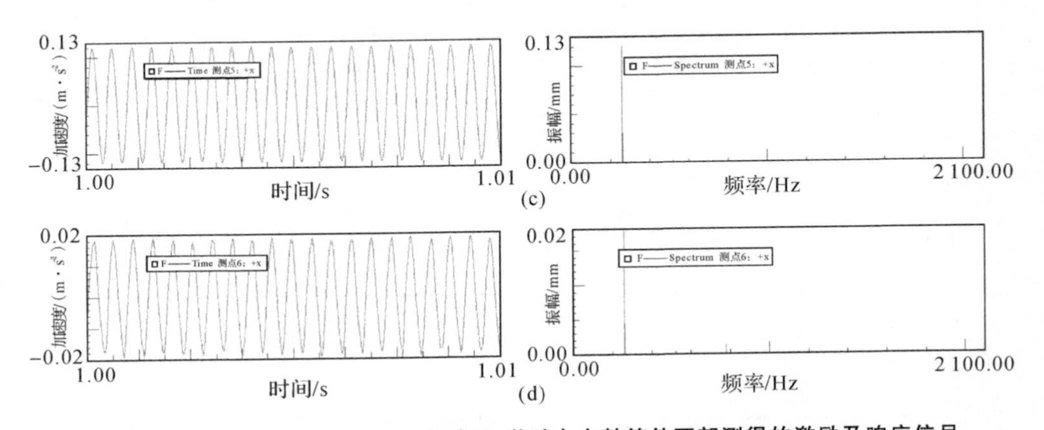

续图 5.68　在 2 600 Hz、0.11 N 激励下，激励点在鼓筒件下部测得的激励及响应信号

(c)测点 5 的响应信号(位于偏离激振点 90 度方向)；(d)测点 6 的响应信号(远离激励点)

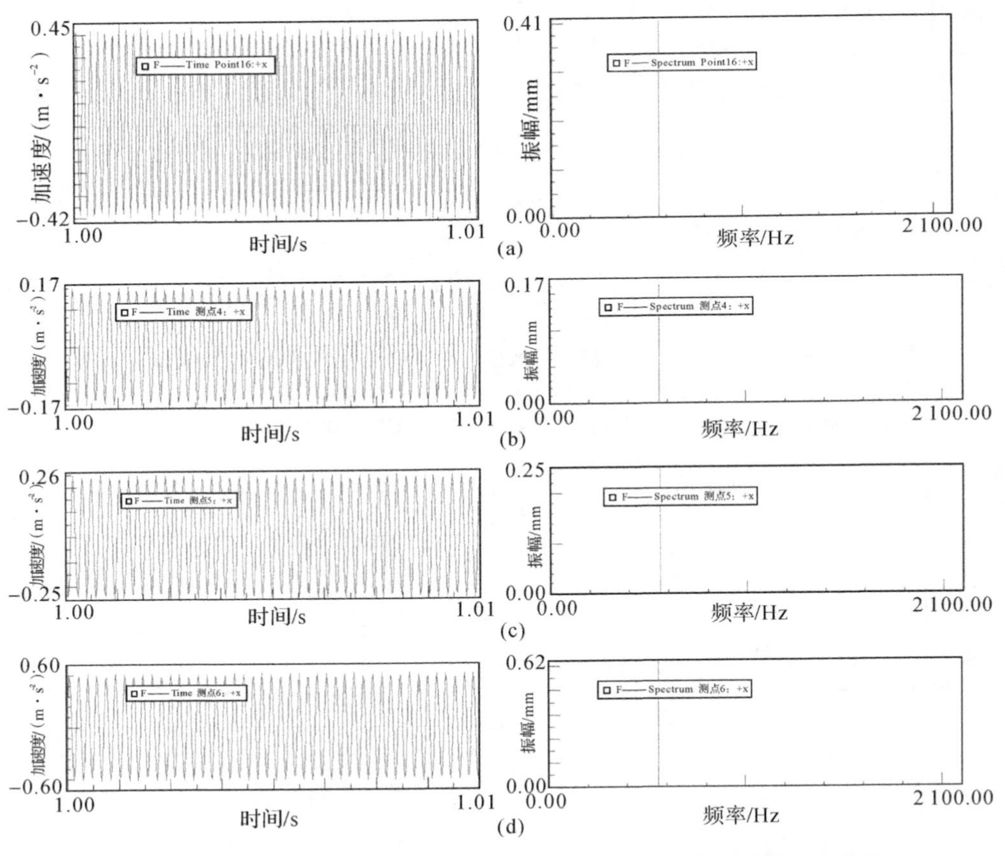

图 5.69　5 600 Hz、0.4 N 激励下，激励点在鼓筒件上部测得的激励及响应信号

(a)激振器激励信号；(b)测点 4 的响应信号(靠近激励点)；

(c)测点 5 的响应信号(位于偏离激振点 90°方向)；(d)测点 6 的响应信号(远离激励点)

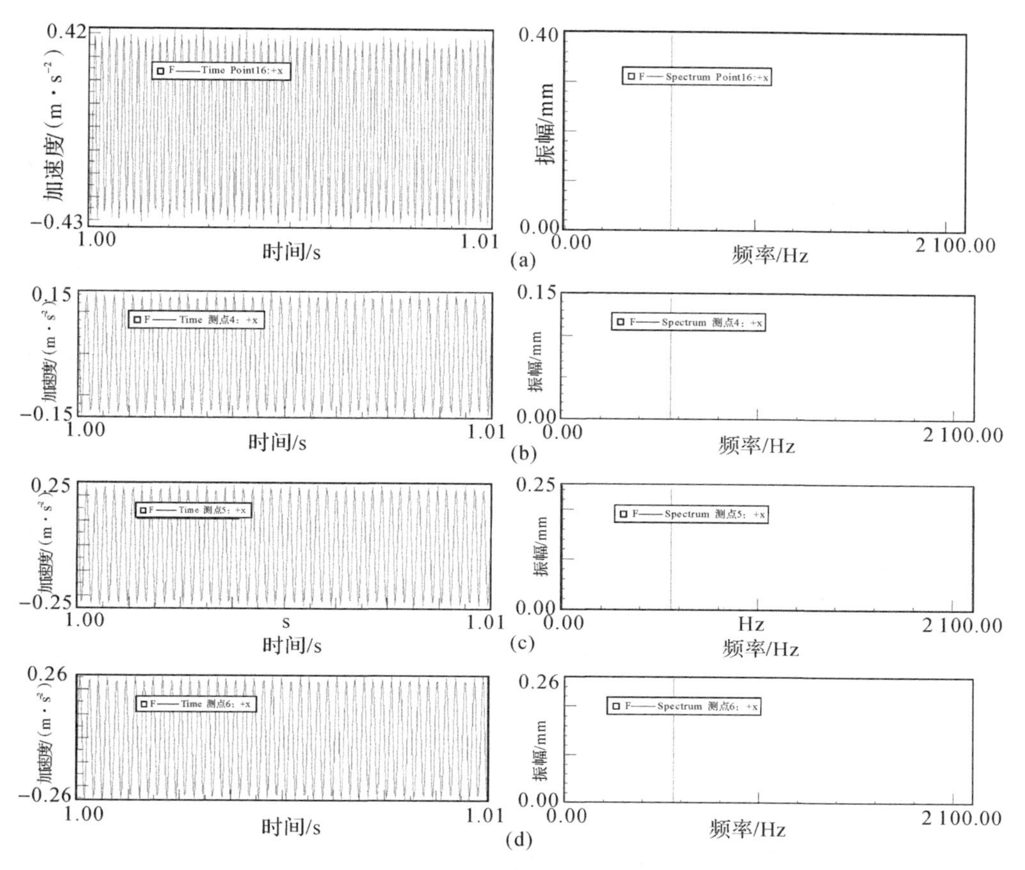

图 5.70　在 5 600 Hz、0.4 N 激励下,激励点在鼓筒件中部测得的激励及响应信号

(a)激振器激励信号;(b)测点 4 的响应信号(靠近激励点);

(c)测点 5 的响应信号(位于偏离激振点 90 度方向);(d)测点 6 的响应信号(远离激励点)

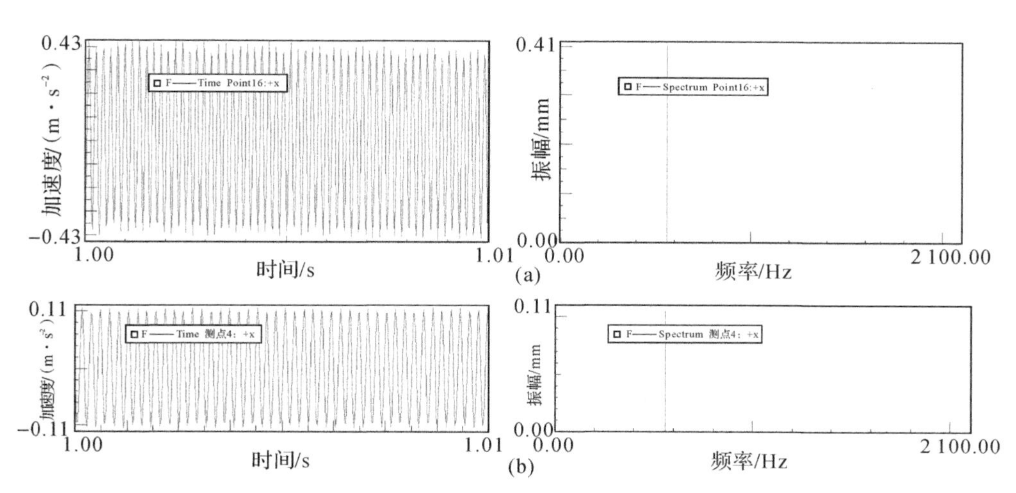

图 5.71　在 5 600 Hz、0.4 N 激励下,激励点在鼓筒件下部测得的激励及响应信号

(a)激振器激励信号;(b)测点 4 的响应信号(靠近激励点)

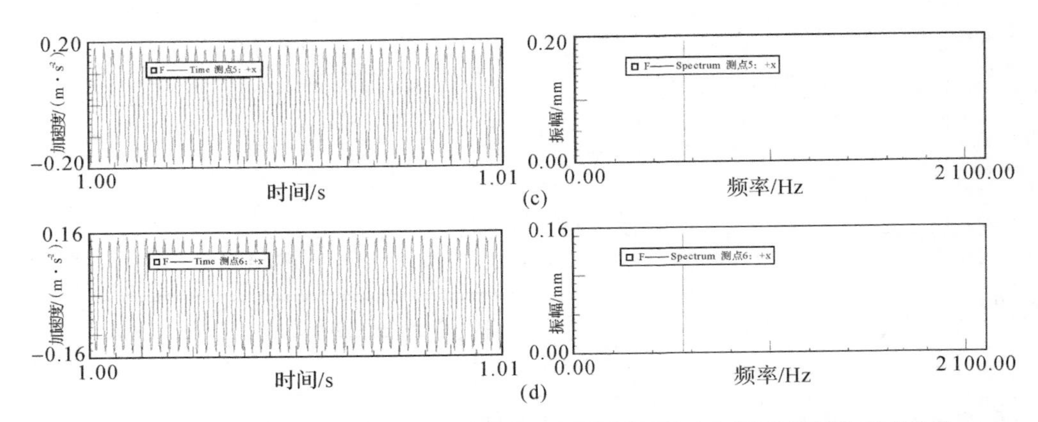

续图 5.71 在 5 600 Hz、0.4 N 激励下，激励点在鼓筒件下部测得的激励及响应信号

(c)测点 5 的响应信号(位于偏离激振点 90°方向)；(d)测点 6 的响应信号(远离激励点)

从图 5.63～图 5.71 可以看出，当柔性杆激振点放置在约束态鼓筒件侧面不同位置时，响应信号的线性度不同，具体的规律可概括为：

(1)当激振点放置在侧面上部时，响应信号的线性度最好。而当放置在中部及下部时，对于一些激振频率响应信号的线性度会变差。

(2)对于本次实验，无论激励点在上部、中部还是下部，靠近激励位置测点的响应信号的线性度均好于其他两个位置。

(3)当激振频率为 700 Hz 时，无论激励点在什么位置，响应信号的线性度均较差，这可能是由于鼓筒本身的固有频率分布在高频段，激振器的激励能量不足，或者鼓筒件的振动响应在低频段不容易被激发。

(4)当激振频率为 56 000 Hz 时，无论激励点在什么位置，各测点的响应信号的线性度均较好。

5.4.4 激振力幅对响应测试的影响

测试系统如图 5.72 所示，分析不同激振力幅下，上述 3 个测点的响应测试结果随激振力幅变化的规律。激振频率分别为 2 600 Hz 和 5 600 Hz，激励点在鼓筒件侧面上部，激励幅度分为几个档次，测试结果如图 5.73～图 5.83 所示。

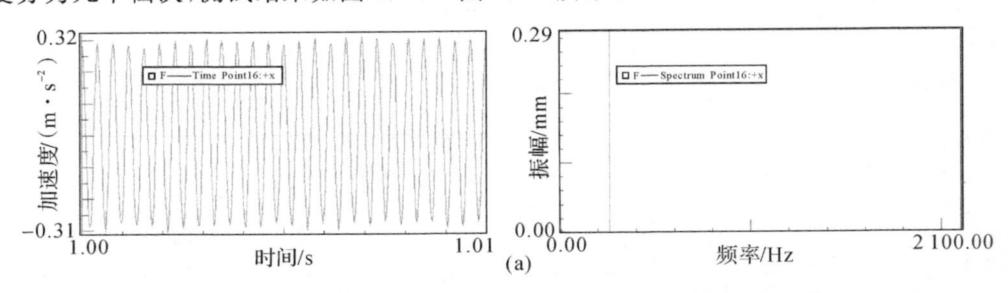

图 5.72 当激振力幅为 0.29 N、激振频率为 2 600 Hz 时，测得的激励及响应信号

(a)激振器激励信号

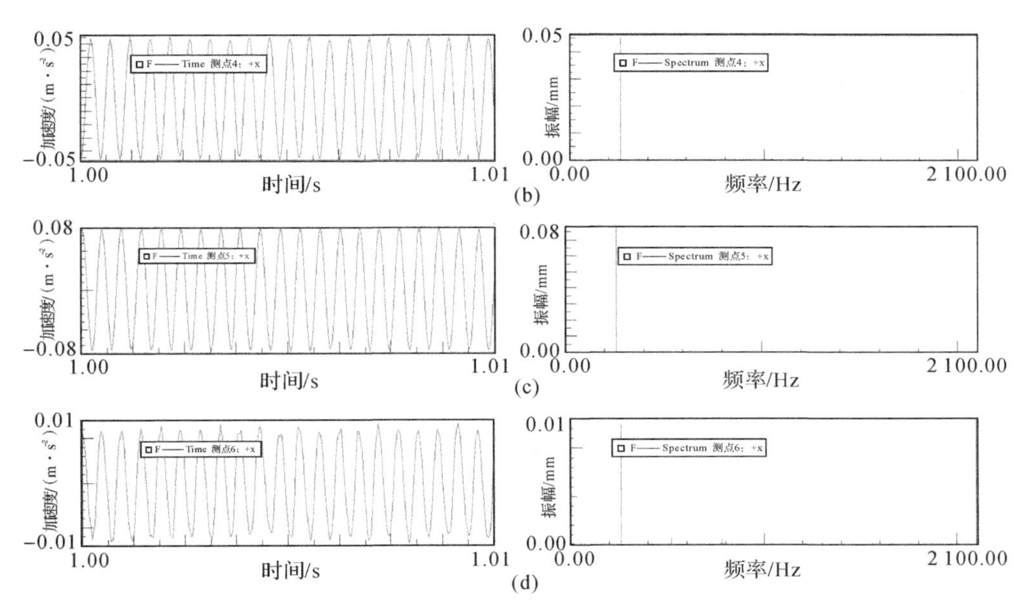

续图 5.72　当激振力幅为 0.29 N、激振频率为 2 600 Hz 时，测得的激励及响应信号

(b)测点 4 的响应信号(靠近激励点)；(c)测点 5 的响应信号(位于偏离激振点 90°方向)；(d)测点 6 的响应信号(远离激励点)

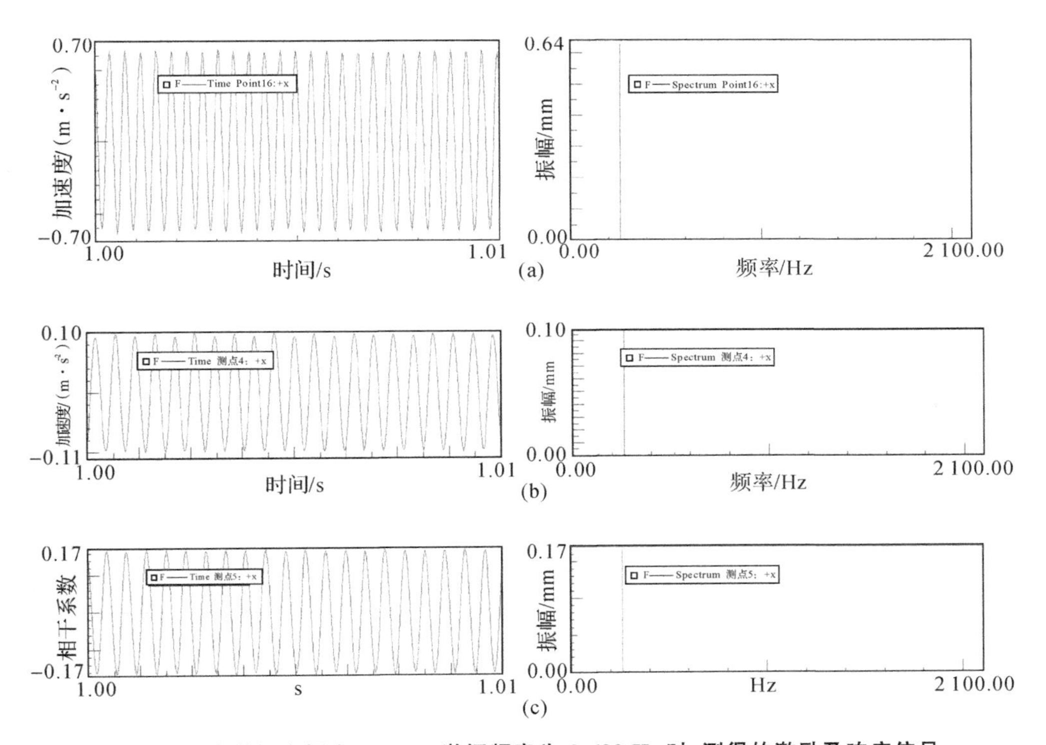

图 5.73　当激振力幅为 0.63 N、激振频率为 2 600 Hz 时，测得的激励及响应信号

(a)激振器激励信号；(b)测点 4 的响应信号(靠近激励点)；(c)测点 5 的响应信号(位于偏离激振点 90°方向)

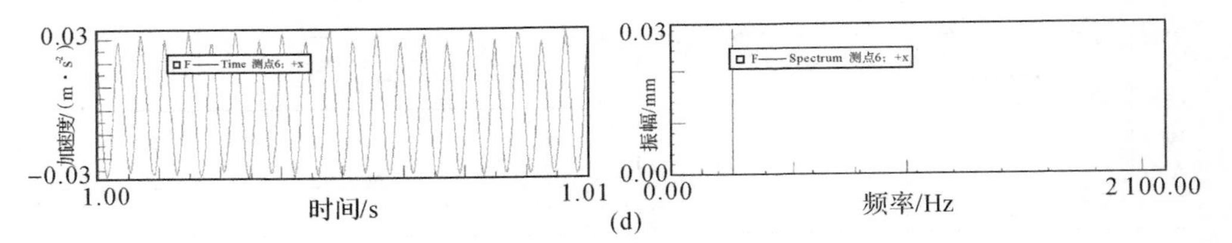

续图 5.73　当激振力幅为 0.63 N、激振频率为 2 600 Hz 时,测得的激励及响应信号

(d)测点 6 的响应信号(远离激励点)

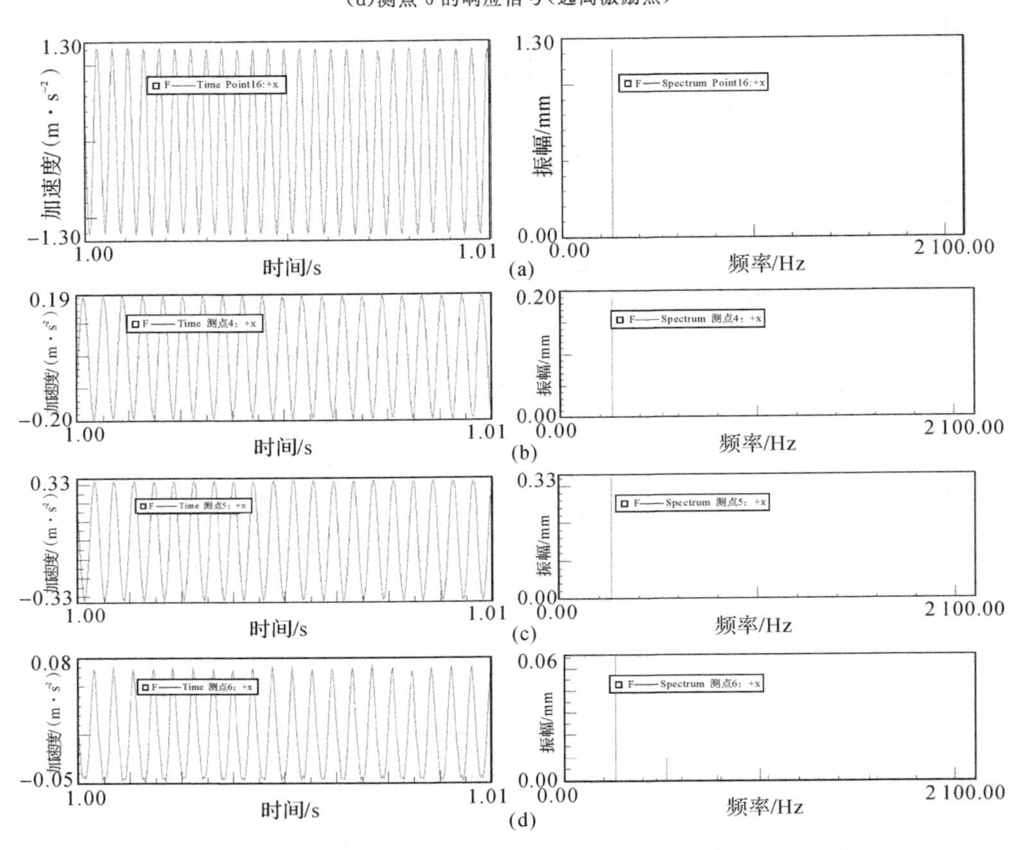

图 5.74　当激振力幅为 1.23 N、激振频率为 2 600 Hz 时,测得的激励及响应信号

(a)激振器激励信号;(b)测点 4 的响应信号(靠近激励点);(c)测点 5 的响应信号(位于偏离激振点 90°方向);(d)测点 6 的响应信号(远离激励点)

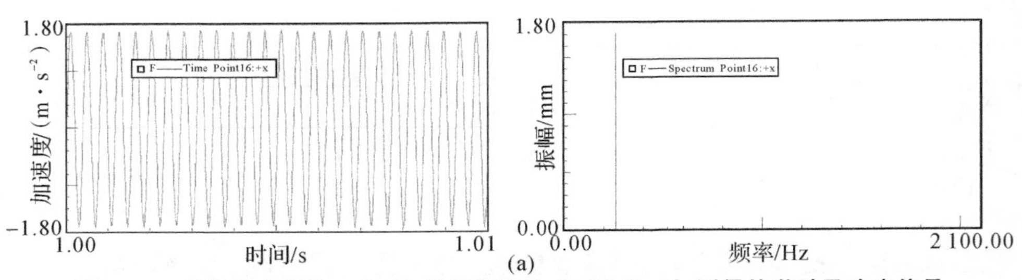

图 5.75　当激振力幅为 1.71 N、激振频率为 2 600 Hz 时,测得的激励及响应信号

(a)激振器激励信号

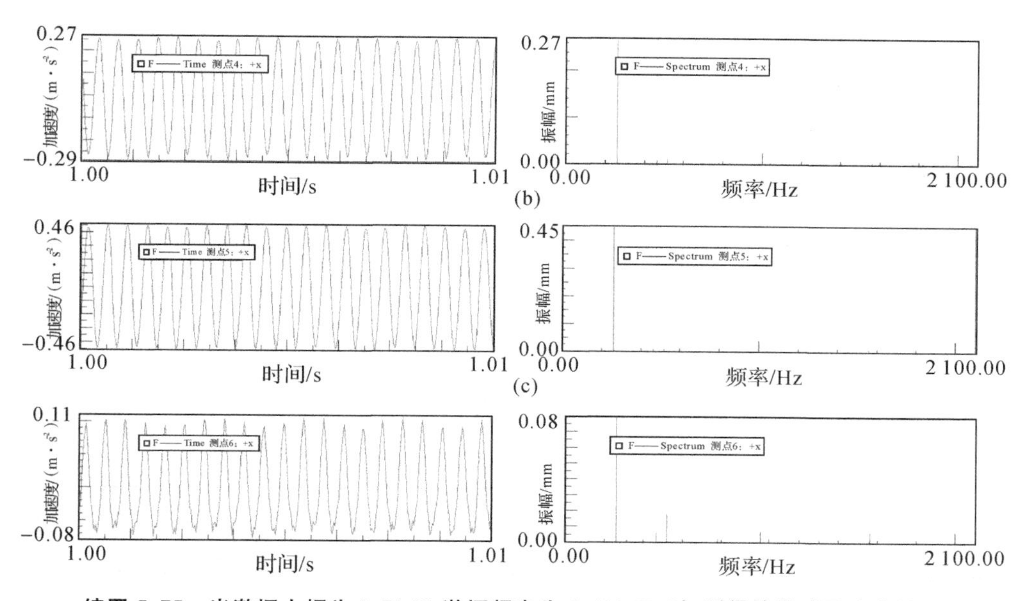

续图 5.75　当激振力幅为 1.71 N、激振频率为 2 600 Hz 时，测得的激励及响应信号

(b)测点 4 的响应信号(靠近激励点)；(c)测点 5 的响应信号(位于偏离激振点 90°方向)；

(d)测点 6 的响应信号(远离激励点)

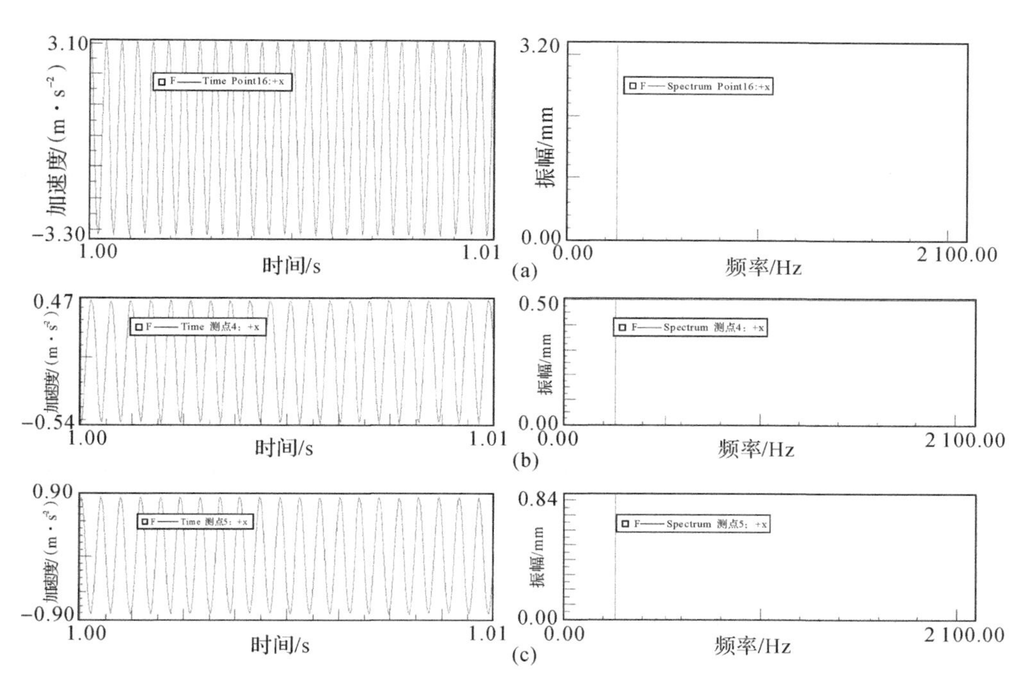

图 5.76　当激振力幅为 3.15 N、激振频率为 2 600 Hz 时，测得的激励及响应信号

(a)激振器激励信号；(b)测点 4 的响应信号(靠近激励点)；

(c)测点 5 的响应信号(位于偏离激振点 90°方向)

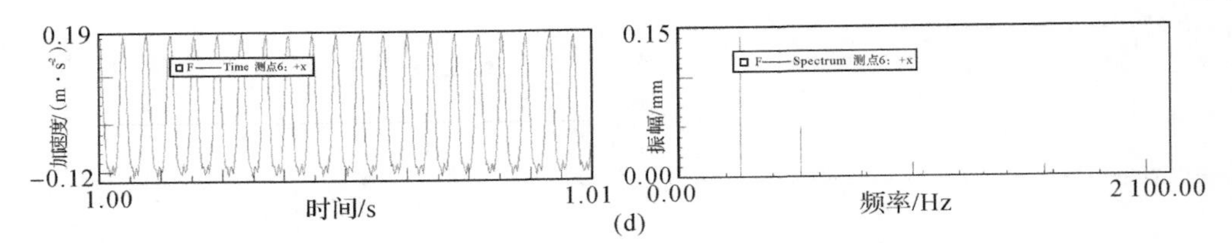

续图 5.76　当激振力幅为 3.15 N、激振频率为 2 600 Hz 时，测得的激励及响应信号

(d)测点 6 的响应信号(远离激励点)

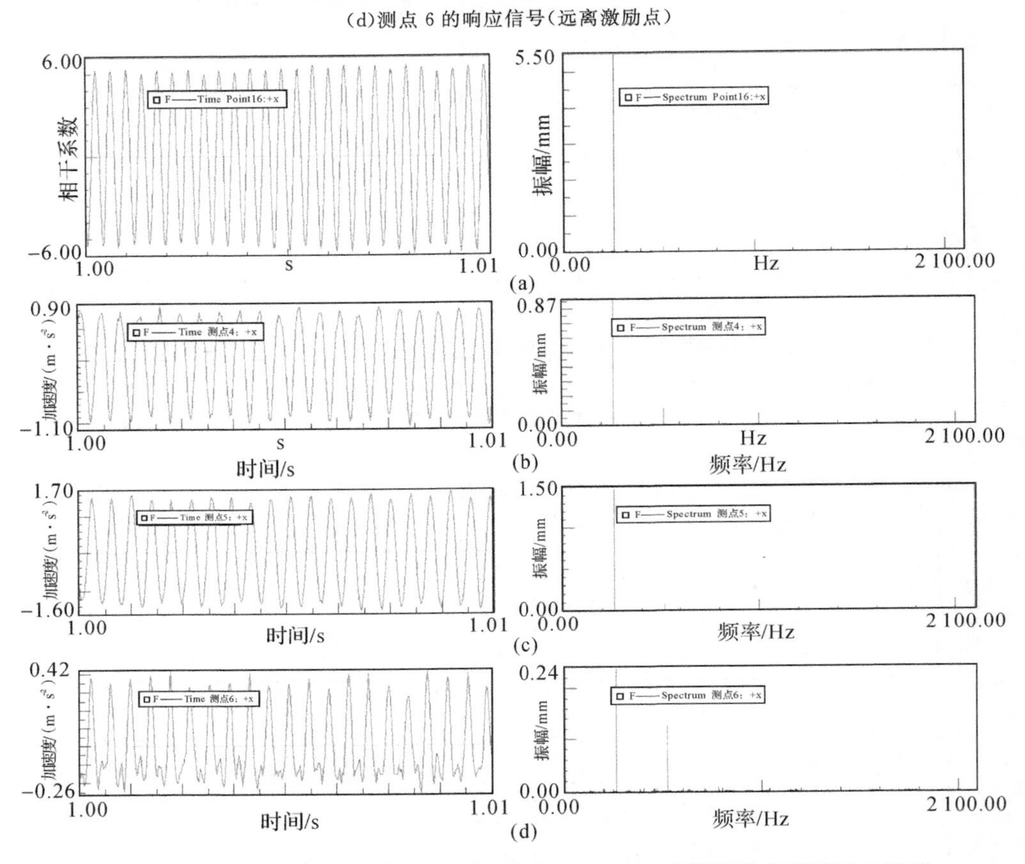

图 5.77　当激振力幅为 5.47 N、激振频率为 2 600 Hz 时，测得的激励及响应信号

(a)激振器激励信号；(b)测点 4 的响应信号(靠近激励点)；(c)测点 5 的响应信号(位于偏离激振点 90°方向)；(d)测点 6 的响应信号(远离激励点)

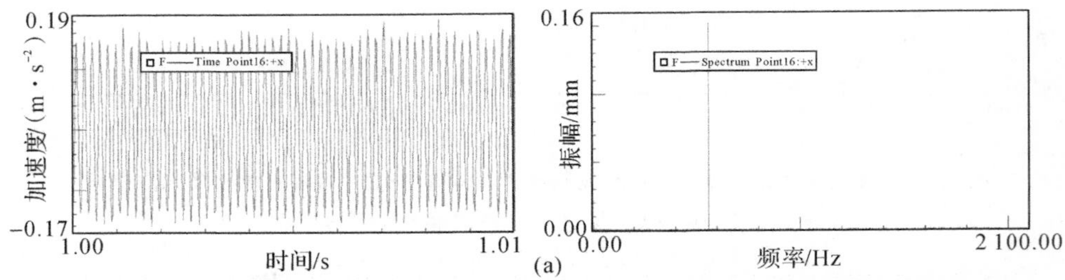

图 5.78　当激振力幅为 0.15 N、激振频率为 5 600 Hz 时，测得的激励及响应信号

(a)激振器激励信号

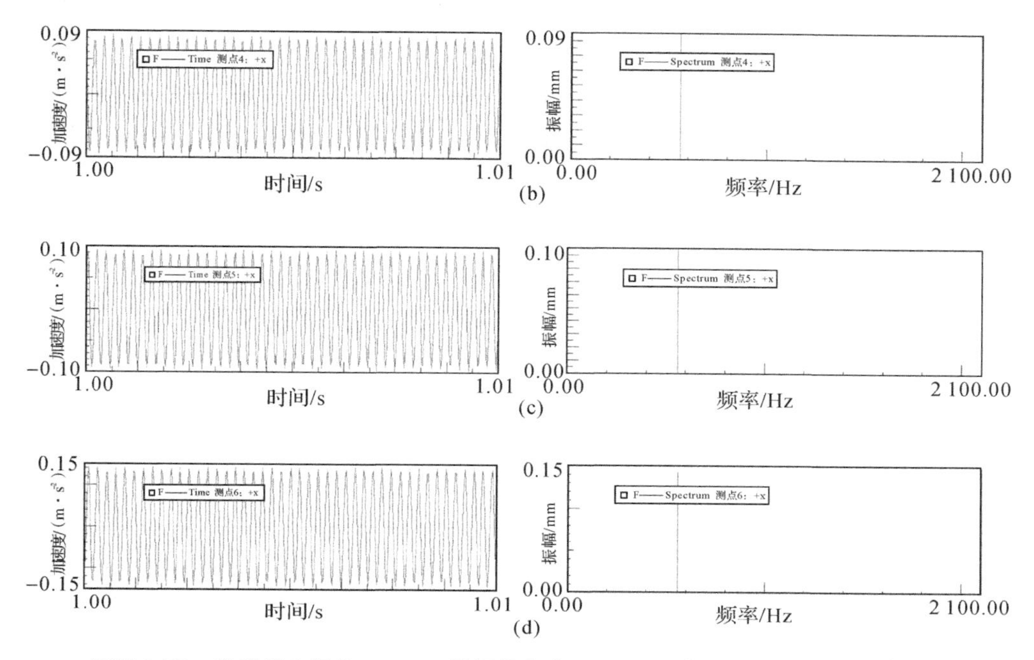

续图 5.78　当激振力幅为 0.15 N、激振频率为 5 600 Hz 时，测得的激励及响应信号

(b)测点 4 的响应信号(靠近激励点)；(c)测点 5 的响应信号(位于偏离激振点 90°方向)；
(d)测点 6 的响应信号(远离激励点)

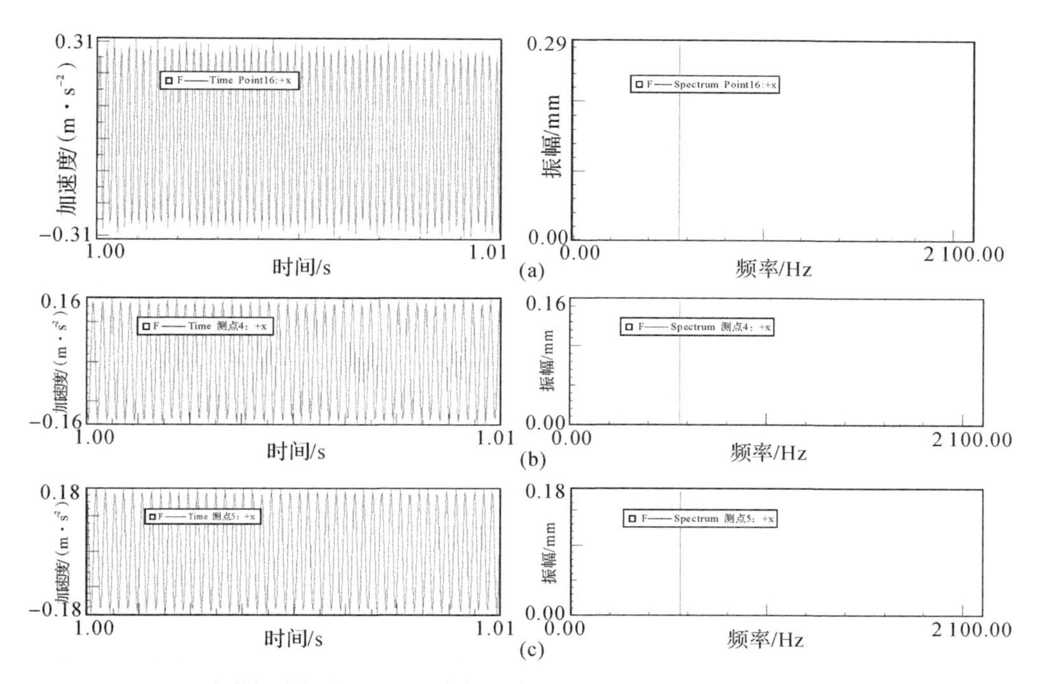

图 5.79　当激振力幅为 0.29 N、激振频率为 5 600 Hz 时，测得的激励及响应信号

(a)激振器激励信号；(b)测点 4 的响应信号(靠近激励点)；(c)测点 5 的响应信号(位于偏离激振点 90°方向)

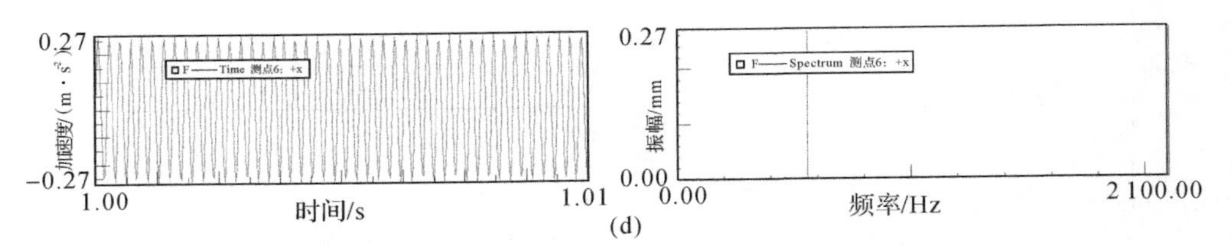

续图 5.79　当激振力幅为 0.29 N、激振频率为 5 600 Hz 时，测得的激励及响应信号

(d)测点 6 的响应信号(远离激励点)

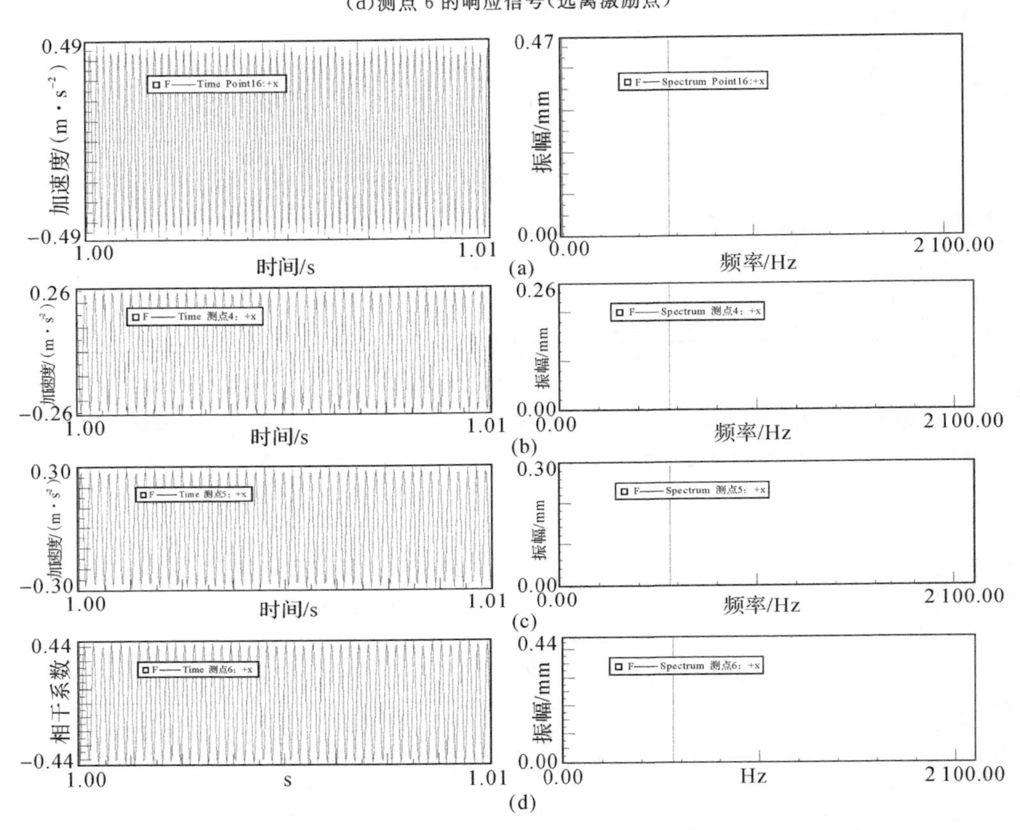

图 5.80　当激振力幅为 0.47 N、激振频率为 5 600 Hz 时，测得的激励及响应信号

(a)激振器激励信号；(b)测点 4 的响应信号(靠近激励点)；

(c)测点 5 的响应信号(位于偏离激振点 90°方向)；(d)测点 6 的响应信号(远离激励点)

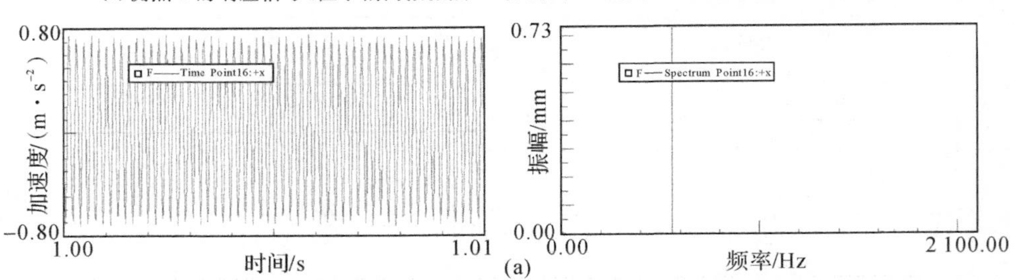

图 5.81　当激振力幅为 0.73 N、激振频率为 5 600 Hz 时，测得的激励及响应信号

(a)激振器激励信号

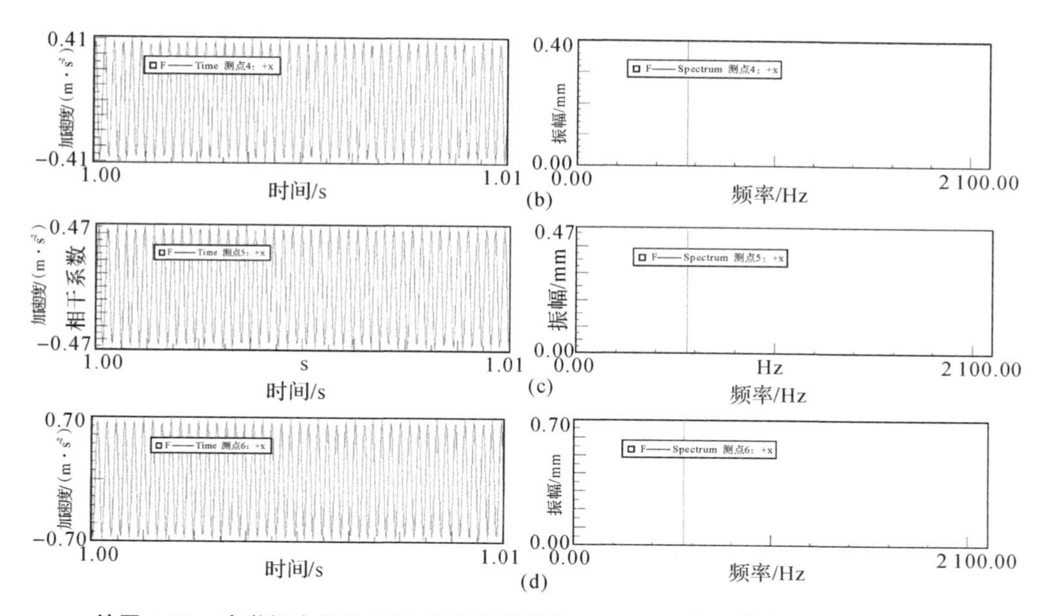

续图 5.81　当激振力幅为 0.73 N、激振频率为 5 600 Hz 时，测得的激励及响应信号

(b)测点 4 的响应信号(靠近激励点)；(c)测点 5 的响应信号(位于偏离激振点 90°方向)；

(d)测点 6 的响应信号(远离激励点)

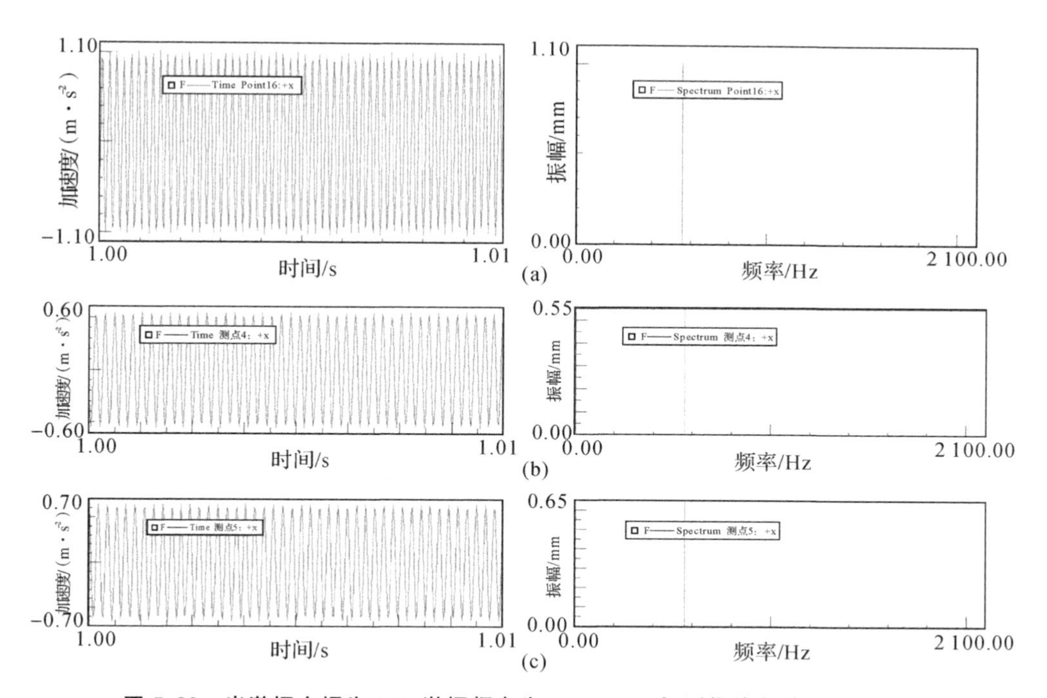

图 5.82　当激振力幅为 1 N、激振频率为 5 600 Hz 时，测得的激励及响应信号

(a)激振器激励信号；(b)测点 4 的响应信号(靠近激励点)；

(c)测点 5 的响应信号(位于偏离激振点 90°方向)

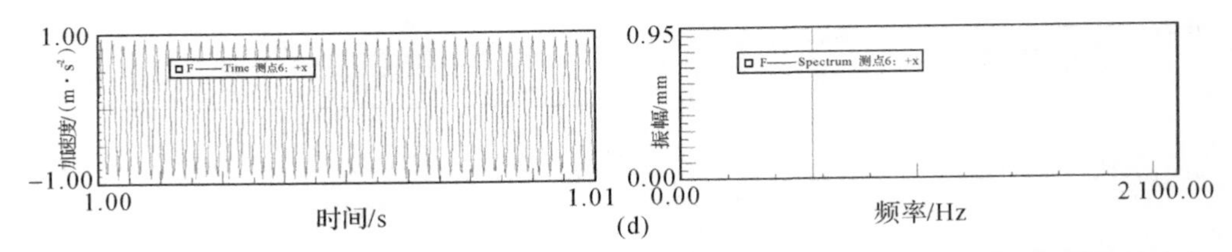

续图 5.82　当激振力幅为 1 N、激振频率为 5 600 Hz 时，测得的激励及响应信号

(d)测点 6 的响应信号(远离激励点)

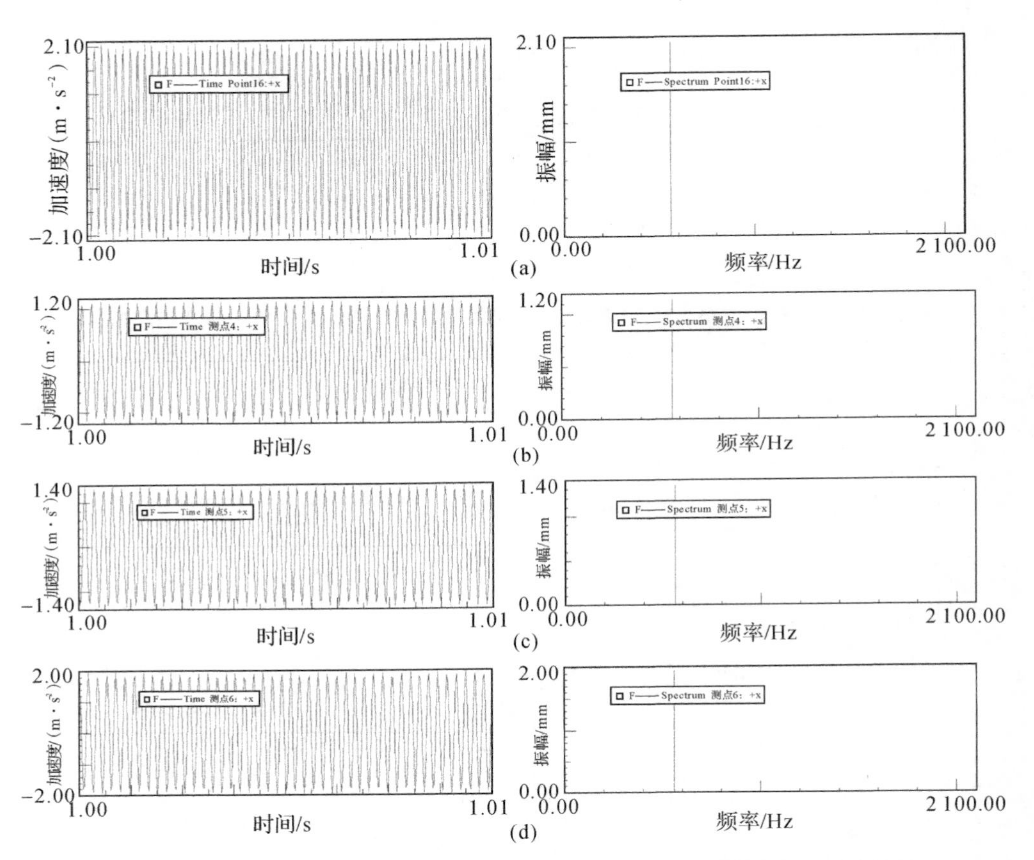

图 5.83　激振力幅为 2.05 N、激振频率为 5 600 Hz 时，测得的激励及响应信号

(a)激振器激励信号；(b)测点 4 的响应信号(靠近激励点)；(c)测点 5 的响应信号(位于偏离激振点 90°方向)；(d)测点 6 的响应信号(远离激励点)

从图 5.73～图 5.83 可以看出：

(1)在 2 600 Hz 激励下，随着激励幅度的增加，测点响应信号的线性度变差，且具有离激励点越远的响应信号，最先线性度变差的特点。

(2)在 5 600 Hz 激励下，在所考虑的激振力幅范围内，各测点的响应信号均具有较好的线性度。但是，相信随着激励幅度的进一步增加，测点的响应信号的线性度终究会变差。

5.4.5 小　　结

本节讨论了鼓筒件响应测试所涉及的影响因素，包括激振器自身特点、拾振点位置、激励点位置、激励幅度对鼓筒件相应测试的影响。

(1)给出了当压电陶瓷激励、柔性杆激振器激励、振动台激励时，所应设定的激振频率和激励幅度。对照这些参考值，可首先保证激励信号为线性信号。

(2)分析了识振点对响应测试结果的影响，发现当识振点在激励点附近时，响应信号的线性度较好。

(3)分析了激励点对响应测试的影响，发现当激励点在鼓筒件上部时(即自由端)，响应信号具有很好的线性度。

(4)分析了激励幅度对响应测试的影响，发现随着激励幅度的增加，响应信号的线性度变差。

5.5 鼓筒件振动响应测试方法研究

鼓筒件的振动响应测试主要有两个目的：一是研究鼓筒件在激振力作用下的响应行为、校验理论分析模型的正确性；二是评价经阻尼处理后的鼓筒件的阻尼减振效果，即检验鼓筒件经涂层或约束层阻尼处理后，在同一激励能量状态下，振动响应是否降低。在所处的实验室环境，鼓筒件的响应测试按激励方式的不同，可分为压电陶瓷激励、柔性杆激振器激励和振动台激励三种形式。拾振的方式主要包括轻质加速度传感器和激光测振仪等。本章按激励方式不同，参照第5.4节响应测试的影响因素分析，研究确定鼓筒件振动响应的测试方法，并给出响应的测试实例。

5.5.1 压电陶瓷激励振动响应测试

5.5.1.1 测试系统及测试流程

在考虑压电陶瓷激振频率、激励幅度、激励位置以及拾振点位置的前提下，确定采用压电陶瓷激振器激励时，约束态鼓筒件振动响应的测试方法。图5.84为参考测试系统，拾振方式采用激光测试仪。

具体的测试流程可参照如下步骤：

(1)采用专用夹具固定约束态鼓筒件。

(2)在鼓筒件侧面上部(即自由端)固定压电陶瓷。由5.4节的分析可知，激励点布置在自由端，将会有更好的信噪比。

(3)为了有效描述鼓筒件的振动响应，响应测试点规划为按圆周分布的若干个测点，并进行编号。测点同样放在自由端，以确保较高的信噪比。

(4)设定压电陶瓷的激振频率与激励幅度，确保压电陶瓷能激发出线性定频稳态信号。

对于这里选用的 PI 压电陶瓷，上述参数设定时参考方程为

$$2\ 800 = f \times A^{1.072\ 1} \tag{5.1}$$

式中：f 为激振频率；A 为设定的激励幅度。宏观上的规律为，高频率激励必须设定较小的激励幅度，才能保证压电陶瓷产生线性、定频激励信号。

(5)进行定频激励响应测试，可结合鼓筒原理件进行共振及非共振响应测试。

需要说明的是，对于实验室现有条件，在有效激发鼓筒件的前提下，用压电陶瓷激励可选择的频率范围及激励幅度范围有限。因此仅能进行定频激励测试，仅在很小的频段范围内进行扫频测试。总体上看，这里所研究的鼓筒件，并不适用于用压电陶瓷激励进行响应测试。

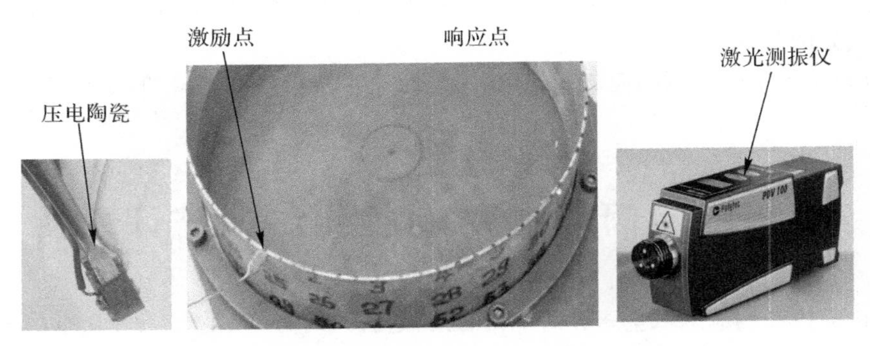

图 5.84　压电陶瓷激励约束态鼓筒件振动响应测试系统

5.5.1.2　测试实例

以鼓筒原理件为对象，进行响应测试，测点位置和压电陶瓷激励点位置如图 5.85 所示，测试结果如图 5.86～图 5.89 所示，其中，第 1 列为激励点的时频谱图，第 2、3、4 列为测点 1、2、3 的时频谱图。

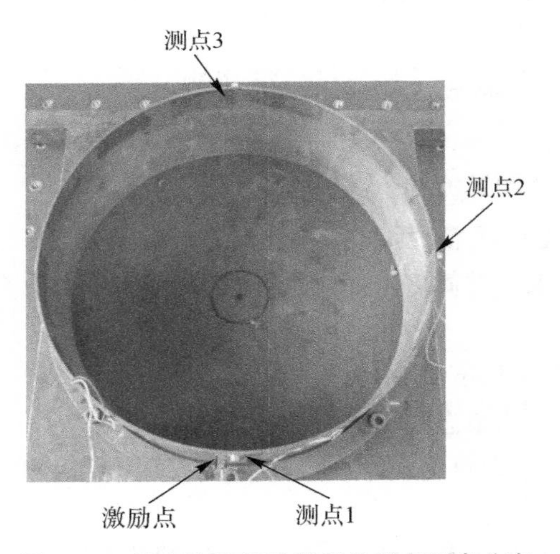

图 5.85　压电陶瓷激励鼓筒件时各测点分布

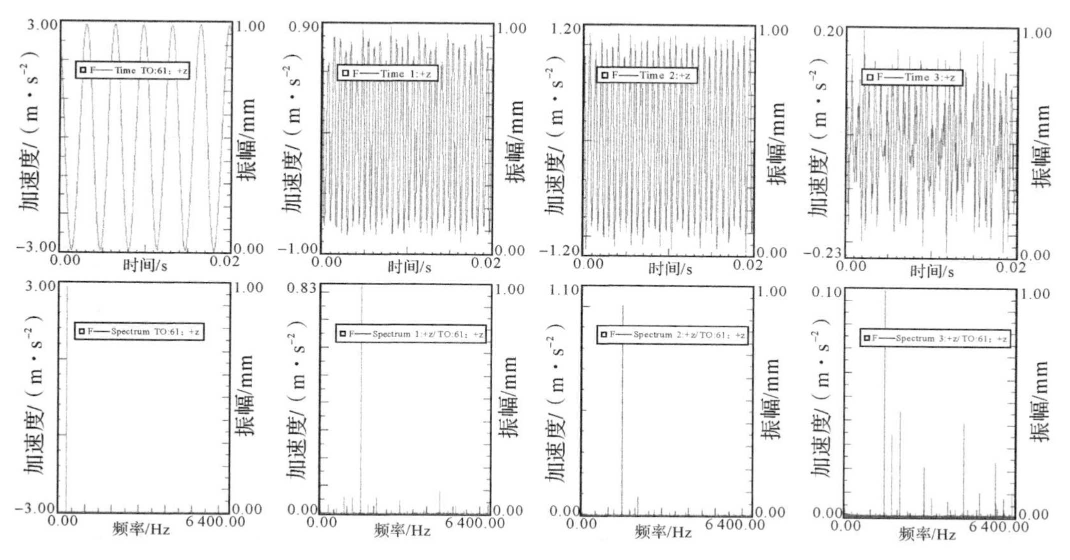

图 5.86　当压电陶瓷激励为 300 Hz,3 V 电压激励时,鼓筒件激励点和测点的振动响应

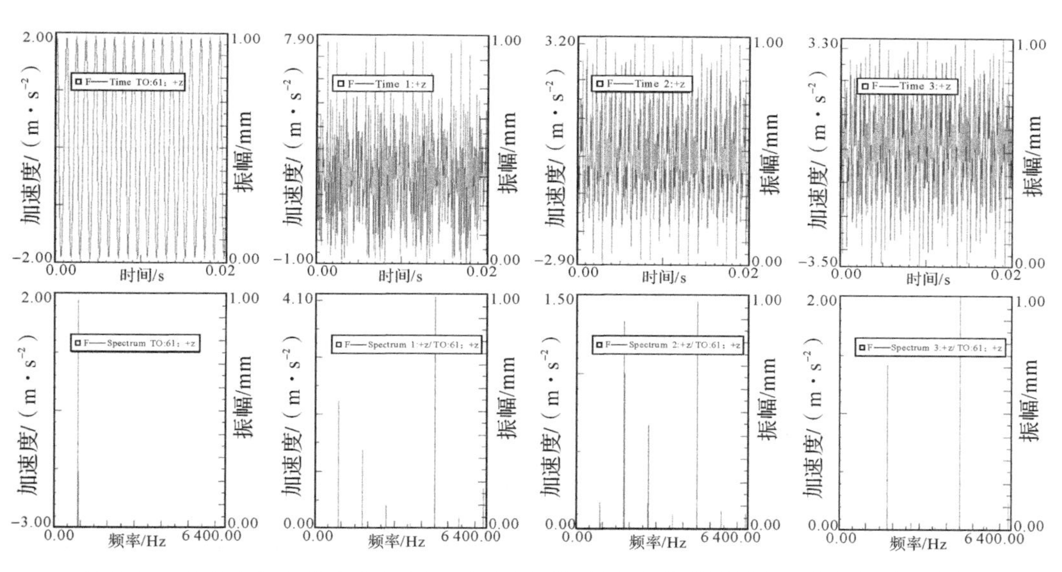

图 5.87　当压电陶瓷激励为 900 Hz,2 V 电压激励时,鼓筒件激励点和测点的振动响应

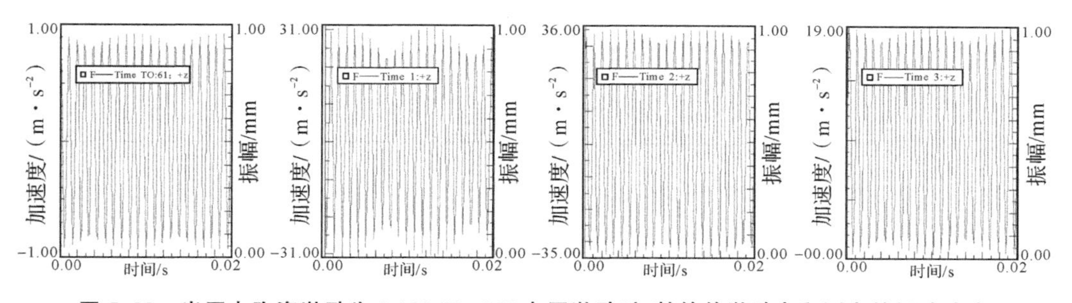

图 5.88　当压电陶瓷激励为 2 100 Hz,1 V 电压激励时,鼓筒件激励点和测点的振动响应

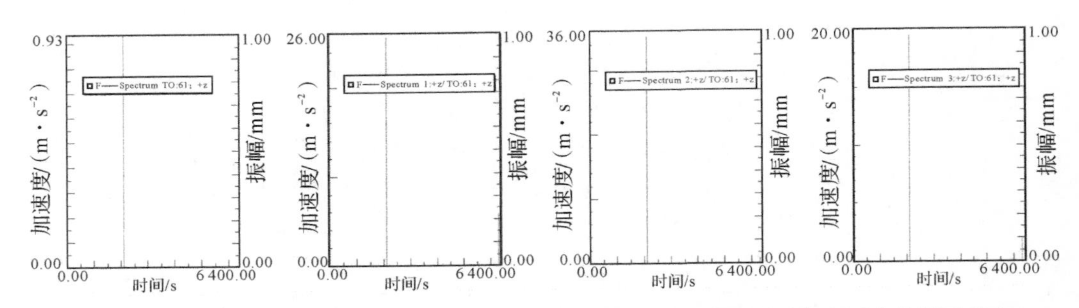

续图 5.88　当压电陶瓷激励为 2 100 Hz,1 V 电压激励时,鼓筒件激励点和测点的振动响应

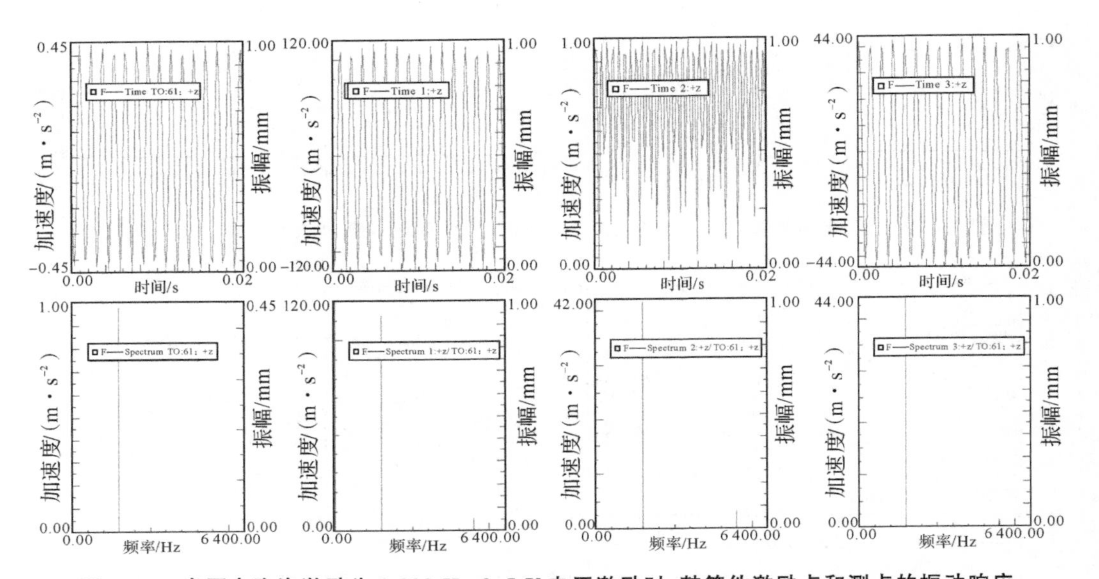

图 5.89　当压电陶瓷激励为 3 000 Hz,0.5 V 电压激励时,鼓筒件激励点和测点的振动响应

从上述压电陶瓷激励鼓筒件的振动响应测试结果可以发现,在低频状态下(900 Hz 以下),压电陶瓷的激励能量很难有效激励鼓筒件的振动响应,各响应测点的振动响应都非常小,容易受到环境噪声的干扰,因而出现严重的倍频成分。在中、高频状态下,压电陶瓷可以激励起鼓筒件的振动响应,但各响应信号都有出现幅值不等的倍频成分,分析原因可能是:

(1)压电陶瓷激励信号存在一定的谐波,从其时域图可以看出,激励信号并非完整的正弦激励信号。

(2)鼓筒件边界约束条件存在非线性因素,影响了振动响应的测试效果。

5.5.2　柔性杆激振器激励振动响应测试

5.5.2.1　测试系统及测试流程

同样考虑激振频率、激励幅度、激励位置以拾振点位置的影响,确定柔性杆激振器激励时测试约束态鼓筒件振动响应的方法。图 5.90 为典型的测试系统。

具体的测试流程可参照如下步骤:

(1)采用专用夹具固定约束态鼓筒件。

(2)在鼓筒件侧面上部(即自由端)固定柔性杆激励点。由 5.5.1 节的分析可知,激励点布置在自由端,将会有更好的信噪比。

(3)为了有效描述鼓筒件的振动响应,响应测试点规划为按圆周分布的若干个测点,并进行编号。测点同样放在自由端,以确保较高的信噪比。

(4)设定压电陶瓷的激振频率与激励幅度,按照第 5.4 节,这里选择 5 000 Hz 的激振频率进行激励。之所以选择高频激励:一方面,在这一频率段,鼓筒件具有较高的信噪比;另一方面,可以检测鼓筒件的高频振动特性。

(5)进行定频激励响应测试,可结合鼓筒原理件进行共振及非共振响应测试。

图 5.90　柔性杆激振器激励鼓筒件振动响应测试系统

需要说明的是,在本章所选用的三种激励形式下,柔性杆激振器被认为是一种最佳的激励方式。一方面,柔性杆激振器可以提供稳态的定频激励信号;另一方面,它可以稳态激发鼓筒件的响应。但是柔性杆激振器激励存在本质的弊端,其给系统带来附加刚度及阻尼。解析分析结果如果要与实验相对,必须加入模型修正措施。

5.5.2.2　测试实例

针对图 5.90 所示的响应测试系统,用柔性杆激振器激励,测试获得鼓筒件不同位置的振动响应。这里选定的激振频率为 5 600 Hz,激振力幅为 2.05 N。按照 5.5.2.1 小节所述的测试步骤获得的振动响应如图 5.91 所示。由图可知,按照所述的测试流程,获得了鼓筒件信噪比较高的响应信号。

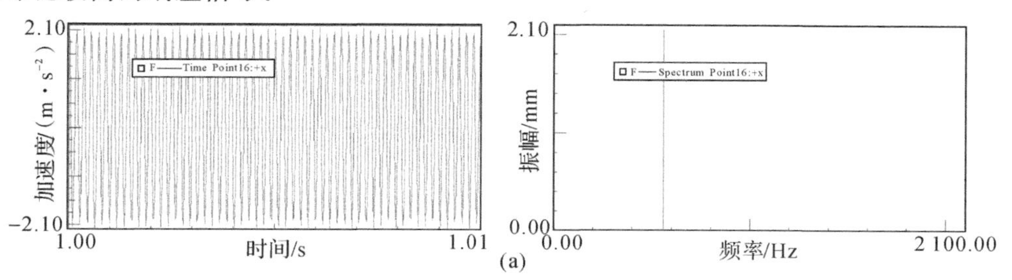

图 5.91　当激振力幅为 2.05 N、激振频率为 5 600 Hz 时,测得的激励及响应信号

(a) 激振器激励信号

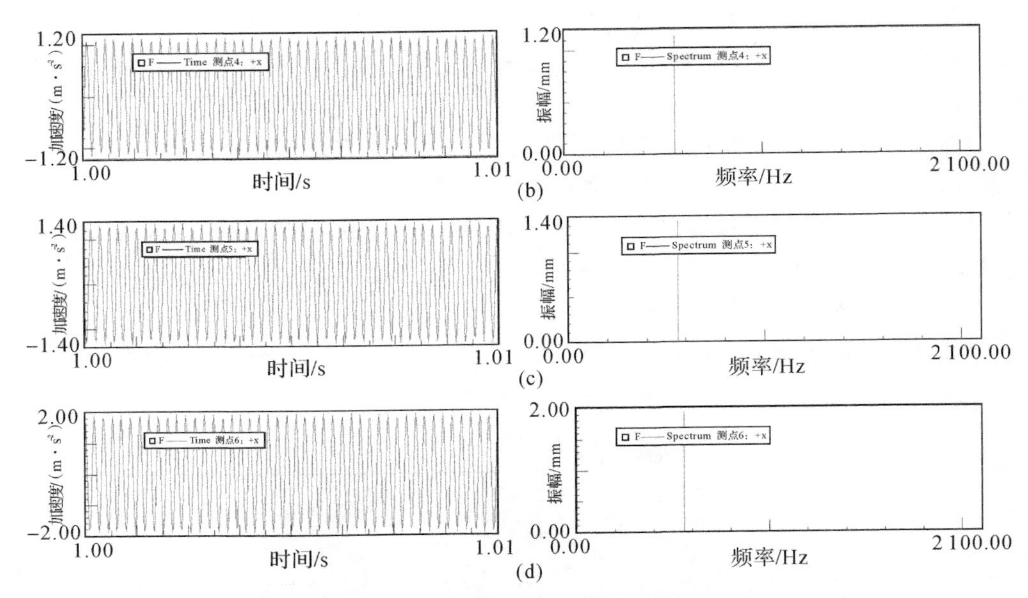

续图 5.91　当激振力幅为 2.05 N、激振频率为 5 600 Hz 时，测得的激励及响应信号

(b)测点 1 的响应信号(靠近激励点)；(c)测点 2 的响应信号(位于偏离激振点 90°方向)；

(d)测点 3 的响应信号(远离激励点)

5.5.3　振动台基础激励响应测试

5.5.3.1　测试系统及测试流程

振动台基础激励可以提供较高的激励能量，使鼓筒件的振动响应得到充分激发。鼓筒件基础激励振动响应测试系统如图 5.92 所示。

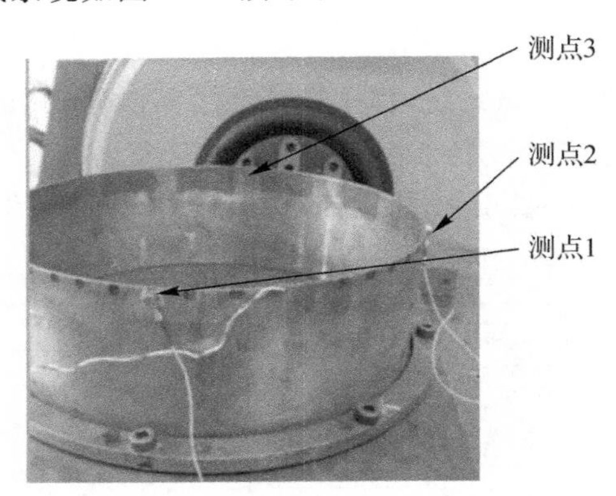

图 5.92　鼓筒件基础激励振动响应测试系统

当进行基础激励测试振动响应时，同样要考虑激励频率、激励幅度等因素对响应测试的影响，具体流程为：

(1)在振动台上固定鼓筒原理件，规划响应测试点。

(2)设置共振及非共振激励信号。在获取固有频率的基础上,选择各阶固有频率作为共振响应测试的激励频率,选择各阶固有频率的 25%以外的频率作为非共振响应的激振频率,设置激励为 Sine 信号,加 Hanning 窗,激振力幅为 1 g。

(3)按共振及非共振频率激励试件,依次拾取各点的原始时域响应数据。

(4)响应数据处理。进一步对响应信号进行时、频域处理,得到响应峰值及峰值对应频率,判别单一正弦激励下,响应测试是否有其他频率成分存在,是否和其他固有频率发生重叠,是否有内共振现象等非线性现象发生。

5.5.3.2　测试实例

以图 5.93 所示的测试试件为例,按照上述测试步骤,通过加速度传感器进行振动响应测试,各测点位置如图 5.93 所示,测试结果如图 5.93～图 5.95 所示,其中,第 1 列为振动台激励信号的时频谱图,第 2、3、4 列为测点 1、2、3 的时频谱图。

图 5.93 为激振频率为 1 268 Hz,对应于鼓筒件第 1 阶共振频率,当激励幅度为 2 g 时,在上述指定位置获得的共振响应。

图 5.94 为激振频率为 1 783 Hz,对应于鼓筒件第 5 阶共振频率,当激励幅度为 2 g 时,在上述指定位置获得的共振响应。

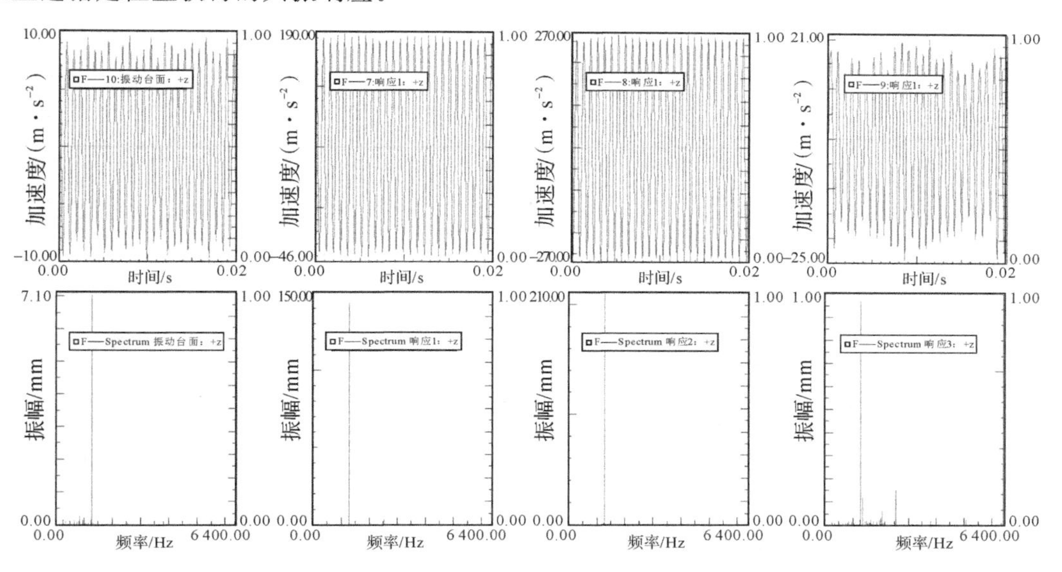

图 5.93　振动台 2 g 激励幅度,1268 Hz 激励时鼓筒件的振动响应

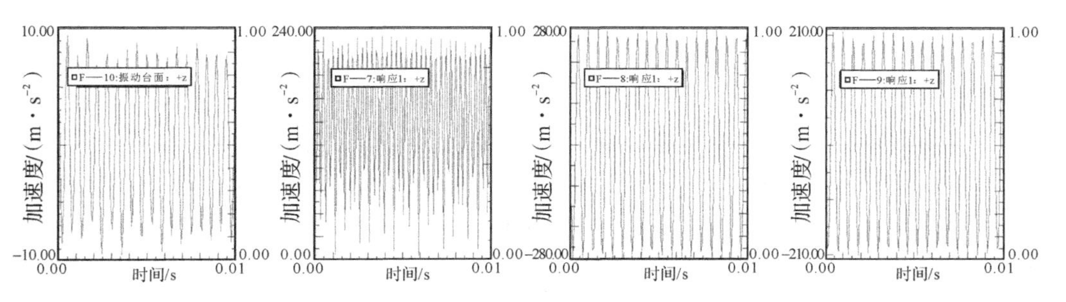

图 5.94　振动台 2 g 激励幅度,1 783 Hz 激励时鼓筒件的振动响应

图 5.95 为激振频率为 1 000 Hz,激励幅度为 2 g 时,在上述指定位置获得的鼓筒件的非共振响应。

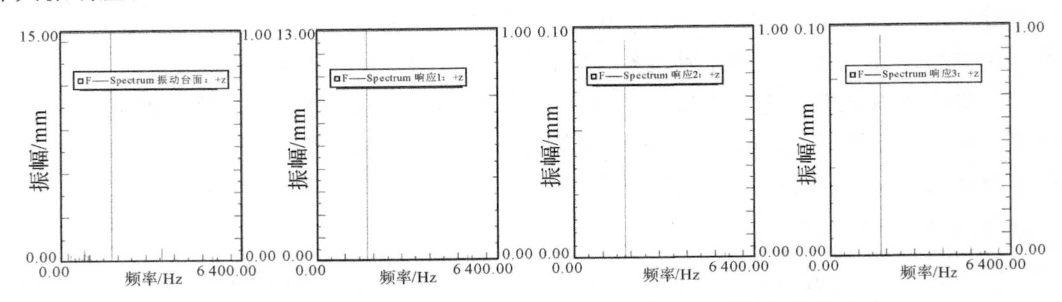

续图 5.94　振动台 2 g 激励幅度,1 783 Hz 激励时鼓筒件的振动响应

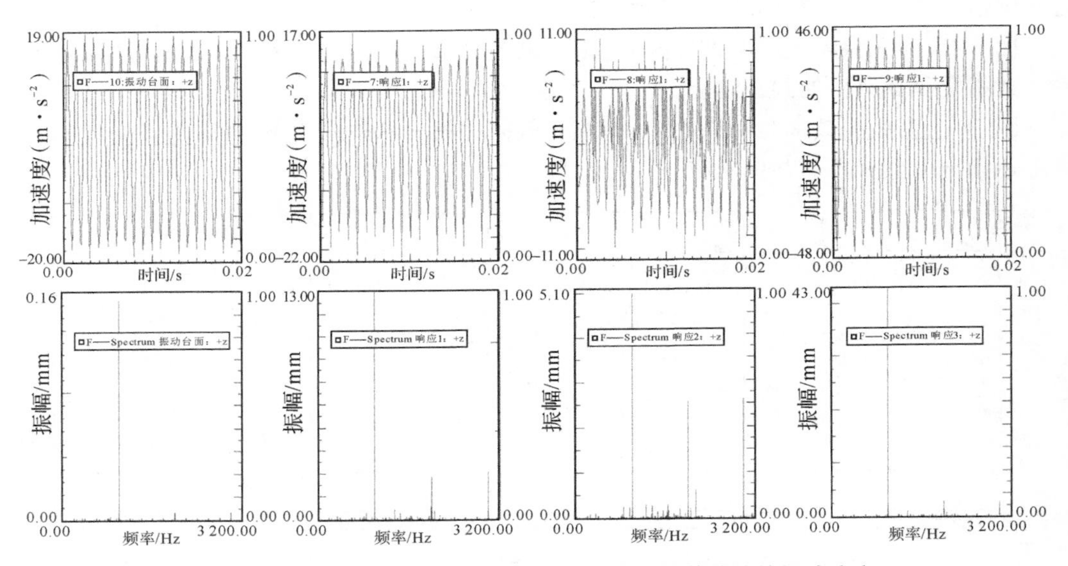

图 5.95　振动台 2 g 激励幅度,1 000 Hz 激励时鼓筒件的振动响应

从上述振动台激励鼓筒件的振动响应测试结果中可以发现,在共振状态激励,鼓筒件的振动响应幅值一般较大,其响应频谱图基本不包含倍频成分;在非振状态激励,鼓筒件的振动响应幅值较小,容易受到环境噪声的干扰,因而出现严重的倍频成分,影响了振动响应的测试效果。

5.5.4　小结

本节针对约束态鼓筒件振动响应的测试方法进行了研究,具体包括:

(1)组建了压电陶瓷激励测试鼓筒件振动响应的测试系统,提出了具体的测试流程,并进行了实例研究。结果发现:对于所研究的试件,用压电陶瓷激励可选择的频率范围及激励幅度范围有限,总体上看,压电陶瓷激励系统并不适用于鼓筒件响应测试。

(2)组建了柔性杆激振器测试鼓筒件振动响应的测试系统,提出了具体的测试流程,并进行了实例研究。柔性杆激振器在指定的频段内(高频段)适用于鼓筒件振动响应测试,但是引入了附加质量及刚度。

(3)组建了振动台激振器测试鼓筒件振动响应的测试系统,提出了具体的测试流程,并进行了实例研究。振动台激励,激励能量大,足以对鼓筒件的响应进行有效激发,也同样适用于鼓筒件响应测试。

5.6　鼓筒件阻尼参数测试方法研究

鼓筒件的阻尼参数一方面可以用于鼓筒件的动力学建模,另一方面可以用于评价经阻尼处理后鼓筒件减振的效果。因而,测试鼓筒件的阻尼参数有着重要的意义。阻尼参数的测试分为频域法及时域法,其中频域法主要基于半功率带宽法,而时域法主要基于自由振动衰减法。阻尼测试相对于固有频率和振型,具有较大的难度。阻尼测试方法也在逐步改进,但是,总体上讲都来自于对频域和时域基本方法的修正。本章主要介绍基于频域法时域法测试鼓筒件阻尼参数的方法。

5.6.1　基于频域法的鼓筒件阻尼参数测试

按照半功率带宽法的基本原理,要测试鼓筒件的阻尼需要获得鼓筒件的频响函数或者频域响应。按照激励方式的不同,频域法测试又可以分为锤击法、压电陶瓷激励、柔性杆激励和振动台激励的阻尼测试。其中前 3 种主要是直接激励用于获得鼓筒件的频响函数,再由频响函数辨识出结构系统的阻尼。而振动台激励是一种基础激励,需要基于扫频测试获得的频域响应来辨识结构系统的阻尼。

1. 由频响函数辨识鼓筒件的阻尼

其测试过程可概括为:

(1)组建直接激励测试系统(锤击、压电陶瓷、柔性杆激励)。

(2)对鼓筒件进行直接激励,对于锤击激励,激励的信号为宽频瞬态激励,压电陶瓷、柔性杆激励则通常选取宽频随机信号激励鼓筒件。

(3)获得频响函数。

(4)由频响函数按半功率带宽法获得系统的阻尼。

2. 由频域响应辨识鼓筒件的阻尼

其测试过程可概括为:

(1)组建基础激励测试系统,通常选用振动台,因为其激振能量大,可有效激发出鼓筒件的振动响应。

(2)对鼓筒件进行基础扫频激励,通常包含鼓筒件的某阶固有频率,用于辨识鼓筒件的各阶阻尼参数。

(3)记录扫频激励响应,通常为时域响应。

(4)将具有时间依赖性的时域响应变换为频域响应。

(5)由频域响应,采用半功率带宽法辨识阻尼比。

5.6.2 基于时域法的鼓筒件阻尼参数测试

时域法测试阻尼需要测试信号具有较高的信噪比,因此这里仅针对振动台激励来分析时域法测试阻尼的过程。

(1)将鼓筒件固定在振动台台面上。

(2)获取鼓筒件的各阶固有频率。

(3)用固有频率激励鼓筒件,待信号稳定后,停止激励,记录响应点的衰减响应。

(4)按自由振动衰减法或自由振动衰减信号的包络线法,辨识鼓筒件的阻尼参数。

5.6.3 测试实例

以下面的振动台基础激励鼓筒件为例,详细说明鼓筒件阻尼参数的测试过程。

5.6.3.1 振动台基础激励-频域带宽法阻尼测试

所组建的测试系统如图 5.96 所示。由激光测振仪及加速度传感器共同拾振,产生的结果用于相互验证。

图 5.96 电磁振动台基础激励鼓筒件阻尼参数测试系统

测试获得鼓筒件的各阶固有频率。图中鼓筒原理件各阶固有频率见第 5.2 节。用包含各阶固有频率的频段扫频激励鼓筒件,记录测点扫频的时域响应。按分时快速傅里叶(FFT)变换技术将其变换到频域获得频域响应。图 5.97 和图 5.98 分别为用于测试鼓筒件第 1 阶阻尼参数的三维瀑布图以及变换后获得的频域响应。由此,可辨识出鼓筒件的阻尼,具体结果见表 5.34。

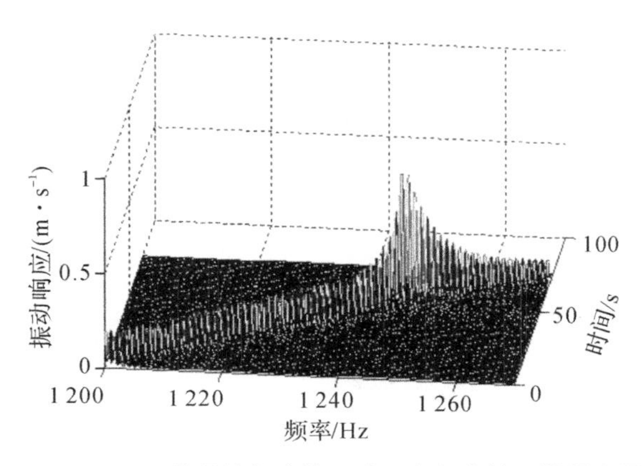

图 5.97　扫频获得的包含第 1 阶固有频率的三维瀑布图

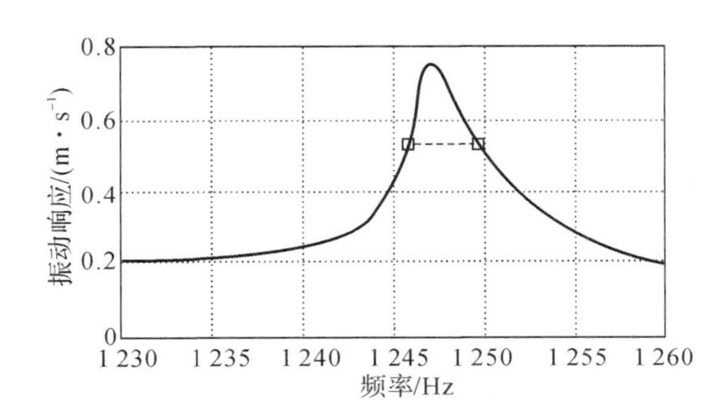

图 5.98　扫频获得的包含第 1 阶固有频率的频域响应

表 5.34　振动台基础激励-频域带宽法阻尼测试结果

阶次	阻尼比/(%)		
	加速度	激光	平均
1	0.156	0.156	0.156
2	0.133	0.133	0.133
3	0.112	0.112	0.112
4	0.243	0.243	0.243
5	0.131	0.131	0.131
6	0.093	0.093	0.093
7	0.553	0.553	0.553
8	0.191	0.191	0.191
9	0.091	0.091	0.091
10	0.193	0.193	0.193

5.6.3.2 振动台基础激励-自由振动衰减法阻尼测试

所组建的测试系统与图 5.96 相同。用各阶固有频率激励鼓筒件,待信号稳定后,切掉激励源记录自由振动衰减信号,由自由振动衰减信号辨识出鼓筒件的各阶阻尼比。图 5.99 用于辨识第 3 阶模态阻尼比的自由振动衰减信号,表 5.35 为辨识结果。

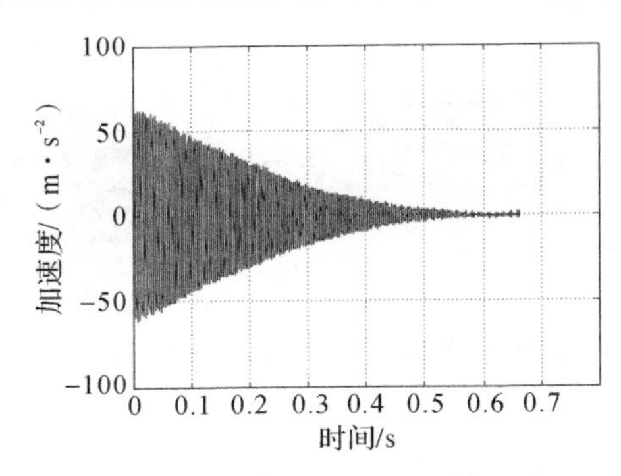

图 5.99 第 3 阶自由振动衰减信号

表 5.35 振动台基础激励-自由振动衰减法阻尼测试结果

阶次	阻尼比/(%)		
	加速度	激光	平均
1	0.327	0.395	0.361
2	0.217	0.350	0.283
3	0.285	0.293	0.289
4	0.316	0.352	0.334
5	0.279	0.344	0.312
6	0.018	0.026	0.022
7	0.340	0.364	0.352
8	0.395	0.382	0.388
9	0.083	0.080	0.082
10	0.299	0.231	0.265

5.6.4 小结

本章对测试鼓筒件阻尼参数的方法作了简单介绍。关于阻尼测试已作了系统化的研究,详见相关研究报告。具体包括:

(1)列举了用频域法及时域法测试鼓筒件阻尼参数的流程。

(2)以振动台基础激励鼓筒件为例,进行了频域及时域测试阻尼的实例研究。

5.7　鼓筒件振动应力的间接测量技术

5.7.1　测试的重要性及挑战

薄壁圆柱壳体具有承载力强、质量轻等优点，广泛应用于航空、航天、机械及船舶等领域。随着现代工业水平的不断提高，很多圆柱壳结构工作于高速、高温、碰撞、摩擦、腐蚀等恶劣环境中，由此带来的振动疲劳失效问题越来越突出。离心机和造粒机的转鼓、航空发动机的机匣、潜艇的舱体、卫星的外壳等圆柱壳结构都经常发生振动疲劳失效。振动应力是考核结构振动与疲劳损伤的重要指标，获取结构的动应力对于结构强度校核、疲劳寿命预测等都有重要意义。

长期以来，学者和研究人员主要通过直接应变测试方法(包括应变电测法、光测法、脆性涂层法等)来获取结构的振动应力。其中，应变电测法，即通过应变片来测试结构件振动应力是工程中最常用的方法。例如，Regulski 将敏感栅长度为 1 mm 的应变片粘贴到两端约束的圆柱壳的关键应力区域，通过应变实验来决定圆柱壳的弯曲系数，进一步验证了理论计算结果，获得了疲劳寿命曲线。Samson Yoon 等对圆柱管类试件进行了低周疲劳试验，也采用粘贴应变片的方法来监测结构的动应力。

基于传统的应变电测法测应力是一项操作复杂且费时的工作，整个测试过程包括测点打磨、清洗、贴片、导线焊接、引线连接等。同时，要求操作者具有较强的工作经验，否则容易造成应变片损坏而导致测试失效。最重要的是，贴附应变片会给系统带来附加的刚度、质量及阻尼，对轻质构件的动力学特性产生本质的影响，致使无法获得结构件真实状态的动力学特性。例如，对于广泛使用的薄壳结构件涂层阻尼减振，就无法使用应变片来测量结构件的应力。

为了有效克服上述缺陷，本章提出了一种间接测试圆柱壳振动应力的方法。首先，通过有限元分析获得了薄壁圆柱壳振动应力与振动响应之间的关系，进而明确了应力间接测量的原理。然后，提出了薄壁圆柱壳振动应力间接测量方法及流程，并对其中的关键环节，如 Rayleigh 阻尼的确定以及基于实验数据的有限元模型的修正方法进行了详细论述。最后进行了实例验证，将间接测量的结果与直接测量的结果进行对照，证明了该间接测试方法的有效性。本章的研究可以为振动应力的测试问题提供一种新思路。

5.7.2　薄壁圆柱壳振动应力与响应之间的关系

振动响应描述了结构件在外激励作用下各点的振动状态，可以用位移、速度、加速度量值来表征。而振动应力同样反映了结构件在外激励作用下，各点的应力水平。可见，对于同一结构系统，一点的振动响应与振动应力必然有着直接的联系。相对于振动应力测量，结构件响应测试是一种最易于实现的振动测试，可直接通过各种拾振传感器及数据采集前端来快速获得构件的响应行为。由此可知，对于一个结构件，假如建立了振动应力与振动响应之间的函数关系，就可以通过测试获得的振动响应来推算该点的振动应力，从而实现振动应力的间接测量。

以下以约束态的圆柱壳上任一点为例，用有限元法描述振动应力与振动响应之间的函数关系。所研究的薄壁圆柱壳如图 5.100 所示，材料为 45＃钢，弹性模量为 2.12×10^{11} Pa，泊松比为 0.3，密度为 7 850 $\mathrm{kg/m^3}$，质量为 1 070 g。其长度为 70 mm，外半径为 144 mm，壁厚为 2 mm，安装边外半径为 150 mm，安装边厚度为 3 mm，利用圆环压板通过 8 个 M6 螺栓将其安装边固定在夹具上来模拟一端固支约束状态。

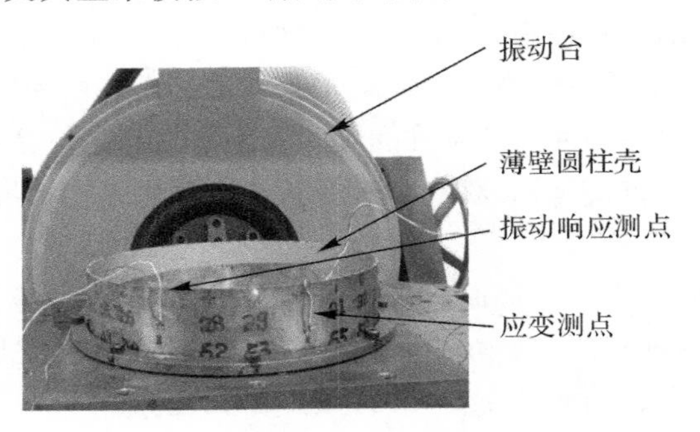

图 5.100　薄壁圆柱壳及各测点位置

选取 Solid186 结构实体单元，采用从相邻面扫过体的方法填充生成网格，建立薄壁圆柱壳的有限元模型，如图 5.101 所示，共有 6 540 个节点，1 020 个单元。首先，采用 Block Lanczos 法进行模态求解，计算出各阶固有频率和模态振型，见表 5.36（m，n 分别为薄壁圆柱壳模态振型的轴向半波数和节径数）；其次，用谐响应分析方法计算结构在特定频率范围内的动态响应，分别获得不同稳态正弦激励幅度下圆柱壳某关注测点的应力与响应测点的振动响应（应力测点与响应测点也可相同），并根据计算结果通过最小二乘法得到"振动应力-响应"关系曲线，由此建立两者的数值表达式，明确间接测试圆柱壳振动应力的理论基础。

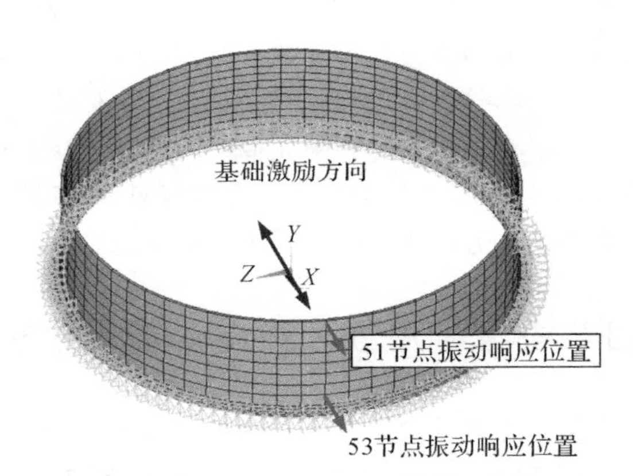

图 5.101　薄壁圆柱壳有限元模型及计算测点的位置

假设圆柱壳某点的振动响应与应力的关系可用下式表达：

$$\sigma_i = a_i x_i + b_i \tag{5.2}$$

式中：σ_i 和 $\boldsymbol{x}_i$ 为第 i 阶共振激励下的振动应力和响应；a_i 和 b_i 分别为第 i 阶振动应力和响应关系系数。

以建立圆柱壳第 1 阶共振激励下的"振动应力-响应"关系曲线为例，可通过谐响应计算获得其在不同激励幅度下的第 1 阶振动应力与响应值(应力测点 53 节点与响应测点 51 节点的位置见图 5.102)，计算结果均列于表 5.37 中。进一步可获得 "振动应力-响应"关系曲线，如图 5.102 所示，并求出两者的关系系数 a_1=100 190，b_1=6 181。

表 5.36　有限元法获得的薄壁圆柱壳前 5 阶固有频率和模态振型

模态阶次	1	2	3	4	5
固有频率/Hz	1 279.1	1 335.8	1 369.9	1 533.3	1 784.9
模态振型(m,n)	1,5	1,6	1,4	1,7	1,3

表 5.37　薄壁圆柱壳第 1 阶共振激励下谐响应计算获得的不同激励幅度下的振动应力与响应

激励幅度/g	1	2	3	4	5
51 点振动响应x_1/μm	0.64	1.28	1.92	2.6	3.24
53 点振动应力σ_1/Pa	68 841	138 610	207 450	241 370	344 430

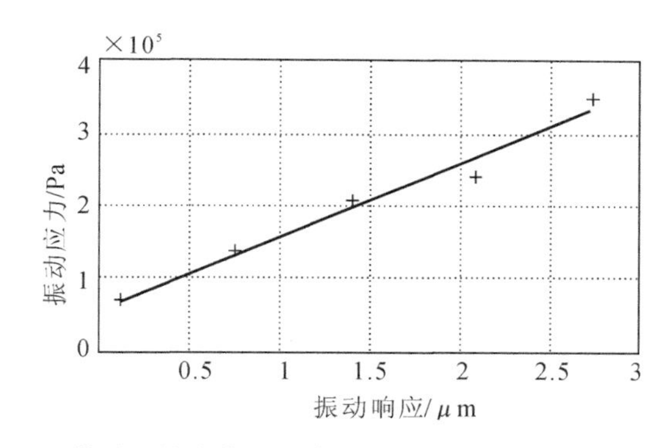

图 5.102　薄壁圆柱壳第 1 阶共振激励下振动应力-响应关系曲线

5.7.3　薄壁圆柱壳振动应力间接测量方法及流程

用第 1 部分建立好的薄壁圆柱壳的有限元模型来计算某激励幅度下的振动响应，当圆柱壳上指定点的响应计算结果与实验测试的振动响应一致时，便可由"振动应力-响应"的数值表达式(5.2)得到关注的某测点的振动应力大小，从而实现对薄壁圆柱壳振动应力的间接测量。下面详细叙述振动应力间接测量过程中的关键步骤。

(1)对薄壁圆柱壳进行实验测试,获得各阶模态参数和某激励幅度下的振动响应。

具体可按以下方式进行:①通过力矩扳手来确定实验测试时所采用的约束边界条件。②对测试进行基本设置,包括传感器灵敏度、采样频率的设置以及校准、加窗处理等。③利用力锤、压电陶瓷等激励设备,对薄壁圆柱壳进行激励并通过拾振传感器,如激光测振仪、加速度传感器等获取振动响应,从而获得频响函数。④对频响函数进行模态参数识别获得固有频率和模态振型,通过半功率带宽法获得模态阻尼比。⑤采用振动台基础激励的方式,测试稳态正弦激励幅度下薄壁圆柱壳某测点的振动响应。

(2)通过最小二乘法将测试获得的模态阻尼比转变为 Rayleigh 阻尼。

当进行结构动力响应计算时,阻尼的作用不可忽视。Rayleigh 阻尼数学概念清晰,应用方便,为此,将测试获得的模态阻尼比转变为 Rayleigh 阻尼,引入谐响应计算中。

Rayleigh 阻尼将结构系统的阻尼矩阵 $\boldsymbol{C}$ 视为刚度矩阵 $\boldsymbol{K}$ 和质量矩阵 $\boldsymbol{M}$ 的线性叠加,即

$$\boldsymbol{C}=\alpha\boldsymbol{M}+\beta\boldsymbol{K} \tag{5.3}$$

式中:α 和 β 是 Rayleigh 阻尼的比例系数。

对质量矩阵和刚度矩阵进行正则化处理,由阻尼矩阵关于振型的正交性,可得

$$\xi_i=\frac{\alpha+\beta\omega_i^2}{2\omega_i} \tag{5.4}$$

式中:ξ_i 和 ω_i 分别是第 i 阶阻尼比和固有频率。

由最小二乘法,结构系统 n 阶阻尼比可用下式表达:

$$\xi=\sum_{i=1}^{n}\left(\frac{\alpha+\beta\omega_i^2}{2\omega_i}-\xi_i\right)^2 \tag{5.5}$$

将式(5.5)分别对 α 和 β 求偏导,进一步化简得

$$\alpha=\frac{2\left[\sum(\xi_i/\omega_i)\times\sum\omega_i^2-n\sum\omega_i\xi_i\right]}{\sum(1/\omega_i^2)\times\sum\omega_i^2-n^2} \tag{5.6}$$

$$\beta=\frac{2\left[\sum(1/\omega_i^2)\times\sum\omega_i\xi_i-n\sum(\xi_i/\omega_i)\right]}{\sum(1/\omega_i^2)\times\sum\omega_i^2-n^2} \tag{5.7}$$

将实验测试获得圆柱壳的各阶固有频率 ω_i 和阻尼比 ξ_i,代入式(5.6)和式(5.7)便可获得比例系数 α 和 β,实现模态阻尼与 Rayleigh 阻尼的转化。

(3)创建薄壁圆柱壳的有限元模型并通过实验数据修正。

具体可按以下方式进行:①输入几何及材料参数,创建有限元模型;②计算获得圆柱壳的固有频率和模态振型,引入 Rayleigh 阻尼后,计算获得与同一稳态正弦激励幅度下的某节点的振动响应值(节点的选取与实验响应测点一一对应);③进行模型修正,对有限元模型中的材料参数、几何参数和边界约束条件进行微小调整。首先要保证修正后有限元模型计算的模态振型与实验测试的振型次序一一对应,然后将计算的固有频率和响应幅度值与实测结果的误差控制在 3%～5%范围内,从而完成对理论模型的修正。

(4)获取“振动应力-响应”的数值表达式,实现对薄壁圆柱壳振动应力的间接测量。

采用第 1 部分所提的方法，基于修正后的有限元模型，在某频率范围内计算获得不同稳态正弦激励幅度下圆柱壳某关注测点的应力与响应测点的振动响应，进一步获得“振动应力-响应”关系曲线和数值表达式，从而实现对薄壁圆柱壳振动应力的间接测量。为了提高间接测试精度，可在关注应力测点对应的有限元节点附近多选择一些节点进行计算，重复上述步骤，将各个节点获得的应力进行线性平均并记录，得到最终的振动应力测试结果。

5.7.4　应变间接测量的有效性验证

按照第 5.2 节所提的测量方法及流程，采用锤击法测试，获得圆柱壳前五阶固有频率、模态振型和阻尼比，见表 5.38。在第 1 阶共振状态下测试不同稳态正弦激励幅度下的振动应力(由动应变测试结果转换而来)和响应测试，结果见表 5.39，响应测点和应变测点的位置如图 5.100 所示。将测试结果分别代入式(5.6)和式(5.7)可求得 $\alpha=15.62$ 和 $\beta=3.57\times10^{-7}$，基于修正后的有限元模型间接测试获得的相同测点位置的振动应力也列入表 5.39 中。由此可知振动响应分析误差基本控制在 5%以内，除了 4 g 激励幅度下的间接振动应力测试误差大于 10%以外，其他激励幅度下的间接振动应力测试误差都控制在 10%以内，由此认为此间接测试方法具有较好的测试精度。

表 5.38　锤击法获得的圆柱壳前 5 阶固有频率、模态振型和阻尼比

模态阶次	1	2	3	4	5
固有频率/Hz	1 245.5	1 330.0	1 354.0	1 528.5	1 792.0
模态振型(m,n)	1,5	1,6	1,4	1,7	1,3
阻尼比/(%)	0.37	0.18	0.14	0.27	0.29

表 5.39　不同稳态正弦激励幅度下采用两种测试方法获得的薄壁圆柱壳的第 1 阶共振状态下的振动响应和应力

激励幅度/g	1	2	3	4	5
响应测试值 A/μm	0.68	1.7	2.54	4.72	5.61
应力测试值 B/Pa	57 660	141 820	191 860	371 640	455 520
响应分析值 C/μm	0.65	1.61	2.48	4.96	5.64
间接应力测试值 D/Pa	56 340	142 910	211 300	422 600	500 200
间接应力测试误差[$(D-B)/B$]/(%)	−2.3	0.8	10.1	13.7	9.8
响应分析误差[$(C-A)/A$]/(%)	−4.4	−5.3	−2.4	−5.1	0.5

5.7.5　结论

本节研究间接测试薄壁圆柱壳振动应力的方法，具体包括：

(1)利用谐响应分析方法计算获得了结构在不同稳态正弦激振力幅下的振动应力和响

应，并通过最小二乘法得到“振动应力-响应”关系曲线，建立了两者的数值表达式，明确了间接测试圆柱壳振动应力的理论基础。

(2)提出了薄壁圆柱壳振动应力间接测量方法及流程，主要包括：①通过实验测试获得该结构的各阶模态参数和振动响应；②确定 Rayleigh 阻尼；③修正有限元模型；④获取“振动应力-响应”的数值表达式，实现振动应力的间接测量。

(3)实例验证结果表明，此间接测试方法具有较好的测试精度，可以为振动应力的测试问题提供一种新思路。

5.8 涂敷约束层阻尼材料的鼓筒件振动特性参数测试

本节将所研发的鼓筒件固有频率、振动响应、振动应力、阻尼参数等特性参数的测试方法应用于涂敷约束层阻尼材料的鼓筒件减振研究中。通过对比鼓筒件阻尼处理前后动力学参数的变化，从而明确约束层阻尼材料对鼓筒件的减振效果。

5.8.1 问题描述

鼓筒原理件如图 5.103 所示，质量为 1 440 g，设计的尺寸参数见表 5.40，具体材料参数见表 5.41。

图 5.103 鼓筒原理件

表 5.40 鼓筒原理件的尺寸参数

长度/mm	壁厚/mm	内半径/mm	外半径/mm	质量/g
95	2	142	144	1 095

表 5.41　鼓筒原理件材料参数

材料	弹性模量/Pa	泊松比	密度/(kg · m^{-3})
结构钢	2.12×10^{11}	0.3	7 850

将约束层阻尼分别涂覆在 95 mm 鼓筒原理件内侧面的上部和中部，具体如图 5.104 所示。约束层阻尼涂层材料为 SOUNDFOIL 5D2，涂层厚度为 0.13 mm。材料的详细参数见表 5.42，涂敷约束层的位置参数见表 5.43。

(a)　　(b)

图 5.104　经约束层阻尼处理的鼓筒原理件

(a)内侧面上部涂覆约束层阻尼材料；(b)内侧面中部圈涂覆约束层阻尼材料

表 5.42　约束层阻尼涂层材料参数

材料	剪切黏附模量/(g · cm^{-2})	泊松比	工作温度/(°)
SOUNDFOIL 5D2	77	0.56(22°测试结果)	−62～65

表 5.43　鼓筒原理件约束层阻尼的涂层位置参数

约束层阻尼位置	涂层上边带距自由端距离/mm	涂层带宽度/mm	涂层厚度/mm
上部涂覆	0	50	0.13
中部涂覆	25	50	0.13

接下来将利用所研发的振动测试方法，对阻尼处理前后鼓筒件振动特性参数进行测试，以检验约束层阻尼材料对鼓筒件的减振效果。

5.8.2　鼓筒件动力学特性的有限元分析

有限元分析是鼓筒件振动测试的基础，有限元分析的相关结果可用于指导鼓筒件测试方案(例如决定激励点、拾振点的位置等)的制定。这里采用 ANSYS 软件针对自由态和约束态的鼓筒原理件固有特性进行有限元分析。

1. 自由态固有频率分析

选取 Solid186 结构实体单元，创建 95 mm 鼓筒原理件自由态有限元模型，如图 5.105 所示，共有 720 个单元，5 340 个节点。相应的固有频率计算结果见表 5.44。模态振型如图 5.106 所示。

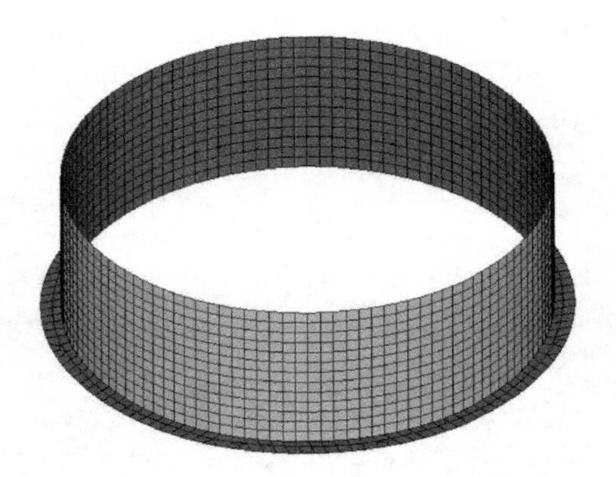

图 5.105　95 mm 鼓筒原理件有限元模型

表 5.44　自由态 95 mm 鼓筒固有频率

模态振型(m,n)	锤击实验/Hz	有限元/Hz	偏差/(%)
1,4	113.2	103.4	8.66
1,4	192.4	191.7	0.36
1,3	286.4	260.7	8.97
1,4	490.8	453.9	7.52
1,3	589.6	577.2	2.10
1,5	724.9	686	5.37
1,6	992	960.8	3.15
2,4	1 117	1 068.2	4.37
1,7	1 307	1 281.1	1.98

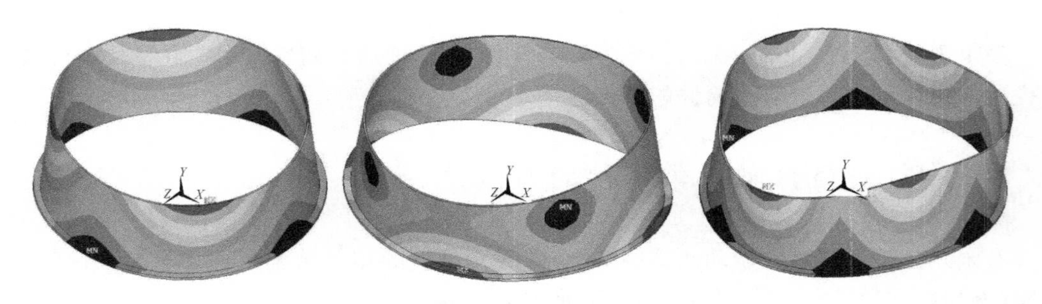

图 5.106　自由态 95 mm 鼓筒模态振型

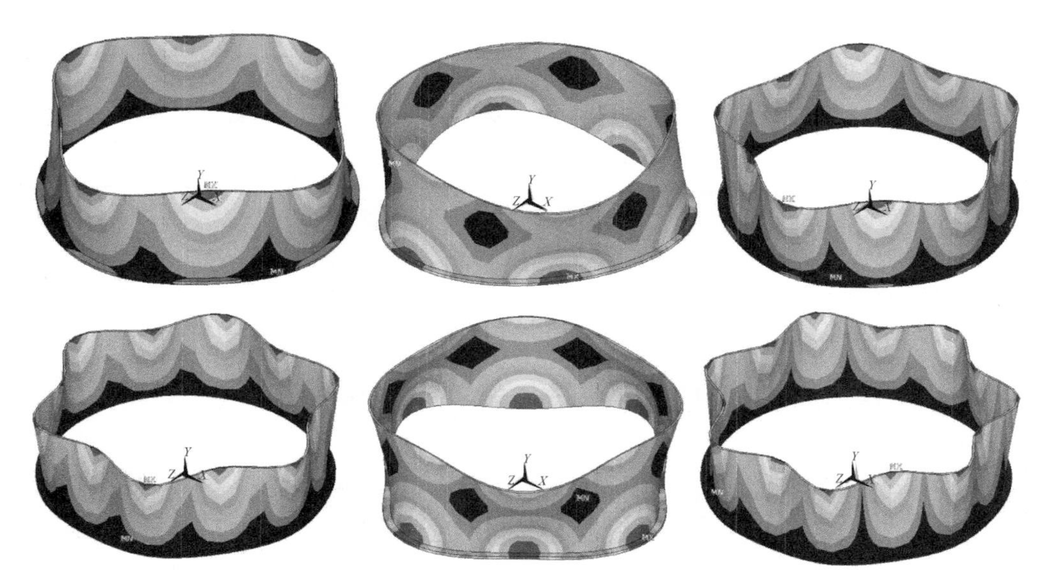

续图 5.106　自由态 95 mm 鼓筒模态振型

2. 约束态固有频率分析

选取 Solid186 结构实体单元，采用从相邻面扫过体的方法填充生成网格，单元总数为 3 于 464，节点数为 7 352，图 5.107 为所创建的有限元模型。需要说明的是：由于薄壁光筒受到加工壁厚不均匀、锈蚀的影响，因此对鼓筒原理件的几何尺寸进行了修正。表 5.45 为有限元分析时选用的几何参数。相应的固有频率分析结果列在表 5.46 中。模态振型如图 5.108 所示。

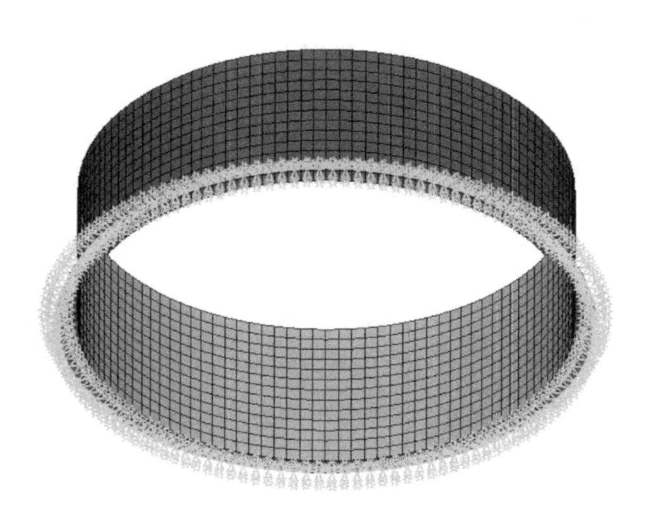

图 5.107　约束态鼓筒有限元模型及边界约束

表 5.45　约束态 95 mm 鼓筒原理件有限元分析时采用的几何参数

长度/mm	壁厚/mm	外半径/mm	约束边外半径/mm	约束边厚度/mm	约束边孔径/mm
95	1.92	144	153	3	4

表 5.46　约束态 95 鼓筒固有频率

模态振型(m,n)	有限元/Hz	锤击实验/Hz	差值/(%)
1,4	791.6	809.7	0.02
1,5	847.7	834.4	0.02
1,3	919.8	917.9	0.00
1,6	1 025.9	988.7	0.04
1,7	1 288	1 253.9	0.03
1,2	1 614.7	1 599.6	0.01
1,8	1 903.1	1 982.4	0.04

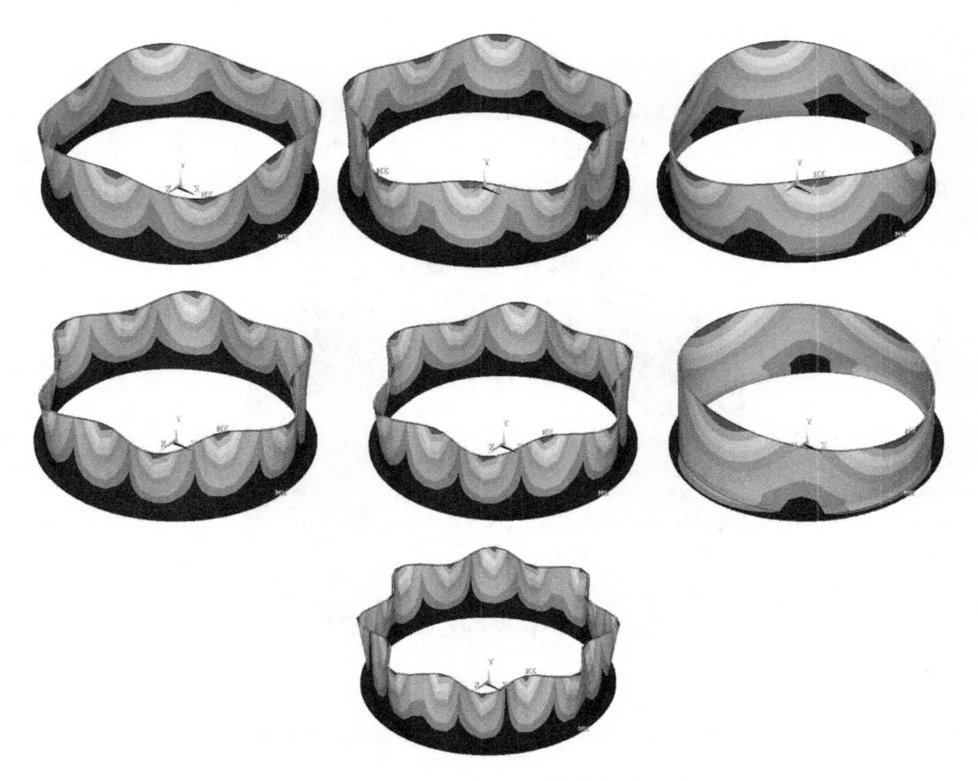

图 5.108　约束态 95 mm 鼓筒模态振型

5.8.3　阻尼处理前鼓筒原理件振动参数测试

5.8.3.1　阻尼处理前鼓筒原理件固有频率测试

(1)自由态鼓筒原理件固有频率测试。测试自由态的鼓筒原理件主要采用锤击法,测试现场如图 5.109 所示。由测试获得的频响函数如图 5.110 所示,可由频响函数辨识出自由态鼓筒原理件的固有频率,测试结果列在表 5.44 中。

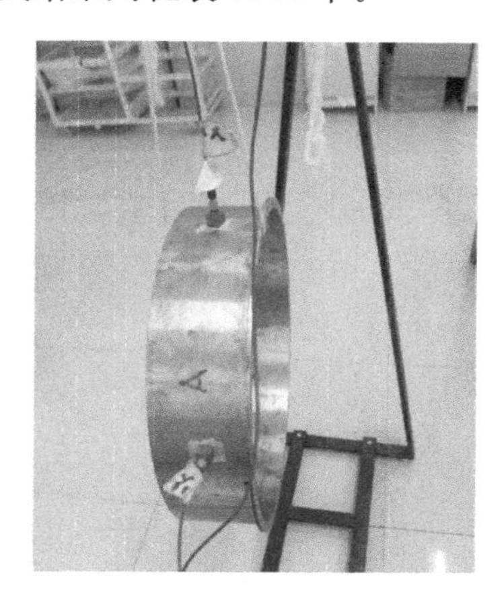

图 5.109　自由态鼓筒原理件固有频率测试现场

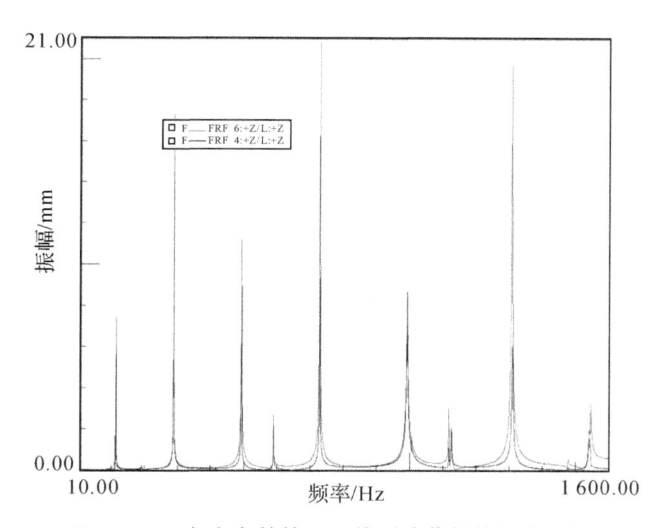

图 5.110　自由态鼓筒原理件测试获得的频响函数

(2)约束态鼓筒原理件固有频率测试。按照第 5.2 节所提出的约束态鼓筒原理件固有频率测试方法,对所研究的鼓筒原理件进行测试。

图 5.111 为部分用于获得 95 mm 鼓筒原理件固有频率所测得的频响函数或时频域响应图,将锤击法和振动台基础激励所获得固有频率列在表 5.47 中。

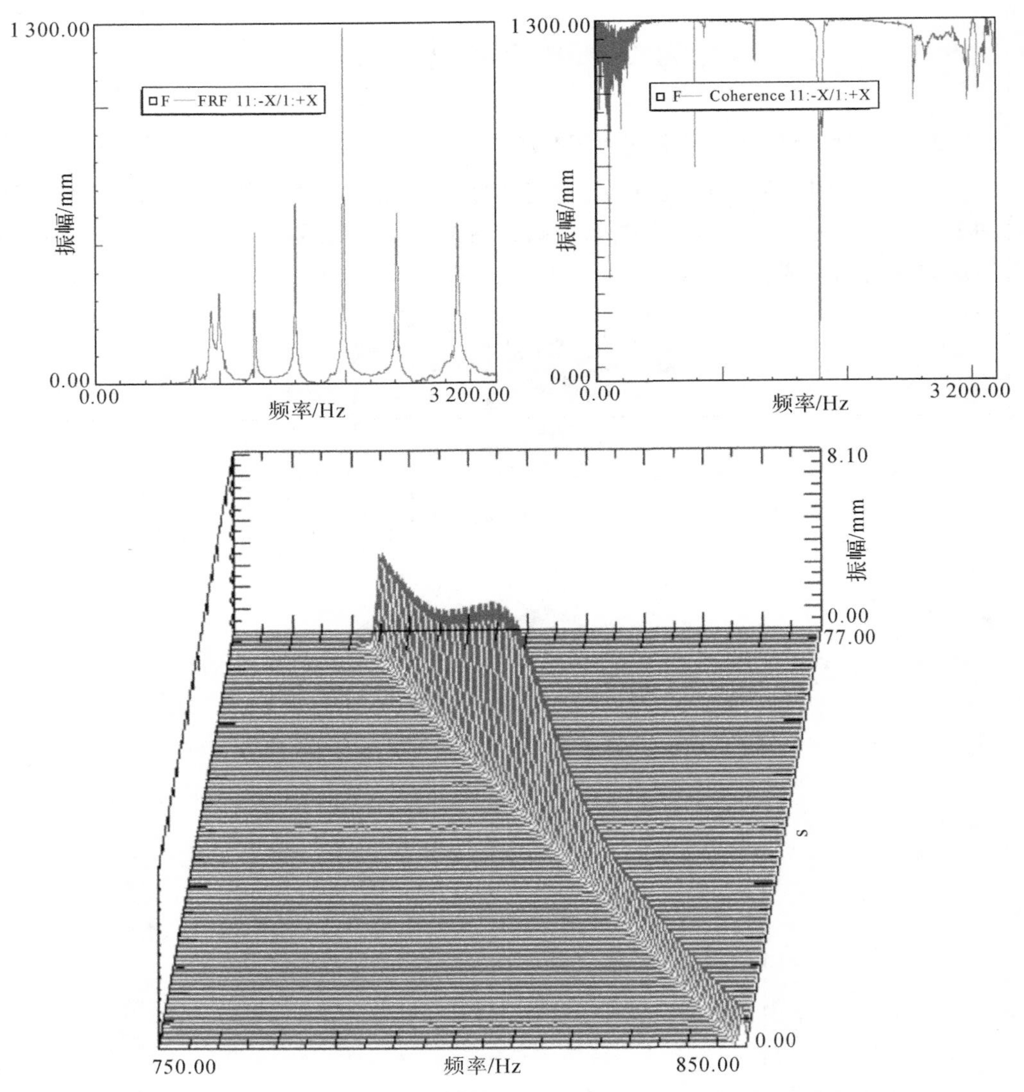

图 5.111 用于辨识约束态 95 mm 鼓筒原理件固有频率的频响函数或频域响应

(a)锤击法获取的约束态 95 mm 鼓筒原理件频响函数和相干函数;(b)振动台基础激励获得的约束态 95 mm 鼓筒原理件的三维瀑布图

表 5.47 95 mm 约束态鼓筒原理件测试获取的固有频率

模态阶次	模态振型(m,n)	锤击激励/Hz	基础激励/Hz
1	1,4	809.7	797.4
2	1,5	834.4	841.4
3	1,3	917.9	909.3
4	1,6	988.7	992.4

续表

模态阶次	模态振型(m,n)	锤击激励/Hz	基础激励/Hz
5	1,7	1 253.9	1 265.3
6	1,2	1 599.6	1 603.4
7	1,8	1 982.4	1 985.1

5.8.3.2　阻尼处理前 95 mm 鼓筒原理件振动响应测试

响应测试是结构件动力学性能研究的一项重要内容，获得的响应测试结果，可用于评价结构抵抗振动的能力，也可用于校验响应分析模型的正确性。薄壁构件的振动响应反映了结构在外激励作用下，不同位置位移、速度、加速度等振动参数的变化。

图 5.112 为振动响应测试时各测点的位置分布。响应测试中，测振的传感器包括加速度计、激光测振仪和应变片。其在共振状态和非共振状态下的测试结果分别见表 5.48 和表 5.49。

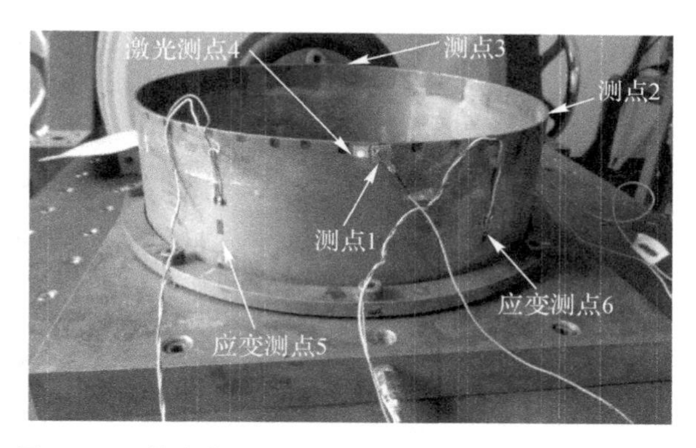

图 5.112　约束态 95 mm 鼓筒原理件振动响应测点位置

表 5.48　约束态 95 mm 鼓筒原理件共振响应测试结果

模态阶次	频率/Hz	激励幅度/g	测点 1/$m \cdot s^{-2}$	测点 2/$m \cdot s^{-2}$	测点 3/$m \cdot s^{-2}$	激光测点 4/$m \cdot s^{-1}$	应变测点 5/$\mu\varepsilon$	应变测点 6/$\mu\varepsilon$
1	797	1	941	545.8	4642	0.17	1.93	0.806
1	797	2	1 150.3	779.2	2 016.5	0.2	20	1.41
2	841	1	73.2	143.7	287.1	0.03	0.238	0.387
3	841	2	306	348.5	449	0.1	0.479	0.69
3	909	1	105.7	5.3	94.1	0.02	0.225	微小
3	909	2	378	68.4	186.1	0.06	0.682	0.146
4	992	1	165.9	176.7	93.7	0.03	0.244	0.19
4	992	2	281.6	302.4	152.7	0.06	0.311	0.378

续表

模态阶次	频率/Hz	激励幅度/g	测点1/(m·s^{-2})	测点2/(m·s^{-2})	测点3/(m·s^{-2})	激光测点4/(m·s^{-1})	应变测点5/με	应变测点6/με
5	1 265	2	1 49.6	4.37	91.9	0.02	0.194	微小
5	1 265	6	316.5	54	225.1	0.05	0.544	0.328
6	1 603	2	318.3	344.7	396.3	0.05	0.422	0.293
6	1 603	4	432.2	467.7	524.2	0.07	0.376	0.474
7	1 985	2	207	139.7	274.4	0.02	微小	0.268
7	1 985	4	286	225.4	386.8	0.03	0.169	0.398

表 5.49 约束态 95 mm 鼓筒原理件非共振响应测试结果

频率/Hz	激励幅度/g	测点1/(m·s^{-2})	测点2/(m·s^{-2})	测点3/(m·s^{-2})	激光测点4/(m·s^{-1})	应变测点5/με	应变测点6/με
400	1	6.8	0.06	0.11	0.002 66	0.058 9	0.064 5
400	2	14.11	0.09	0.2	0.005 42	0.074	0.058 4
1 100	1	24.29	0.54	0.42	0.002 84	0.093 6	0.084 1
1 100	2	36.21	0.95	0.67	0.004 16	0.11	0.087
1 100	4	54.53	1.68	1.03	0.006 15	0.237	0.123
1 700	1	2.39	0.09	0.15	0.000 159	0.077 2	微小
1 700	4	16.72	0.38	0.42	0.001 16	0.113	0.11
1 700	8	23.29	0.62	0.59	0.001 34	0.287	0.217

5.8.3.3 阻尼处理前鼓筒件阻尼参数测试结果

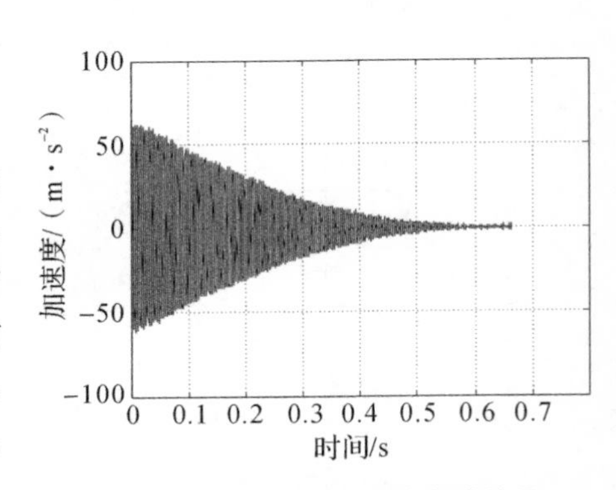

图 5.113 第 3 阶自由振动衰减信号

鼓筒件的阻尼参数一方面可以用于鼓筒件的动力学建模,另一方面还可以用于评价经阻尼处理后,鼓筒件减振的效果。因而,测试鼓筒件的阻尼参数有着重要的意义。采用自由振动衰减法来辨识涂层前后鼓筒件的阻尼特性,用各阶固有频率激励鼓筒件,待信号稳定后,切掉激励源,记录自由振动衰减信号,由自由振动衰减信号辨识出鼓筒件的各件阻尼比。图 5.113 为辨识第 3 阶模态阻尼比的自由振动衰减信号，表 5.50 为其辨识结果。

表 5.50　采用时域自由振动衰减法获得的 95 mm 约束态鼓筒原理件的阻尼比

模态阶次	频率/Hz	激励幅度/g	应变测点 6/$u\varepsilon$	测点 1/%	测点 2/%	测点 3/%	激光测点 4/%
1	797	1	0.806	0.090	0.109	0.084	0.085
2	841	1	0.387	0.036	0.056	0.038	0.051
3	909	2	0.146	0.049	0.041	0.046	0.049
4	992	1	0.19	0.051	0.053	0.028	0.055
4	992	2	0.378	0.060	0.081	0.063	0.066
5	1 265	2	0.194	0.031	—	0.030	0.032
5	1 265	6	0.328	0.033	0.022	0.031	0.033
6	1 603	2	0.293	0.035	0.036	0.034	0.036
6	1 603	4	0.474	0.035	0.036	0.034	0.034
7	1 985	2	0.268	0.029	0.028	0.027	0.028
7	1 985	4	0.398	0.027	0.031	0.027	0.027

5.8.4　阻尼处理后鼓筒件振动参数测试

5.8.4.1　阻尼处理后鼓筒件固有频率测试

这里针对鼓筒件内侧面上部及中部粘贴约束层阻尼处理的试验件进行测试，鼓筒件处于约束状态。

(1)锤击法测试获得的固有频率。锤击法测试获得的固有频率相应的结果见表 5.51。

表 5.51　锤击法测试获取的涂覆约束层阻尼的鼓筒复合结构固有频率

模态阶次	(m,n)	未涂覆 (A)/Hz	上圈涂覆 (B)/Hz	差异率 $(\lvert A-B\rvert/A)$	中圈涂覆 (C)/Hz	差异率 $(\lvert A-C\rvert/A)$
1	1,4	809.7	787.8	0.027	798.8	0.013
2	1,5	834.4	837.2	0.003	847.7	0.016
3	1,3	917.9	896.5	0.023	946.3	0.031
4	1,6	988.7	976.9	0.012	992.1	0.003
5	1,7	1 253.9	1 239.8	0.011	1 254.3	0.000
6	1,2	1 599.6	1 564.8	0.022	1 586.3	0.008
7	1,8	1 982.4	1 940.6	0.021	1 964.8	0.009

(2)振动台基础激励测试获得的固有频率。

对应于与鼓筒件内侧面上部及中部涂敷约束层阻尼材料,相应的测试结果见表 5.52 和表 5.53。

表 5.52 振动台基础激励所获得的内侧面上部涂覆约束层阻尼的鼓筒复合结构固有频率

模态阶次	(m,n)	涂层前/Hz	涂层后(1 g 激振幅度)/Hz	涂层后(2 g 激振幅度)/Hz	涂层后(3 g 激振幅度)/Hz	涂层后(4 g 激振幅度)/Hz	涂层后(8 g 激振幅度)/Hz
1	1,5	797.4	785	782	780		
2	1,6	841.4	840	837	828		
3	1,4	909.3	876	892	891		
4	1,7	992.4	983	982	980	975	
5	1,3	1 265.3	1 234	1 231		1 230	1 227
6	1,8	1 603.4	1 567	1 560		1 559	1 559
7	1,9	1 985.1	1 911	1 909		1 909	1 908

表 5.53 振动台基础激励所获得的内侧面中部涂覆约束层阻尼的鼓筒复合结构固有频率

模态阶次	(m,n)	涂层前/Hz	涂层后(1g 激振幅度)/Hz	涂层后(2 g 激振幅度)/Hz	涂层后(3g 激振幅度)/Hz	涂层后(4g 激振幅度)/Hz	涂层后(8g 激振幅度)/Hz
1	1,5	797.4	802	801	799		
2	1,6	841.4	856	850	841		
3	1,4	909.3	967	960	958		
4	1,7	992.4	1 018	1 011	1 002	993	
5	1,3	1 265.3	1 256	1 255		1 253	1 249
6	1,8	1 603.4	1 585	1 584		1 583	1 582
7	1,9	1 985.1	1 913	1 911		1 911	1 911

5.8.4.2 阻尼处理后鼓筒件振动响应测试

各个响应测点位置与阻尼处理前相同,采用相同的激励幅度对阻尼处理后的鼓筒件进行共振及非共振响应测试。

其中:内侧面上部涂敷约束层阻尼材料的鼓筒件,响应测试的结果见表 5.54 和表5.55;内侧面中部涂敷约束层阻尼材料的鼓筒件,响应测试的结果见表 5.56 和表 5.57。

表 5.54　内侧面上部涂敷约束层阻尼材料后，鼓筒件共振响应测试结果

模态阶次	频率 Hz	激励幅度/g	测点 1 $m \cdot s^{-2}$	测点 2 $m \cdot s^{-2}$	测点 3 $m \cdot s^{-2}$	激光测点 4 $m \cdot s^{-1}$	应变测点 5 $\mu\varepsilon$	应变测点 6 $\mu\varepsilon$
785	1	612.9	2.98	10	0.12	1.31	0.638	785
782	2	832.3	3.9	14	0.17	1.88	0.737	782
840	1	9.2	1.02	2.23	0.004 07	0.146	0.152	840
837	2	43	1.97	4.07	0.01	0.252	0.302	837
902	1	65.3	0.3	1.1	0.01	0.202	微小	902
892	2	451.8	1.87	2.03	0.08	0.84	0.484	892
983	1	107.2	1.2	1.1	0.02	0.114	0.151	983
982	2	198.1	2.6	2.55	0.03	0.21	0.177	982
1 231	2	68.91	0.19	0.31	0.01	0.096 3	微小	1 231
1 228	6	195.3	0.83	0.85	0.03	0.257	0.136	1 228
1 560	2	64.4	1.1	0.91	0.009 56	0.176	0.148	1 560
1 559	4	133.6	1.95	1.59	0.02	0.167	0.238	1 559
1 909	2	20.1	0.52	1.52	0.002 89	0.062 2	0.161	1 909
1 909	4	50.65	1	1.97	0.007 12	0.097 1	0.316	1 909

表 5.55　内侧面上部涂敷约束层阻尼材料后，非共振响应测试结果

频率 Hz	激励幅度 g	测点 1 $m \cdot s^{-2}$	测点 2 $m \cdot s^{-2}$	测点 3 $m \cdot s^{-2}$	激光测点 4 $m \cdot s^{-1}$	应变测点 5 $\mu\varepsilon$	应变测点 6 $\mu\varepsilon$
400	1	7.01	0.06	0.11	0.000 19	0.041 4	0.057 9
400	2	14.75	0.09	0.21	0.000 229	0.046 3	0.047 1
1 100	1	6.02	0.32	0.12	0.000 768	0.099 9	0.085 6
1 100	2	10.8	0.52	0.19	0.001 27	0.116	0.085 7
1 100	4	17.83	0.93	0.31	0.002 24	0.091 7	0.103
1 700	1	1.9	0.11	0.15	0.000 127	0.064 6	微小
1 700	4	13.7	0.27	0.26	0.001 31	0.112	0.080 5
1 700	8	17.68	0.41	0.35	0.001 56	0.359	0.24

表 5.56　内侧面中部涂敷约束层阻尼材料后，鼓筒件共振响应测试结果

模态阶次	频率 Hz	激励幅度/g	测点 1 $m \cdot s^{-2}$	测点 2 $m \cdot s^{-2}$	测点 3 $m \cdot s^{-2}$	激光测点 4 $m \cdot s^{-1}$	应变测点 5 $\mu\varepsilon$	应变测点 6 $\mu\varepsilon$
802	1	418.7	2.1	8.1	0.08	1.92	0.584	802

续表

模态阶次	频率/Hz	激励幅度/g	测点1 $m \cdot s^{-2}$	测点2 $m \cdot s^{-2}$	测点3 $m \cdot s^{-2}$	激光测点4 $m \cdot s^{-1}$	应变测点5 $\mu\varepsilon$	应变测点6 $\mu\varepsilon$
801	2	610.7	2.85	11.8	0.12	2.79	0.88	801
856	1	27.26	0.73	2.5	0.007 39	0.229	0.074 7	856
850	2	50.85	1.35	5.01	0.008 68	0.343	0.081 8	850
967	1	75.51	0.16	1.28	0.01	0.233	0.085	967
960	2	121.6	0.49	2.45	0.02	0.474	0.121	960
1 018	1	103.5	1.66	1.05	0.02	0.291	0.225	1 018
1 011	2	199.97	3.2	2.32	0.03	0.562	0.359	1 011
1 255	2	71.36	0.29	0.48	0.01	0.062 1	0.068 1	1 255
1 249	6	243.6	1.66	1.26	0.03	0.213	0.366	1 249
1 584	2	102.2	1.56	1.17	0.02	0.084 2	0.138	1 584
1 583	4	156.12	2.32	1.63	0.02	0.148	0.204	1 583
1 911	2	12.17	0.99	2.04	0.002 72	0.115	0.2	1 911
1 911	4	21.89	1.23	2.45	0.004 23	0.22	0.33	1 911

表5.57　内侧面中部涂敷约束层阻尼材料后，非共振响应测试结果

频率/Hz	激励幅度/g	测点1 $m \cdot s^{-2}$	测点2 $m \cdot s^{-2}$	测点3 $m \cdot s^{-2}$	激光测点4 $m \cdot s^{-1}$	应变测点5 $\mu\varepsilon$	应变测点6 $\mu\varepsilon$
400	1	6.89	0.05	0.1	0.002 7	0.044 2	0.041 9
400	2	14.15	0.08	0.19	0.005 41	0.051 6	0.053 3
1 100	1	14.89	0.52	0.3	0.001 6	0.080 8	微小
1 100	2	22.45	0.81	0.46	0.002 5	0.106	微小
1 100	4	34.25	1.37	0.71	0.003 84	0.22	0.131
1 700	1	2.26	0.09	0.16	0.000 176	0.056 3	微小
1 700	4	16.99	0.36	0.38	0.001 31	0.122	0.14
1 700	8	23.55	0.59	0.54	0.001 56	0.362	0.266

5.8.4.3　阻尼处理后鼓筒件阻尼测试

各个响应测点位置与阻尼处理前相同，为了更好地比较涂层前后的阻尼特性，尽可能在与涂层前结构相同的动应力水平下，通过振动衰减法获取涂层后鼓筒复合结构的阻尼比。

面对两种不同的涂敷位置，相应的测试结果见表 5.58 和表 5.59。

表 5.58　时域自由振动衰减法获得的 95 mm 鼓筒原理件上圈涂层后的阻尼比

模态阶次	频率/Hz	激励幅度/g	应变测点 6 με	测点 1 %	测点 2 %	测点 3 %	激光测点 %
1	780	3	0.751	0.066	0.074	0.069	0.068
2	837	2.2	0.302	0.094	0.047	0.043	0.126
3	891	4	0.123	0.070	0.078	0.047	0.066
4	980	3	0.196	0.062	0.087	0.091	0.067
4	975	5	0.354	0.057	0.076	0.070	0.059
5	1 227	8	0.191	0.033	0.046	0.037	0.034
5	1 224	14	0.351	0.033	0.046	0.042	0.036
6	1 559	8	0.325	0.036	0.037	0.031	0.045
6	1 559	12	0.475	0.040	0.042	0.035	0.035
7	1 909	4	0.276	0.019	0.023	0.026	0.018
7	1 909	7	0.421	0.016	0.012	—	0.015

表 5.59　时域自由振动衰减法获得的 95 mm 鼓筒原理件中圈涂层后的阻尼比

模态阶次	频率 Hz	激励幅度/g	应变测点 6 με	测点 1 %	测点 2 %	测点 3 %	激光测点 %
1	801	2	0.857	0.084	0.083	0.076	0.080
2	841	3.5	0.346	0.885	0.355	0.054	0.056
3	958	3	0.182	0.120	0.058	0.073	0.082
4	1 018	1	0.205	0.057	0.057	0.077	0.059
4	1 011	2	0.376	0.066	0.063	0.082	0.071
5	1 253	4	0.157	0.040	0.041	0.037	0.032
5	1 249	8	0.367	0.038	0.041	0.048	0.042
6	1 583	6	0.278	0.033	0.038	0.035	0.036
6	1 582	10	0.478	0.031	0.037	0.034	0.035
7	1 911	3.5	0.288	0.027	0.014	0.023	0.027
7	1 911	6	0.433	0.013	0.010	0.016	0.016

5.8.5 阻尼处理前后鼓筒件振动参数对比分析

5.8.5.1 内侧面上部涂敷约束层阻尼材料的鼓筒件振动参数对比

将鼓筒件内侧面上部涂敷约束层阻尼材料后所获得的振动特性参数与阻尼处理前的进行对比。

(1)固有频率的比较。对于约束态的鼓筒件，固有频率测试采用了两种方法，对应于这两种方法，测试结果的比较见表 5.60 和表 5.61。

表 5.60 锤击法测试获得的鼓筒件内侧面上部阻尼处理前后的固有频率

模态阶次	(m,n)	未涂覆(A)/Hz	上部涂覆(B)/Hz	差异率$[(B-A)/A]$/(%)
1	1,4	809.7	787.8	−2.7
2	1,5	834.4	837.2	0.3
3	1,3	917.9	896.5	−2.3
4	1,6	988.7	976.9	−1.2
5	1,7	1 253.9	1 239.8	−1.1
6	1,2	1 599.6	1 564.8	−2.2
7	1,8	1 982.4	1 940.6	−2.1

表 5.61 不同激励幅度下振动台扫频测试获得的鼓筒件内侧面上部阻尼处理前后的固有频率

模态阶次	(m,n)	涂层前(A)/Hz	涂层后(1 g 激振幅度)(B)/Hz	差异率$[(B-A)/A]$/(%)
1	1,5	797.4	785	−1.56
2	1,6	841.4	840	−0.17
3	1,4	909.3	876	−3.66
4	1,7	992.4	983	−0.95
5	1,3	1 265.3	1 234	−2.47
6	1,8	1 603.4	1 567	−2.27
7	1,9	1 985.1	1 911	−3.73

从表 5.61 可以看出，在内侧面上部涂敷约束层阻尼材料后，鼓筒件固有频率变化不大，变化幅度小于 4%。另外，在锤击法测试的前 7 阶固有频率中，仅有第 2 阶固有频率略微增大，在其余阶次，阻尼处理后固有频率均减小。而对应于振动台基础激励测试结果，阻尼处理后固有频率值普遍减小。因此，总体评价为：在内侧面上部涂敷约束层阻尼后，鼓筒件固有频率略微减小。

此外，粘贴约束层阻尼材料的鼓筒件还表现出振幅依赖特性，即固有频率值会随着激励幅度的增大而发生改变。而在阻尼处理前这一现象不明显。表 5.62 和表 5.63 分别列举了鼓筒件阻尼处理前后，固有频率随激励幅度的变化。

表 5.62　鼓筒件阻尼处理前固有频率随激励幅度的变化

模态阶次	(m,n)	1 g 激振幅度/Hz	2 g 激振幅度/Hz	3 g 激振幅度/Hz	4 g 激振幅度/Hz	8 g 激振幅度/Hz
1	1,5	787	787	786.5		
2	1,6	841	841	840.5		
3	1,4	909	908	908		
4	1,7	992	992	991.5	991.5	
5	1,3	1 265	1 265	1 265	1 264	1 264
6	1,8	1 603	1 603	1 603	1 602	1 602
7	1,9	1 985	1 985	1 984	1 983	1 983

表 5.63　鼓筒件阻尼处理后固有频率随激励幅度的变化

模态阶次	(m,n)	阻尼处理后(1 g 激振幅度)/Hz	阻尼处理后(2 g 激振幅度)/Hz	阻尼处理后(3 g 激振幅度)/Hz	阻尼处理后(4 g 激振幅度)/Hz	阻尼处理后(8 g 激振幅度)/Hz
1	1,5	785	782	780		
2	1,6	840	837	828		
3	1,4	876	892	891		
4	1,7	983	982	980	975	
5	1,3	1 234	1 231	1 231	1 230	1 227
6	1,8	1 567	1 560	1 559	1 559	1 559
7	1,9	1 911	1 909	1 909	1 909	1 908

从两者的对比可以看出，阻尼处理前，其固有频率随激励幅度变化不明显；涂覆约束层阻尼后的鼓筒复合结构件，其各阶固有频率随着激振幅度的增大而逐步降低，会出现刚度软化非线性现象。部分阶次的刚度软化非线性现象比较明显，如第 2 阶固有频率在 1 g 的激励幅度下的固有频率为 840 Hz，在 3 g 的激励幅度下的固有频率为 828 Hz，两者相差 12 Hz。

(2)振动响应的对比。以加速度传感器和激光测振仪获得的响应信号为对比对象，来说明阻尼处理前后鼓筒件振动响应的变化，响应的比较见表 5.64 和表 5.65 以及图 5.114 和图 5.115。

表 5.64 阻尼处理前后共振响应比较

模态阶次	激励幅度/g	未涂覆			内侧面上部阻尼处理		
		频率/Hz	加速度测点响应/(m·s⁻²)	激光测点响应/(m·s⁻¹)	频率/Hz	加速度测点响应/(m·s⁻²)	激光测点响应/(m·s⁻¹)
1	1	797	941	0.17	785	612.9	0.12
2	1	841	73.2	0.03	840	9.2	0.004 07
3	1	909	105.7	0.02	902	65.3	0.01
4	1	992	165.9	0.03	983	107.2	0.02
5	2	1 265	149.6	0.02	1 231	68.91	0.01
6	2	1 603	318.3	0.05	1 560	64.4	0.009 56
7	2	1 985	207	0.02	1 909	20.1	0.002 89

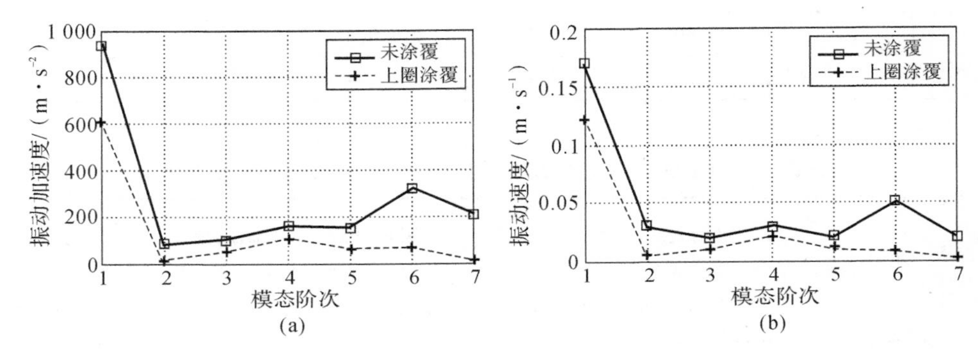

图 5.114 阻尼处理前后的共振响应对比

(a)加速度测点;(b)速度测点

表 5.65 阻尼处理前后的非共振响应比较

激励幅度/g	未涂覆			上圈涂层		
	频率/Hz	加速度测点响应/(m·s⁻²)	激光测点响应/(m·s⁻¹)	频率/Hz	加速度测点响应/(m·s⁻²)	激光测点响应/(m·s⁻¹)
2	400	14.11	0.005 42	400	14.75	0.000 229
2	1 100	36.21	0.004 16	1 100	10.8	0.001 27
4	1 700	16.72	0.001 16	1 700	13.7	0.001 31

从表 5.64 和图 5.114 可以看出,在鼓筒件内侧面涂敷约束层阻尼材料后,各阶共振响应降幅明显。在相同的激励幅度下,阻尼处理后的鼓筒件前 7 阶固有频率处的振动响应与涂层前相比都出现明显的下降,可见约束层阻尼确实起到了较好的减振效果。

而对于非共振响应,相应的比较见表 5.65 和图 5.115。在相同的激励幅度下,约束层阻尼对 400 Hz 低频的振动响应起到了一定的减振效果;1 100 Hz 中频对应的非共振动响应幅值,约束层阻尼也起到了一定的减振效果;但对于 1 700 Hz 高频对应的振动响应,其减振效果不明显。

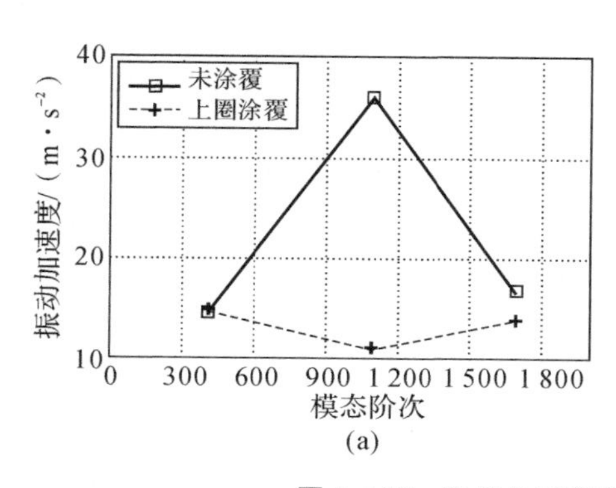

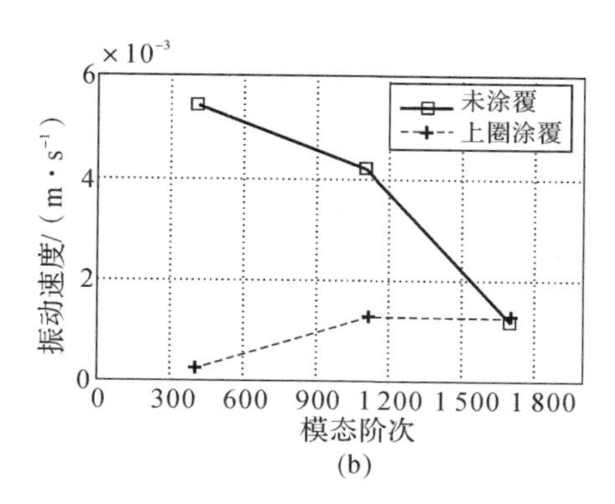

图 5.115　阻尼处理前后前后非共振响应的比较

(a)加速度测点；(b)速度测点

(3)动应变的对比。对阻尼处理前后鼓筒件指定点的应变变化进行比较，共振状态结果见表 5.66 和图 5.116，非共振状态结果见表 5.67 和图 5.117。

表 5.66　鼓筒件内侧面上部涂敷约束层阻尼材料前后的共振状态下的应变比较

模态阶次	激励幅度 g	未涂覆			内侧面上部阻尼处理		
		频率 Hz	应变测点 1 $\mu\varepsilon$	应变测点 2 $\mu\varepsilon$	频率 Hz	应变测点 1 $\mu\varepsilon$	应变测点 2 $\mu\varepsilon$
1	1	797	1.93	0.806	785	1.31	0.638
2	1	841	0.238	0.387	840	0.146	0.152
3	1	909	0.225	0.01	902	0.202	0.01
4	1	992	0.244	0.19	983	0.114	0.151
5	2	1 265	0.194	0.01	1 231	0.096 3	0.01
6	2	1 603	0.422	0.293	1 560	0.176	0.148
7	2	1 985	0.01	0.268	1 909	0.062 2	0.161

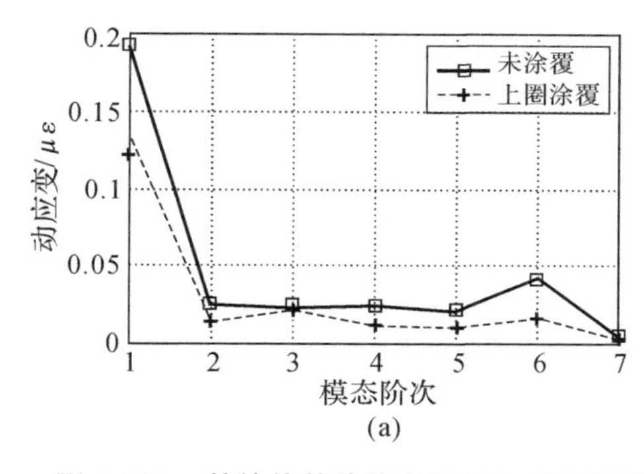

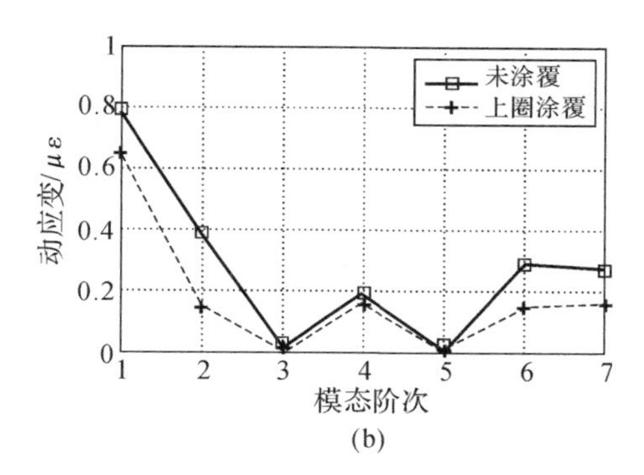

图 5.116　鼓筒件鼓筒件内侧面上部涂敷约束层阻尼材料前后的共振状态下的应变比较

(a)应变测点 1；(b)应变测点 2

表 5.67　鼓筒件内侧面上部涂敷约束层阻尼材料前后的非共振状态下的应变比较

激励幅度 g	未涂覆			上圈涂层		
	频率 Hz	应变测点 1 uε	应变测点 2 uε	频率 Hz	应变测点 1 με	应变测点 2 με
2	400	0.074	0.058 4	400	0.046 3	0.047 1
2	1 100	0.11	0.087	1 100	0.116	0.085 7
4	1 700	0.113	0.11	1 700	0.112	0.080 5

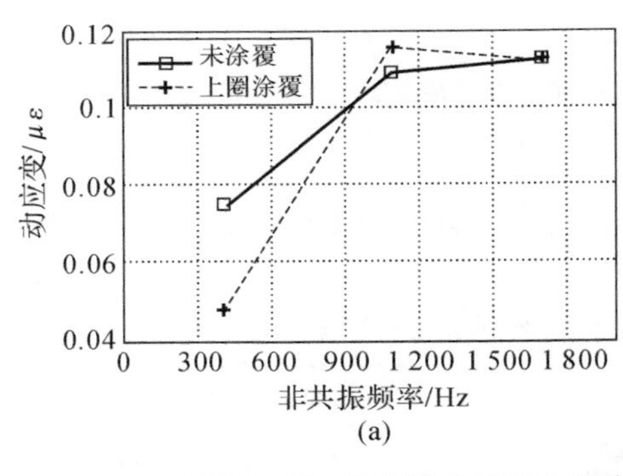

(a)

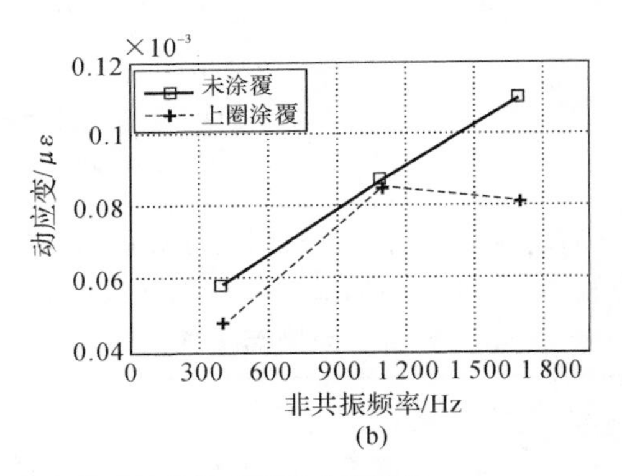

(b)

图 5.117　鼓筒件内侧面上部涂敷约束层阻尼材料前后的应变比较

(a)应变测点 1;(b)应变测点 2

从以上结果可以看出,在相同的激励幅度下,对应于共振状态,阻尼处理后鼓筒件的动应变幅度普遍小于阻尼处理前的。在对于非共振状态,在 300 Hz 下阻尼处理后的应变小于阻尼处理前的,在其余激励频率下,哪种状态下应变值小是不确定的。在非共振状态下应变响应幅度过小,测试误差较大。因而,总体上可以得出:在鼓筒件上涂敷约束层阻尼材料对鼓筒件的振动应力有抑制作用。

(4)阻尼参数的对比。鼓筒件内侧面上部阻尼处理前后的阻尼特性的比较见表 5.68,鼓筒件上圈涂层前后的阻尼比见图 5.118。

表 5.68　鼓筒件内侧面上部阻尼处理前后的阻尼特性的比较

模态阶次	未涂覆阻尼比 A/(%)	上圈涂层阻尼比 B/(%)	阻尼比的偏差[($A-B$)/A]/(%)
1	0.085	0.068	−20
2	0.051	0.126	147
3	0.049	0.066	35
4	0.055	0.067	22
5	0.032	0.034	6
6	0.036	0.045	25
7	0.028	0.018	−36

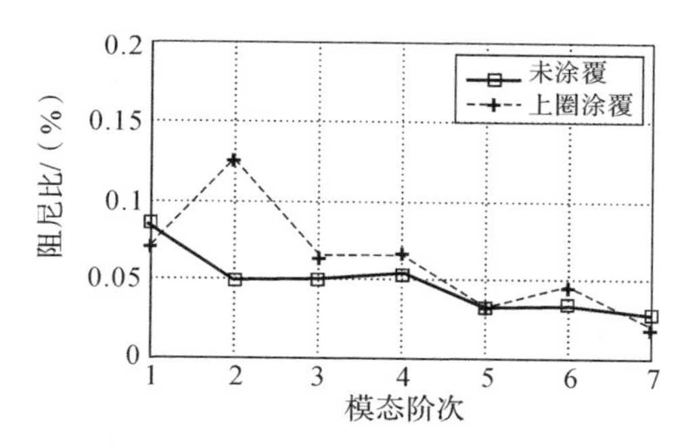

图 5.118　鼓筒件上圈涂层前后的阻尼比

从以上结果可以看出，在内侧面上部涂敷约束层阻尼材料后，其阻尼参数明显增大，增幅为 20%左右。

5.8.5.2　内侧面中部涂敷约束层阻尼材料的鼓筒件振动参数对比

(1)固有频率的比较。针对内侧面中部涂敷约束层阻尼材料前后，对比锤击法及振动台基础激励获得的固有频率值，相关结果见表 5.69 和表 5.70。

表 5.69　锤击法测试获得的鼓筒件内侧面中部涂敷约束层阻尼材料前后的固有频率对比

模态阶次	(m,n)	未涂覆(A)/Hz	中部涂覆(B)/Hz	差异率[(B−A)/A]/(%)
1	1,4	809.7	798.8	−1.3
2	1,5	834.4	847.7	1.6
3	1,3	917.9	946.3	3.1
4	1,6	988.7	992.1	0.3
5	1,7	1 253.9	1 254.3	0
6	1,2	1 599.6	1 586.3	−0.8
7	1,8	1 982.4	1 964.8	−0.9

表 5.70　振动台扫频测试获得的鼓筒件内侧面中部涂敷约束层阻尼材料前后的固有频率对比

模态阶次	(m,n)	涂层前/Hz	涂层后(1 g 激振幅度)/Hz	差异率[(B−A)/A]/(%)
1	1,5	797.4	802	0.58
2	1,6	841.4	856	1.74
3	1,4	909.3	967	6.35
4	1,7	992.4	1 018	2.58
5	1,3	1 265.3	1 256	−0.74
6	1,8	1 603.4	1 585	−1.15
7	1,9	1 985.1	1 913	−3.63

从表5.69和表5.70可以看出，在鼓筒件内侧面中部经黏弹性阻尼处理后，总体上固有频率变化不大，差异率小于7%。对于前7阶固有频率，在锤击法测试结果中，第2、3、4阶阻尼处理后固有频率略微增大；基础激励测试，第1、2、3、4阶阻尼处理后固有频率也略微增大。对于其余阶次的结果，或者基本不变，或者略微减小。

对于在鼓筒件内侧面涂敷约束层阻尼材料的，为了考核其固有频率是否具有振幅依赖性，利用振动台基础激励，改变基础激励幅度，对阻尼处理前后的鼓筒件进行测试，相应的结果见表5.71和表5.72。

表5.71　鼓筒件阻尼处理前固有频率随激励幅度的变化

模态阶次	(m,n)	固有频率/Hz				
		(1 g激振幅度)	(2 g激振幅度)	(3 g激振幅度)	(4 g激振幅度)	(8 g激振幅度)
1	1,5	787	787	786.5		
2	1,6	841	841	840.5		
3	1,4	909	908	908		
4	1,7	992	992	991.5	991.5	
5	1,3	1 265	1 265	1 265	1 264	1 264
6	1,8	1 603	1 603	1 603	1 602	1 602
7	1,9	1 985	1 985	1 984	1 983	1 983

表5.72　鼓筒件内侧面中部涂敷约束层阻尼材料后固有频率随激励幅度的变化

模态阶次	(m,n)	涂层前	固有频率/Hz				
			涂层后(1 g激振幅度)	涂层后(2 g激振幅度)	涂层后(3 g激振幅度)	涂层后(4 g激振幅度)	涂层后(8 g激振幅度)
1	1,5	797.4	802	801	799		
2	1,6	841.4	856	850	841		
3	1,4	909.3	967	960	958		
4	1,7	992.4	1 018	1 011	1 002	993	
5	1,3	1 265.3	1 256	1 255	1 254	1 253	1 249
6	1,8	1 603.4	1 585	1 584	1 583	1 583	1 582
7	1,9	1 985.1	1 913	1 911	1 911	1 911	1 911

从测试结果可以看出，对于阻尼处理前的鼓筒件，其固有频率的振幅依赖性不强，在激励幅度从1 g变化到8 g的过程中，前7阶固有频率最大变化2 Hz。而阻尼处理后的鼓筒件，固有频率变化最大达到25 Hz。可见，增加约束层阻尼材料，使鼓筒件的固有频率具有

了振幅依赖性。

(2)振动响应的比较。同样以加速度以及激光测点来表征内侧面中部涂敷约束层阻尼材料鼓筒件的振动响应。阻尼处理前后，共振及非共振响应的对比见表 5.73 和表 5.74，以及图 5.119 和图 5.120。

表 5.73　鼓筒件内侧面中部约束层阻尼处理前后共振响应的比较

模态阶次	激励幅度/g	未涂覆			内侧面上部阻尼处理		
		频率/Hz	加速度测点响应/($m \cdot s^{-2}$)	激光测点响应/($m \cdot s^{-1}$)	频率/Hz	加速度测点响应/($m \cdot s^{-2}$)	激光测点响应/($m \cdot s^{-1}$)
1	1	797	941	0.17	802	418.7	0.08
2	1	841	73.2	0.03	856	27.26	0.007 39
3	1	909	105.7	0.02	967	75.51	0.01
4	1	992	165.9	0.03	1 018	103.5	0.02
5	2	1 265	149.6	0.02	1 255	71.36	0.01
6	2	1 603	318.3	0.05	1 584	102.2	0.02
7	2	1 985	207	0.02	1 911	12.17	0.002 72

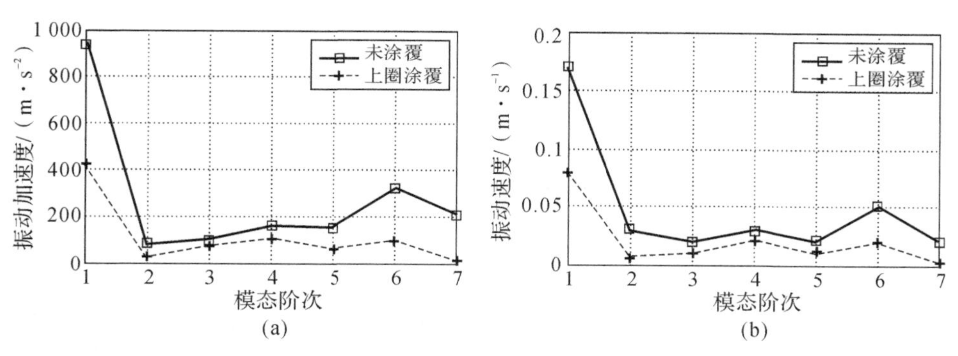

图 5.119　鼓筒件阻尼处理前后共振响应的比较

(a)加速度测点；(b)速度测点

表 5.74　鼓筒件内侧面中部约束层阻尼处理前后非共振响应的比较

激励幅度/g	未涂敷			内侧面中部涂敷		
	频率/Hz	加速度测点响应/($m \cdot s^{-2}$)	激光测点响应/($m \cdot s^{-1}$)	频率/Hz	加速度测点响应/($m \cdot s^{-2}$)	激光测点响应/($m \cdot s^{-1}$)
2	400	14.11	0.005 42	400	14.15	0.005 41
2	1 100	36.21	0.004 16	1 100	22.45	0.002 5
4	1 700	16.72	0.001 16	1 700	16.99	0.001 31

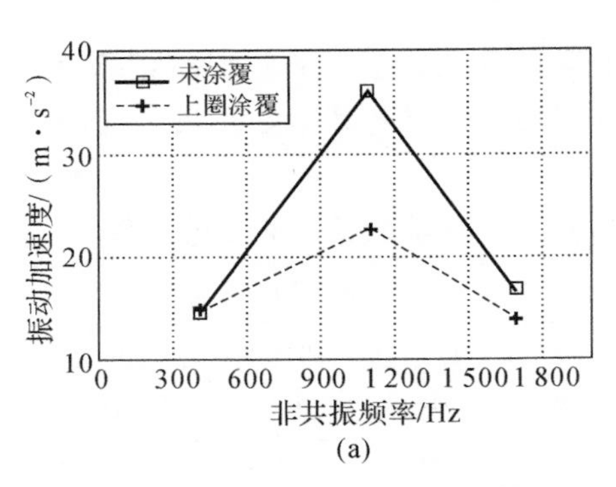

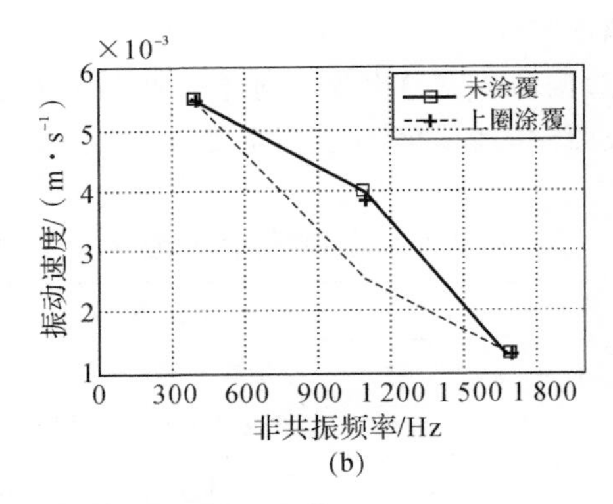

图 5.120 鼓筒件阻尼处理前后非共振响应的比较

(a)加速度测点;(b)速度测点

从共振响应的对比分析结果可以看出,在相同的激励幅度下,鼓筒件内侧面中部涂覆约束层阻尼后,对应于前 7 阶的共振响应均出现明显的下降,可见约束层阻尼处理对共振响应有较好的抑制作用。

从非共振响应的对比可以看出,在相同的激励幅度下,约束层阻尼对 400 Hz 低频的振动响应的减振效果并不明显;对于 1 100 Hz 中频对应的振动响应,约束层阻尼也起到了一定的减振效果;但对于 1 700 Hz 高频对应的振动响应其基本没发挥减振作用,甚至还导致振动响应幅值比涂层前的更高。

(3)动应变的比较。对阻尼处理前后鼓筒件指定点的应变变化进行比较,共振状态结果见表 5.75 和图5.121,非共振状态结果见表 5.76 和图 5.122。

表 5.75 鼓筒件内侧面中部约束层阻尼处理前后共振状态下动应变的比较

模态阶次	激励幅度/g	未涂覆			内侧面中部约束层阻尼处理		
		频率/Hz	应变测点 1/με	应变测点 2/με	频率/Hz	应变测点 1/με	应变测点 2/με
1	1	797	1.93	0.806	802	1.92	0.584
2	1	841	0.238	0.387	856	0.229	0.074 7
3	1	909	0.225	0.1	967	0.233	0.085
4	1	992	0.244	0.19	1 018	0.291	0.225
5	2	1 265	0.194	0.1	1 255	0.062 1	0.068 1
6	2	1 603	0.422	0.293	1 584	0.0842	0.138
7	2	1 985	0.1	0.268	1 911	0.115	0.2

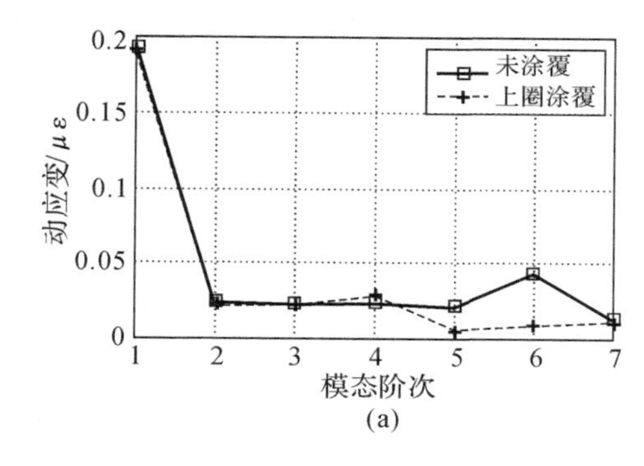

(a)

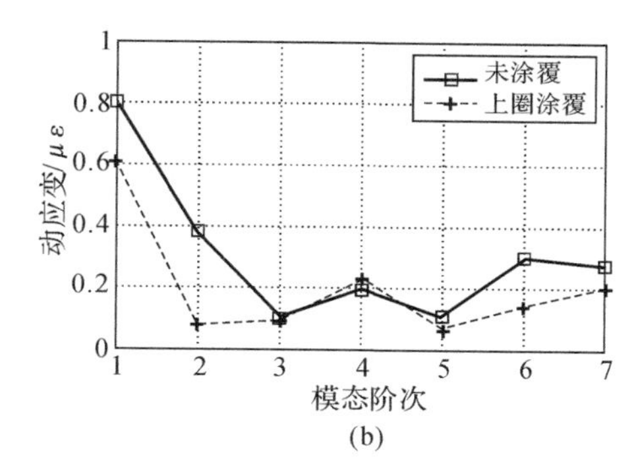

(b)

图 5.121　鼓筒件阻尼处理前后共振状态下的动应变的比较

(a)应变测点 1;(b)应变测点 2

表 5.76　鼓筒件内侧面中部约束层阻尼处理前后非共振状态下动应变的比较

激励幅度/g	末涂覆			内侧面中部约束层阻尼处理		
	频率/Hz	应变测点 1/με	应变测点 2/με	频率/Hz	应变测点 1/με	应变测点 2/με
2	400	0.074	0.058 4	400	0.051 6	0.053 3
2	1 100	0.11	0.087	1 100	0.106	0.05
4	1 700	0.113	0.11	1 700	0.122	0.14

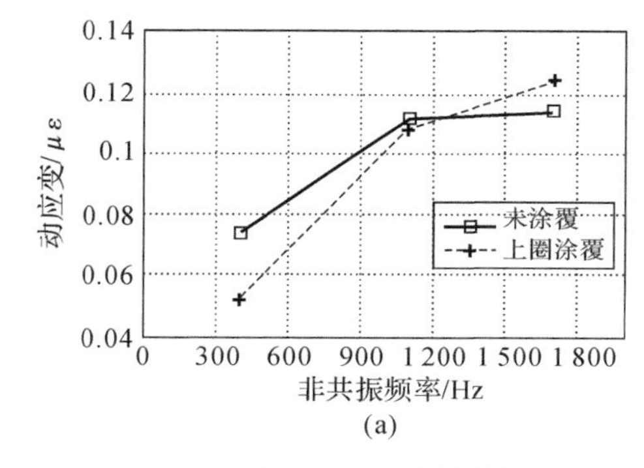

(a)

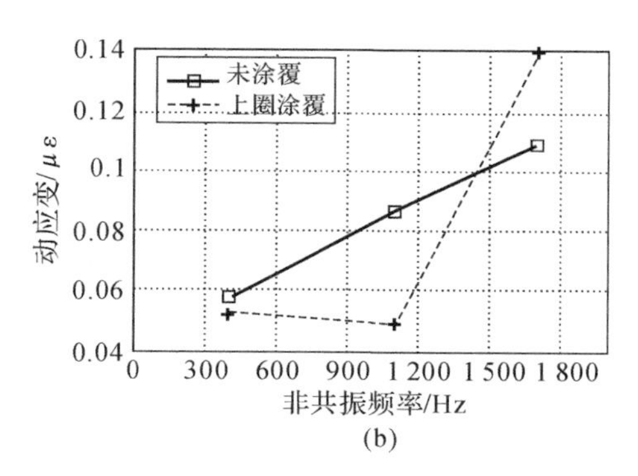

(b)

图 5.122　鼓筒件阻尼处理前后共振状态下的动应变的比较

(a)应变测点 1;(b)应变测点 2

从以上结果可以看出,在相同的激励幅度下,对应于共振状态,阻尼处理后鼓筒件的动应变幅度普遍小于阻尼处理前的。对于非共振状态,在 400 Hz 和 1 100 Hz 下阻尼处理后的应变小于阻尼处理前的,而在 1 700 Hz 激励频率下,哪种状态下应变值小是不确定的。非共振状态下应变响应幅度过小,测试误差较大。因而,总体上可以得出:在鼓筒件上涂敷约束层阻尼材料对鼓筒件的振动应力有抑制作用。

(4)阻尼参数的对比。鼓筒件内侧面中部约束层阻尼处理前后的阻尼特性的比较见表5.77和图5.123。

表5.77　鼓筒件内侧面中部约束层阻尼处理前后的阻尼特性的比较

模态阶次	未涂覆阻尼比 A/(%)	中圈涂层阻尼比 B/(%)	阻尼比的偏差[$(A-B)/A$]/(%)
1	0.085	0.080	−5.9
2	0.051	0.056	9.8
3	0.049	0.082	67.3
4	0.055	0.059	7.3
5	0.032	0.032	0.0
6	0.036	0.036	0.0
7	0.028	0.027	−3.6

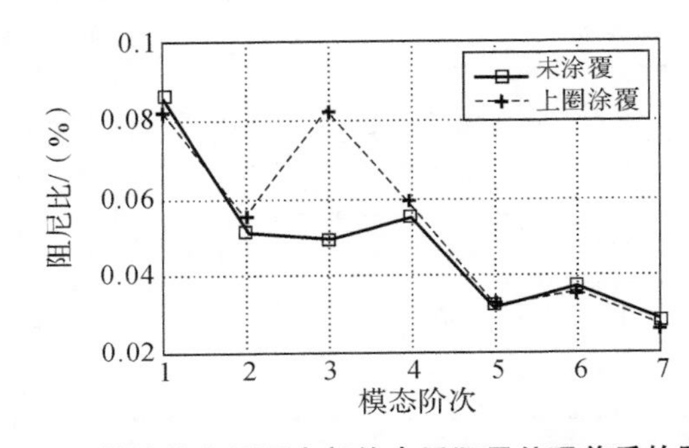

图5.123　鼓筒件内侧面中部约束层阻尼处理前后的阻尼比

5.8.5.3　不同涂敷位置的减振效果比较

下面进一步针对以上两种阻尼减振方案(主要是涂敷位置)对鼓筒件减振效果进行比较。

(1)对共振和非共振响应抑制效果的比较。相应的结果见表5.78、表5.79和图5.124、图5.125。

表5.78　鼓筒件约束层阻尼不同位置时的共振响应比较

模态阶次	激励幅度/g	上圈涂层			中圈涂层		
		频率/Hz	加速度测点响应/($m \cdot s^{-2}$)	激光测点响应/($m \cdot s^{-1}$)	频率/Hz	加速度测点响应/($m \cdot s^{-2}$)	激光测点响应/($m \cdot s^{-1}$)
1	1	785	612.9	0.12	802	418.7	0.08
2	1	840	9.2	0.004 07	856	27.26	0.007 39
3	1	902	65.3	0.01	967	75.51	0.01
4	1	983	107.2	0.02	1 018	103.5	0.02
5	2	1 231	68.91	0.01	1 255	71.36	0.01

续表

模态阶次	激励幅度 g	上圈涂层			中圈涂层		
		频率 Hz	加速度测点响应/(m·s^{-2})	激光测点响应/(m·s^{-1})	频率 Hz	加速度测点响应/(m·s^{-2})	激光测点响应/(m·s^{-1})
6	2	1 560	64.4	0.009 56	1 584	102.2	0.02
7	2	1 909	20.1	0.002 89	1 911	12.17	0.002 72

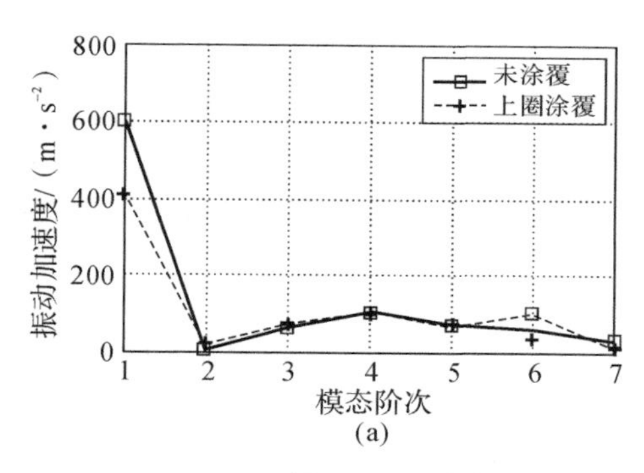

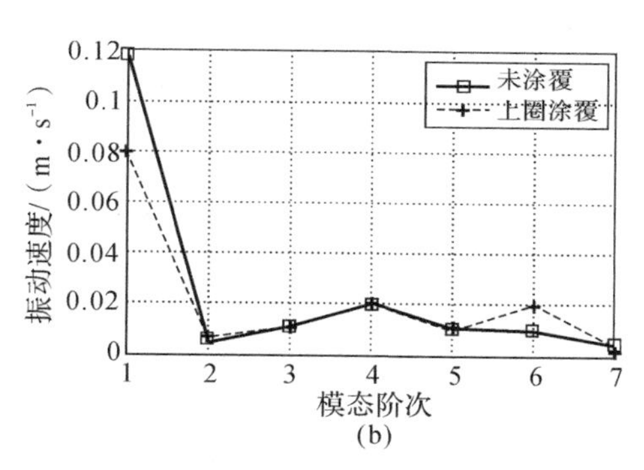

图 5.124　鼓筒件约束层阻尼不同位置时的共振响应

(a)加速度测点;(b)速度测点

表 5.79　鼓筒件约束层阻尼不同位置时的非共振响应比较

激激励幅度 g	上圈涂层			中圈涂层		
	频率 Hz	加速度测点响应/(m·s^{-2})	激光测点响应/(m·s^{-1})	频率 Hz	加速度测点响应/(m·s^{-2})	激光测点响应/(m·s^{-1})
2	400	14.75	0.000 229	400	14.15	0.005 41
2	1 100	10.8	0.001 27	1 100	22.45	0.002 5
4	1 700	13.7	0.001 31	1 700	16.99	0.001 31

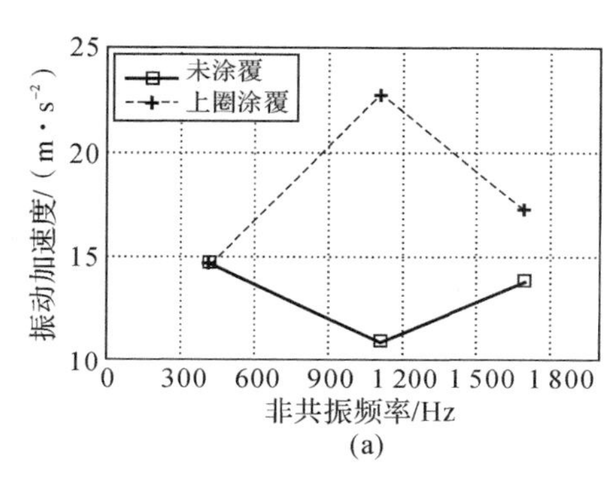

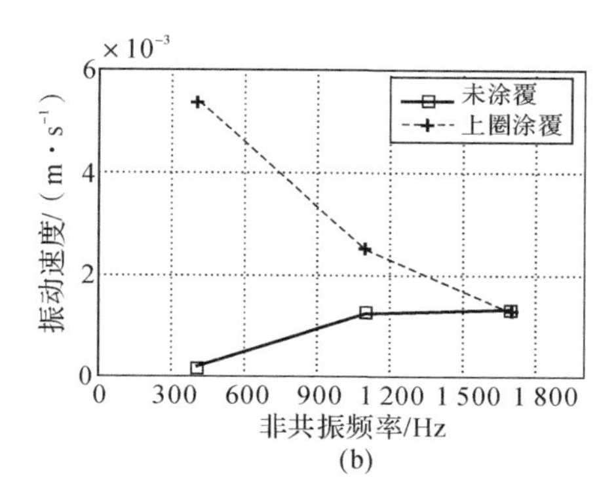

图 5.125　鼓筒件约束层阻尼不同位置时的非共振响应

(a)加速度测点;(b)速度测点

对比在约束层阻尼不同位置下鼓筒件复合结构的共振响应和动应变的测试结果，上圈涂层后的2、3、4、5、6阶加速度测点的共振响应普遍要比中圈涂覆的共振响应低，上圈涂层后1、2、3、4、7阶应变测点1在共振状态下的动应变要比中圈涂覆的低，但很难说上圈涂层的减振效果要比中圈涂层优秀，这是因为从其他测点的共振响应数据来看，两个约束层阻尼涂覆的位置的数据差异不是很大。

对比在约束层阻尼不同位置鼓筒件复合结构的非共振响应的测试结果，激光测点和加速度测点的非共振响应数据都说明上圈涂层的减振效果比中圈涂层要好，从非共振状态下的应变测试数据来看，上圈涂层除了在1 100 Hz对应的应变要比中圈涂层大之外，整体上来说，上圈涂层的减振效果要优于中圈涂层。

(2)对动应变抑制效果的比较。相应的结果见表5.80和表5.81，以及图5.126和图5.127，对比在约束层阻尼不同位置鼓筒件复合结构的共振响应和动应变的测试结果，上圈涂层后的2、3、4、5、6阶加速度测点的共振响应普遍要比中圈涂覆的共振响应低，上圈涂层后1、2、3、4、7阶应变测点1在共振状态下的动应变要比中圈涂覆的低，但很难说上圈涂层的减振效果要比中圈涂层优秀，这是因为，从其他测点的共振响应数据来看，两个约束层阻尼涂覆位置的数据差异不是很大。

对比在约束层阻尼不同位置鼓筒件复合结构的非共振响应的测试结果，激光测点和加速度测点的非共振响应数据都说明上圈涂层的减振效果比中圈涂层要好些，从非共振状态下的应变测试数据来看，上圈涂层除了在1 100 Hz对应的应变要比中圈涂层大之外，整体上来说，上圈涂层的减振效果要优于中圈涂层。

表5.80 鼓筒件约束层阻尼不同位置时共振状态下的动应变比较

模态阶次	激励幅度/g	上圈涂层			中圈涂层		
		频率/Hz	应变测点1/με	应变测点2/με	频率/Hz	应变测点1/με	应变测点2/με
1	1	785	1.31	0.638	802	1.92	0.584
2	1	840	0.146	0.152	856	0.229	0.074 7
3	1	902	0.202	0.05	967	0.233	0.085
4	1	983	0.114	0.151	1 018	0.291	0.225
5	2	1 231	0.096 3	0.08	1 255	0.062 1	0.068 1
6	2	1 560	0.176	0.148	1 584	0.084 2	0.138
7	2	1 909	0.062 2	0.161	1 911	0.115	0.2

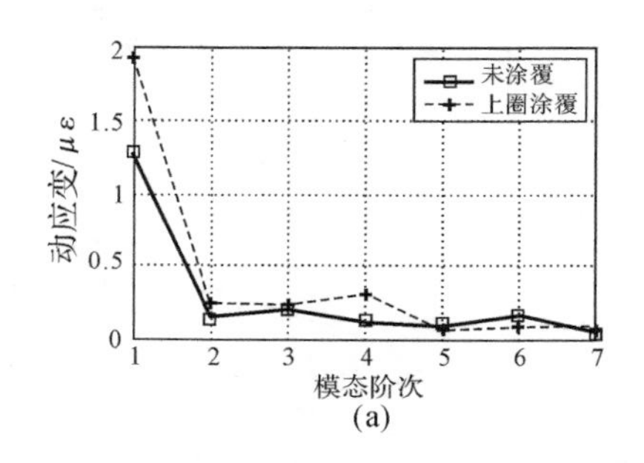

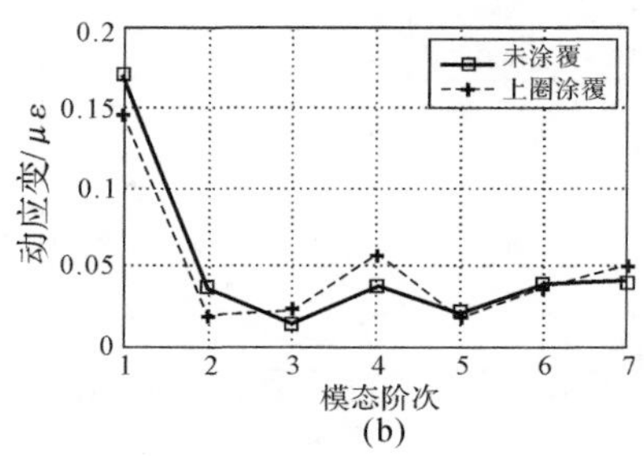

图5.126 鼓筒件涂覆约束层阻尼不同位置时共振状态下的应变

(a)应变测点1；(b)应变测点2

表 5.81　鼓筒件约束层阻尼不同位置时非共振状态下的动应变比较

激激励幅度 g	上圈涂层			中圈涂层		
	频率 Hz	应变测点 1 με	应变测点 2 με	频率 Hz	应变测点 1 με	应变测点 2 /με
2	400	0.046 3	0.047 1	400	0.051 6	0.053 3
2	1 100	0.116	0.085 7	1 100	0.106	0.05
4	1 700	0.112	0.080 5	1 700	0.122	0.14

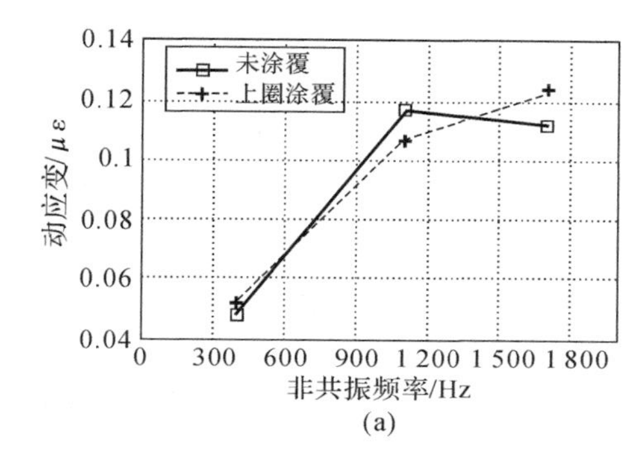

(a)

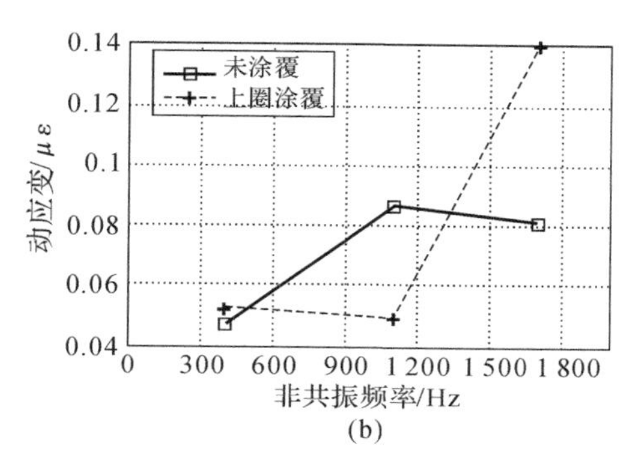

(b)

图 5.127　鼓筒件约束层阻尼不同位置时非共振状态下的应变

(a)应变测点 1;(b)应变测点 2

5.8.6　小结

本节对涂敷约束层阻尼材料的鼓筒件的振动特性参数(固有频率、振动响应、振动应力、阻尼参数等)进行了测试。通过对比鼓筒件阻尼处理前后动力学参数的变化,明确了约束层阻尼材料对鼓筒件的减振效果。

第6章　盘鼓组合结构螺栓连接边界条件及其动力学特性的影响

6.1 引　　言

盘鼓组合结构的各级轮盘和鼓筒之间通过螺栓连接或焊接组合在一起，如图6.1所示。盘鼓-螺栓连接结构通过沿周向均匀分布的若干螺栓，可实现轮盘与两侧鼓筒的可拆卸连接。

盘鼓组合界面的连接刚度受到安装精度的影响，在工作过程中会随着载荷和工况的改变而变化，存在局部非线性，直接影响鼓筒部件甚至转子系统的动特性和振动响应，甚至诱发转子系统非线性振动。准确表征盘鼓组合界面连接刚度，是实现鼓筒部件及转子系统动力学特性精确模拟的基础和关键。

现有关螺栓连接结构的研究主要集中于非旋转结构上，对转子系统中螺栓连接特性的研究还不够深入，尚未完全掌握螺栓预紧力、外载荷以及转速等参数对盘鼓-螺栓连接特性的影响规律，未能明确给出盘鼓-螺栓连接的表征方法。

本章首先建立盘鼓-螺栓连接结构的三维非线性有限元模型，仿真分析轴向和弯曲载荷作用下盘鼓组合结构的力学特性，获得不同参数条件下盘鼓连接刚度；基于上述有限元模型，将连接螺栓进行等效，对盘鼓组合界面进行简化，提出鼓筒连接边界的简化有限元模型；同时，对连接结构各组件的受力和变形进行合理假设，将盘鼓-螺栓连接视为法兰连接，推导外载荷作用下盘鼓对接面变形的解析表达式，建立盘鼓-螺栓连接刚度解析模型；将上述螺栓连接的有限元和解析表征方法引入盘鼓组合界面，对比分析典型载荷和结构参数下鼓筒的响应，验证鼓筒连接边界表征的正确性、合理性；在此基础上，开展鼓筒固有特性和振动响应试验研究，结合仿真分析探讨连接边界对鼓筒动特性的影响，并与仿真结果进行对照，进一步验证已建立的连接边界。

这里需要说明的是，在工程实际中，为了防止轮盘与鼓筒间的侧滑，除了通过螺栓连接约束盘鼓对接面横向相对运动外，在盘鼓对接面上还设计有止口结构，限制盘鼓间横向相对位移。在这种结构形式下，可近似认为盘鼓对接面横向(切向)固接。因此，本章仅讨论盘鼓对接面的轴向和弯曲刚度及其对鼓筒动特性影响，而将轮盘和鼓筒对应节点切向自由度耦合在一起，处理为刚性连接。

6.2　螺栓连接鼓筒的结构特征与有限元建模方法

6.2.1　螺栓连接鼓筒的结构特征

典型螺栓连接盘鼓组合结构如图 6.1 所示，通过沿周向均布的螺栓将两侧鼓筒经由法兰环与中间的轮盘连接在一起。盘鼓组合界面上存在轮盘与鼓筒、螺栓头与鼓筒、螺母与鼓筒、螺栓杆与鼓筒和轮盘螺栓孔内壁等多个接触对。在动载荷作用下，这些接触对上会发生微小滑移，从而导致局部连接刚度和阻尼具有非线性特征，影响结构动力学特性。特别是，鼓筒是典型的板壳构件，更容易引起振动。

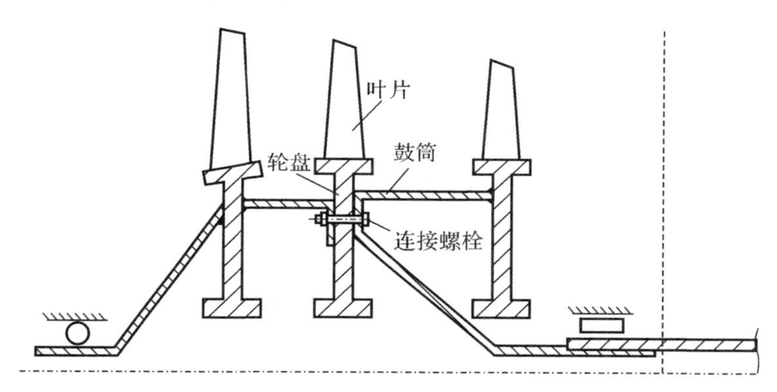

图 6.1　某型航空发动机风扇转子结构示意图

本书分别对图 6.2 所示的两类盘鼓组合结构进行研究。两类盘鼓组合结构均由中间的轮盘和两侧的鼓筒组成，轮盘和鼓筒之间通过沿周向均布的螺栓实现连接。图 6.2(a)所示为鼓筒参照航空发动机中鼓筒实际结构，鼓筒与轮盘之间采用内法兰连接(以下简称“内法兰鼓筒”)，通过沿周向均布的 30 个 M6 螺栓连接；图 6.2(b)所示为盘鼓组合结构模拟实验件，鼓筒与轮盘之间采用外法兰连接(以下简称“外法兰鼓筒”)，通过沿周向均布的 18 个 M6 螺栓连接。这里需要说明的是，本书重点探讨连接边界对鼓筒动特性的影响，因此忽略了鼓筒篦齿、圆角等细部结构特征。

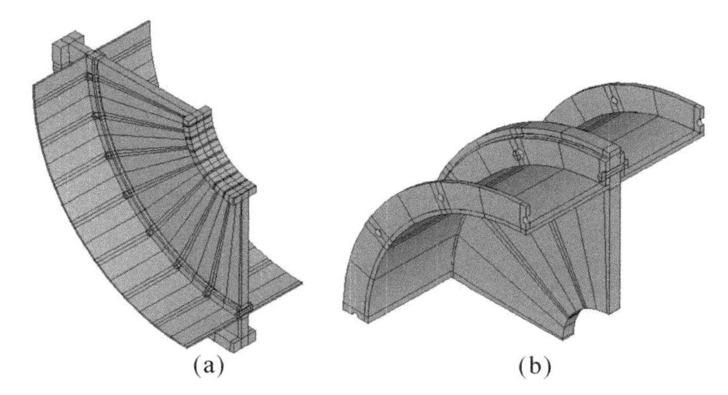

图 6.2　1/4 扇区盘鼓组合结构示意图

(a)内法兰鼓筒；(b)外法兰鼓筒

两类盘鼓组合结构的特性参数分别列于表 6.1 和表 6.2 中。表中：R_{ko} 为轮盘外径，R_{ki} 为轮盘内径；t_k 为轮盘厚度；R_{mo} 为鼓筒外径；R_{mi} 为鼓筒内径；t_{mf} 为鼓筒法兰环厚度；t_{ms} 为鼓筒圆柱壳厚度；l_m 为鼓筒长度；R_b 为螺栓所在圆周半径；r_b 为螺栓杆半径；ρ 为盘鼓组合结构密度；E 为弹性模量；ν 为泊松比；f 为组件间摩擦因数。

表 6.1 内法兰鼓筒盘鼓组合结构基本参数

符号	取值	单位
R_{ko}	320	mm
R_{ki}	80	mm
t_k	12	mm
R_{mo}	272.5	mm
R_{mi}	256	mm
t_{mf}	2.5	mm
t_{ms}	4	mm
l_m	95	mm
R_b	255	mm
r_b	3.5	mm
ρ	4 420	kg/m^3
E	107	GPa
ν	0.3	
f	0.1	

表 6.2 外法兰鼓筒盘鼓组合结构基本参数

符号	取值	单位
R_{ko}	205	mm
R_{ki}	50	mm
t_k	12	mm
R_{mo}	198	mm
R_{mi}	175	mm
t_{mf}	4	mm
t_{ms}	4	mm
l_m	90	mm
R_b	185	mm
r_b	3.3	mm
ρ	7 800	kg/m^3
E	210	GPa

续表

符号	取值	单位
ν	0.3	
f	0.1	

6.2.2　螺栓连接鼓筒有限元建模方法

采用商用有限元分析软件 ANSYS 建立两类盘鼓组合结构三维非线性有限元模型，如图 6.3 所示。两类盘鼓组合结构虽然结构形式上存在差异，但其建模过程及选用的单元类型完全相同。模型中，鼓筒、轮盘和连接螺栓采用实体单元 SOLID95 建模，在鼓筒与轮盘、螺栓与鼓筒以及螺栓与轮盘之间通过接触单元 CONTA173 和目标单元 TARGE170 定义接触对。图 6.3(a)所示的内法兰鼓筒模型共包含 470 281 个节点和 112 321 个单元，图 6.3(b)所示的外法兰鼓筒有限元模型共包含 409 249 个节点和 93 841 个单元。

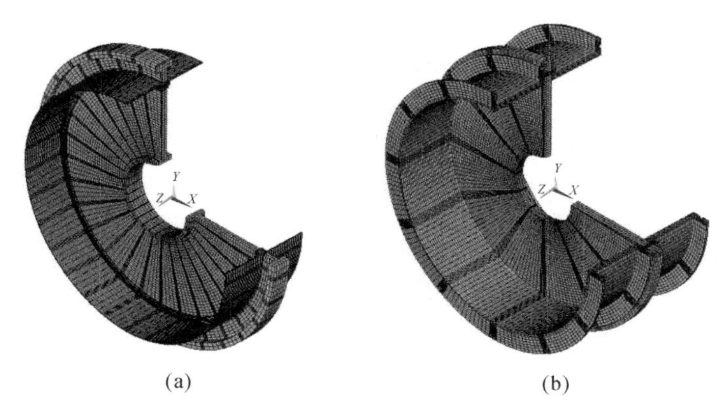

图 6.3　盘鼓-螺栓连接结构有限元模型

(a)内法兰鼓筒；(b)外法兰鼓筒

两类盘鼓组合结构有限元模型的边界条件为：左侧鼓筒的左端面上的节点自由度全部约束，将右侧鼓筒的右端面上的节点自由度耦合在一起形成刚性区。上述边界条件用以模拟鼓筒与两侧轮盘之间的焊接连接方式。当建立刚性区时，会在鼓筒圆周的中心点生成一个主节点。当进行有限元分析时，可以直接将外载荷加载到该节点上。

在后续有限元分析中，采用分步加载的方式对盘鼓组合结构有限元模型施加预紧力和外载荷。在第一个载荷步内采用“降温法”施加螺栓预紧力，即定义金属带的热膨胀系数，对其施加温度载荷，从而模拟预紧力在螺栓中产生的应力。预紧导致的螺栓轴向拉力与温度的对应关系由下式给出：

$$F_T = \frac{S}{\alpha EA} \tag{6.1}$$

式中：F_T 为温度载荷值；S 为包带预紧力的值；α 为金属带热膨胀系数；E 为弹性模量；A 为

截面面积。待预紧结束后进入后续载荷步，在鼓筒右端主节点上施加周期变化的外载荷，分别计算轴向和弯曲循环载荷作用下盘鼓组合结构的变形。

6.3 盘鼓组合结构连接特性有限元分析

基于6.2节建立的盘鼓组合结构有限元模型，分别计算轴向和弯曲循环载荷作用下，内法兰鼓筒和外法兰鼓筒盘鼓对接面变形及刚度。上述载荷均为三角波形式，如图6.4所示。

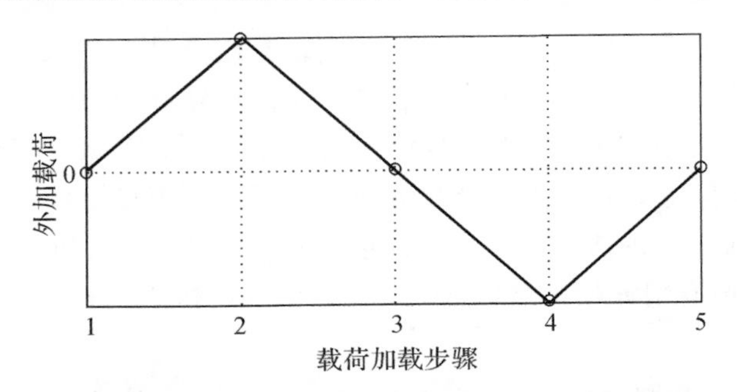

图6.4 外加轴向和弯曲循环载荷形式

6.3.1 轴向连接特性分析

在轴向力作用下盘鼓组合结构具有周期对称性，因此可取其含单个螺栓的基本扇区进行有限元分析。在不同预紧力和轴向力作用下，内法兰鼓筒和外法兰鼓筒盘鼓对接面变形及应力云图分别如图6.5～图6.8所示，其中P为预紧力，T_m为轴向力幅值。为了便于观察，图中变形放大了100倍。从图中可以看出，内法兰鼓筒与外法兰鼓筒的变形和应力主要集中在盘鼓对接面上，其特征基本一致。在预紧力单独作用下，鼓筒法兰环与轮盘在螺栓孔附件相互挤压，在距离螺栓较远的边缘处压紧力较小，有相互分离的趋势。在拉力作用下，鼓筒法兰环靠近圆柱壳端受压、远离圆柱壳端受拉，发生面内偏转，在横截面内鼓筒法兰环与轮盘之间会出现微小张角。同时，鼓筒圆柱壳位于对接面附近部分会产生弯曲变形。在压力作用下，轮盘和鼓筒相互挤压，两者紧密贴合在一起。由于轮盘厚度明显大于鼓筒柱壳及法兰环厚度，所以在预紧力和轴向力作用下轮盘变形量相比鼓筒法兰环要小得多。通过后面的仿真结果分析可知，在弯矩和剪力作用下，轮盘的变形量也很小，因此，在对盘鼓组合结构进行分析时可将轮盘近似视为刚体。

在不同预紧力和轴向力作用下，内法兰鼓筒和外法兰鼓筒盘鼓对接面的力-位移关系曲线如图6.9所示。从图中可以看出，力-位移关系曲线可近似分为三个阶段：第一阶段，盘鼓对接面受压力作用，两者相互压紧，曲线斜率最大，接近90°，这种条件下盘鼓对接面可视为刚性连接；第二阶段，当轴向拉力较小时，曲线斜率较大，且随着轴向拉力增大而缓慢减小，即盘鼓连接刚度逐渐减小；当轴向拉力达到某一特定值，进入第三阶段，此后盘鼓连接刚度保持不变。对比图中各曲线可以发现，在不同预紧力和轴向力作用下，盘鼓组合结构受压时的连接刚度基本一致，同样，预紧力对拉力作用下的第二、三阶段的连接刚度影响也很小，但预紧力会影响第二和第三阶段的过渡点位置，当预紧力较大时需要施加较大的轴向拉力使盘鼓连接刚度达到恒定值。此外，在轴向循环载荷作用下，盘鼓对接面力-位移关系曲线往返路径重合，未形成明显的迟滞回线，说明在轴向力作用下盘鼓对接面不具有显著的摩擦阻尼特性。

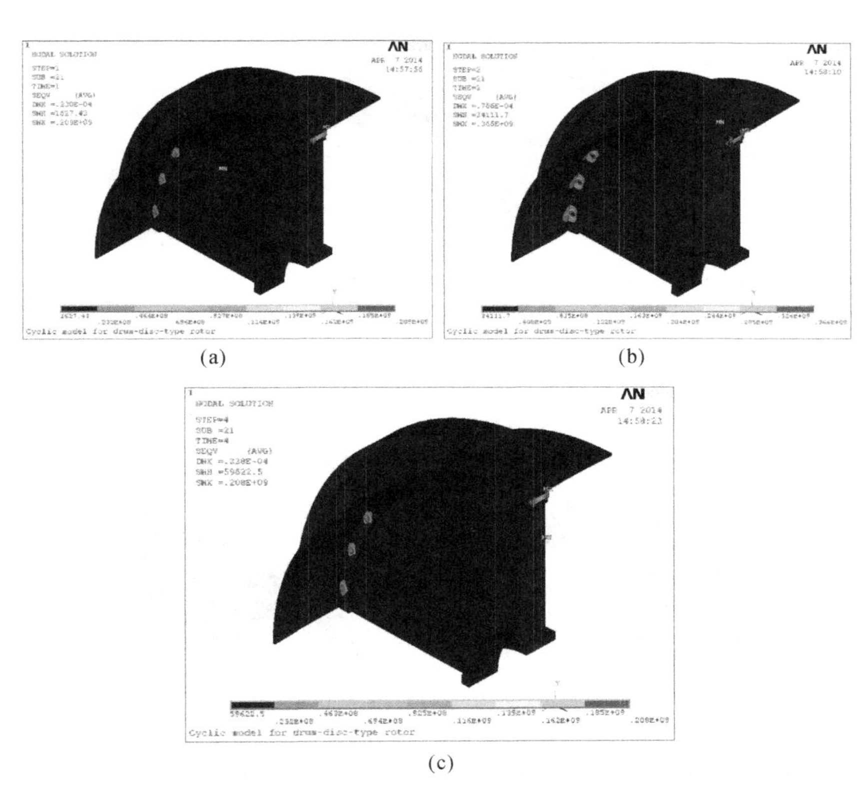

图 6.5　$P=2$ kN，$T_m=50$ kN 条件下内法兰鼓筒对接面变形及应力云图

(a)预紧力单独作用；(b)最大拉力作用；(c)最大压力作用

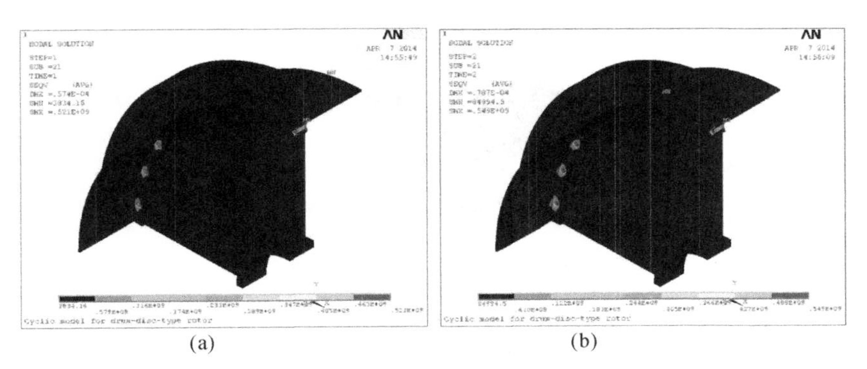

图 6.6　$P=5$ kN，$T_m=50$ kN 条件下内法兰鼓筒对接面变形及应力云图

(a)预紧力单独作用；(b)最大拉力作用

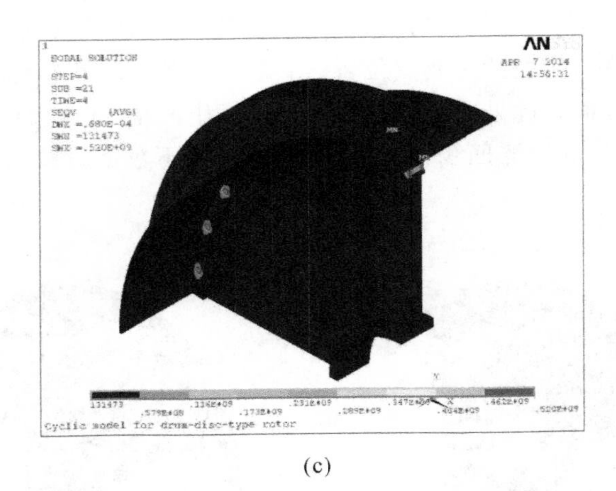

(c)

续图 6.6 P=5 kN,T_m=50 kN 条件下内法兰鼓筒对接面变形及应力云图

(c)最大压力作用

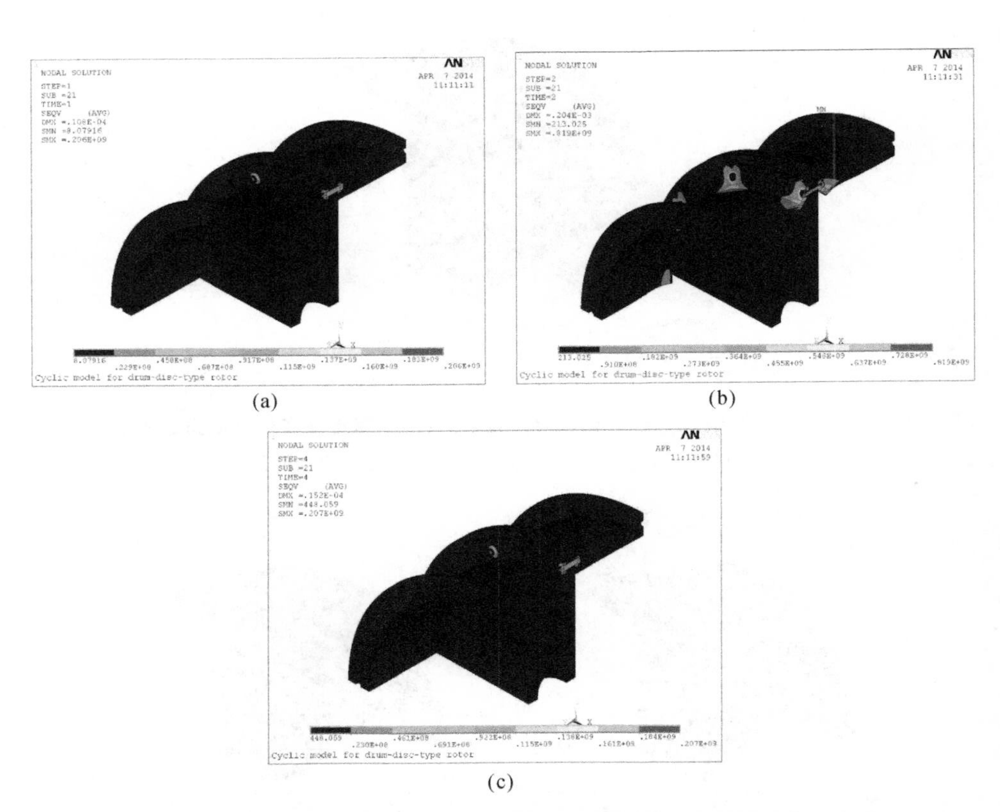

(c)

图 6.7 P=2 kN,T_m=50 kN 条件下外法兰鼓筒对接面变形及应力云图

(a)预紧力单独作用;(b)最大拉力作用;(c)最大压力作用

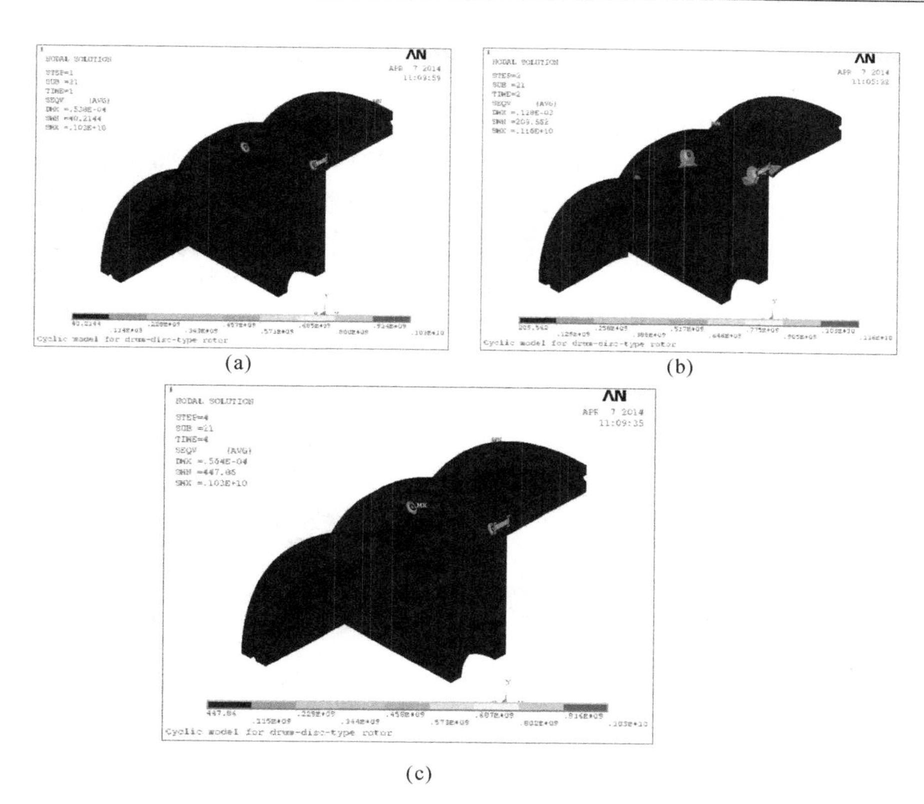

图 6.8　$P=5$ kN,$T_m=50$ kN 条件下外法兰鼓筒对接面变形及应力云图

(a)预紧力单独作用;(b)最大拉力作用;(c)最大压力作用

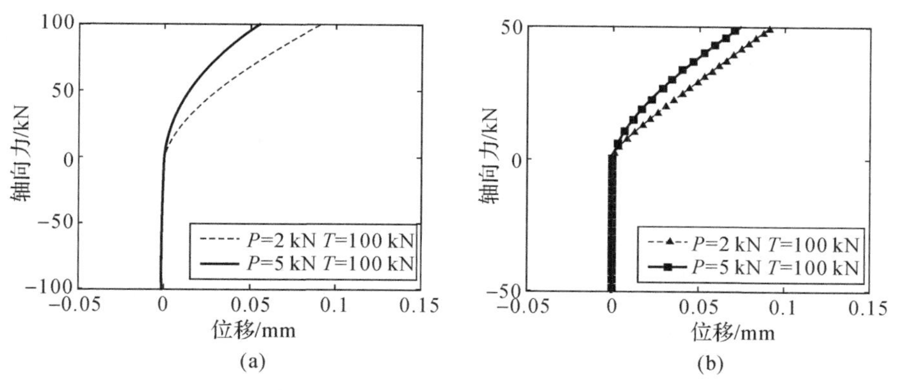

图 6.9　轴向力作用下盘鼓对接面力-位移关系曲线

(a)内法兰鼓筒;(b)外法兰鼓筒

6.3.2　弯曲连接特性分析

弯矩作用下的盘鼓组合结构关于弯矩所在平面对称。在不同预紧力和循环弯矩作用下,内法兰鼓筒和外法兰鼓筒盘鼓对接面变形及应力云图分别如图 6.10(a)(b)所示,其中 M_m 为弯矩幅值。为了便于观察,图中变形放大了 50 倍。从图中可以看出,弯矩作用下盘鼓对接面一侧受拉、另一侧受压，且拉压反对称轴线向受压侧偏移。受拉部分法兰环远离柱壳端，与轮盘紧密接触、靠近柱壳端相互分离（变形和拉力作用下一致），从而产生明显的偏转变形；受压部分法兰环内外缘均与轮盘侧面紧密接触，鼓筒法兰环与轮盘之间没有间隙产生。对比不同位置的连接状态还可以发现，受压部分螺栓应力大小与预紧状态下基本一致，而鼓筒在压力作用下产生径向变形，应力增大；受拉部分鼓筒应力变化不大，当预紧力单独作用时，连接螺栓处于轴向拉伸状态；随着弯矩的加载，受拉端的螺栓会出现很小的弯曲变形。这里需要注意到，随着弯矩的周期性加载，受拉侧和受压侧会相互交替。此外，由于轮盘厚度和径向尺寸均明显大于鼓筒，所以刚度较大，在外力作用下几乎不发生变形，在弯矩作用下会随鼓筒产生一个偏转。

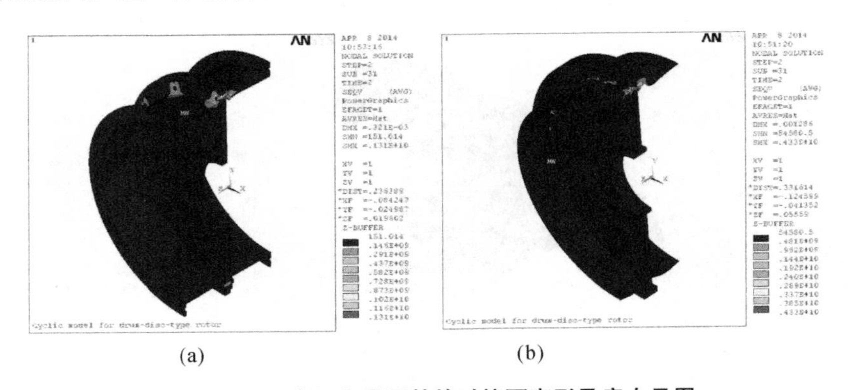

(a)　　　　　　　　　　(b)

图 6.10　弯矩作用下鼓筒对接面变形及应力云图

(a) $P=5$ kN，$M_m=100$ kN・m 条件下内法兰鼓筒；(b) $P=5$ kN，$M_m=10$ kN・m 条件下外法兰鼓筒

在不同预紧力和弯矩作用下，内法兰鼓筒和外法兰鼓筒盘鼓对接面的力-位移关系曲线如图 6.11 所示。从图中可以看出，弯矩作用下的力-位移关系曲线关于坐标原点对称，可分为两个阶段。当弯矩较小时，盘鼓对接面的抗弯刚度较大，且随着弯矩增大而逐渐减小；当弯矩值达到一定程度时，盘鼓对接面抗弯刚度减小到某一特定值并保持不变。与轴向力作用时相似，预紧力对两阶段连接刚度的影响不大，但会改变两阶段过渡点的弯矩和偏转角的值；而且在循环弯矩作用下，盘鼓连接的摩擦阻尼特性可以忽略不计。

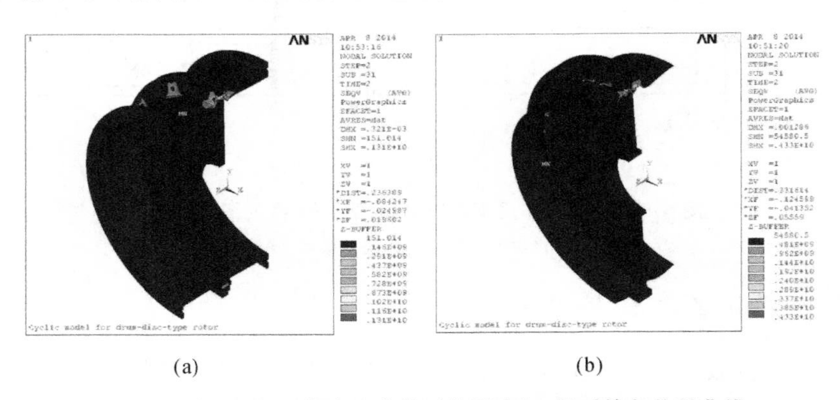

(a)　　　　　　　　　　(b)

图 6.11　不同预紧力下盘鼓对接面弯矩-相对转角关系曲线

(a)内法兰鼓筒；(b)外法兰鼓筒

6.4　鼓筒螺栓连接边界解析表征

通过分析可以发现，螺栓连接会在盘鼓对接面上引入非线性刚度和阻尼，从而影响鼓筒的动力学特性。通过构建含接触的非线性有限元模型虽然能够获得某组特性载荷和结构参数下的盘鼓对接面连接刚度，但无法直观掌握各参数对盘鼓对接面非线性连接特性的影响规律。此外，上述非线性有限元模型中存在大量接触对，在求解过程中需要进行迭代，计算效率低。实际上，采用这些模型仅进行静力分析就需要耗费大量的计算时间，如果进行瞬态动力学分析，其所需的计算时间会进一步大量增加，这也限制了这种模型在工程中的应用。因此，目前在实际工程中，通常将盘鼓连接简化处理为固接。但这种简化会给分析结果带来误差。

针对上述问题，本节基于上节有限元分析结果，推导盘鼓对接面连接刚度的解析模型。这些解析模型：一方面可以直接用于鼓筒解析模型中，开展理论分析；另一方面可以将解析模型与非线性弹簧单元、连杆单元相结合，构建不含接触的盘鼓组合结构有限元模型（以下简称非接触有限元模型）。通过后面的分析可以发现，采用这种非接触有限元模型能够显著提高计算效率，同时又能够保证较高的计算精度。

6.4.1　盘鼓对接面受力变形假设

参考6.3节中的有限元分析结果，在盘鼓对接面变形和连接刚度的推导过程中引入下述假设：

(1)轮盘为刚性盘，其他结构在线弹性范围内变化。

(2)在轴向载荷作用下，基本扇区各径向截面的偏转变形一致。

(3)忽略鼓筒连接环在径向截面内的扭曲变形和径向收缩变形。

(4)在轴向拉力和弯矩作用下，两侧鼓筒的变形关于轮盘中心面对称，忽略摩擦力影响。

(5)将螺栓视为轴向拉伸弹簧，忽略其弯曲和剪切变形。

(6)连接螺栓引起的轮盘质量和转动惯量变化忽略不计。

由假设(2)和(3)可知，在轴向力和弯矩作用下，盘鼓组合结构各组件径向截面上的变形均垂直于它们之间的接触面，因此各组件接触面上无摩擦力。实际上，各组件间确实有摩擦力存在。然而这些摩擦力的值较小，且对变形影响很小，因此在轴向和弯曲刚度建模时将其忽略。通过与有限元分析结果进行对照可见，上述假设均是合理的，而且可以大大简化推导过程。下面以内法兰鼓筒为例，给出盘鼓组合界面刚度的详细推导过程。

6.4.2　盘鼓对接面轴向连接刚度

6.4.2.1　内法兰鼓筒变形及刚度解析表达式推导

鼓筒为循环对称结构，取含一个螺栓孔的基本扇区。将鼓筒分解为圆柱壳和连接环两部分，基本扇区在轴向拉力作用下的受力如图 6.12 所示。图中，θ 为基本扇区所对应的圆心角。若沿法兰环周向均布 N 个螺栓孔，则 $\theta=2\pi/N$，定义截面形心连线为法兰环径向截面的轴线。法兰环绕截面轴线与内缘侧边线的交点偏转。当截面绕偏转点转过 ψ 角时，法兰环截面内所在圆周半径为 r、距截面轴线为 z（轴线上方 $z>0$，反之 $z<0$）的点对应的周向应力为

$$\sigma_\theta=-E\frac{\psi z}{r} \tag{6.2}$$

式中：E 为对接框材料的弹性模量。偏转变形引起的应力会对轴线产生一个力矩作用：

$$M_a=\int_A E\frac{\psi z^2}{r}\mathrm{d}A=\frac{EI_r}{\bar{R}_f}\psi \tag{6.3}$$

式中：$I_r=\int_{R_i}^{R_o}\int_{-\frac{t_f}{2}}^{\frac{t_f}{2}}z^2\mathrm{d}z\,\mathrm{d}r$ 为法兰环横截面对截面轴线的惯性矩；$\bar{R}_f=(R_o+R_i)/2$ 为法兰环平均半径；M_a 的方向如图 6.12 所示。

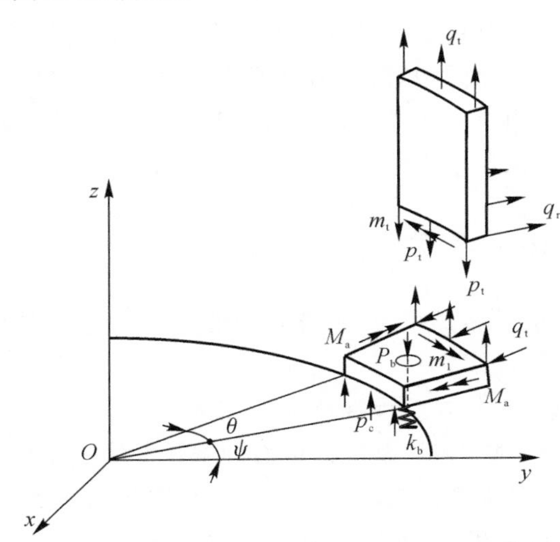

图 6.12　轴向拉力作用下内法兰鼓筒基本扇区受力

法兰环基本扇区上各外力（包括壳体对法兰的作用力）对偏转点的力矩为

$$m_c=p_t\Delta R_f+q_t\frac{t_f}{2}+m_t-P_b\frac{\Delta R_b}{\theta R_b}+r_c p_c \tag{6.4}$$

式中：$p_t=T/2\pi R_s$ 为单位弧长上的轴向拉力；T 为轴向拉力；P_b 为单个螺栓对法兰环的轴向约束力；p_c 为单位弧长上的盘鼓法向接触力；$\Delta R_f=R_s-R_i$ 为柱壳中面与法兰环内缘的半径差；$R_s=R_o-t_s/2$ 为壳体中面半径；$\Delta R_b=R_b-R_i$ 为螺栓孔中心与法兰环内缘的半径差，r_c 为盘鼓法向接触力的作用点到鼓筒法兰环内缘的距离。

式(6.4)中，鼓筒法兰环与壳体连接边缘上 m_t 和 q_t 的表达式可由法兰环与壳体的变形协调条件求得

$$m_t=\frac{\nu}{2\xi^2R_s}p_t-\frac{Et_s}{2\xi^3R_s{}^2}\psi$$

$$q_t=\frac{\nu}{\xi R_s}p_t-\frac{Et_s}{2\xi^2 R_s^{\ 2}}\psi \tag{6.5}$$

式中：$\xi=\sqrt[4]{3(1-\nu^2)/(R_0 t_s)^2}$ 为衰减系数。由法兰环轴向力平衡方程可知，鼓筒法兰环与轮盘法向接触力可表示为

$$p_c=\frac{P_b}{\theta R_b}-p_t \tag{6.6}$$

将 m_t，q_t 和 p_c 的表达式代入式(6.4)中，得

$$m_c=\left[\Delta R_f+\frac{(\xi t_f+1)\nu}{2\xi^2 R_s}-r_c\right]p_t-\frac{\Delta R_b-r_c}{\theta R_b}P_b-\frac{Et_s(\xi t_f+2)}{4\xi^3 R_s^{\ 2}}\psi \tag{6.7}$$

由法兰环径向截面内正应力引起的力矩 M_a 和外力合力矩 m_c 的矢量平衡关系可得

$$M_a=m_c R_s \tag{6.8}$$

将 M_a 和 m_c 的表达式代入式(6.8)，并设 $k_f=\dfrac{EI_r}{\bar{R}_f R_s}+\dfrac{Et_s(\xi t_f+2)}{4\xi^3 R_s^{\ 2}}$，$r_f=\dfrac{\nu(\xi t_f+1)}{2\xi^2 R_s}$，可以得到对接框偏转角表达式：

$$\psi=\frac{(\Delta R_f+r_f-r_c)p_t-\dfrac{\Delta R_b-r_c}{\theta R_b}P_b}{k_f} \tag{6.9}$$

则轴向力 T 作用下盘鼓对接面鼓筒中面所在圆周的轴向变形为

$$Z=\psi\Delta R_f=\frac{\Delta R_f}{k_f}\left[(\Delta R_f+r_f-r_c)p_t-\frac{\Delta R_b-r_c}{\theta R_b}P_b\right] \tag{6.10}$$

从而，可以得到以增量形式表示的轴向拉伸刚度：

$$K_{ft}=\frac{\delta T}{\delta Z} \tag{6.11}$$

随着轴向拉力 T 的加载，轴向相对位移 Z 改变的同时，鼓筒与螺栓以及轮盘之间的接触状态(接触力大小和分布)也会发生变化。因此，式(6.10)中 P_b 和 r_c 与组件间接触状态有关，随拉力 T 的加载而改变。本书将基于有限元分析结果确定这两个参数。

6.4.2.2　内法兰鼓筒解析模型接触参数确定

对 6.4.2.1 节中建立的盘鼓组合结构有限元模型施加 5 kN 的螺栓连接预紧力以及 300 kN 的轴向拉力，得到的仿真结果如图 6.13 所示。由图 6.13(a)可见，盘鼓连接刚度变化可分为两个阶段，即在拉力加载初期，盘鼓轴向连接刚度较大；随着拉力的增大，连接刚度减小并最终保持不变。图 6.13 (b)表明，对应上述阶段 1，螺栓约束力基本保持不变，也就是说连接螺栓未被拉伸。相应地，盘鼓接触力减小且接触力合力作用点向内缘移动；对应阶段 2，螺栓约束力与盘鼓接触力均增大，盘鼓接触力合力作用点位置基本保持不变。对上述两阶段可以这样理解：在螺栓预紧力作用下，在螺栓孔附近区域盘鼓间相互挤压，并产生微小嵌入；在拉力作用初期，鼓筒法兰环的微小偏转使盘鼓间相互嵌入量减小，进而盘鼓接触力减小，且由于螺栓的约束作用，这种接触力的减小主要发生在螺栓孔靠近外缘侧，此时螺栓在初始预紧力作用下产生拉伸的同时，仅承受较小的弯矩，螺栓法向约束力基本保持不变；当拉力继续增大，盘鼓间的张角也进一步增大，螺栓将在拉力的作用下产生拉伸变形，导

致螺栓的约束力变大，在这个过程中，无螺栓约束区的法兰环偏转中心位于内缘所在圆周，螺栓约束区的偏转中线位于螺栓孔靠近内缘侧，均基本保持不变。

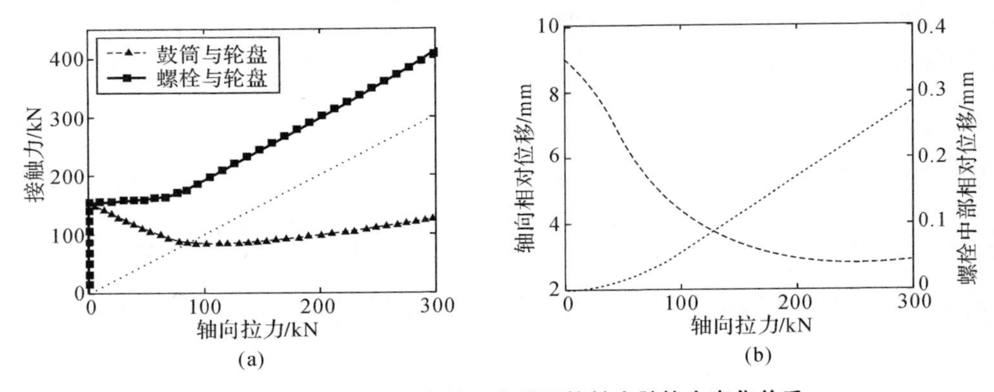

图 6.13　拉力作用下盘鼓组合界面接触力随拉力变化关系

(a)鼓筒与轮盘、螺栓接触力变化；(b)轴向相对位移与盘鼓接触力作用点变化

基于上述分析，采用分段函数表征盘鼓连接的轴向刚度。对应阶段 1，选取含一个螺栓的基本扇区进行分析，考虑到此阶段螺栓预紧力未发生变化，则认为该阶段鼓筒法兰环以螺栓孔中心所在圆周上的点为偏转中心。此时，外力对偏转中心的力矩仍可用式(6.7)表示，且法兰环径向截面内正应力引起的力矩 M_a 和外力合力矩 m_c 的矢量平衡关系亦保持不变(M_a 的值将发生变化，但改变化对结果影响不大)。因此，对接框偏转角表达式仍可用式(6.9)表示。

由有限元仿真结果可知，$T=0$ 时盘鼓间接触力合力作用点在螺栓孔中心。当 T 从 0 增大到 $NP_s/2$ 时，$P_b=P_s$ 保持不变，r_c 从 ΔR_b 减小到 $\Delta R_b/2$。当 $T=NP_s/2$ 时，由式(6.9)可得法兰环张角：

$$\psi_0=\frac{\left(\Delta R_f+r_f-\dfrac{\Delta R_b}{2}\right)\dfrac{N}{4\pi R_s}-\dfrac{\Delta R_b}{2\theta R_b}}{k_f}P_s \tag{6.12}$$

注意到此时法兰环的偏转中心为螺栓孔中心所在圆周，法兰环轴向相对位移为

$$Z_0=(\Delta R_f-\Delta R_b)\psi_0=\frac{\Delta R_f-\Delta R_b}{k_f}\left[\left(\Delta R_f+r_f-\frac{\Delta R_b}{2}\right)\frac{N}{4\pi R_s}-\frac{\Delta R_b}{2\theta R_b}\right]P_s \tag{6.13}$$

假设在阶段 1，盘鼓连接刚度保持不变，则有

$$K_1=\frac{NP_s}{2Z_0}=\frac{Nk_f}{(\Delta R_f-\Delta R_b)\left[(2\Delta R_f+2r_f-\Delta R_b)\dfrac{N}{4\pi R_s}-\dfrac{\Delta R_b}{\theta R_b}\right]} \tag{6.14}$$

当 T 继续增大时，$r_c=\Delta R_b/2$ 保持不变，P_b 的值随连接螺栓的拉伸而增大，可表示为

$$P_b=P_s+k_bk_\theta\Delta R_b(\psi-\psi_{b0}) \tag{6.15}$$

式中：$k_b=E_bA_b/l_{be}$ 为单个螺栓的拉伸刚度；E_b 和 A_b 分别为螺栓弹性模量和横截面积；$l_{be}=t_f+t_c/2$ 为螺栓的有效长度；$k_\theta=\theta_b/\theta_u$ 表示螺栓约束区与无螺栓约束区对应圆心角的比值；θ_b 和 θ_n 分别为螺栓约束区和无螺栓区对应的圆心角。式(6.15)中的 ψ 为盘鼓间的

张角，其中包含了第一阶段的变形，而 ψ_{b0} 用以表征第一阶段偏转变形对螺栓的影响。这里需要注意的是，由于两个阶段的偏转中心不同，因此 $\psi_{b0} \neq \psi_0$，其值将由阶段 1 和阶段 2 的交点求出。将式(6.15)代入式(6.10)，并考虑到当 $T=NP_s/2$ 时，$Z=Z_0$，可得法兰环轴向相对位移表达式：

$$Z=\frac{\Delta R_f}{k_f+\dfrac{k_b k_\theta \Delta R_b^2}{2\theta R_b}}\left[\left(\Delta R_f+r_f-\frac{\Delta R_b}{2}\right)\frac{T}{2\pi R_s}-\frac{\Delta R_b}{2\theta R_b}P_s+\frac{k_b k_\theta \Delta R_b^2}{2\theta R_b}\psi_{b0}\right] \tag{6.16}$$

式中：$\psi_{b0}=\left(\dfrac{\Delta R_f-\Delta R_b}{k_f \Delta R_f}-\dfrac{2\theta R_b}{k_b k_\theta \Delta R_b \Delta R_f}\right)\left[\left(\Delta R_f+r_f-\dfrac{\Delta R_b}{2}\right)\dfrac{N}{4\pi R_s}-\dfrac{\Delta R_b}{2\theta R_b}\right]P_s$。

当盘鼓组合结构受到压力作用时，鼓筒与轮盘间处于压紧状态。此时，引入附加刚度 K_p 表征鼓筒与轮盘间的单边约束：

$$K_p=\frac{\pi E(R_o^2-R_i^2)}{t_f} \tag{6.17}$$

综上，盘鼓组合界面轴向刚度可分为三段。

6.4.2.3　外法兰鼓筒轴向刚度

对于外法兰连接鼓筒，其变形和刚度推导过程与上面完全相同，只是对于外法兰连接结构，在轴向力作用下基本扇区受力如图 6.14 所示，法兰环绕外缘偏转。由于偏转点的变化，法兰环基本扇区上各外力(包括壳体对法兰的作用力)对偏转点的力矩的表达式变为

$$m_c=p_t \Delta R_f-q_t\frac{t_f}{2}-m_t-P_b\frac{\Delta R_b}{\theta R_b}+r_c p_c \tag{6.18}$$

式中：

$$m_t=\frac{\nu}{2\xi^2 R_s}p_t+\frac{Et_s}{2\xi^3 {R_s}^2}\psi$$

$$q_t=\frac{\nu}{\xi R_s}p_t+\frac{Et_s}{2\xi^2 {R_s}^2}\psi \tag{6.19}$$

其他参数保持不变，得到外法兰连接鼓筒对接框偏转角表达式：

$$\psi=\frac{(\Delta R_f-r_f-r_c)p_t-\dfrac{\Delta R_b-r_c}{\theta R_b}P_b}{k_f} \tag{6.20}$$

对比式(6.9)和(6.14)可以看出，内外法兰环连接鼓筒中圆柱壳对法兰环的约束不同，导致相同轴向拉力作用下两者对接框偏转角存在差别。外法兰环连接鼓筒对接框产生的偏转角较小。

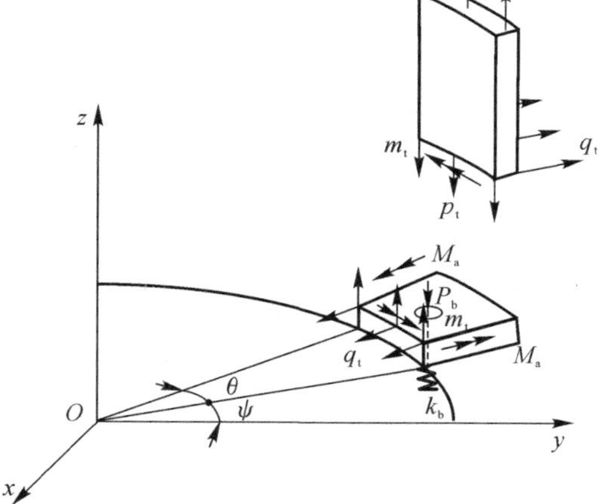

图 6.14　轴向拉力作用下外法兰鼓筒基本扇区受力

6.4.3 盘鼓对接面弯曲连接刚度

6.4.3.1 变形解析表达式推导

考虑到两侧鼓筒变形的对称性，下面仅讨论轮盘与右侧鼓筒之间的相对变形。基于有限元分析结果可知，弯矩 M 作用下鼓筒连接环的变形如图 6.15 所示，其受拉侧连接环发生偏转变形；受压侧连接环与轮盘紧密接触，未发生偏转。对应鼓筒法兰环偏转角 ψ^1，盘鼓对接面相对转角 Φ 可以表示成：

$$\Phi=\frac{\Delta R_{\mathrm{f}}}{2R_{\mathrm{s}}}\psi^1 \tag{6.21}$$

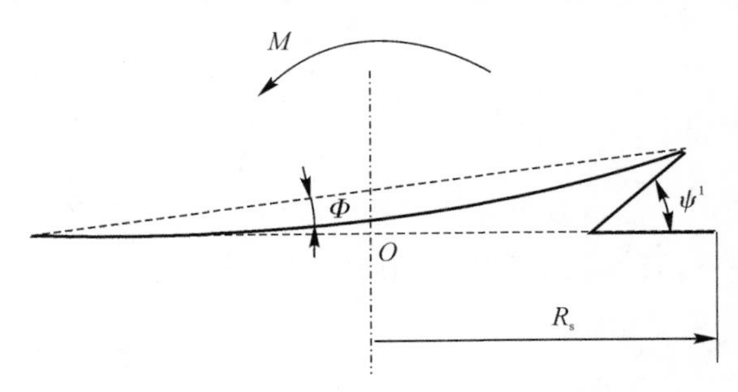

图 6.15 弯矩作用下鼓筒连接环偏转变形在弯矩作用面上的投影

因此，为了获得盘鼓连接弯曲刚度，需要首先确定鼓筒法兰环最大偏转角 ψ^1 的表达式。

为了简化分析，采用沿周向按余弦分布的轴向力 $F_{\mathrm{e}}=F_0\cos\varphi$ 来等效外加弯矩 M，如图 6.16 所示，其中 F_0 是单位弧长上的最大轴向力。等效轴向力的表达式可以写成：

$$F_{\mathrm{e}}=\frac{M}{\pi R_{\mathrm{s}}^2}\cos\varphi \tag{6.22}$$

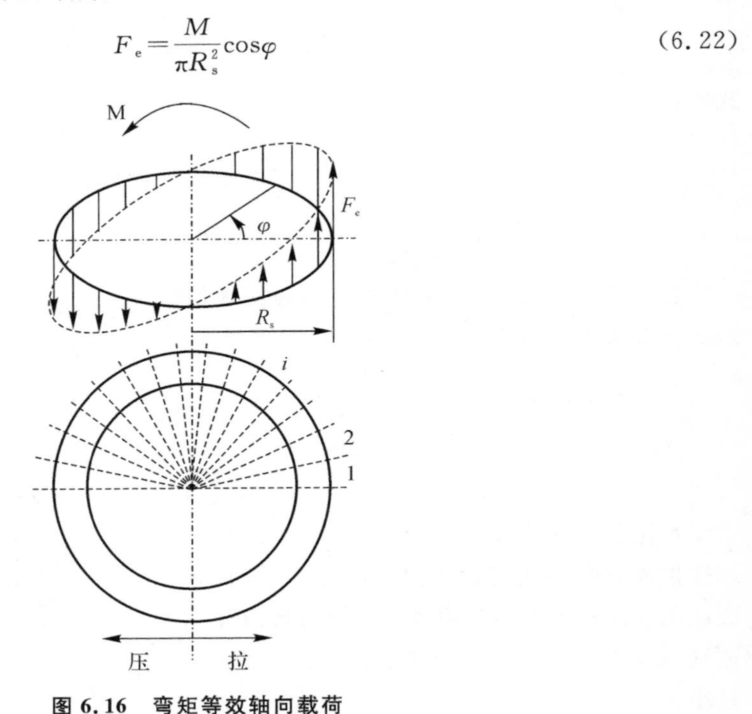

图 6.16 弯矩等效轴向载荷

鼓筒法兰环可以被分为若干，基本扇区如图 6.16 所示，每个扇区包含一个螺栓孔。将鼓筒分为法兰环和圆柱壳两部分，第 i 个基本扇区的受力情况如图 6.16 所示，设该基本扇区与最大轴向力 F_0 作用点的夹角为 φ。如图 6.16 所示，在一个基本扇区上作用有两类载荷，即内载荷和外载荷。单位弧长上外载荷对鼓筒法兰环内缘的合力矩可以表示为

$$m_{\mathrm{r}}^{\mathrm{i}}=p_{\mathrm{t}}^{\mathrm{i}}\Delta R_{\mathrm{f}}+q_{\mathrm{t}}^{\mathrm{i}}\frac{t_{\mathrm{f}}}{2}+m_{\mathrm{t}}^{\mathrm{i}}-P_{\mathrm{b}}^{\mathrm{i}}\frac{\Delta R_{\mathrm{b}}}{R_{\mathrm{s}}\sin\theta}+p_{\mathrm{c}}^{\mathrm{i}}r_{\mathrm{c}}^{\mathrm{i}} \tag{6.23}$$

式中：$p_{\mathrm{t}}^{\mathrm{i}}$，$q_{\mathrm{t}}^{\mathrm{i}}$ 和 $m_{\mathrm{t}}^{\mathrm{i}}$ 分别为柱壳和法兰环截面上的轴向力、切向力和弯矩。由柱壳轴向力平衡方程可得，$p_{\mathrm{t}}^{\mathrm{i}}=M\cos\varphi/\pi R_{\mathrm{s}}^2$。$q_{\mathrm{t}}^{\mathrm{i}}$ 和 $m_{\mathrm{t}}^{\mathrm{i}}$ 的表达式可由对接面连续性条件得出：

$$m_{\mathrm{t}}^{\mathrm{i}}=\frac{\nu\xi R_{\mathrm{s}}p_{\mathrm{t}}^{\mathrm{i}}-Et_{\mathrm{s}}\psi^{\mathrm{i}}}{2\xi^3R_{\mathrm{s}}^{\ 2}},\quad q_{\mathrm{t}}^{\mathrm{i}}=\frac{2\nu\xi R_{\mathrm{s}}p_{\mathrm{t}}^{\mathrm{i}}-Et_{\mathrm{s}}\psi^{\mathrm{i}}}{2\xi^2R_{\mathrm{s}}^{\ 2}} \tag{6.24}$$

忽略基本扇区径向截面上的内部剪切力，鼓筒法兰环与轮盘单位弧长上的法向接触力可以近似表示为 $p_{\mathrm{c}}^{\mathrm{i}}=P_{\mathrm{b}}^{\mathrm{i}}/R_{\mathrm{s}}\sin\theta-p_{\mathrm{t}}^{\mathrm{i}}$。

鼓筒法兰环的旋转使法兰环径向截面上产生一侧受拉、一侧受压的应力分布。这种应力分布形成了基本扇区径向截面上的内力弯矩 $M_{\mathrm{a}}^{\mathrm{i}}$，如图 6.17 所示。采用圆环理论，建立内力弯矩 $M_{\mathrm{a}}^{\mathrm{i}}$ 和偏转角 ψ^{i} 之间的关系：

$$M_{\mathrm{a}}^{\mathrm{i}}=\frac{EI_{\mathrm{r}}}{R_{\mathrm{f}}}\psi^{\mathrm{i}} \tag{6.25}$$

式中：$I_{\mathrm{r}}=t_{\mathrm{f}}^3(R_{\mathrm{o}}-R_{\mathrm{i}})/12$ 为法兰环径向截面的转动惯量。

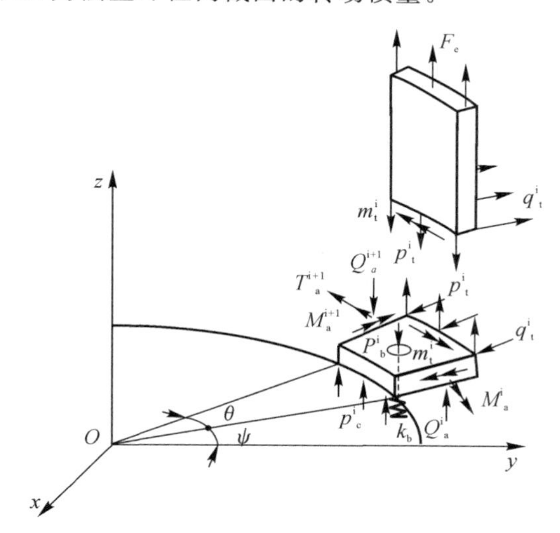

图 6.17　弯矩作用下鼓筒基本扇区受力图

由基本扇区的平衡方程和鼓筒法兰环变形关于弯曲平面对称的特性，可得 M_{a}^1 和 m_{r}^1 的关系式：

$$M_{\mathrm{a}}^1=\frac{m_{\mathrm{r}}^1R_{\mathrm{s}}}{k_{\mathrm{m}}} \tag{6.26}$$

式中：$k_{\mathrm{m}}=1+I_{\mathrm{p}}/[2(1+\mu)I_{\mathrm{r}}]$，$I_{\mathrm{p}}=t_{\mathrm{f}}(R_{\mathrm{o}}-R_{\mathrm{i}})^3/3+t_{\mathrm{f}}^3(R_{\mathrm{o}}-R_{\mathrm{i}})/12$，为法兰环径向截面对偏转中心的极转动惯量。

将 $p_{\mathrm{t}}^{\mathrm{i}}$，$q_{\mathrm{t}}^{\mathrm{i}}$，$m_{\mathrm{t}}^{\mathrm{i}}$ 和 $p_{\mathrm{c}}^{\mathrm{i}}$ 的表达式代入式(6.23)中，并将式(6.23)和式(6.25)中的上标 i 替换为 1，可以得到基本扇区 1(等效轴向力最大的扇区)中 M_{a}^1 和 m_{r}^1 的表达式。进一步将

M_a^1 和 m_r^1 的表达式代入式(6.26)中，整理得

$$\psi^1=\frac{(\Delta R_f+r_f-r_c^1)\dfrac{M}{\pi R_s^2}-(\Delta R_b-r_c^1)\dfrac{P_b^1}{R_s\sin\theta}}{k_m k_{f1}+k_{f2}} \tag{6.27}$$

式中：$k_{f1}=EI_r/R_fR_s$；$k_{f2}=Et_s(\xi t_f+2)/4\xi^3R_s^{\ 2}$；$r_f=\nu(\xi t_f+1)/2\xi^2R_s$。各组件间的接触力大小和分布随弯矩的加载而发生变化。相应地，式(6.27)中 r_c^1 和 P_b^1 的值也随着弯矩 M 的改变而变化。

6.4.3.2 解析模型接触参数确定

基于6.2节建立的有限元模型进行参数讨论，确定式(6.27)中的未知参数值。在不同预紧力和鼓筒半径条件下，r_c^1 和 P_b^1 的值随弯矩变化关系曲线分别如图6.18和6.19所示。从图中可以看出，变化曲线可以分为两个阶段。在弯矩较小的第一阶段，r_c^1 的值随着弯矩的增大近似线性减小，随后，当弯矩进一步增大时，r_c^1 的值基本保持不变。对应地，当弯矩较小时，螺栓约束力 P_b^1 保持不变。当弯矩值超过某一特定值后，约束力 P_b^1 随着弯矩线性增大。

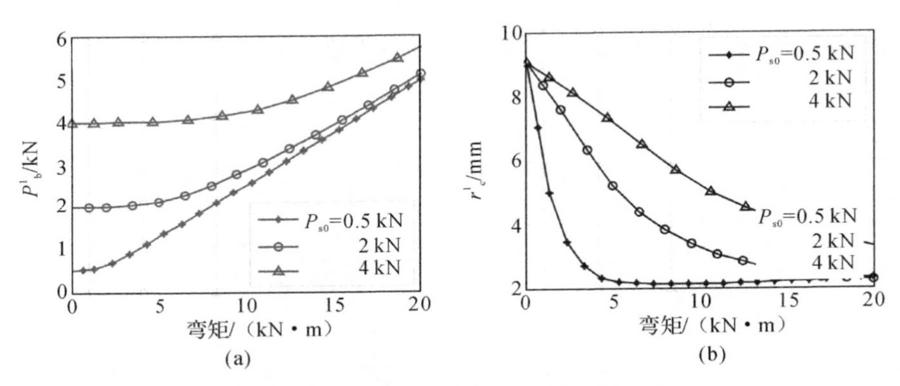

图 6.18 不同预紧力条件下参数变化规律

(a)P_b^1 vs. M；(b)r_c^1 vs. M

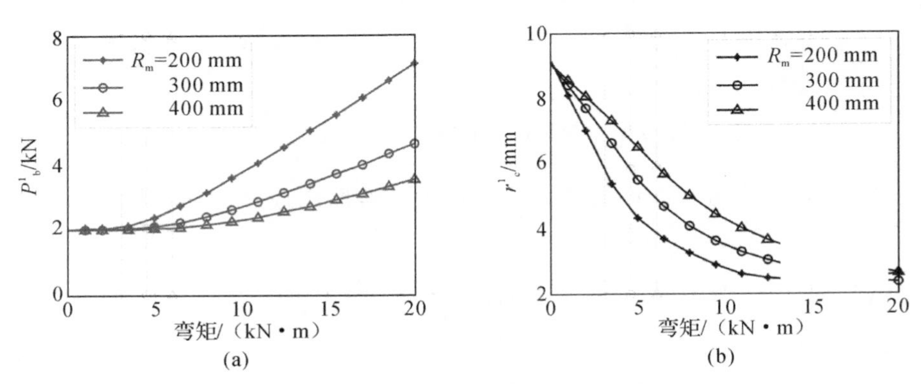

图 6.19 不同鼓筒半径条件下参数变化规律

(a)P_b^1 vs. M；(b)r_c^1 vs. M

由上述分析，将 P_b^1 和 r_c^1 随弯矩的变化近似为分段线性，并假设拐点出现在螺栓约束力开始增大的时刻。进一步，假设在拐点处第一基本扇区上的等效轴向力等于单个螺栓上所施加预紧力的 1/2，即 $p_t^1 = P_{b0}/2R_s\sin\theta$。相应地，拐点处外加弯矩的表达式可写为

$$M_0 = \frac{\pi R_s}{2\sin\theta} P_{b0} \tag{6.28}$$

在预紧力的作用下，轮盘和鼓筒接触力合力的作用点位于螺栓孔中心所在圆周上。预紧力的加载使受拉端合力作用点向外侧移动。当弯矩 $M = M_0$ 时，合力作用点移至螺栓孔边缘，即 $r_c^1 = \Delta R_b - r_h$。随着外加弯矩的进一步增大，r_c^1 继续减小直至稳定在 2 mm 左右。因此，假设第二阶段径向截面的旋转中心位于法兰环外缘，且有 $r_c^1 = 2$ mm。将 r_c^1 和 P_b^1 的值代入式(6.27)即可得到偏转角 ψ^1 的值。

6.4.3.3　弯曲刚度解析模型

将 $M = M_0$，$P_b^1 = P_{b0}$ 和 $r_c^1 = \Delta R_b - r_h$ 代入式(6.27)，即可得到拐点处法兰环最大偏转角 ψ_0^1。这里需要注意，在拐点处法兰环径向截面的偏转中心位于螺栓孔中心所在圆周上而非螺栓孔外缘对应的圆周上。当 $M = M_0$，螺栓尚未被拉伸。因此，此时式(6.23)中对接面相对偏转角可以表示为

$$\Phi_0 = \frac{(\Delta R_f - \Delta R_b + r_f - r_h)(\Delta R_f - \Delta R_b)}{4R_s^2 \sin\theta (k_m k_{f1} + k_{f2})} P_{b0} \tag{6.29}$$

因此，当 $M \leqslant M_0$ 时盘鼓连接弯曲刚度表达式为

$$K_{m1} = \frac{2\pi R_s^3 (k_m k_{f1} + k_{f2})}{(\Delta R_f - \Delta R_b + r_f - r_h)(\Delta R_f - \Delta R_b)} \tag{6.30}$$

当 $M > M_0$ 时，伴随着螺栓的拉伸，螺栓约束力开始增大。此时螺栓约束力可以表示为

$$P_b^1 = P_{b0} + k_b k_\theta \Delta R_b \psi^1 \tag{6.31}$$

式中：$k_b = E_b A_b / l_{be}$ 为螺栓拉伸刚度；$l_{be} = t_f + t_c/2$ 为螺栓的有效长度；$k_\theta = \theta_c/\theta_n$ 为一个基本扇区内螺栓约束区与约束区对应圆周角的比值。将式(6.31)中 P_b^1 的表达式代入式(6.27)中，进一步代入式(6.21)中，可以得到在第二阶段内对接面的相对偏转角：

$$\Phi_2^r = \frac{\Delta R_f \sin\theta}{2[R_s \sin\theta (k_m k_{f1} + k_{f2}) + k_b k_\theta \Delta R_b (\Delta R_b - r_c^1)]} \left[(\Delta R_f + r_f - r_c^1) \frac{M}{\pi R_s^2} - \frac{(\Delta R_b - r_c^1)}{R_s \sin\theta} P_{b0} \right] \tag{6.32}$$

其中：$r_c^1 = 2$ mm。需要和注意是式(6.32)中的相对偏转角 Φ_2^r 未包括第一阶段预紧力引起的偏转角，因此不能表示预紧力和弯矩共同作用下对接面相对偏转角的真实值。然而，因为在计算弯曲刚度时，只需要知道偏转角的相对值，所以式(6.32)中的 Φ_2^r 表达式可以用来计算第二阶段的弯曲刚度，即 $K_{m2} = (M - M_0)/[\Phi_2^r(M) - \Phi_2^r(M_0)]$。把式(6.32)中的 Φ_2^r 表达式代入 K_{m2} 的表达式中，即可得到 $M > M_0$ 时盘鼓连接弯曲刚度的表达式：

$$K_{m2} = \frac{2\pi R_s^2 [R_s \sin\theta (k_m k_{f1} + k_{f2}) + k_b k_\theta \Delta R_b (\Delta R_b - r_c^1)]}{\Delta R_f \sin\theta (\Delta R_f + r_f - r_c^1)} \tag{6.33}$$

考虑到弯矩 M 与相对偏转角 Φ 的单调对应关系，可以用偏转角的变化来区分弯曲刚度的两个线性阶段，即：

$$K_{m}=\begin{cases}K_{m1}, & |\Phi|\leqslant\Phi_{0}\\ K_{m2} & |\Phi|>\Phi_{0}\end{cases} \tag{6.34}$$

式中：Φ_0、K_{m1} 和 K_{m2} 的值分别由式(6.28)、式(6.29)和式(6.32)给出。

对于外法兰连接鼓筒，弯矩作用下盘鼓对接面的变形和刚度推导过程与内法兰连接结构类似，只是圆柱壳对外法兰连接结构的约束形式与内法兰不同，具体参见 6.4.2.3 小节，这里不赘述。

6.4.4　解析模型验证

图 6.20 和 6.21 所示为盘鼓对接面轴向和弯曲刚度解析表达式与有限元模型的计算结果的对比。从图中可以看出，解析模型与有限元模型的计算结果吻合较好，从而验证了解析模型的正确性。

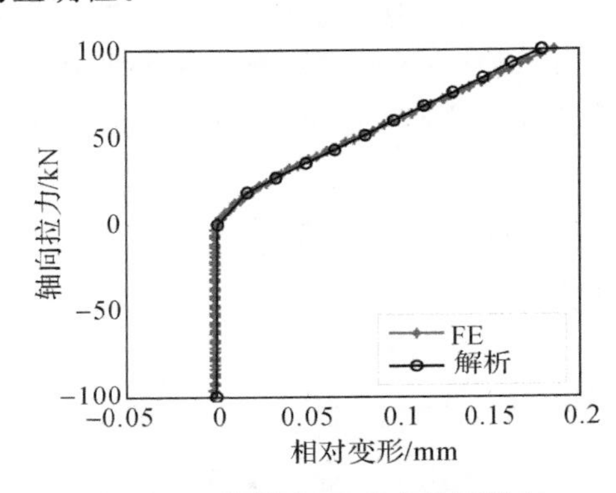

图 6.20　预紧力 5 kN 条件下轴向刚度解析模型与数值模型对照

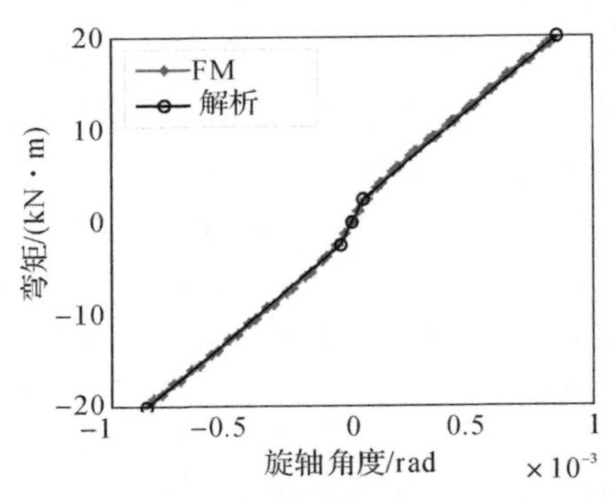

6.21　预紧力 2 kN 条件下弯曲刚度解析模型与数值模型对照

6.5　连接边界对鼓筒动特性影响分析

6.5.1　螺栓连接鼓筒动力学模型

基于前面提出的盘鼓连接刚度解析模型，通过非线性弹簧单元 Combin39 和可模拟拉-压单边杆单元 Link10 模拟盘鼓对接面处的连接刚度，建立盘鼓组合结构非接触有限元模型，如图 6.22(a)所示。图 6.22(b)为对应的含各组件接触对的接触有限元模型[在图 6.22(a)中，为了便于观察盘鼓结合面上的弹簧单元，认为增大了轮盘和鼓筒间的轴向距离]。为了与定义接触模型区别，将本书建立的盘鼓组合结构非线性模型称为非接触模型。当采用非接触模型进行盘鼓组合结构力学特性分析时，不需要进行迭代求解判断接触状态，从而极大地提高了计算效率。下面详细说明非接触模型的建模思路及过程。

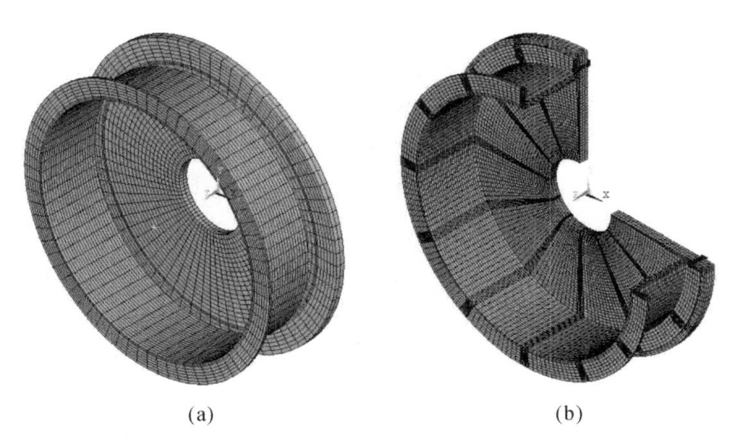

(a)　　(b)

图 6.22　盘鼓组合结构有限元模型

(a)弹簧连接非接触有限元模型;(b)接触有限元模型

首先简单说明 Combin39 弹簧单元的属性。Combin39 弹簧单元是一个能够表征图 6.23 所示非线性力-位移关系的单轴弹簧单元。该单元可用于一维、二维和三维模型中模拟轴向或扭转连接刚度。模拟轴向连接刚度时,单元每个节点具有 3 个自由度,即沿节点坐标系 X,Y,Z 的平动,不考虑弯曲和扭转;模拟扭转连接刚度时,每个节点同样具有 3 个自由度,即绕节点坐标轴 X,Y,Z 的转动,不考虑弯曲和轴向荷载。使用该单元时,可通过实常数定义由小到大的若干离散的力-位移坐标点,从而实现对非线性连接刚度的模拟。需要说明的是,Combin39 弹簧单元定义的力-位移关系曲线必须通过坐标原点,且只能在 1、3 象限,可以模拟压缩刚度为零的情况,但不能定义拉伸刚度为零。

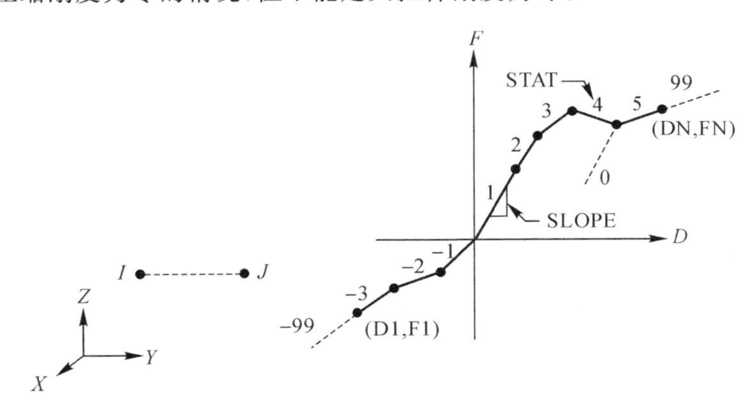

图 6.23　Combin39 弹簧单元非线性力-位移关系示意图

Link10 杆单元具有双线性刚度矩阵特性,使其可以模拟轴向仅受拉或仅受压单元,如图 6.24 所示。当使用 Link10 单元时,须定义杆的横截面积,且 Link10 单元两端的节点不能重合。当确定 Link10 单元横截面积时,首先定义弹性模量 E,进一步可以根据需要施加的刚度 K 以及两节点间的距离 L 计算得到 Link10 单元所需定义的横截面积 $A=KL/E$。

在非接触模型中,采用 Link10 杆单元模拟盘鼓组合界面间的接触刚度,该刚度只在受到压力时才存在，拉伸状态下接触刚度为 0。

由第 4 章的推导可知，盘鼓组合界面轴向和弯曲刚度解析模型中计入了连接环的变形的影响，因此在图 6.22 所示的非接触模型中，模拟鼓筒时去掉连接环，通过圆柱壳截面上的节点与轮盘上的对应节点定义弹簧和杆单元模拟盘鼓连接。模拟螺栓拉伸刚度的 Combin39 单元定义在柱周向均布的各螺栓位置的对应节点间，模拟盘鼓接触刚度的 Link10 单元定义在周向所有对应节点间。

这里需要说明的是，在非接触模型中，鼓筒和轮盘均采用实体单元建模。实体单元只具有平动自由度，而无转动自由度。因此，鼓筒和轮盘对应节点间仅定义轴向拉伸（螺栓）或压缩（接触）刚度，但并没有直接建立弯曲刚度模拟单元，而是通过沿周向和径向分布的若干轴向弹簧模拟盘鼓组合界面的弯曲刚度。当盘鼓组合结构受到弯矩作用时，各径向截面内弹簧单元受到的载荷不同、产生的变形也不相同，组合界面会产生相应的弯曲变形。

在模型中，设定 Combin39 抗压刚度为零，只承受拉力，参照解析模型，通过实常数定义拉伸状态下的分段线性力-位移关系；相应地，设定 Link10 为单边受压。在使用 Link10 单元时需要定义弹性模量、长度和横截面积。这里选用盘鼓结构的弹性模量作为 Link10 的弹性模量，取鼓筒连接环厚度作为 Link10 的长度，依据盘鼓压缩刚度，计算 Link10 的截面积，并通过实常数赋值。

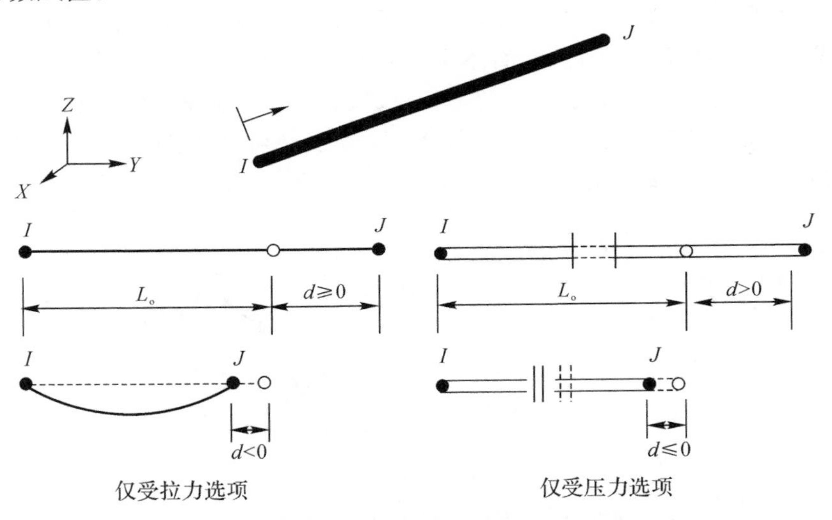

图 6.24　Link10 杆单元仅受拉或仅受压力学特性示意图

6.5.2　螺栓连接鼓筒静力分析

为了验证非接触模型的合理性和计算效率，分别对接触模型和非接触模型施加轴向力和弯矩的循环载荷，对比两类模型的分析结果和计算时间。两类模型的边界条件完全相同，模型右侧轮盘外缘固定，幅值分别为 50 kN 和 50 kN・m 的弯矩，施加在鼓筒左侧端面中心定义的主节点上。此外，对于接触模型，加载外载荷前，对每个螺栓施加 5 kN 的预紧力；而对于非接触模型，依据 5 kN 预紧力计算连接弹簧刚度，并赋值。

在轴向拉力和弯矩作用下，两类模型的变形云图分别如图 6.25 和 6.26 所示。两类模型算得盘鼓对接面上的力-位移关系如图 6.27 所示。从图中可以看出，非接触模型求得的力-位移关系为分段线性，且与接触有限元模型的计算结果吻合较好，最大误差小于 5%，见表6.3。

表 6.3 非接触模型与接触模型计算精度对比

	轴向刚度/($kN\cdot mm^{-1}$)			弯曲刚度/($kN\cdot m^{-1}$)	
	压力段	小拉力段	大拉力段	小弯矩段	大弯矩段
接触模型	2.73×10^5	1.23×10^3	484	6.32×10^4	2.32×10^4
非接触模型	2.66×10^5	1.17×10^3	499	6.28×10^4	2.21×10^4
误差/(%)	2.56	6.88	3.14	0.93	6.74

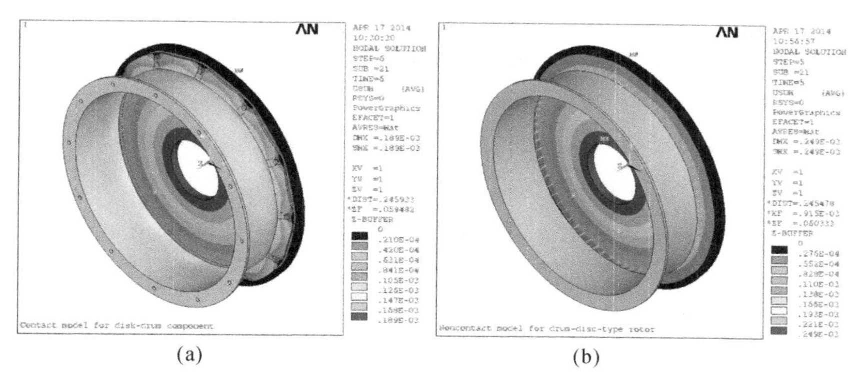

(a) (b)

图 6.25 轴向力作用下两类模型变形云图

(a)接触模型盘鼓组合结构变形；(b)非接触模型盘鼓组合结构变形

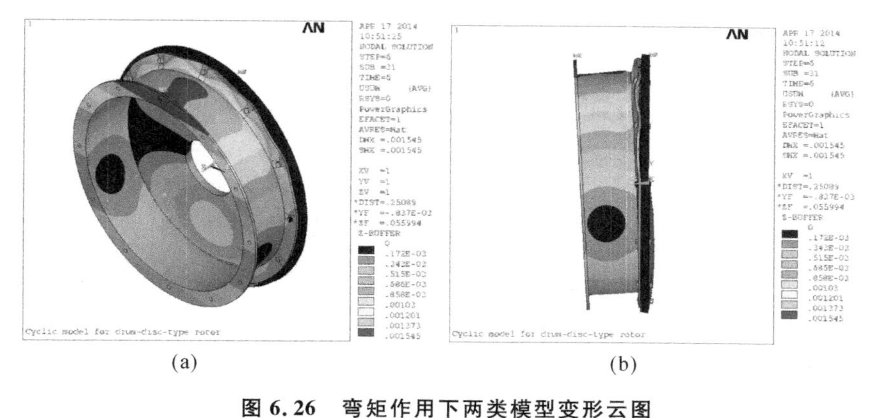

(a) (b)

图 6.26 弯矩作用下两类模型变形云图

(a)接触模型盘鼓组合结构变形；(b)非接触模型盘鼓组合结构变形

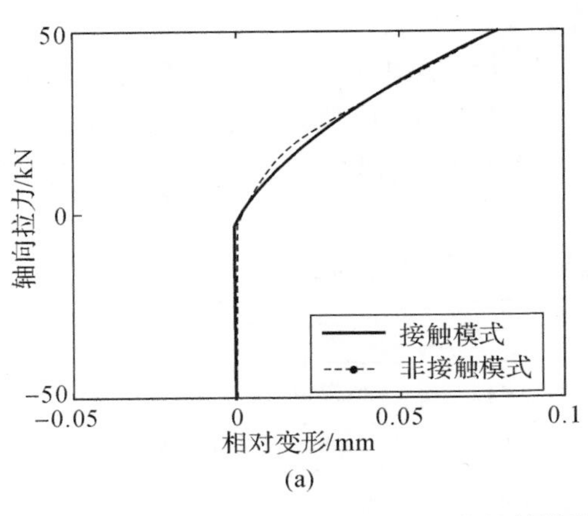

(a)

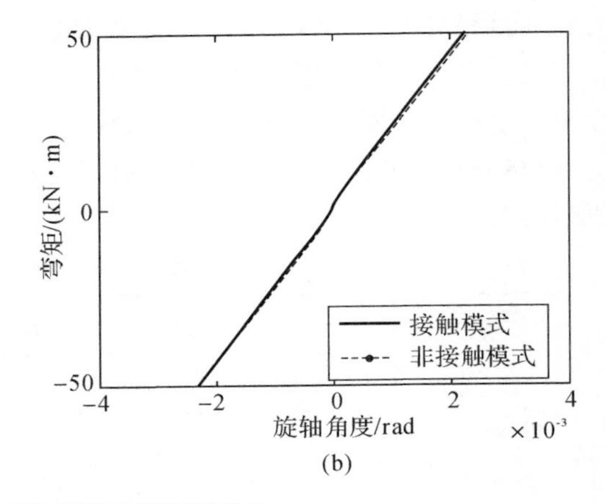

(b)

图 6.27 非接触模型与接触模型分析结果对比

(a)轴向力作用下力-位移关系;(b)弯矩作用下力-位移关系

表 6.4 中列出了不同载荷条件下两类模型的求解时间,可以看到轴向力和弯矩作用下接触模型的计算时间分别是非接触模型的 69 倍和 130 倍。非接触模型的计算效率远远高于接触模型,更适于工程应用。实际上,当分析对象结构形式复杂、存在多个组合面时,采用接触模型进行迭代求解需要耗费大量的时间,甚至是不可能的。这种情况下,本书提出的非接触模型可以极大缩短计算时间。

表 6.4 非接触模型与接触模型计算耗时对比

模型类型	节点数	单元数	计算耗时/s	
			循环轴力作用	循环弯矩作用
接触模型	294 457	675 85	$1.168\ 7\times10^5$	$2.570\ 1\times10^5$
非接触模型	27 145	8 293	1.682×10^3	1.968×10^3

6.6 本章小结

本章研究了鼓筒连接边界条件及其对鼓筒动特性的影响,基于非线性有限元分析,运用弹性理论推导了盘鼓组合界面连接刚度解析模型,进一步采用非线性弹簧单元模拟盘鼓连接刚度,提出了不含接触单元的盘鼓连接非线性有限元模型,对比了本报告提出的非接触盘鼓有限元模型与经典接触有限元模型分析结果。通过研究,得到以下结论:

(1)盘鼓组合界面轴向刚度和弯曲刚度随载荷大小发生变化,会在盘鼓组合结构中引入连接非线性。

(2)在轴向和弯曲载荷作用下,盘鼓对接面的摩擦阻尼特性可忽略不计。

(3)由于盘鼓间的单边约束特性，盘鼓组合界面的轴向压缩刚度远大于轴向拉伸刚度，可将盘鼓组合结构轴向力-位移关系曲线近似处理为分段线性函数。

(4)盘鼓组合界面的弯曲刚度同样可近似视为分段线性函数，当外加弯矩较小时弯曲刚度较小，当弯矩大于某一特定值时弯曲刚度快速增大，并保持不变。

(5)通过在盘鼓对接面间定义非线性弹簧单元和杆单元，可以模拟盘鼓对接面的轴向和弯曲非线性刚度特性，而无需在盘鼓对接面定义接触单元。

(6)非接触模型计算结果与接触模型计算结果吻合较好，而且计算效率可提高 60 倍以上，便于工程应用。

第7章　考虑螺栓紧固不均的盘鼓组合结构动力学分析

7.1　结构描述

高压涡轮盘鼓组件主要由高压涡轮盘(不带叶片)、篦齿盘和鼓筒通过周向均匀分布的24颗M10长螺栓进行连接,如图7.1所示。

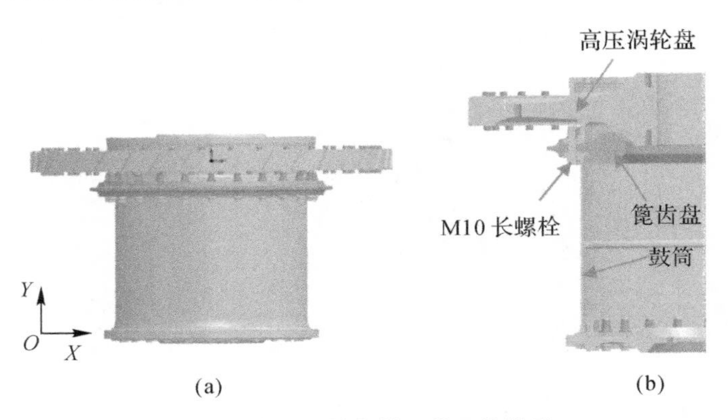

图7.1　高压涡轮盘鼓组件三维模型

(a)正视图;(b)剖视图

考虑转速 N=18 800 r/min时产生的离心力载荷作用,进行三种连接状态下高压涡轮盘鼓组件静动特性研究分析,主要包括整体结构的变形、模态及响应。

将涡轮盘和鼓筒连接的螺栓作为影响因素,设置理想简化、螺栓连接刚度均匀和螺栓连接刚度不均匀三种状态:

(1)理想简化:不考虑紧固效应,视为两面直接绑定在一起。

(2)螺栓连接刚度均匀:周向分布的螺栓预紧力矩均为70 N·m,按10.9强度等级换算成预紧力 F=35 000 N。

(3)螺栓连接刚度不均匀:螺栓预紧力矩中值为70 N·m,按正弦曲线波动,10%幅值。

状态设置及螺栓编号,如图7.2所示。

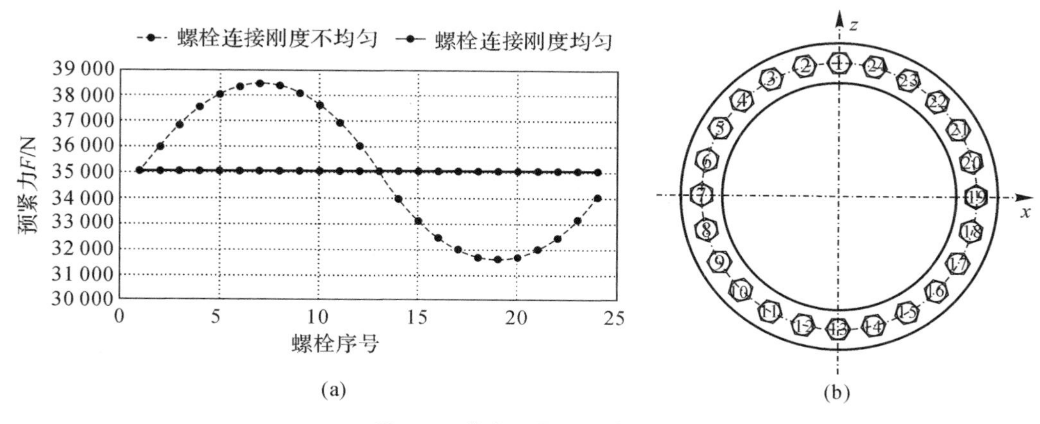

图7.2　状态设置及螺栓编号

(a)状态设置;(b)螺栓编号

7.2　有限元建模

1. 材料参数

由于盘鼓结构件的结构复杂,且孔、倒角等结构较多,采用板单元等来划分较为不便,所以采用Solid186实体单元来对整体进行网格划分。材料为45号钢,调制处理,其材料参数见表7.1。

表7.1　材料参数表

密度/($kg \cdot m^{-3}$)	杨氏模量/GPa	泊松比
7 890	209	0.269

2. 模型简化

由于在模型中,螺栓连接的表示无法与真实件相同,所以存在一定的干涉问题。在仿真中,考虑使用简化螺栓来替代标准螺栓模型,计算其位移及应力。根据基于ANSYS Workbench螺栓连接不同建模方法的有限元分析中的研究结果,采用实体单元无螺纹的方式来简化螺栓,不考虑螺纹接触,如图7.3所示。

图7.4为螺栓剖视示意图,简化的螺栓杆为无螺纹圆柱,半径为10 mm。简化后的螺母为内径为10 mm的带有一个平面的圆筒,且简化后螺栓头端面与螺母的相对距离不变。

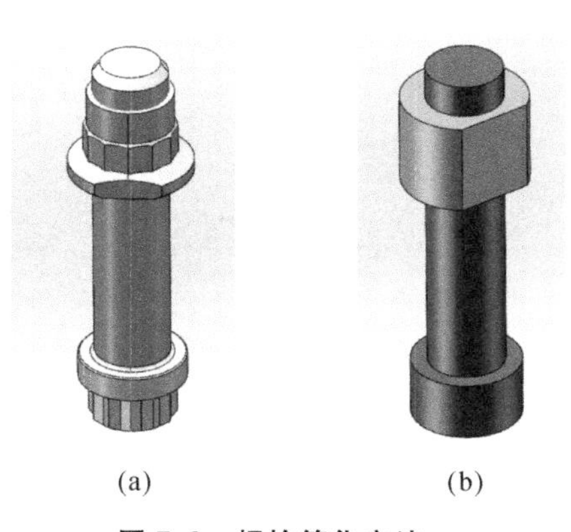

图7.3　螺栓简化方法

(a)标准螺栓;(b)简化螺栓

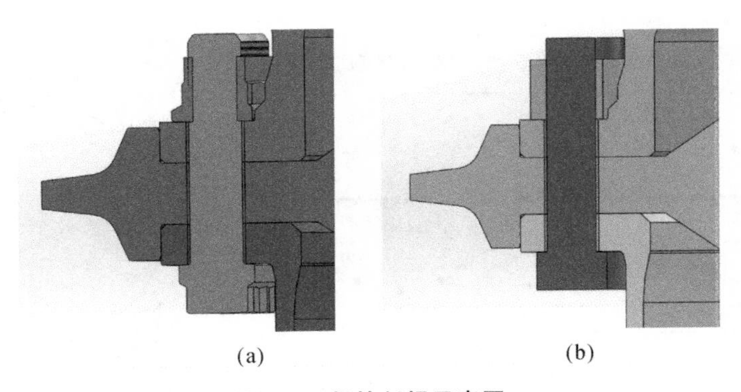

(a) (b)

图 7.4 螺栓剖视示意图

(a)螺栓连接剖视;(b)简化螺栓连接剖视

将简化螺栓与简化螺母之间设为绑定接触,其余部分均设为摩擦接触,摩擦因数为 0.15,如图 7.5 所示。

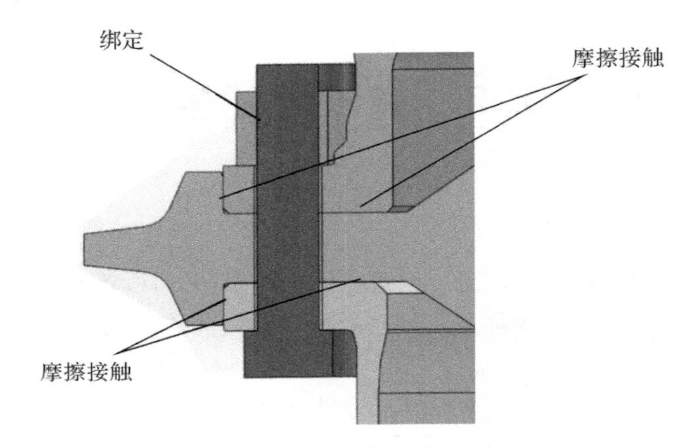

图 7.5 螺栓连接接触设置

将模型全部导入 Workbench 中,并将部件间设为摩擦接触,如图 7.6 所示,摩擦因数为 0.15。划分完网格后,共有 211 761 个单元,371 593 个节点,如图 7.7 所示。

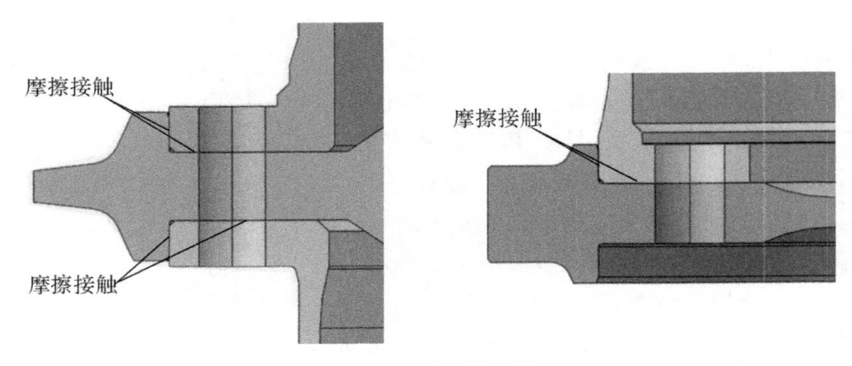

图 7.6 摩擦接触设置面

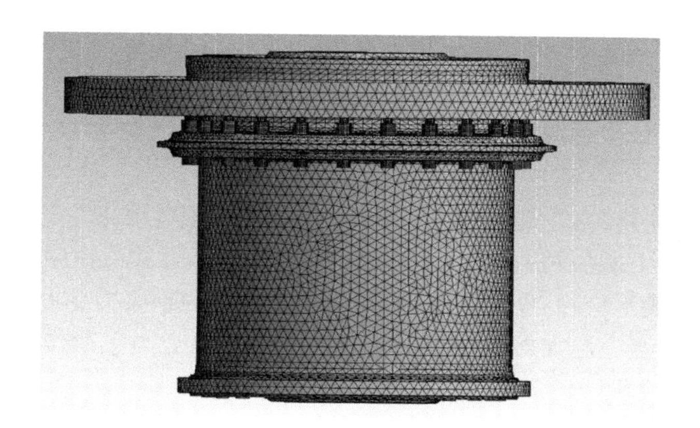

图 7.7 网格划分

3. 接触设置

(1)理想简化:所有接触面均采用线性的绑定接触。

(2)螺栓连接刚度均匀:高压涡轮盘、篦齿盘以及鼓筒连接处设置为非线性摩擦接触,摩擦因数设置为 0.2,其余连接部分设置为线性绑定接触。

(3)螺栓连接刚度不均匀:高压涡轮盘、篦齿盘以及鼓筒连接处设置为非线性摩擦接触,摩擦因数设置为 0.2,其余连接部分设置为线性绑定接触。

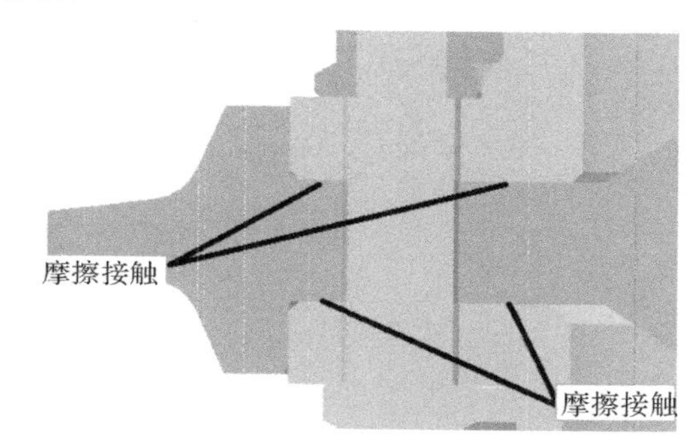

图 7.8 接触设置

接触设置如图 7.8 所示。

4. 约束条件

根据试验条件设置约束,如图 7.9 所示,将 2 个圆柱面所有节点分别耦合到 2 个主节点上,采用远端位移约束,只释放绕 Y 轴转动的自由度,约束住其他 5 个自由度。

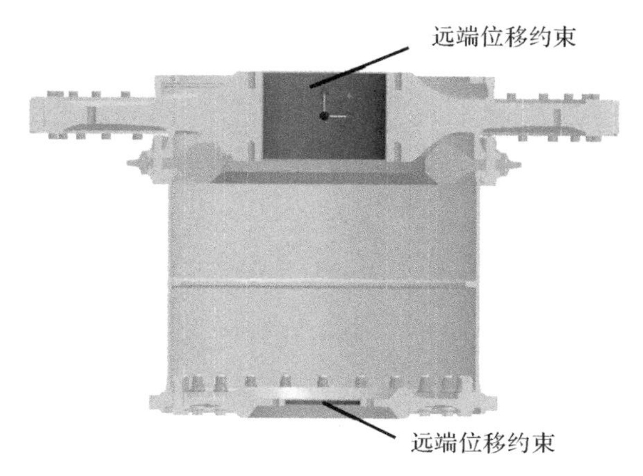

图 7.9 约束条件

5. 力载荷加载

采用梁单元模拟实体螺栓，在梁单元上施加预紧力。

(1)理想简化：设置 1 个载荷步，直接在高压涡轮盘上施加转速 18 800 r/min 来模拟离心力载荷作用。

(2)螺栓连接刚度均匀：设置 2 个载荷步，先施加均匀预紧力 $F=35\ 000$ N，将预紧力值锁死并在高压涡轮盘上施加转速 18 800 r/min 来模拟离心力载荷作用。

(3)螺栓连接刚度不均匀：设置 2 个载荷步，先施加均匀预紧力 $F=3\ 5000$ N，将预紧力值锁死并在高压涡轮盘上施加转速 18 800 r/min 来模拟离心力载荷作用。

力载荷加载设置如图 7.10 所示。

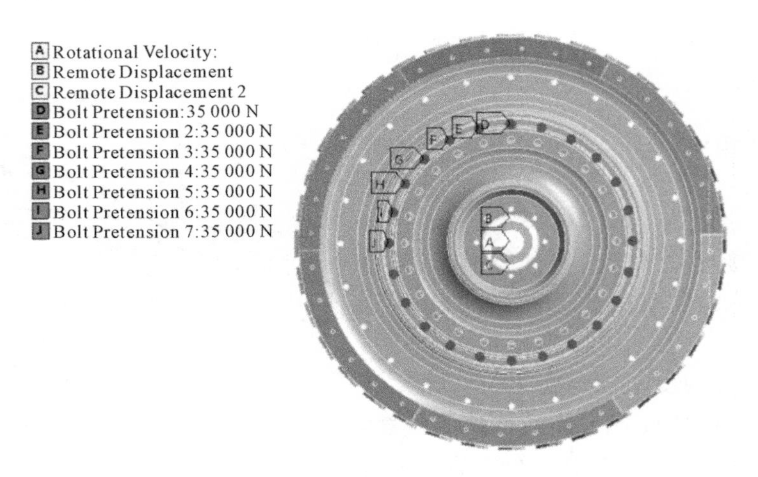

图 7.10　力载荷加载设置

对整体施加 5 000 r/min 的转速，并约束涡轮盘与底座沿轴向的位移，如图 7.11 和图 7.12 所示。

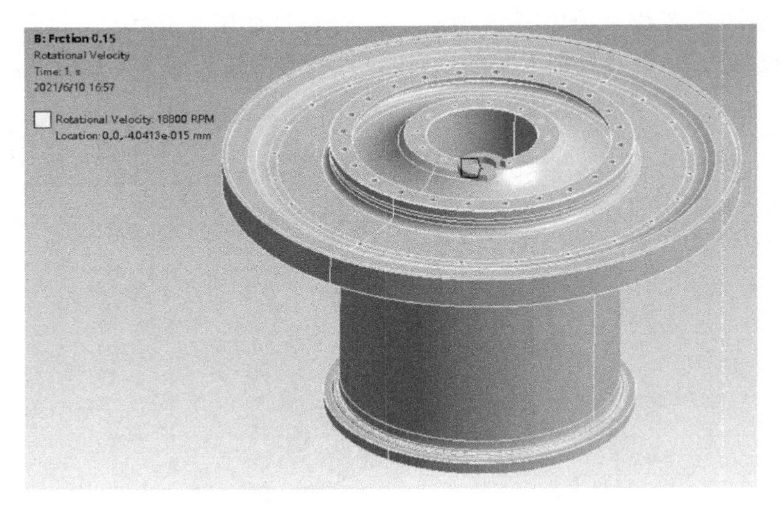

图 7.11　转速施加

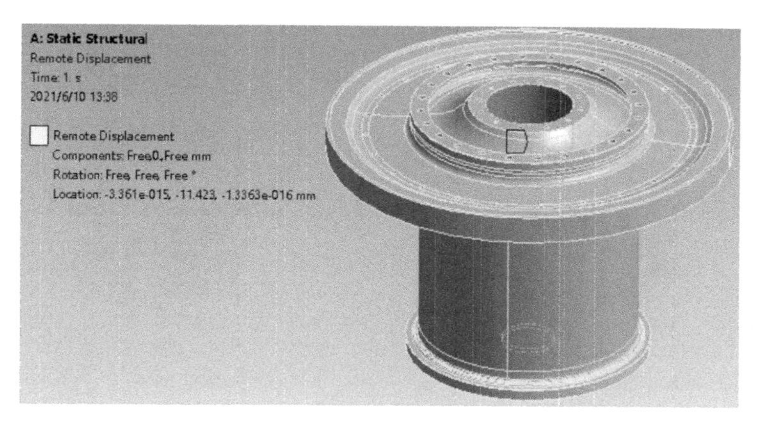

图 7.12　轴向位移约束

7.3　模态分析

将静力学结果引入模态分析模块，开展带预应力的高压涡轮盘鼓组件的模态分析，采用兰索斯法截取前 12 阶固有频率，见表 7.2。相比于理想简化状态，螺栓连接均匀固有频率有明显的下降，而螺栓连接均匀与不均匀状态固有频率基本没有变化。列出前 12 阶振型图，如图 7.13 所示。

表 7.2　高压涡轮盘鼓组件的前 12 阶固有频率

阶次	固有频率/Hz			
	理想简化	螺栓连接均匀	螺栓连接不均匀	差值(均匀－简化)
1	23.572	12.602	12.603	－10.97
2	632.55	629.98	629.97	－2.57
3	675.15	660.48	660.43	－14.67
4	679.98	664.92	664.85	－15.06
5	809.52	769.1	769	－40.42
6	813.46	772.62	772.35	－40.84
7	1 151.2	1 107.5	1 107.4	－43.7
8	1 154.2	1 109.6	1 109.5	－44.6
9	1 449.1	1 291.5	1 289.2	－157.6
10	1 605.3	1 452.7	1 452.5	－152.6
11	1 607.2	1 542.9	1 542.6	－64.3
12	1 651.5	1 543.9	1 543.6	－107.6

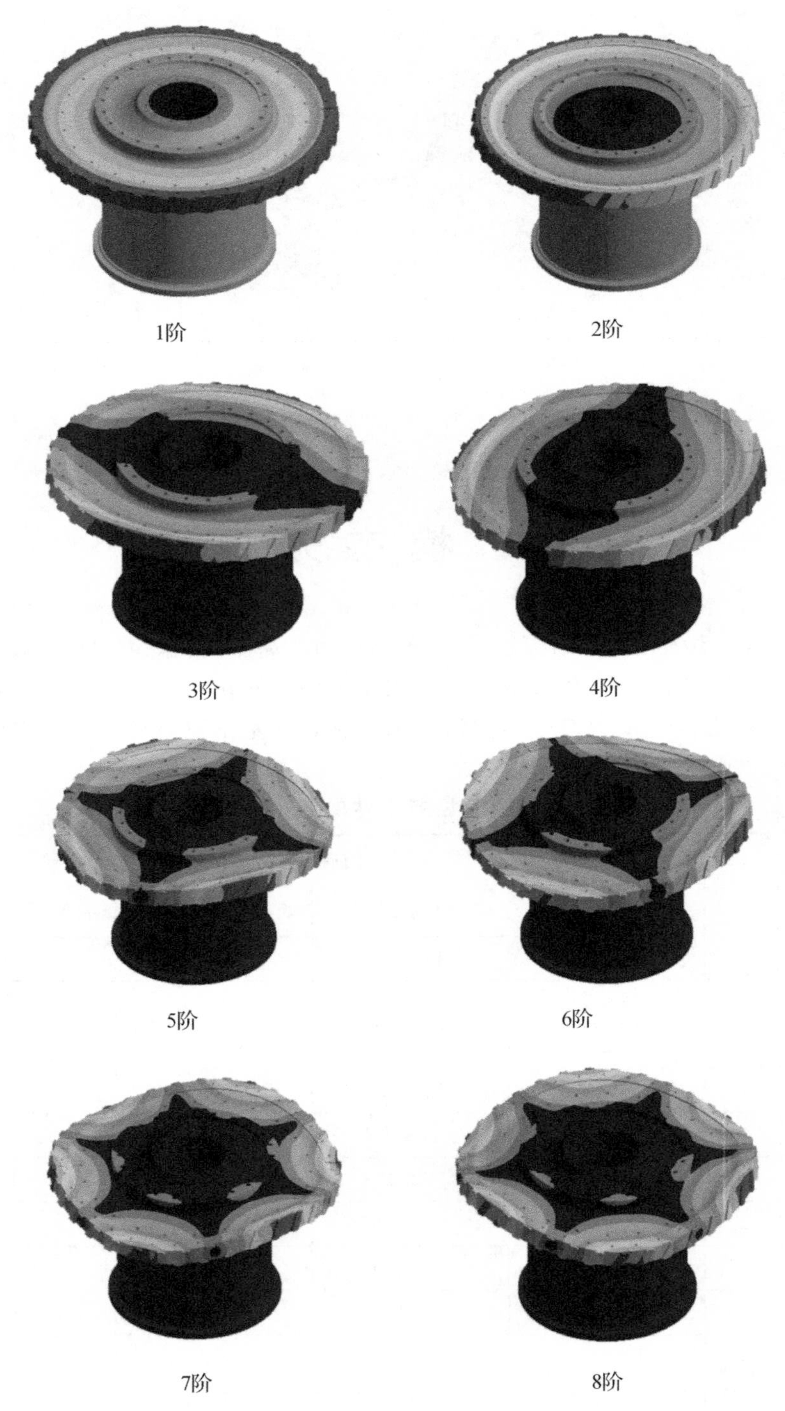

图 7.13 高压涡轮盘鼓组件前 12 阶振型图

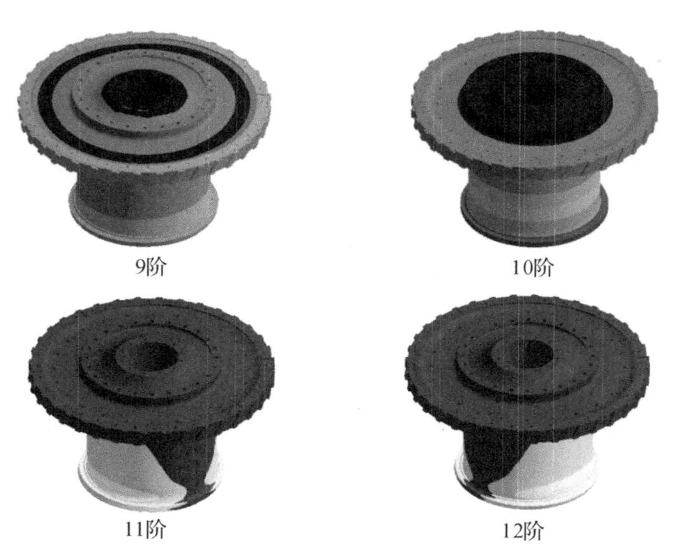

续图 7.13　高压涡轮盘鼓组件前 12 阶振型图

7.4　振动响应仿真分析

7.4.1　激振力与拾振点设置

激振力幅值为 1 000 N，作用在图 7.14 所示圆环面，方向为 Y 向；扫频区间设置为 0～600 Hz，扫频次数设置为 120 次，拾振点 1 位于 1＃螺栓靠近鼓筒连接处，坐标为（－11.15，－66，176.43）。拾振点 2 位于连接鼓筒表面，坐标为（－7.24，－234.72，165.84）。除了放开远端约束 2 的 Y 向位移外，约束条件其余设置与静力学仿真一致，不再赘述。

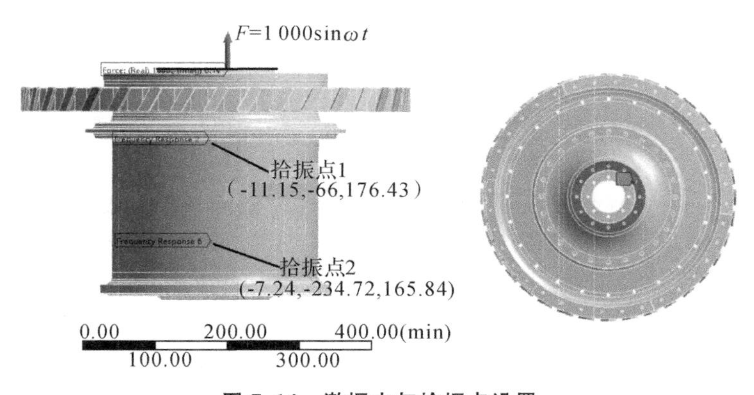

图 7.14　激振力与拾振点设置

7.4.2 结果分析

7.4.2.1 振动位移分析

提取拾振点 1 和拾振点 2 的 Y 向振动位移频响曲线，如图 7.15、图 7.16 所示。可以看出，相比较于理想简化状态，考虑螺栓连接的高压涡轮盘鼓组件共振位移减小。在螺栓连接刚度均匀和不均匀状态下，拾振点 1 Y 向和拾振点 2 Y 向振动位移频响曲线基本吻合。

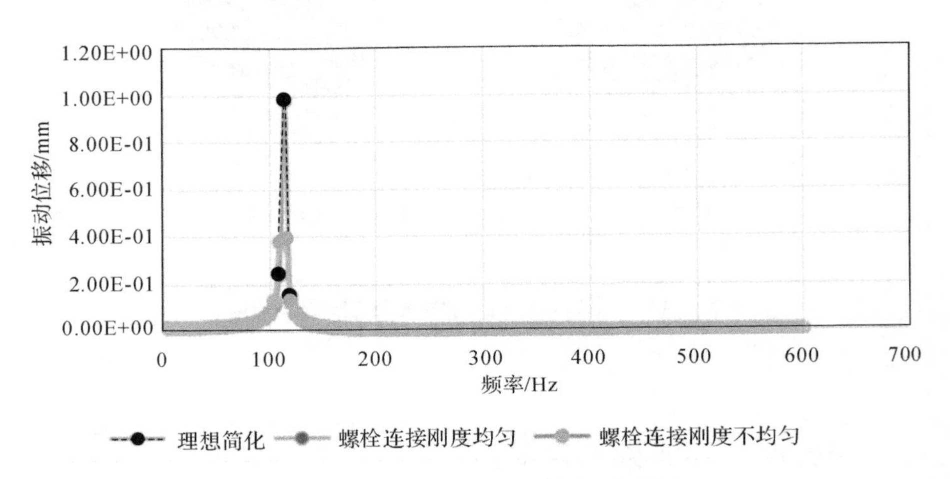

图 7.15 拾振点 1 Y 向振动位移频响曲线

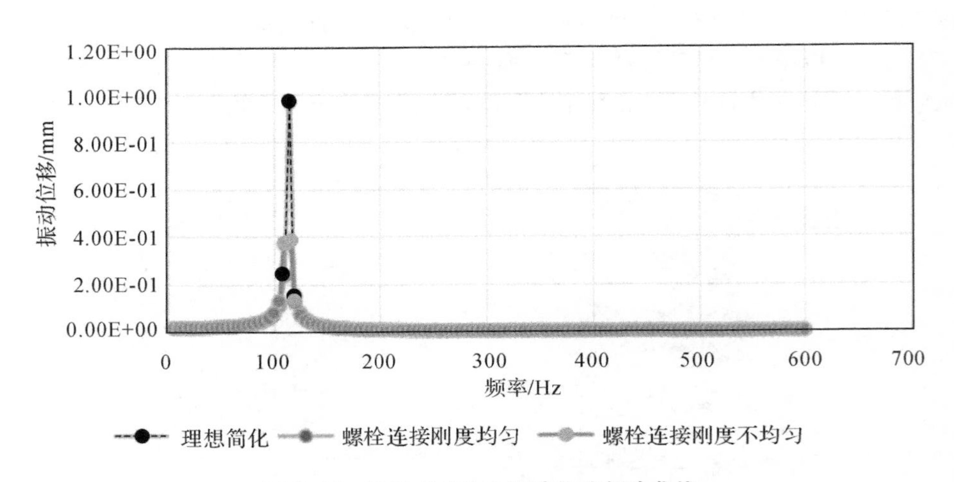

图 7.16 拾振点 2 Y 向振动位移频响曲线

7.4.2.2　动态变形分析

通过分析离心力载荷作用三种连接状态下高压涡轮盘鼓组件的总体变形云图(见图 7.17)可知,螺栓连接相比于理想简化状态,总体变形有 0.01 mm 的增加,变形趋势基本保持不变。

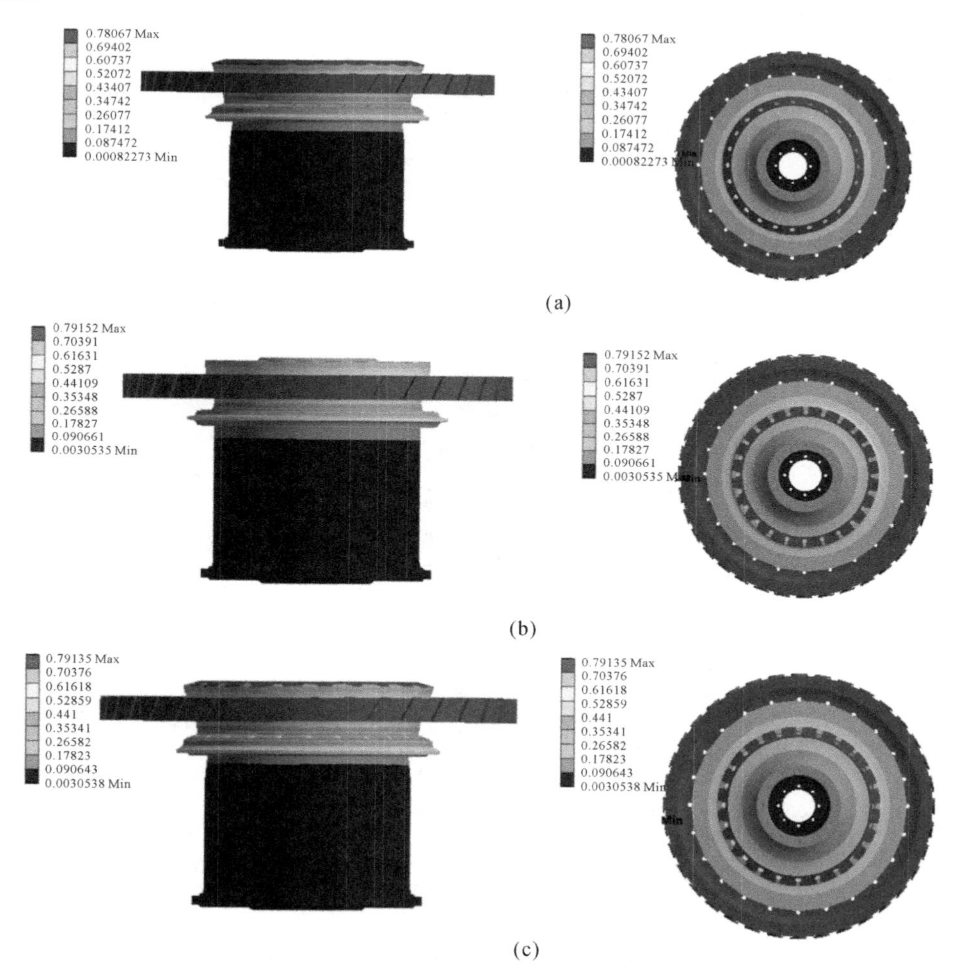

图 7.17　离心力载荷作用三种连接状态下高压涡轮盘鼓组件的总体变形

(a)理想简化;(b)螺栓连接刚度均匀;(c)螺栓连接刚度不均匀

7.4.2.3　考虑离心力与螺栓预紧力的分析结果

图 7.18 为涡轮盘、篦齿盘和鼓筒的连接螺栓剖视图,当转速较高时,由于离心力和干扰力的共同作用,涡轮盘、篦齿盘与鼓筒的理论位移量并不相同,在螺栓连接处的变形不协调,可能导致螺栓处的应力过大。

在试验件的旋转试验中,来自叶片的轴向拉力无法施加。因此为了模拟试验件的试验情况,在计算中暂不考虑来自叶片的 20 t 拉力,仅考虑螺栓的预紧力作用。8.8 级螺栓的屈服强度为 640 MPa，取螺栓预紧力为屈服强度的 80%，即 512 MPa，并将预紧力施加在螺栓上，螺栓直径为 10 mm，计算可知所需拉力为 40 212 N。螺栓预紧力施加如图 7.19 所示。

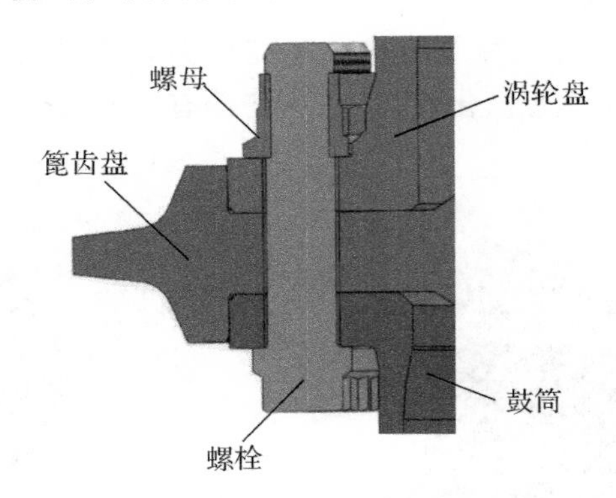

图 7.18　危险螺栓剖视图

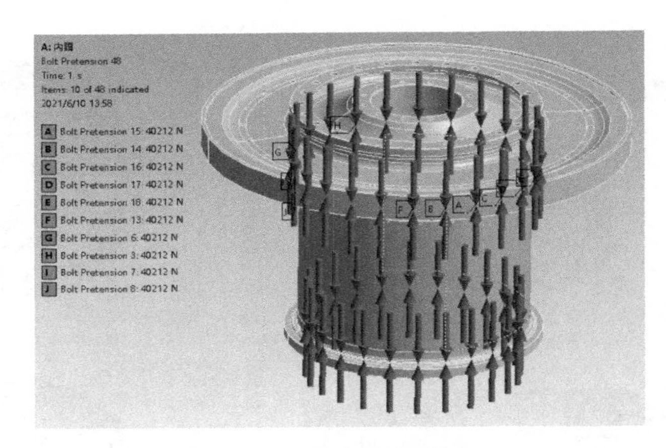

图 7.19　螺栓预紧力施加

整体位移场与应力场分别如图 7.20 和图 7.21 所示。

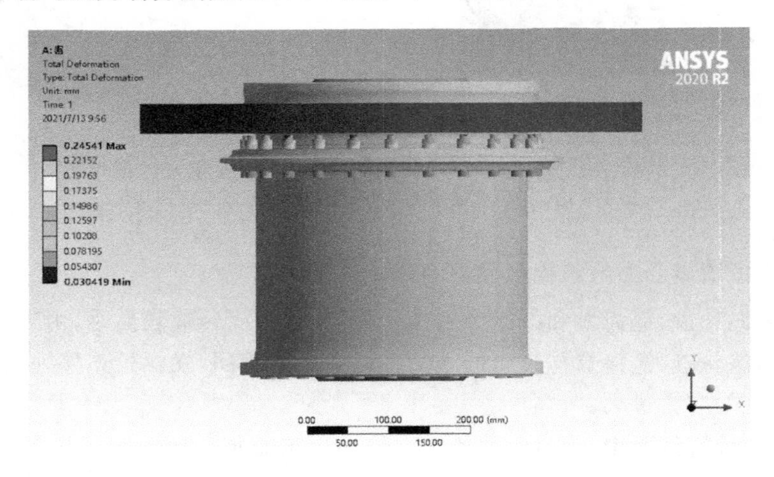

图 7.20　整体位移场

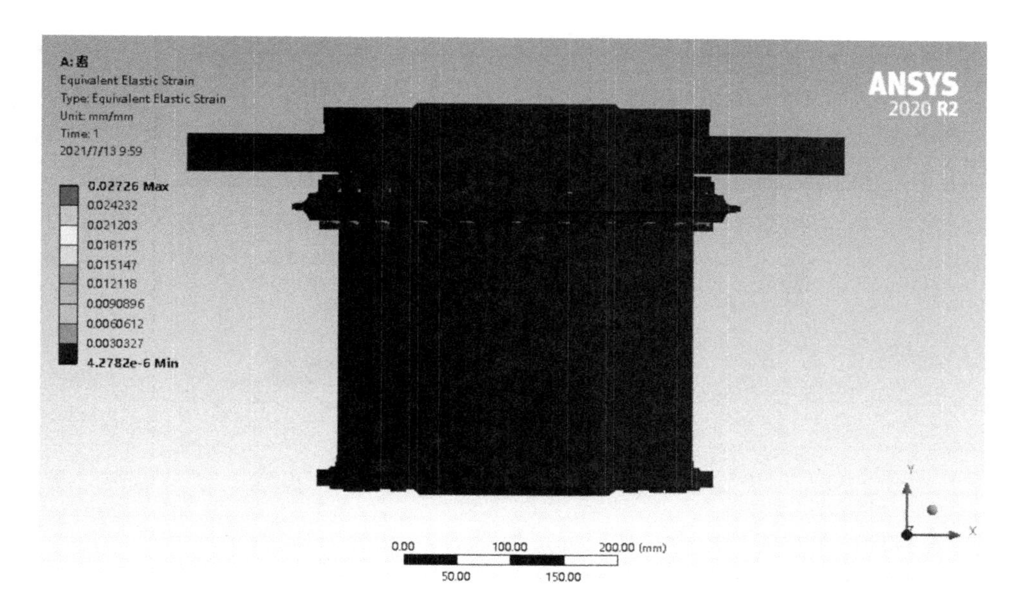

图 7.21　整体应力场

单螺栓的径向位移场和应力场分别如图 7.22 和图 7.23 所示。

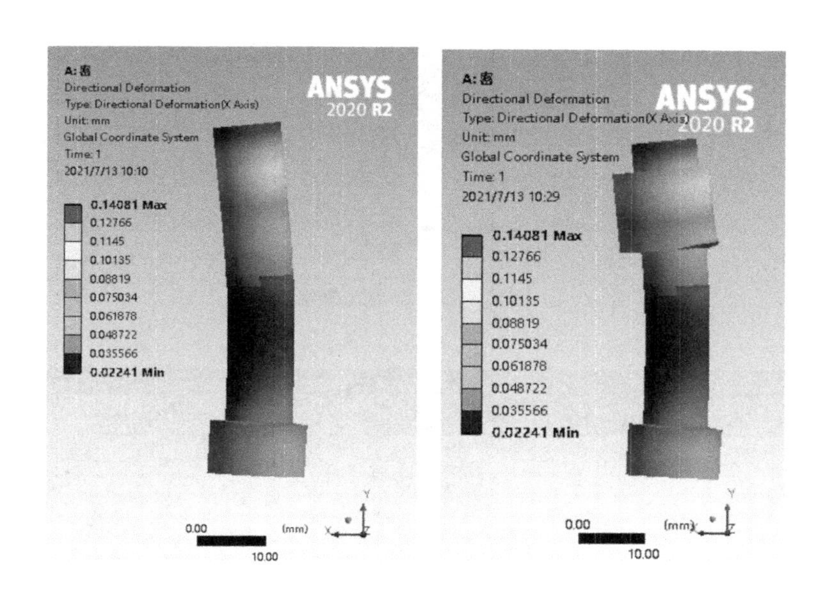

图 7.22　螺栓径向位移场

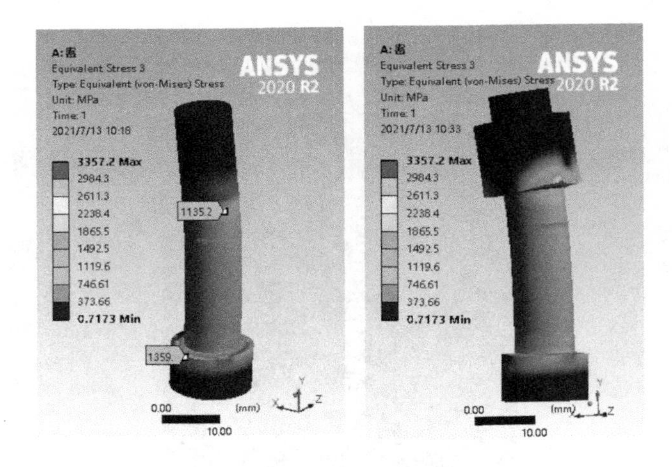

图 7.23　螺栓应力场

螺栓连接处的位移场及应力场情况分别如图 7.24 和图 7.25 所示。

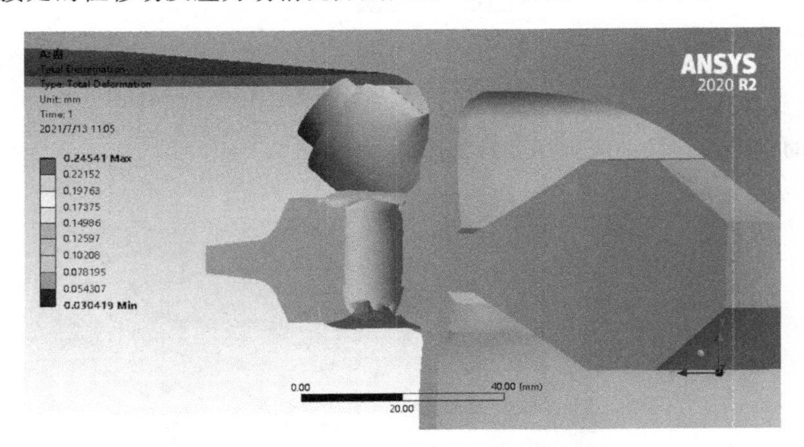

图 7.24　螺栓连接处位移场

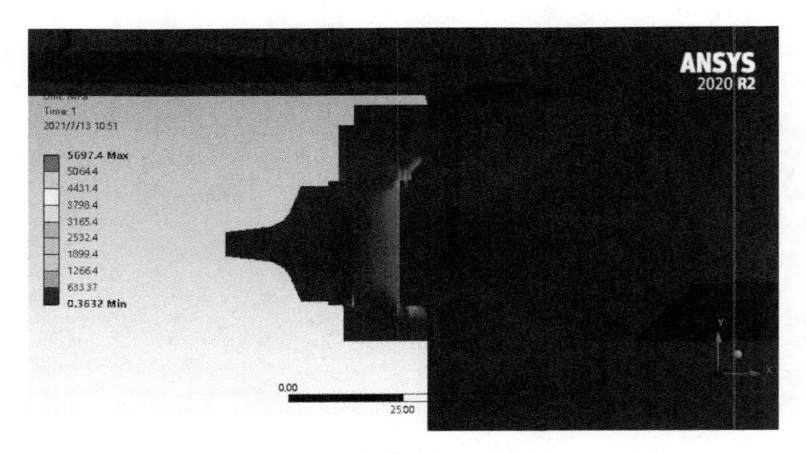

图 7.25　螺栓连接处应力场

接合面处的位移场及应力场见表7.3。

表7.3　接合面位移场及应力场

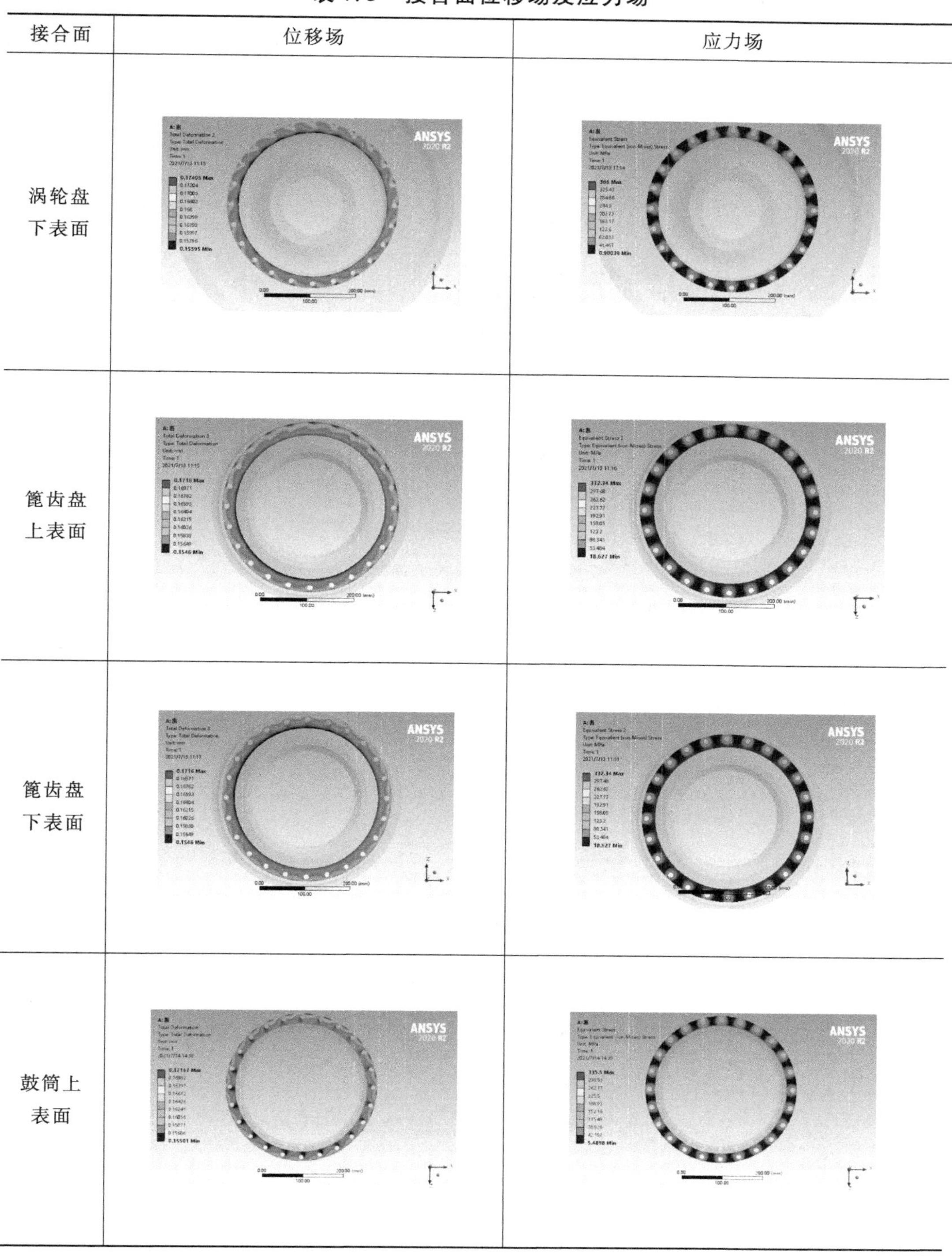

接合面	位移场	应力场
涡轮盘下表面		
篦齿盘上表面		
篦齿盘下表面		
鼓筒上表面		

7.4.2.4 添加叶片载荷时分析结果

在考虑离心力和螺栓预紧力的基础上，由于涡轮盘外侧的叶片会受到轴向的拉力载荷，所以在仿真中需要对涡轮盘施加轴向拉力，大小为 20 t，作用在涡轮盘外圈，如图 7.26 所示。

图 7.26 外圈拉力施加

得到的整体位移场和应力场分别如图 7.27 和图 7.28 所示。

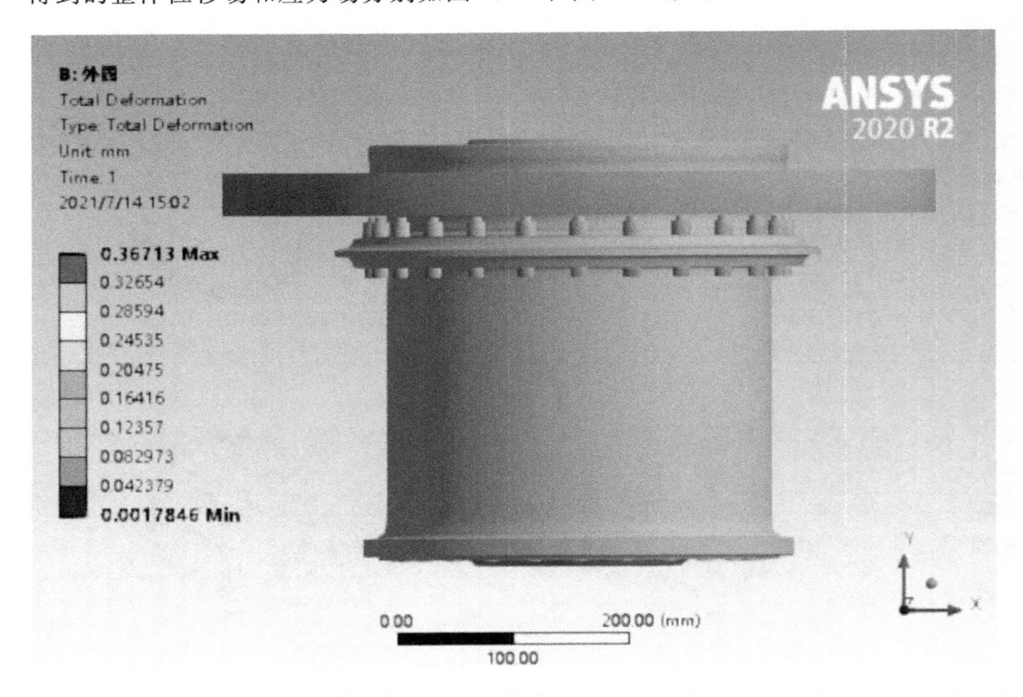

图 7.27 整体位移场

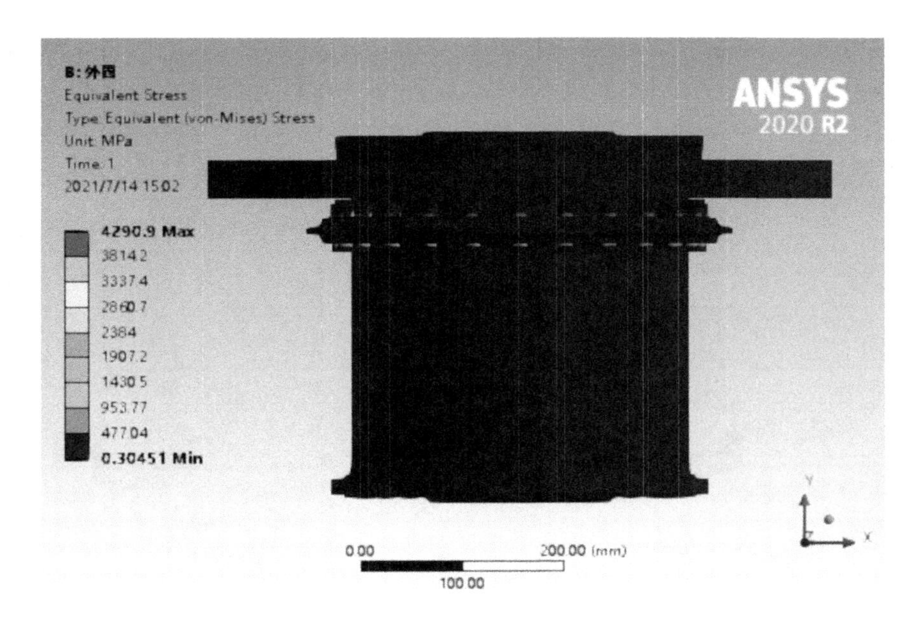

图 7.28　整体应力场

螺栓的径向位移场及应力场情况分别如图 7.29 和图 7.30 所示。

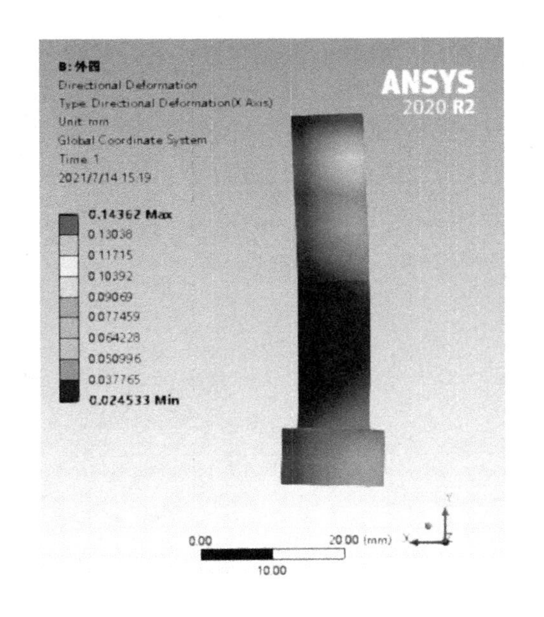

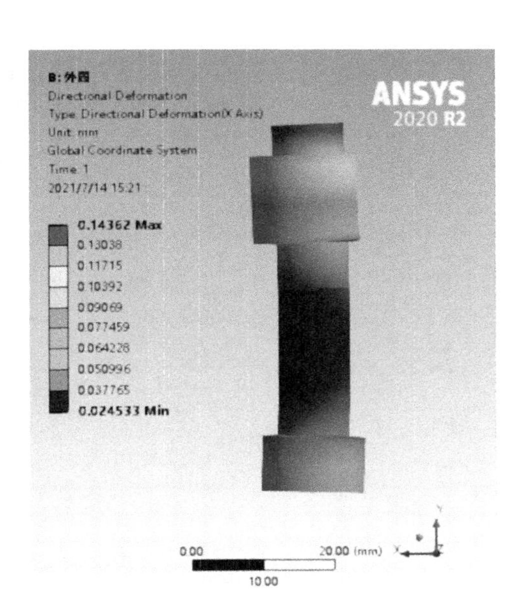

图 7.29　螺栓径向位移场

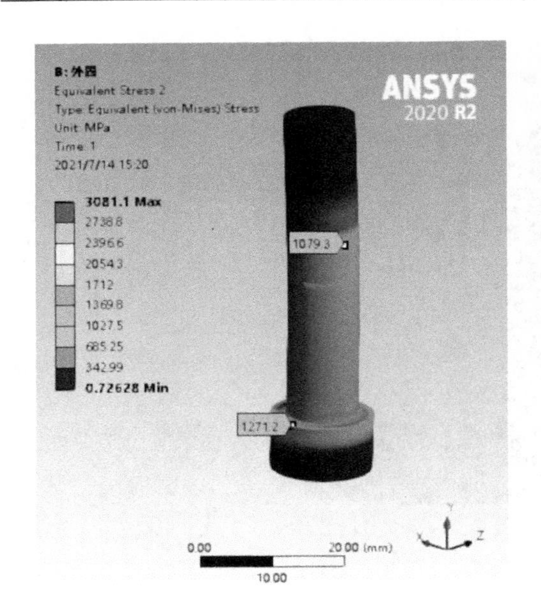

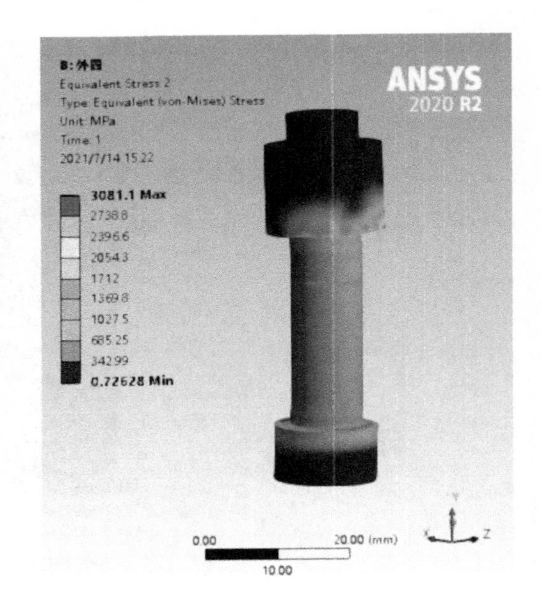

图 7.30　螺栓应力场

螺栓连接位移场及应力场情况分别如图 7.31 和图 7.32 所示。

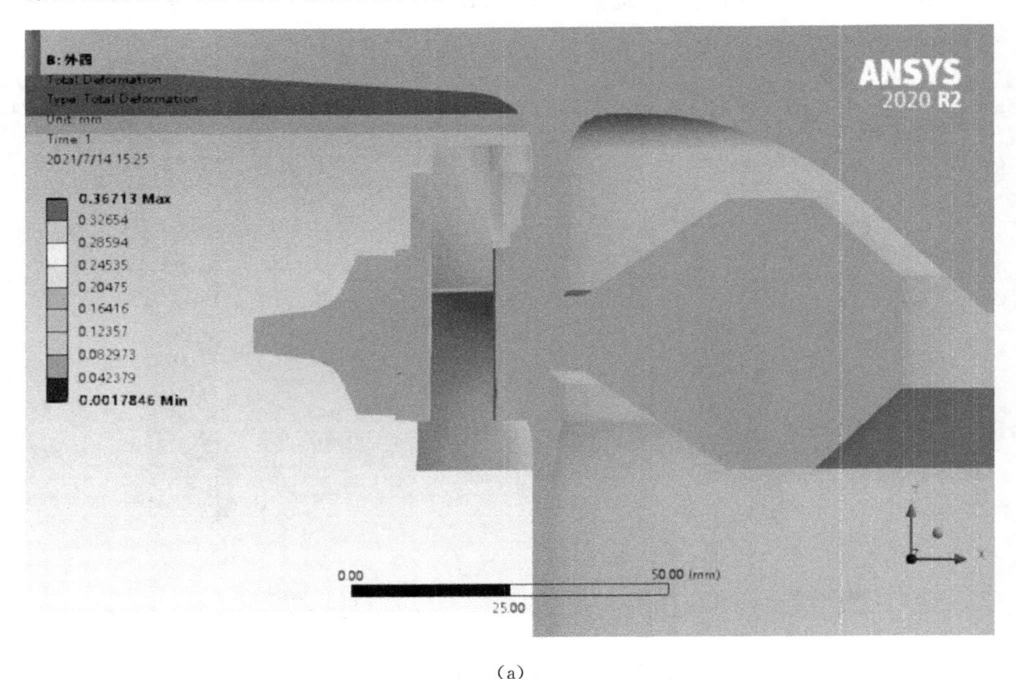

(a)

图 7.31　螺栓连接位移场

(a)真实位移场

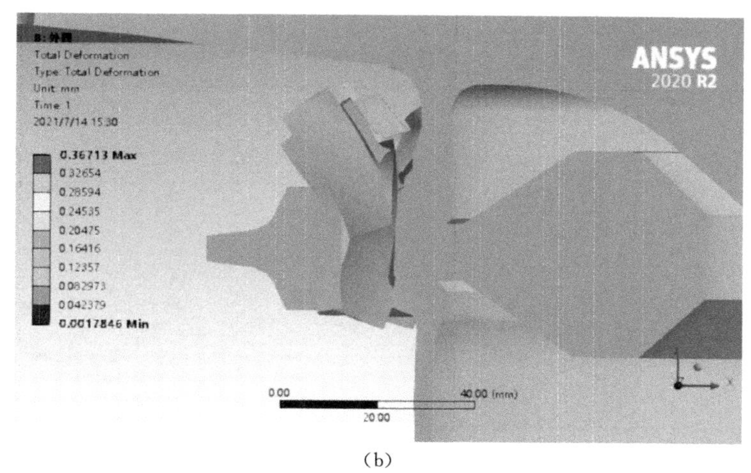

(b)

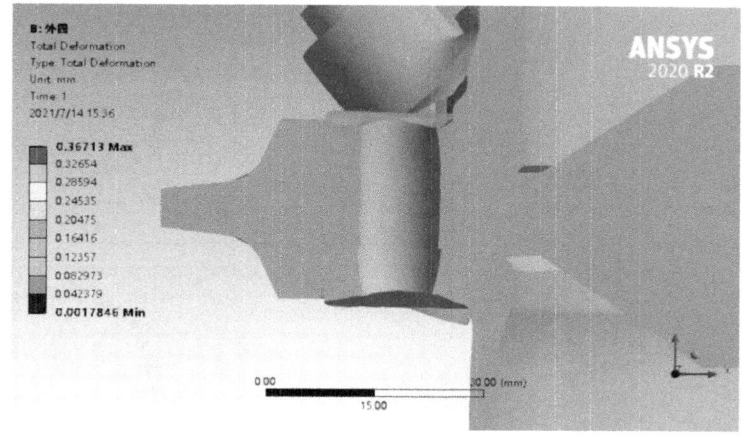

(c)

续图 7.31　螺栓连接位移场

(b)130 倍位移场;(c)隐藏螺栓的 130 倍位移场

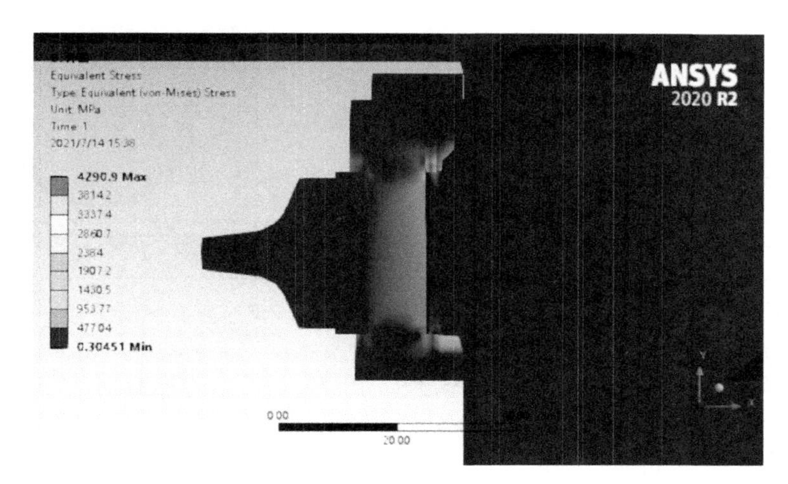

图 7.32　螺栓连接应力场

接合面处的位移场及应力场见表 7.4。

表 7.4　外圈载荷接合面位移及应力

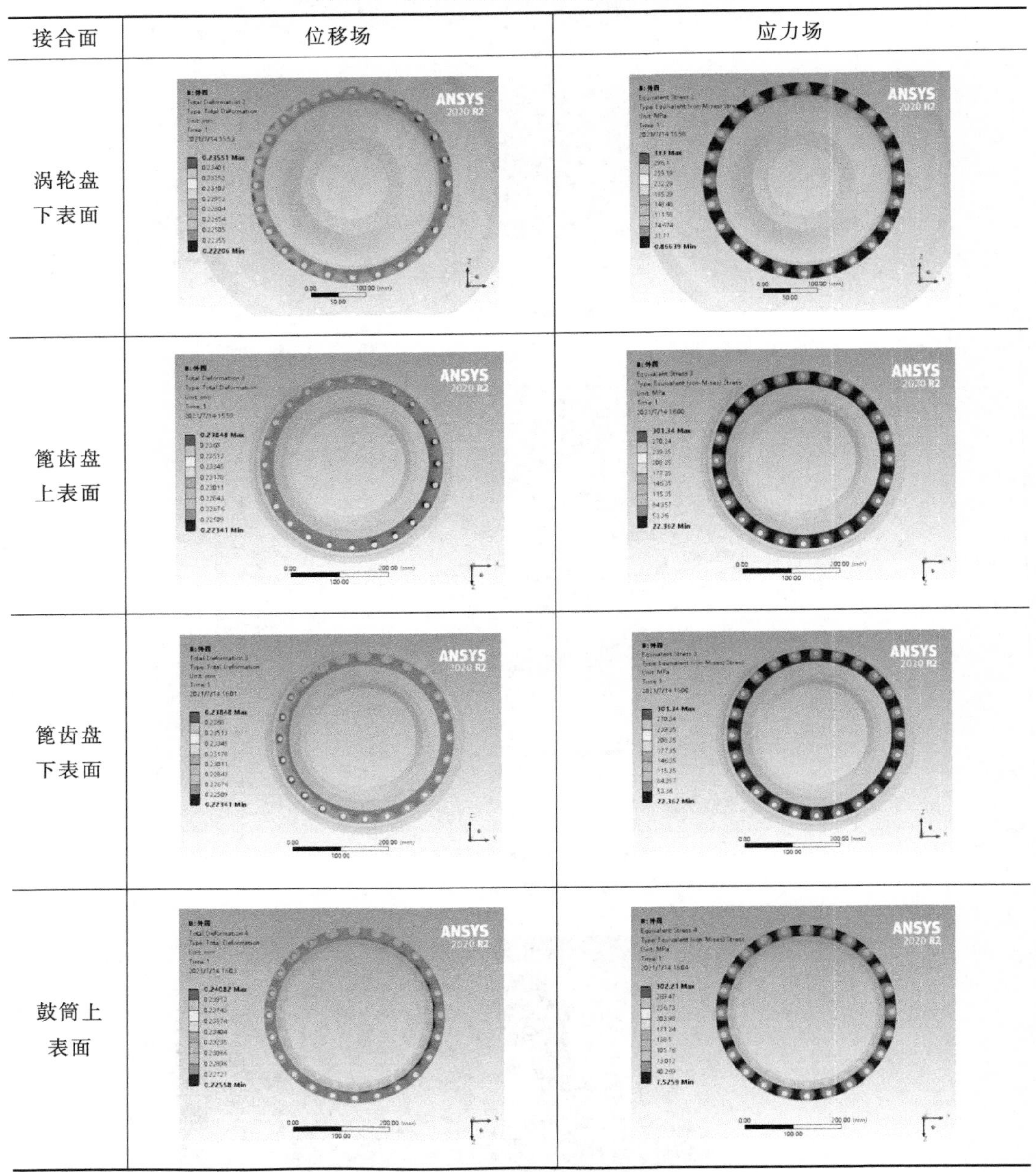

接合面	位移场	应力场
涡轮盘下表面		
篦齿盘上表面		
篦齿盘下表面		
鼓筒上表面		

由表 7.3 和表 7.4 可知：

(1)由于离心力的作用，在旋转时螺栓沿转动轴径向向外滑动，且向外的一侧与涡轮盘、鼓筒均有接触，在接触点产生应力集中。

(2)由 33 倍位移场可明显看出螺栓呈现弯曲变形的趋势，且上方涡轮盘止口与下方的鼓筒止口处均有因接触产生的挤压而引起的翘曲变形。涡轮盘侧的翘曲变形大于鼓筒侧的翘曲变形。也因翘曲变形导致涡轮盘下表面内侧，篦齿盘上表面外侧，鼓筒上表面内侧的变形量较大，且螺栓连接处沿转轴径向的应力明显大于周向应力。

(3) 螺栓头部，螺栓与螺母连接处的应力较大，若不考虑应力集中点，仍有 700～1 000 MPa，大于螺栓的屈服强度 640 MPa，可能发生螺栓破坏的现象。

在盘鼓件的实际装配中，螺栓的预紧力很难保持完全一致，螺栓会受到螺栓预紧力不均的影响。因此考虑在螺栓预紧力不均的工况下进行仿真计算，计算螺栓预紧力不均对螺栓变形及应力的影响。

取螺栓预紧力变化范围为 20%，由于螺栓初始预紧力为其屈服强度的 80%，所以取螺栓预紧力的变化范围为 1～0.8 倍初始预紧力，即 40 212～32 170 N。

7.5　本章小结

由以上章节的分析计算可知，假设在螺栓预紧力与载荷均为 0 的工况下，涡轮盘下表面的位移较大，螺栓呈现明显的弯曲变形，且在螺栓与螺母的连接处，螺栓头根部有应力集中点，容易出现破坏。当螺栓预紧力为 80%最大应力，且施加 20 t 轴向载荷时，螺栓的径向弯曲变形有所减小，但在螺栓与螺母连接处，螺栓头部的应力集中仍然存在。在各种工况下，螺栓侧面的应力均无明显集中点，说明在变形时孔壁与螺栓不发生挤压。轴向拉力在蜗轮盘外侧和内圈的作用基本相同。

第8章　考虑紧固效应的盘鼓组合结构模态测试和旋转试验

8.1　用于盘鼓组合结构试验的高速旋转试验机研制

8.1.1　技术参数

自主研制成功的高速旋转试验机，装机功率为500 kW，能够将270 kg转子转到3万 r/min，可用于航空发动机、燃气轮机、压缩机等大型转子的动强度试验任务。

8.1.2　高速旋转试验机关键技术

(1)大型转子高速旋转技术。大质量、大尺寸试验件的高转速旋转技术，包括转速控制能力、过共振能力、温度环境和温度梯度控制能力。

(2)大扭矩高速齿轮传动技术。试验台340 kW高速电机驱动，实现0～3 000 r/min变频调速，增速机采用人字齿传动，速比为10.438，齿轮线速度高达120 m/s。

(3)轴承冷却技术。采用独特空气冷却技术，突破TDI(美国Transformational Defense Industries公司)产品在20 000 r以上连续运转不能超过5 min的技术瓶颈，可以实现高转速较长时间运转，从而提升试验能力。

(4)核心传动快速恢复技术。破裂试验会造成传动系统损坏，包括联轴器套装、轴承、传动轴、阻尼器这些高精度传动零部件，能否迅速恢复是充分发挥试验能力的关键。通过开发转接法兰快速对中、可视化安装、轴承在线更换以及阻尼在线调整技术，可大幅缩短恢复时间。

(5)高转速或大惯量转子件超转破裂的安全防护与试验控制技术。超转试验台的组成原理如图 8.1 所示。

试验台变频器可实现 1 800 s 启动，可以有效降低系统功率；采用 315 kW－2 级 380 V 交流变频电机驱动，增速机数比为 10，增速最高至 35 800 r/min；传动效率高（电机为 95.9%，增速机为 98%）；增速机输出轴连接试验件-工装系统（柔性转子系统）；加热炉提供热量。

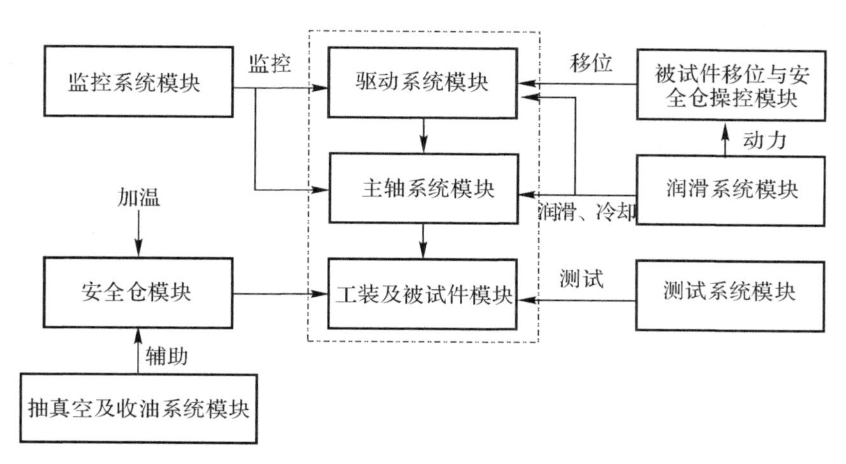

图 8.1　超转试验台的组成原理

超转破裂的安全防护技术主要采用以下措施：多层多种材料的综合防护、仓盖锁定装置、不间断电源、安全连锁系统、大转子破裂试验发生破裂时启动紧急降速程序，在极限情况下挠性轴首先破坏以保护试验台。

(6)试验件-工装系统的转子动力学分析与过共振控制技术。试验件盘片组合结构在试验过程中产生大的振动，试验件-工装系统是一类转盘振动状态下的转子系统动力学问题。对转盘振动状态下转子动力学特性进行研究，可以为超转试验开展、高速过临界状态下的安全稳定运行提供理论支撑和结构优化设计，分别从盘片结构动力学稳定性及安全性、考虑转盘振动、轴承非线性、阻尼器非线性的转子系统动力学特性、过共振时变特性与过共振控制方法、考虑转盘振动的转子系统稳定性演化等几个方面开展研究。

(7)试验件加温及温度控制技术。

a)温度梯度加热、冷却模块。

b)试件外部采用轴向多段环式电加热器，内部采用轴向多段环式油冷却器。分别产生轴向和径向温度梯度。

(8)试验件超转过程的振动、动应力和温度在线监测与控制技术。

a)利用键相和非接触传感测量转子振动位移，进行超转过程的振动测量和破裂预估。

b)光纤光栅测量技术（转速为 10 000 r/min 以下的情况）：在保证基本的转轴振动与转速监测的基础上，基于光纤复用技术搭建一套基于光纤光栅传感的应力、温度等参数传感测试系统，实现多物理场参数（温度、应力应变等）的分布式测量。

c)高速旋转状态下结构件振动信号传输技术：考虑到盘片组合结构工作于高速旋转状态下，采用一对光纤准直器将信号由旋转端引入静止端，实现信号的非接触传输。

d)针对测试得到的盘片组合结构复杂振动信号，通过对复杂耦合振动信号的解耦，以及时域分析和频域分析、全局分析和局部瞬态分析，实现复杂多物理场下耦合信号的有效识别。

(9)试验件超转/超转破裂/低循环疲劳试验的测试与数据分析。开展轮盘循环疲劳试验，建立盘片结构高速旋转状态裂纹的萌生、扩展与轮盘应变值、轴系振幅的关系，揭示盘片应变值和轴系振幅随着盘片裂纹扩展的变化规律，形成裂纹扩展盘片组合结构应变及转轴振动数据库，实现对试验件的裂纹检测与盘片循环低周疲劳试验实时监测。

(10)转子动强度分析及其安全性评价。针对转子结构对象，建立多级盘鼓组合结构/整体叶盘/整体叶环的有限元模型，确定合理的边界条件，形成多层次建模方法和模型修正与确认方法，获得盘鼓组合结构/整体叶盘的动强度响应，明确气动激励、转子振动相关联的结构强度特征。

8.1.3 高速旋转试验机结构说明

高速旋转试验机的总体布置：①驱动系统模块；②主轴系统模块；③工装及被试件模块；④安全仓模块；⑤被试件移位与安全仓操控模块。如图 8.2 所示。

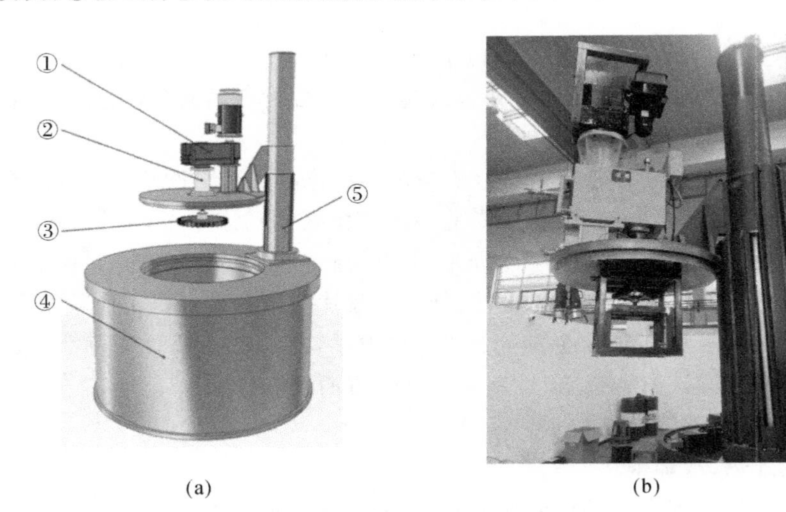

(a) (b)

图 8.2 高速旋转试验机示意图

(a)超转试验台结构组成；(b) 超转试验台实物

8.2 盘鼓组合结构的模态测试

将盘鼓连接件安装在试验台的夹具上，采用 LMS 测试系统对试验数据进行采集与存储，使用力锤进行激振，使用高精度加速度传感器进行拾振。

8.2.1　锤击点及拾振点布置

三阶段的锤击试验分别如图 8.3～图 8.5 所示。拾振点分别布置在鼓筒 Z 向、轮盘 Z 向以及轮盘的 Y 向，锤击点分别为鼓筒周向、外翻边周向、轮盘周向及轮盘轴向。

图 8.3　锤击试验阶段 1

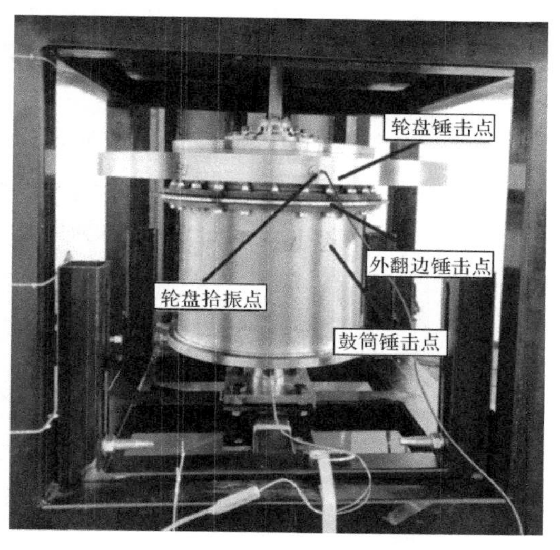

图 8.4　锤击试验阶段 2

图 8.5　锤击试验阶段 3

8.2.2 工况设置

根据试验要求，设置如下工况，见表 8.1。其中工况 2～12 鼓筒拾振无数据，剩下工况主要针对轮盘测点进行振动数据的拾振。图 8.6 所示为盘鼓组件连接螺栓的预紧力矩设置及连接状态现场图示说明。

表 8.1 模态试验工况设置

工况	设置	工况	设置
工况 1	全紧固 0 h 运行鼓筒锤击鼓筒拾振	工况 15	1#2#螺栓松动 0 h 运行鼓筒锤击轮盘(Z 向)拾振
工况 2	全紧固 1 h 运行鼓筒锤击鼓筒拾振	工况 16	1#2#螺栓松动 1 h 运行鼓筒锤击轮盘(Z 向)拾振
工况 3	1#2#螺栓松动 0 h 运行鼓筒锤击鼓筒拾振	工况 17	全紧固 0 h 运行外翻边锤击轮盘(Z 向)拾振
工况 4	1#2#螺栓松动 1 h 运行鼓筒锤击鼓筒拾振	工况 18	全紧固 1 h 运行外翻边锤击轮盘(Z 向)拾振
工况 5	全紧固 0 h 运行外翻边锤击鼓筒拾振	工况 19	1#2#螺栓松动 0 h 运行外翻边锤击轮盘(Z 向)拾振
工况 6	全紧固 1 h 运行外翻边锤击鼓筒拾振	工况 20	1#2#螺栓松动 1 h 运行外翻边锤击轮盘(Z 向)拾振
工况 7	1#2#螺栓松动 0 h 运行外翻边锤击鼓筒拾振	工况 21	全紧固 0 h 运行轮盘锤击轮盘(Z 向)拾振
工况 8	1#2#螺栓松动 1 h 运行外翻边锤击鼓筒拾振	工况 22	全紧固 1 h 运行轮盘锤击轮盘(Z 向)拾振
工况 9	全紧固 0 h 运行轮盘锤击鼓筒拾振	工况 23	1#2#螺栓松动 0 h 运行轮盘锤击轮盘(Z 向)拾振
工况 10	全紧固 1 h 运行轮盘锤击鼓筒拾振	工况 24	1#2#螺栓松动 1 h 运行轮盘锤击轮盘(Z 向)拾振
工况 11	1#2#螺栓松动 0 h 运行轮盘锤击鼓筒拾振	工况 25	全紧固 0 h 运行轮盘锤击轮盘(Y 向)拾振
工况 12	1#2#螺栓松动 1 h 运行轮盘锤击鼓筒拾振	工况 26	全紧固 1 h 运行轮盘锤击轮盘(Y 向)拾振
工况 13	全紧固 0 h 运行鼓筒锤击轮盘(Z 向)拾振	工况 27	1#2#螺栓松动 0 h 运行轮盘锤击轮盘(Y 向)拾振
工况 14	全紧固 1 h 运行鼓筒锤击轮盘(Z 向)拾振	工况 28	1#2#螺栓松动 1 h 运行轮盘锤击轮盘(Y 向)拾振

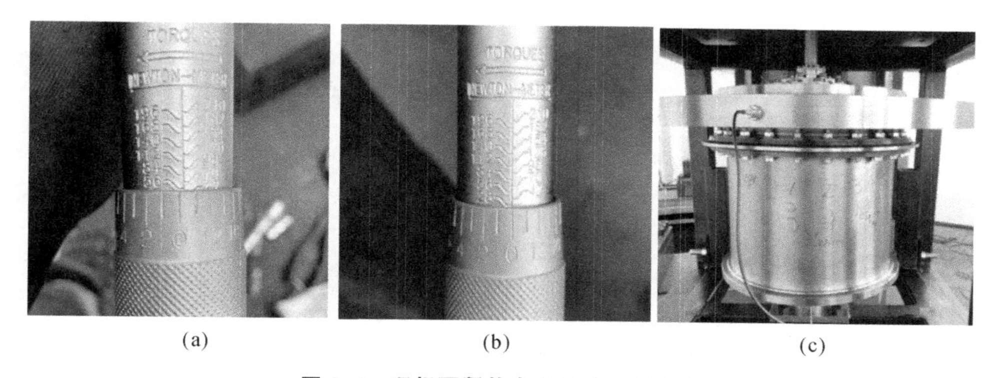

(a)　　(b)　　(c)

图 8.6　理想预紧状态和松动预紧状态

(a)理想预紧力矩 $M=56$ N·m；(b)松动预紧力矩 $M=28$ N·m；(c)实物图

8.2.3　基于实测频响曲线的组件固有频率提取

在上述工况 1、13、17、21、25，即全紧固条件下开始运行的时刻，提取 0～6 000 Hz 频段内的固有频率，并结合仿真分析固有频率和振型结果，综合比较给出盘鼓连接件在 0～6 000 Hz 频段内的固有频率，并利用误差分析来验证有限元模型的准确性。

图 8.7～8.11 为各工况下 0～6 000 Hz 频率范围内的频响曲线。对试验数据进行固有频率提取以及计算模型进行模态分析，然后将得到的固有频率按频段进行列表，见表 8.2。

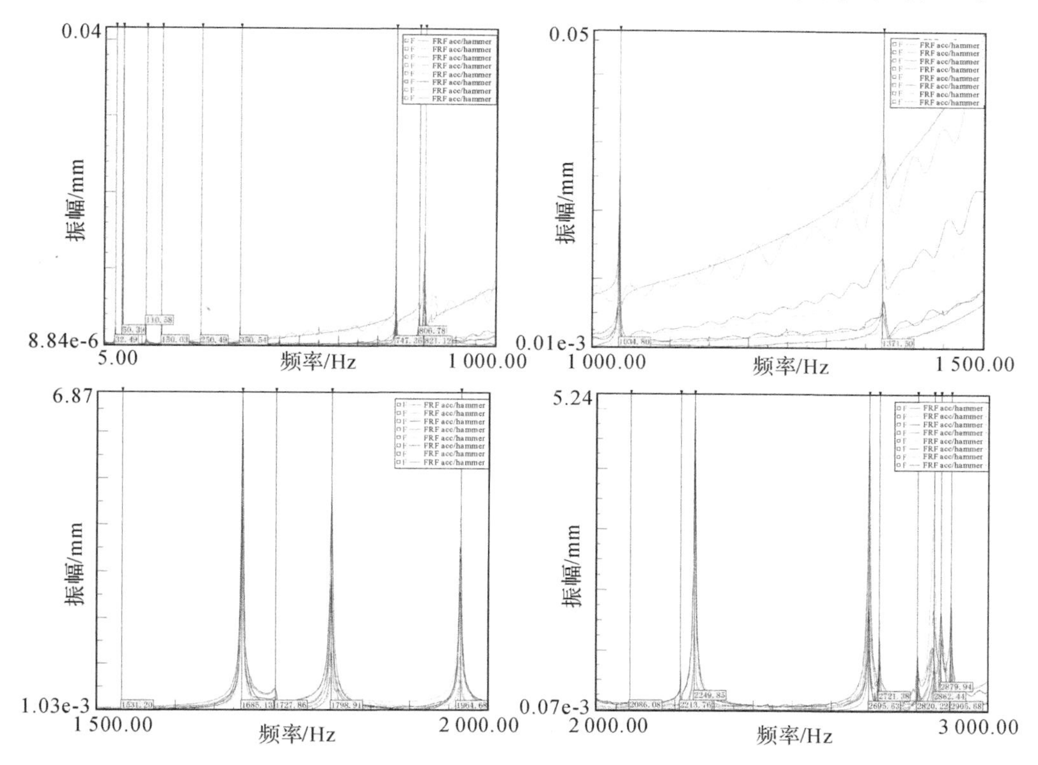

图 8.7　工况 1 频响曲线

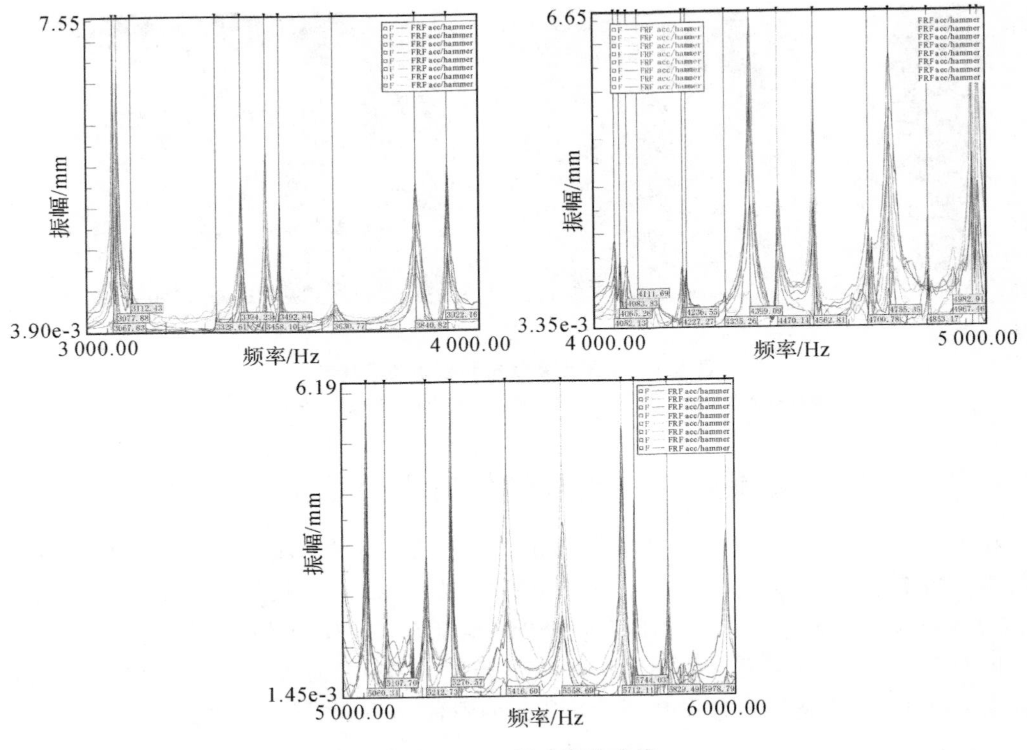

续图 8.7　工况 1 频响曲线

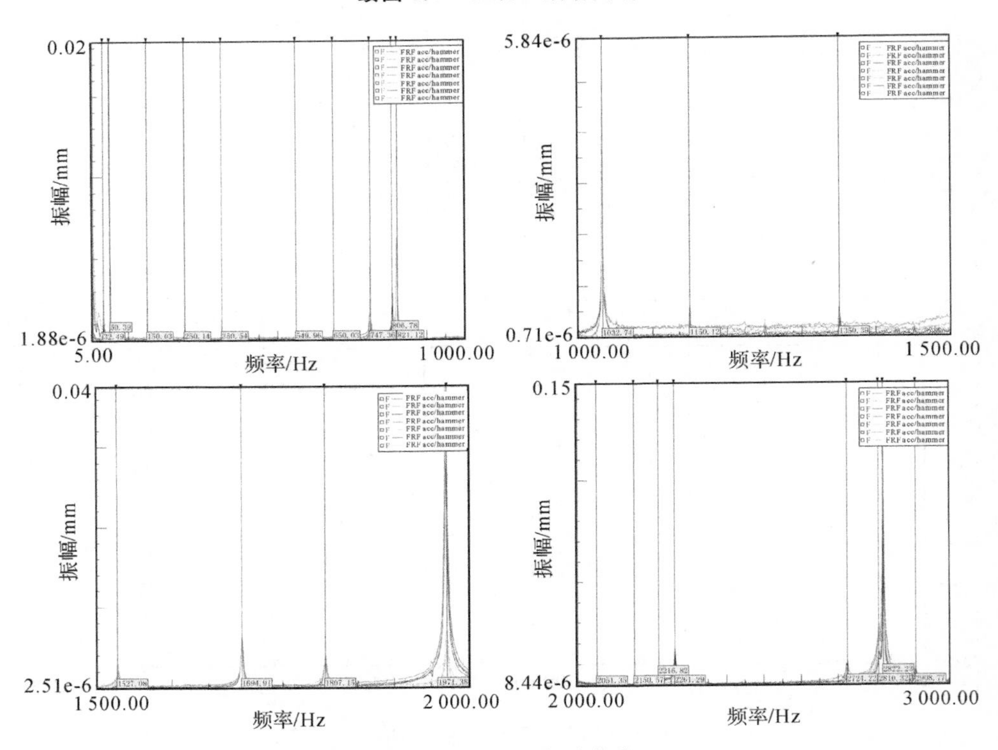

图 8.8　工况 13 频响曲线

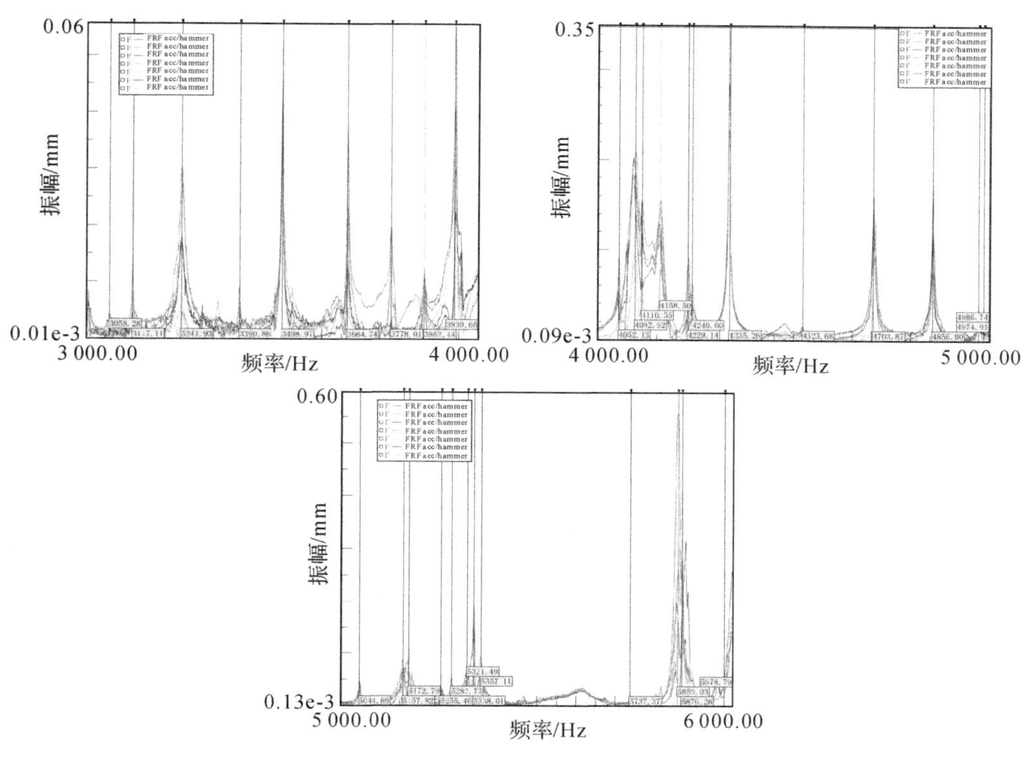

续图 8.8　工况 13 频响曲线

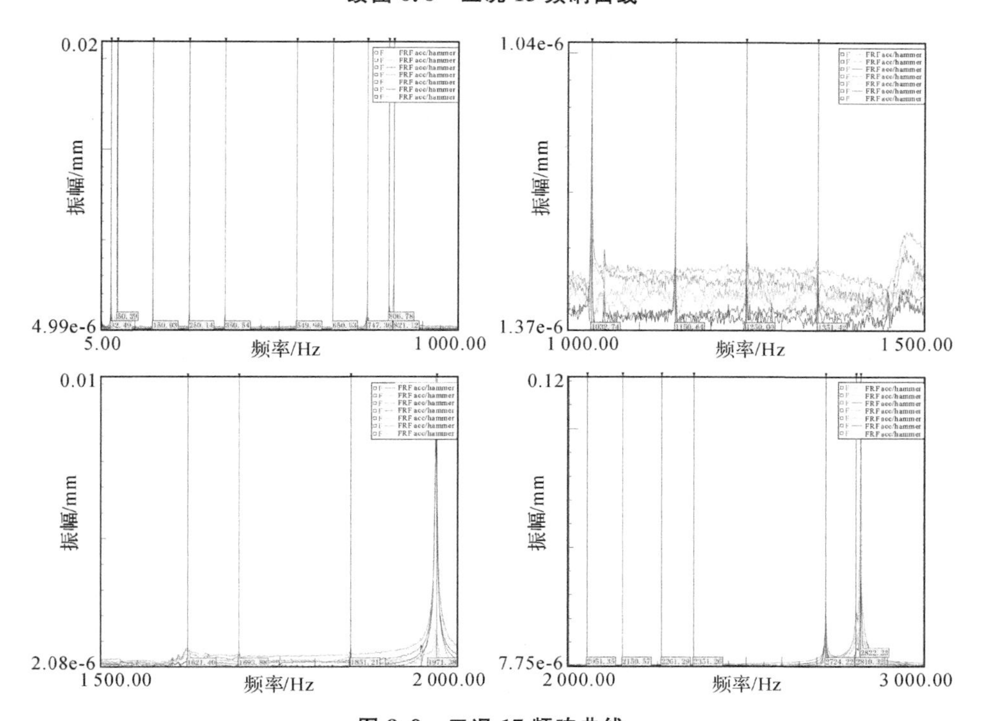

图 8.9　工况 17 频响曲线

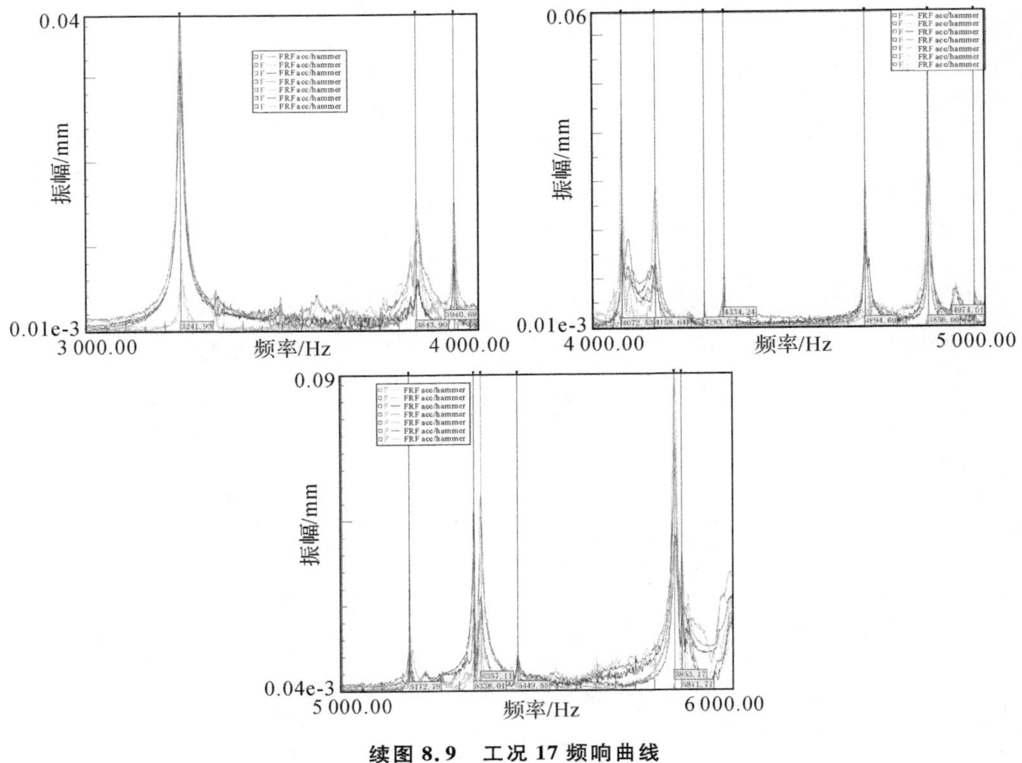

续图 8.9　工况 17 频响曲线

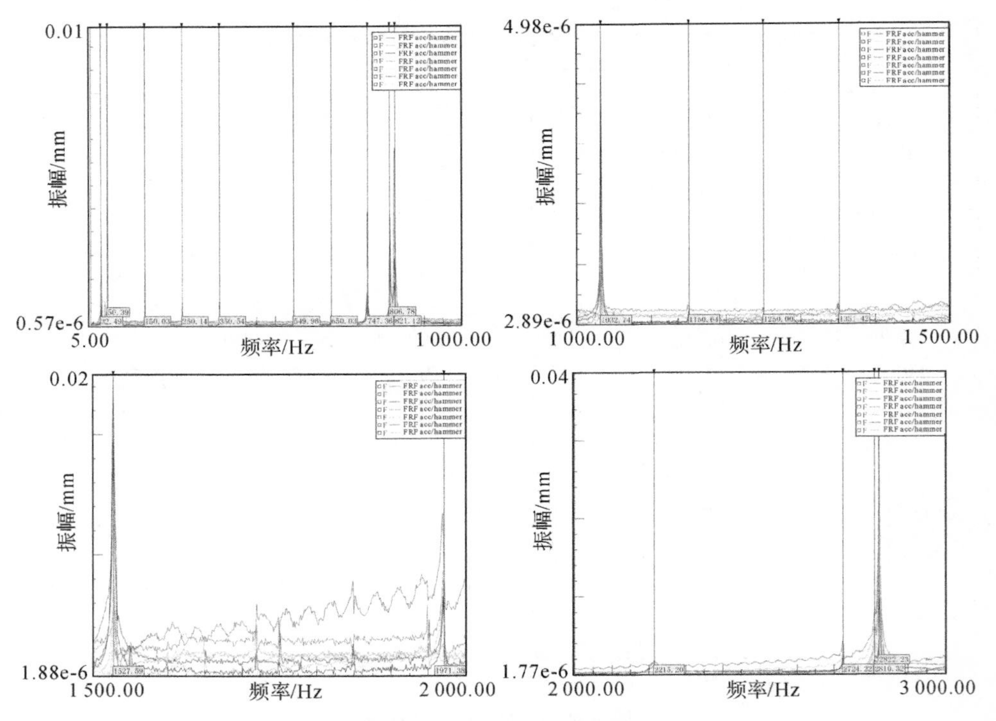

图 8.10　工况 21 频响曲线

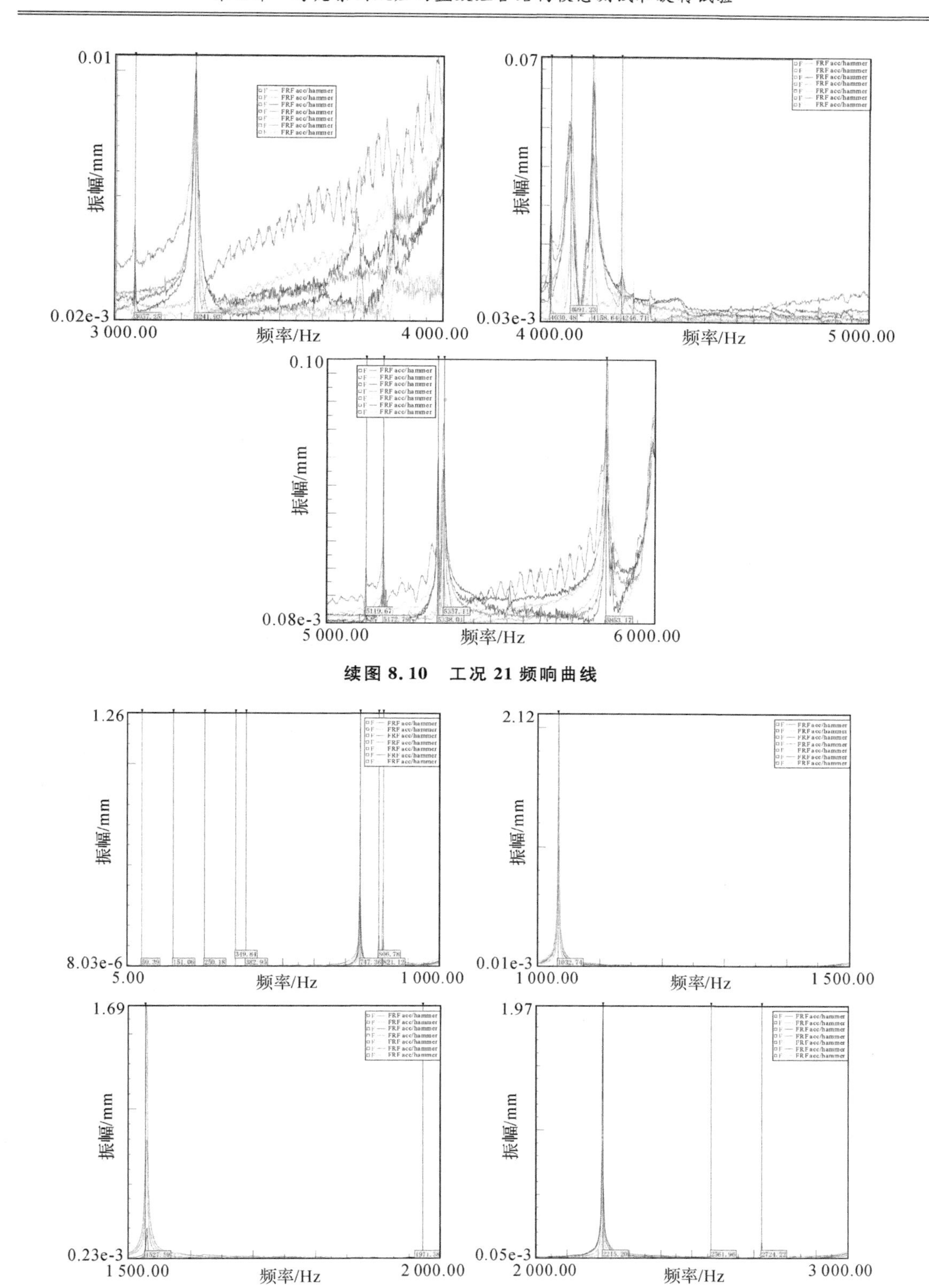

续图 8.10　工况 21 频响曲线

图 8.11　工况 25 频响曲线

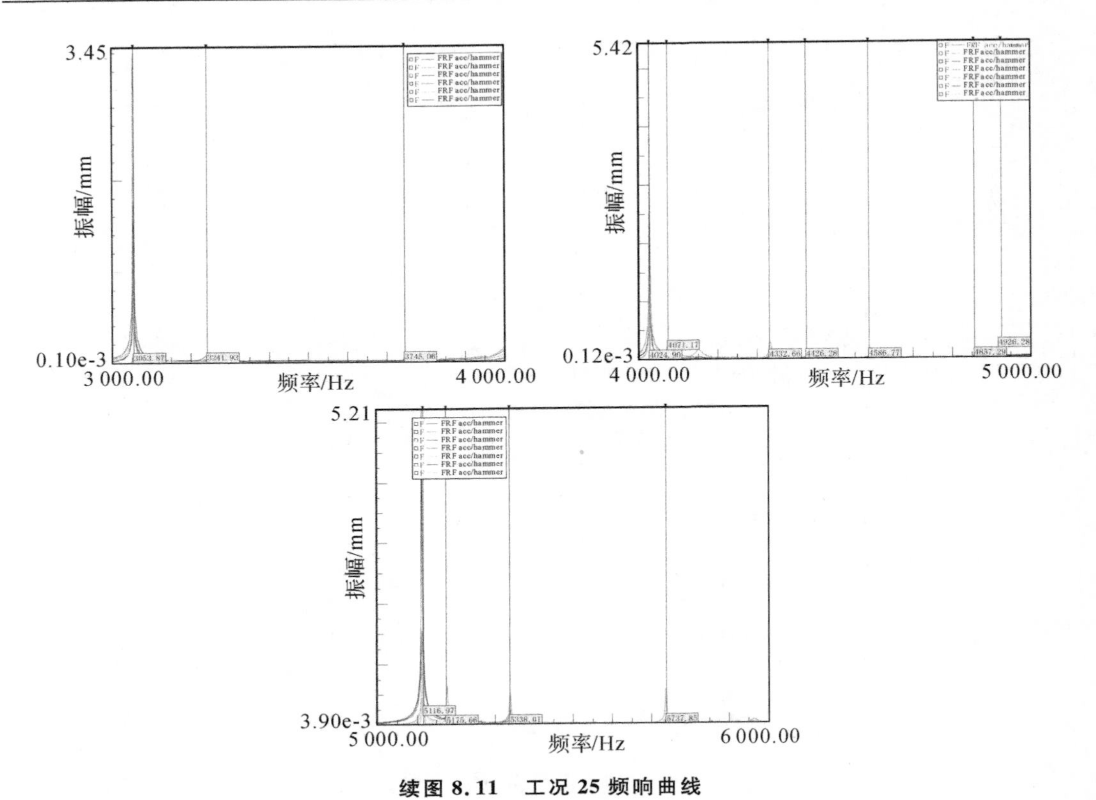

续图 8.11 工况 25 频响曲线

表 8.2 根据各工况频响函数及计算结果提取固有频率

工况	固有频率/Hz		
	0～1 000 Hz	1 000～2 000 Hz	2 000～3 000 Hz
1	32.49、50.39、110.58、150.08、250.49、350.54、747.36、806.78、821.12	1 034.8、1 371.5、1 531.2、1 685.13、1 727.86、1 798.91、1 964.68	2 086.08、2 213.76、2 249.85、2 695.63、2 721.38、2 820.22、2 862.44、2 879.94、2 905.68
13	32.49、50.39、150.08、250.49、350.54、549.9、650、747.36、806.78、821.12	1 032.8、1 150.1、1 350.4、1 528.1、1 694.9、1 808.5、1 971.38	2 051.35、2 150.57、2 216.8、2 261.3、2 724.2、2 810.3、2 822.2、2 908.7
17	32.49、50.39、150.08、250.49、350.54、549.96、650.03、747.36、806.78、821.12	1 032.7、1 150.6、1 250、1 351.4、1 621.4、1 693.9、1 851.2、1 971.4	2 051.35、2 150.57、2 261.3、2 351.3、2 724.2、2 810.3、2 822.2
21	32.49、50.39、150.08、250.49、350.54、549.96、650.03、747.36、806.78、821.12	1 032.7、1 150.6、1 250、1 351.4、1 527.6、1 971.4	2 215.2、2 724.2、2 810.3、2 822.2

续表

工况	固有频率/Hz		
	0～1 000 Hz	1 000～2 000 Hz	2 000～3 000 Hz
25	50.39、150.08、250.49、350.54、382.9、747.36、806.78、821.12	1 032.7、1 527.6	2 215.2、2 561.9、2 724.2
仿真	35.63、146.76、579.93、750.38、833.61	1 043.75、1 356.64、1 554.87、1 691.86、1 716.87、1 798.1、1 997.00	2 073.13、2 078.79、2 247.01、2 255.73、2 260.97、2 675.37、2 728.76、2 741.91、2 825.75、2 858.55、2 935.1、2 974.6

工况	固有频率/HZ		
	3 000～4 000 Hz	4 000～5 000 Hz	5 000～6 000 Hz
1	3 067.83、3 077.88、3 112.43、3 328.61、3 394.23、3 458.1、3 492.8、3 630.8、3 840.8、3 922.2	4 052.13、4 065.3、4 083.8、4 111.7、4 227.3、4 236.5、4 335.3、4 399.1、4 470.1、4 562.8、4 700.8、4 755.3、4 853.2、4 967.5、4 982.9	5 060.34、5 107.7、5 212.7、5 276.6、5 416.6、5 558.7、5 712.1、5 744、5 829.5、5 978.8
13	3 058.3、3 118.、3 241.9、3 390.8、3 498.9、3 664.7、3 778、3 862.4、3 939.7	4 052.1、4 092.9、4 110.3、4 158.5、4 229.1、4 240.6、4 335.3、4 523.7、4 703.9、4 856、4 974、4 986.7	5 044.9、5 157.8、5 172.8、5 255.4、5 281.7、5 321.3、5 338、5 358.、5 737.4、5 859.9、5 870.3、5 978.8
17	3241.9、3 843.9、3 940.7	4 072.5、4 158.6、4 283.6、4 334.2、4 694.6、4 856、4 974	5172.8、5 338、5 358.、5 449.5、5 853.1、5 871.7
21	3057.3、3 241.9	4 030.5、4 091.2、4 158.6、4 246.7	5119.6、5 172.8、5 338、5 357、5 853.2
25	3 053.9、3 241.9、3 745	4024.9、4 071.2、4 332.7、4 426.3、4 586.8、4 857.3、4926.3	5 116.9、5 175.7、5 338、5 737.8
仿真	3 006.2、3 053.8、3 096.8、3 110、3 141.5、3 275.6、3 360.6、3 363.3、3 432.1、3 498.2、3 620.6、3 624.6、3 704.6、3 797.2	4 005.8、4 054.5、4 067.2、4 104.7、4 183.9、4 232.9、4 244.4、4 272、4 286、4 312.5、4 329.8、4 356.4、4 376、4 409、4 524、4 768、4 807、4 853、4 883、4 921、4 958、4 996	5118.6、5 187.3、5 306.2

根据表 8.2 的数据确定盘鼓连接件最终 0～6 000 Hz 的频段内的试验固有频率值，将仿真与试验固有频率进行对比分析，见表 8.3。

表 8.3　仿真与试验固有频率对比分析

阶次	1	2	3	4	5	6	7	8	9	10
试验固有频率/Hz	32.49	150.08	549.96	747.36	821.12	1 032.7	1 351.4	1 527.6	1 693.9	1 727.8
仿真固有频率/Hz	35.63	146.76	579.9	750.38	833.6	1 043.75	1 356.64	1 554.87	1 691.86	1 716.87
误差值/Hz	3.14	−3.32	29.94	3.02	12.48	11.05	5.24	27.27	−2.04	−10.93
误差率/(%)	9.664 5	2.212 2	54 440	0.404 1	15 199	1.070 0	0.387 7	1.785 2	−0.120 4	0.632 6
阶次	11	12	13	14	15	16	17	18	19	20
试验固有频率/Hz	1 798.9	1 971.4	2 051.35		2 215.2	2 249.8	2 261.3		2 724.2	
仿真固有频率/Hz	1 797.11	1 997	2 073.13	2 078.79	2 247.08	2 255.73	2 260.97	2 675.37	2 728.75	2 741.9
误差值/Hz	−1.79	25.6	21.78		31.88	5.93	−0.33		4.55	
误差率/(%)	−0.099 51	1.298 57	1.061 74		1.439 148	0.263 579	−0.014 6		0.167 02	
阶次	21	22	23	24	25	26	27	28	29	30
试验固有频率/Hz	2 810.3	2 822.2	2 908.7			3 053.9	3 058.3	3 112.43		3 241.9
仿真固有频率/Hz	2 825.75	2 858.55	2 935.1	2 974.6	3 006.2	3 053.8	3 096.8	3 110	3 141.5	3 275.6
误差值/Hz	15.45	36.35	26.4			−0.1	38.5	−2.43		33.7
误差率/(%)	0.549 763	1.288 002	0.907 622			0.003 27	1.258 87	−0.078 07		1.039 514
阶次	31	32	33	34	35	36	37	38	39	40
试验固有频率/Hz	3 328.6		3 458.1	3 492.8	3 630.8	3 664.7	3 778		4 052.1	
仿真固有频率/Hz	3 360.6	3 363.3	3 432.1	3 498.2	3 620.6	3 624.6	3 704.6	3 797.2	4 005.8	4 054.5
误差值/Hz	32		−26	5.4	−10.2		39.9	19.2		2.4
误差率/(%)	0.961 365		−0.731 86	0.154 604	−0.28 093		1.08 877	0.508 205		0 059 229
阶次	41	42	43	44	45	46	47	48	49	50
试验固有频率/Hz	4 065.3	4 111.7	4 158.5	4 229.1	4 240.6		4 283.6		4 335.3	
仿真固有频率/Hz	4 067.2	4 104.7	4 183.9	4 232.9	4 244.4	4 272	4 286	4 312.5	4 329.8	4 356.4
误差值/Hz	1.9	−7	25.4	3.8	3.8		2.4		−5.5	
误差率/(%)	0.046 737	−0.170 25	0.610 797	0.089 854	0.089 61		0.056 03		0.126 9	
阶次	51	52	53	54	55	56	57	58	59	60
试验固有频率/Hz		4 426.3	4 523.7	4 755.3		4 856		4 926.3	4 967.5	4 986.7
仿真固有频率/Hz	4 376	4 409.6	4 524.3	4 768.5	4 807	4 853.3	4 883.9	4 921.7	4 958.8	4 996.4
误差值/Hz		−16.7	0.6	13.2		−2.7		−4.6	−8.7	9.7
误差率/(%)		−0.377 29	0.0132 63	0.277 585		−0.055 6		−0.093 38	0.175 1	0.194 517
阶次	61	62	63							
试验固有频率/Hz	5 119.6	5 172.8	5 338							
仿真固有频率/Hz	5 118.6	5 187.3	5 306.2							
误差值/Hz	−1	14.5	−31.8							
误差率/(%)	0.019 530	280 312	0.595 73							

由表可知，14 阶、18 阶、24 阶、29 阶、32 阶、36 阶、39 阶、46 阶、48 阶、50 阶、51 阶、55 阶、57 阶共 13 阶试验固有频率没有激发出。由剩余阶次仿真和试验的固有频率误差分析可知，第 1 阶固有频率误差率稍大，为 9.66%，但也控制在 10%以内，剩余的误差率基本能

控制在 5%以内，这能够说明有限元模型的精确性。出现误差的原因主要是计算模型较为理想化，将与夹具连接的螺栓简化掉，采用面-面的绑定接触，增大了模型的刚度，导致大多数阶次的固有频率值较试验值要高一些。图 8.12 所示为盘鼓连接件前 63 阶振型。

图 8.12　盘鼓连接件前 63 阶振型

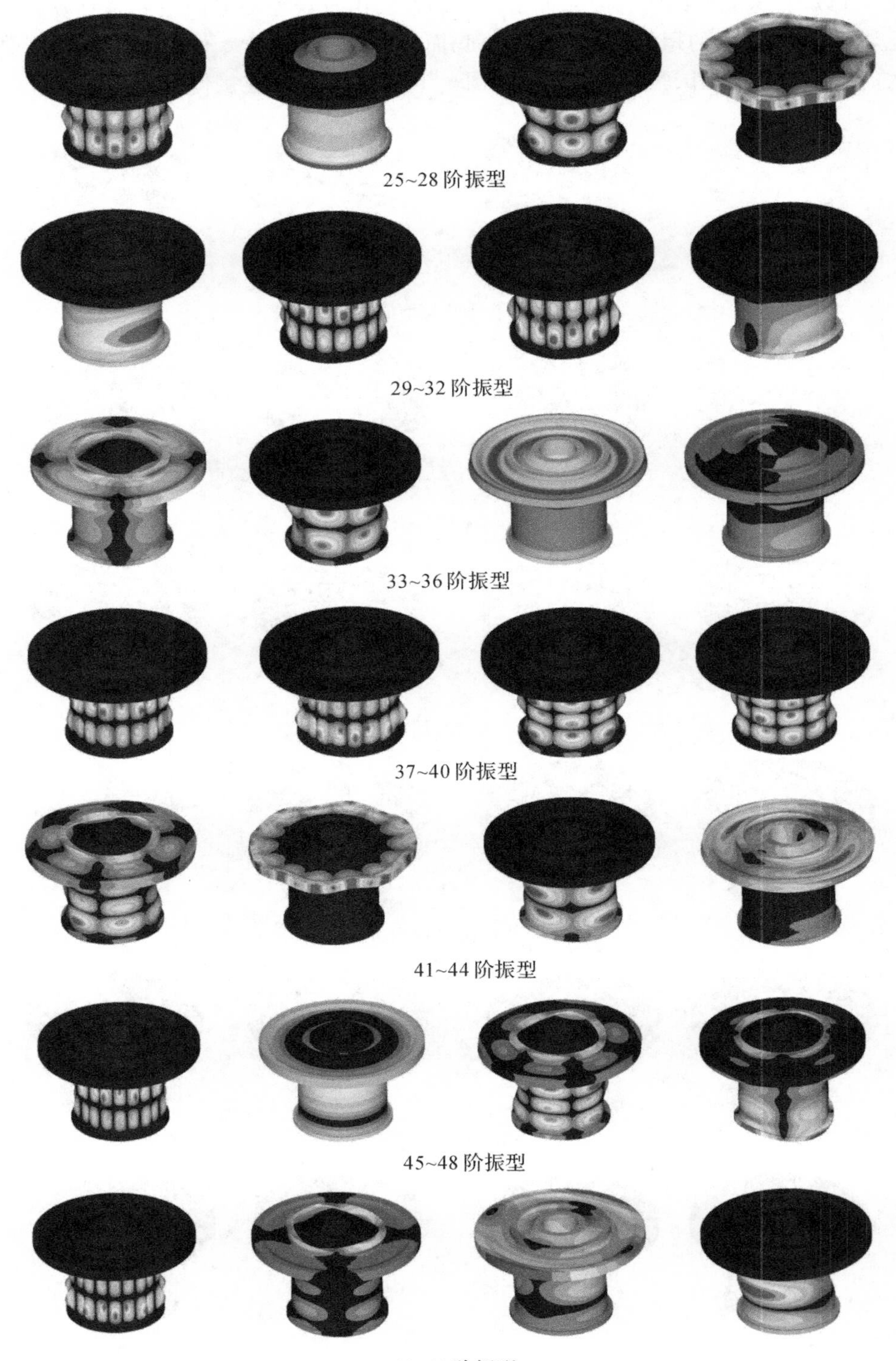

续图 8.12　盘鼓连接件前 63 阶振型

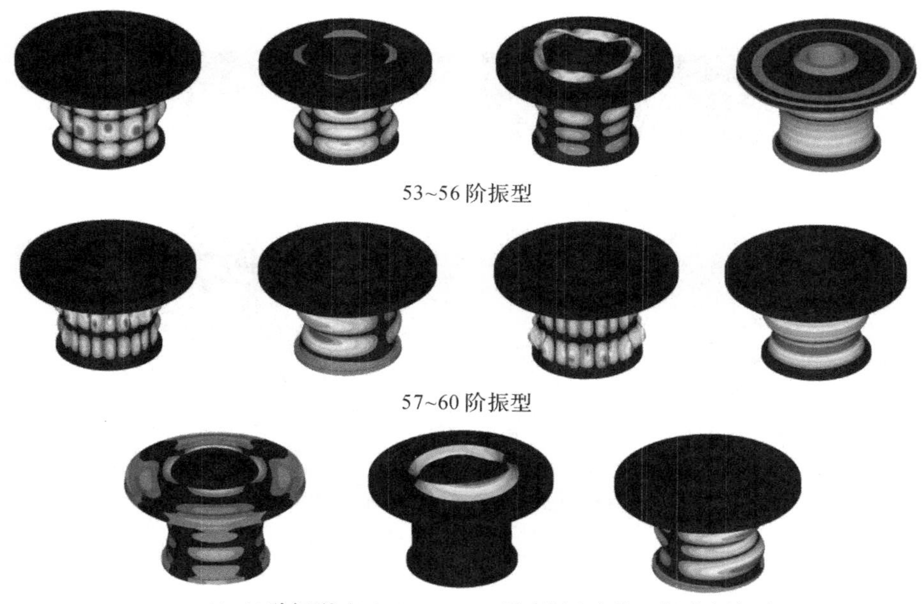

53~56 阶振型

57~60 阶振型

61~63 阶振型（5 000~6 000 Hz固有频率密集，仅列出该3阶）

续图 8.12　盘鼓连接件前 63 阶振型

由试验数据和仿真分析结果可得出如下结论：

(1)确定了盘鼓连接件前 60 阶的固有频率和振型，验证了有限元模型的正确性。

(2)静止态下连接状态的微小变化(条件：24 颗螺栓全扭矩 56 N · m～22 颗螺栓全扭矩 56 N · m 且 1＃2＃螺栓半扭矩 28 N · m)基本不影响 0～2 000 Hz 低阶频段固有频率的变化，但会导致中高频段内某些阶次固有频率呈减小趋势变化，例如 15 阶固有频率 2 215 Hz 减小了 3 Hz，17 阶固有频率 2 724 Hz 减小了 2 Hz，62 阶固有频率 5 173 Hz 减小了 2 Hz 等。

8.3　盘鼓组合结构旋转试验

以盘鼓连接组件为研究对象，开展旋转测试试验研究。首先，进行升降速试验，确定一阶临界转速；其次，避开临界转速，研究当稳定转速运行时，螺栓连接状态变化以及连接性能退化对该组件转频以及转频幅值的影响；最后，归纳总结试验数据分析结果，给出规律性结论。

采用电涡流位移传感器布置在旋转轴的 X 向和 Z 向，用于测试盘鼓连接件旋转时的转子振动信号，采用加速度传感器布置在轴承座外端连接板位置，用于获取盘鼓连接件旋转时静子支撑位置振动信号，如图 8.13 所示。其中，测点 1 表示拾取盘鼓连接件转轴的 X 向振动位移信号，测点 2 表示拾取盘鼓连接件转轴的 Z 向振动位移信号，测点 3 表示拾取盘鼓连接件的支撑板位置 Y 向振动加速度信号。

采用 LMS 测试系统对旋转的电涡流信号和振动加速度信号进行采集，如图 8.14 所示，并通过配套的软件设置时频域实时信号的显示，最后采用工控机将所需的振动信号分段进行存储。

(a)　　　　(b)

图 8.13　盘鼓连接件旋转试验测点布置

(a)内部测点布置；(b)外部测点位置

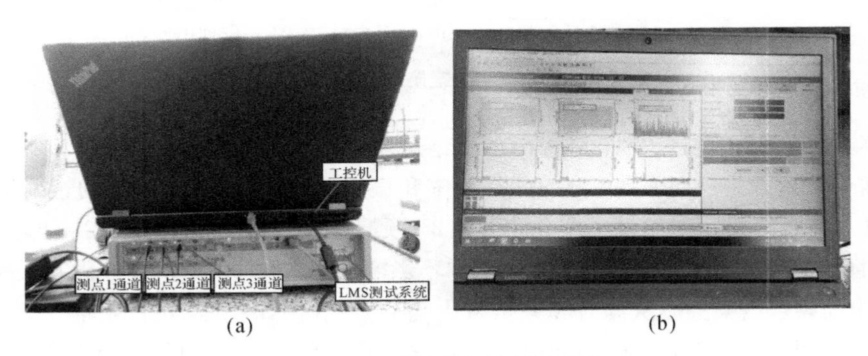

(a)　　　　(b)

图 8.14　测试系统及采集界面

(a)测试系统；(b)信号采集界面

8.3.1　工况设置

依据试验目的，设置 5 个工况，见表 8.4。其中工况 1 表示当初始安装时，连接鼓筒、篦齿盘和涡轮盘的周向均布的 24 颗 M10 长螺栓处于全紧固状态(拧紧力矩控制在 56 N·m)，将盘鼓连接件转速由 0 缓慢升速到 2 400 r/min，采集并储存升速过程的振动信号；工况 2 表示当初始安装时，连接鼓筒、篦齿盘和涡轮盘的 1＃ 和 2＃ 螺栓松动(拧紧力矩控制在 28 N·m)，剩余周向均布的 22 颗 M10 长螺栓处于全紧固状态(拧紧力矩控制在 56 N·m)，将盘鼓连接件转速由 0 缓慢升速到 1 200 r/min，采集并储存升速过程的振动信号；工况 3 表示当初始安装时，连接鼓筒、篦齿盘和涡轮盘的 1＃ 和 2＃ 螺栓松动(拧紧力矩控制在 28 N·m)，剩余周向均布的 22 颗 M10 长螺栓处于全紧固状态(拧紧力矩控制在 56 N·m)，将盘鼓连接件转速升至 1200 r/min，稳定运转 1 h 后缓慢降速到 0，采集并储存降速过程的振动信号；工况 4 表示当初始安装时，连接鼓筒、篦齿盘和涡轮盘的周向均布的 24 颗 M10 长螺栓处于全紧固状态(拧紧力矩控制在 56 N·m)，将盘鼓连接件转速稳定在

1 200 r/min,1 h 内每隔 5 min 采集一次信号,共采集 13 次振动信号;工况 5 表示当初始安装时,连接鼓筒、篦齿盘和涡轮盘的 1# 和 2# 螺栓松动(拧紧力矩控制在 28 N·m),剩余周向均布的 22 颗 M10 长螺栓处于全紧固状态(拧紧力矩控制在 56 N·m),将盘鼓连接件转速稳定在 1 200 r/min,1 h 内每隔 5 min 采集一次信号,共采集 13 次振动信号。

表 8.4　旋转试验工况设置

工　况	设　置
工况 1	螺栓全紧固状态下 0～2 400 r/min 升速稳定后降速
工况 2	1#2# 螺栓松动状态下 0～1 200 r/min 升速
工况 3	1#2# 螺栓松动状态下 1 200 r/min 运行 1 h 后降速
工况 4	螺栓全紧固状态下稳定转速 1 200 r/min
工况 5	1#2# 螺栓松动状态下稳定转速 1 200 r/min

8.3.2　升降速分析

图 8.15～图 8.17 分别为工况 1、工况 2、工况 3 的三维瀑布图。由图可知,盘鼓连接件的临界转速为 29 Hz,在 0～1 200 r/min 升降速过程中,转轴运行比较稳定,振动量较小,稳定在 10 μm 以内,可为后续 1 200 r/min 稳定运转 1 h 试验(研究螺栓连接性能退化对盘鼓连接件振动响应的影响)提供参考。

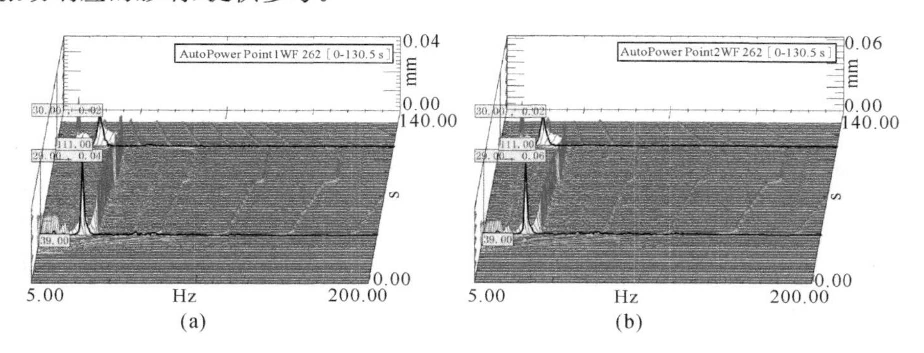

图 8.15　工况 1 瀑布图

(a)测点 1;(b)测点 2

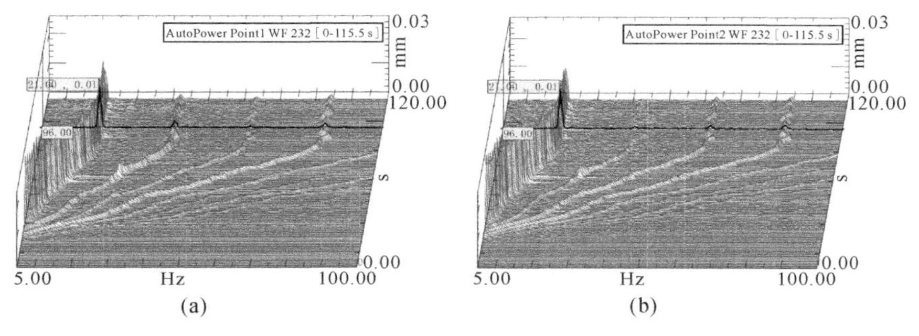

图 8.16　工况 2 瀑布图

(a)测点 1;(b)测点 2

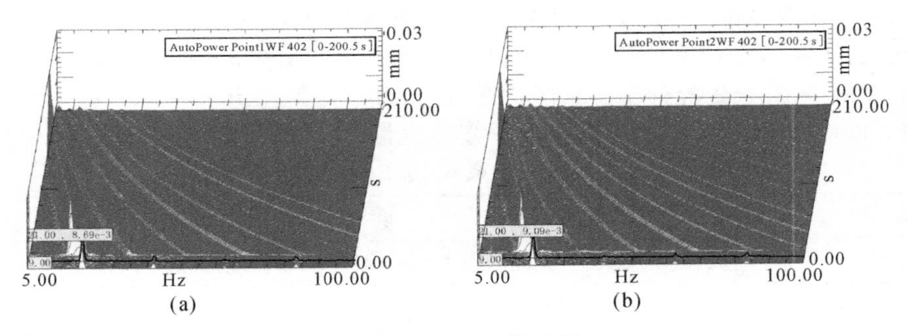

(a)　　(b)

图 8.17　工况 3 瀑布图

(a)测点 1;(b)测点 2

8.4　旋转态下螺栓连接性能退化对盘鼓连接件振动响应分析

8.4.1　完整信号时频域及轴心轨迹提取

图 8.18～图 8.28 所示为工况 4 和工况 5 三个测点 1 h 内时频域信号和轴心轨迹汇总。采集信号的基频和控制器给定的频率基本吻合,误差率较小。综合来看,1 h 内每隔 5 min 采集一次信号,共采集 13 次数据信号,其时频域特性及轴心轨迹存在很大的差异,可作进一步分析。

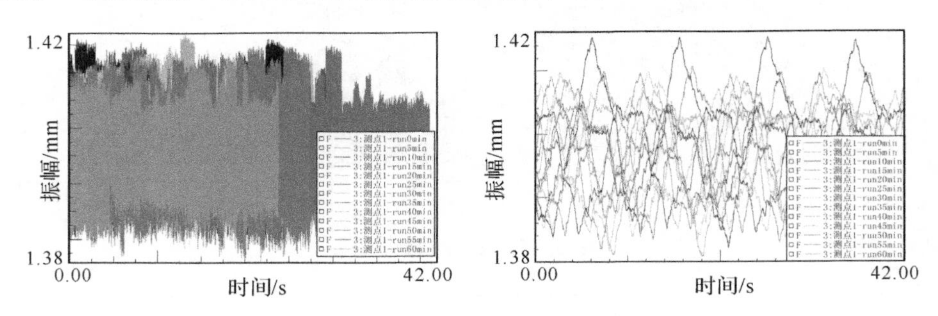

图 8.18　工况 4 测点 1 时域信号

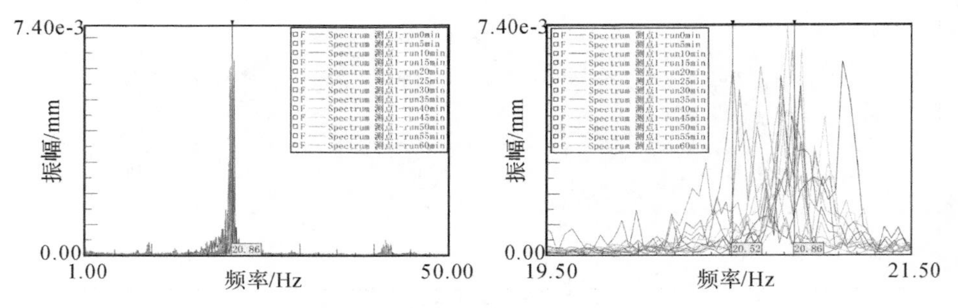

图 8.19　工况 4 测点 2 时域信号

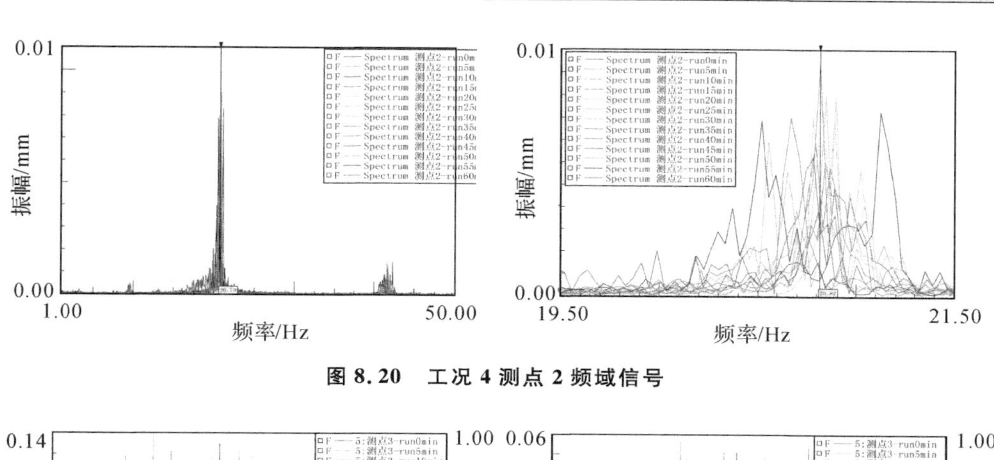

图 8.20　工况 4 测点 2 频域信号

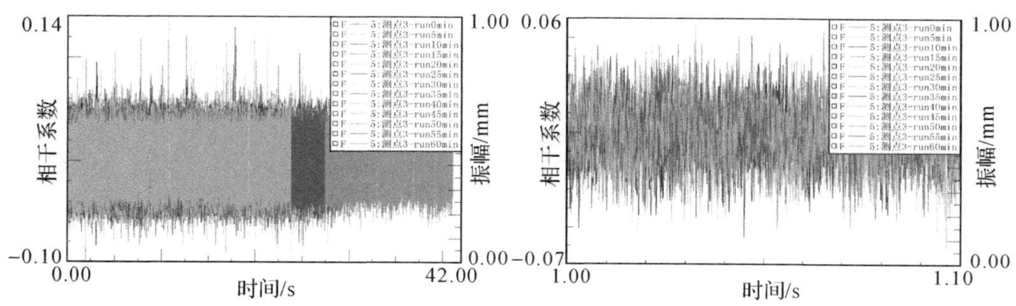

图 8.21　工况 4 测点 3 时域信号

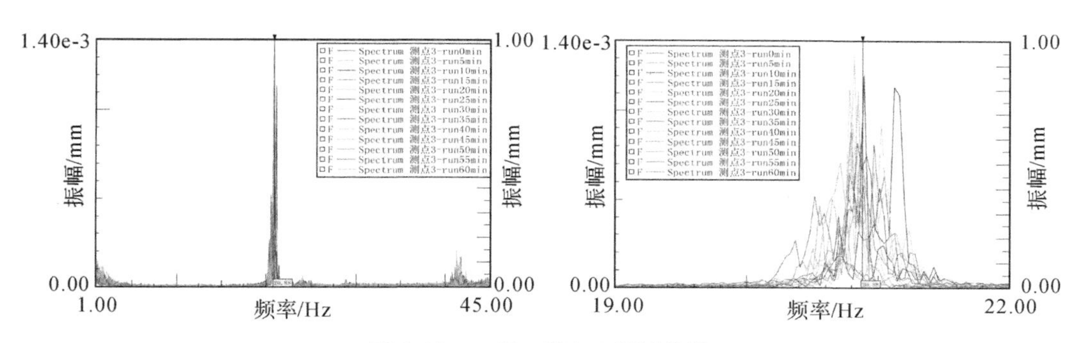

图 8.22　工况 4 测点 3 频域信号

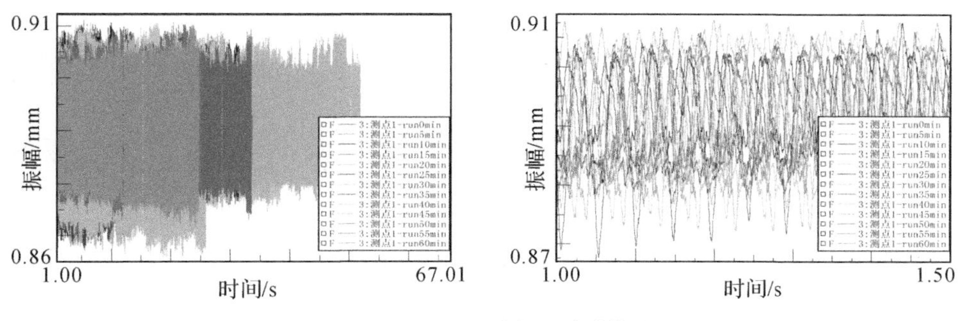

图 8.23　工况 5 测点 1 时域信号

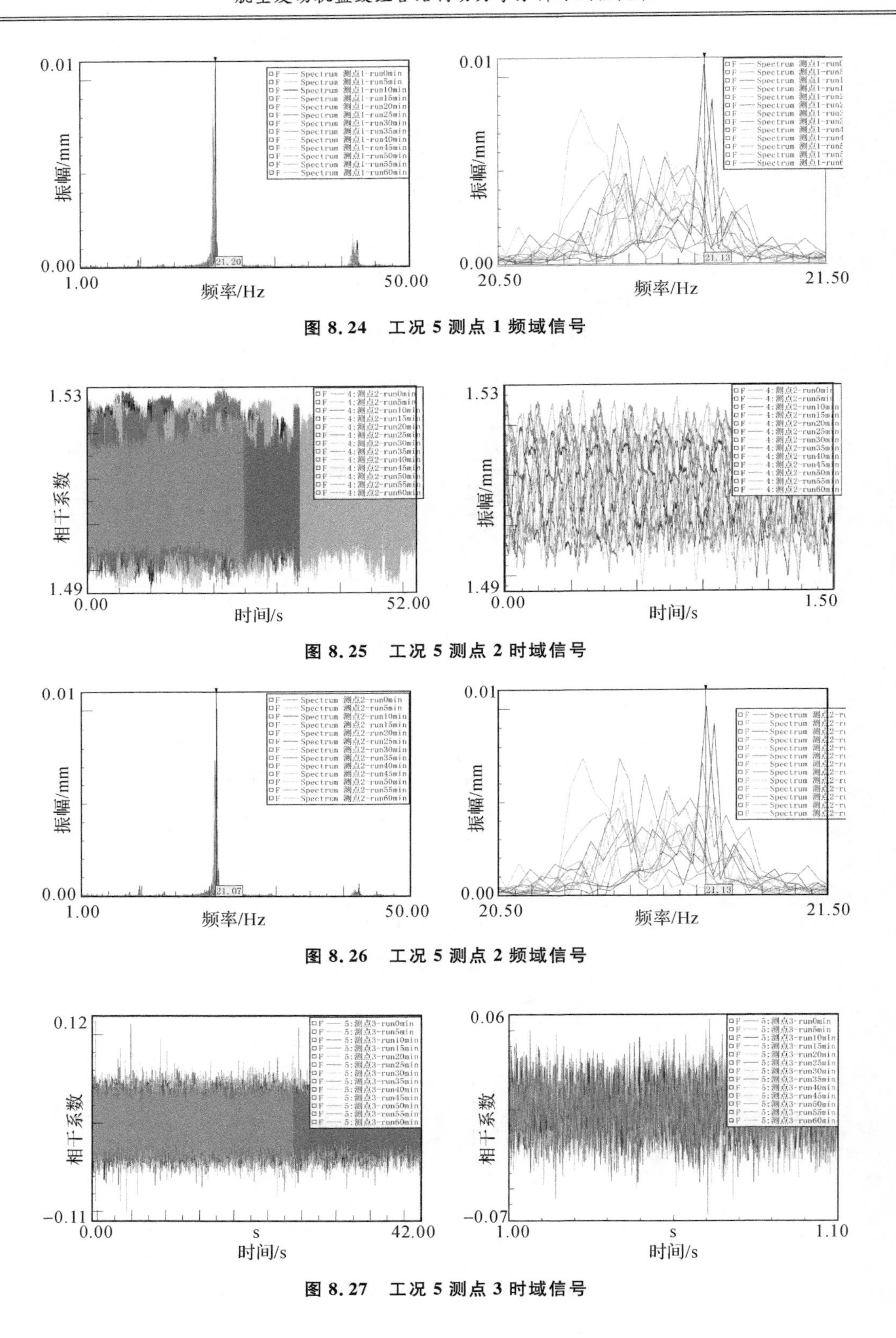

图 8.24　工况 5 测点 1 频域信号

图 8.25　工况 5 测点 2 时域信号

图 8.26　工况 5 测点 2 频域信号

图 8.27　工况 5 测点 3 时域信号

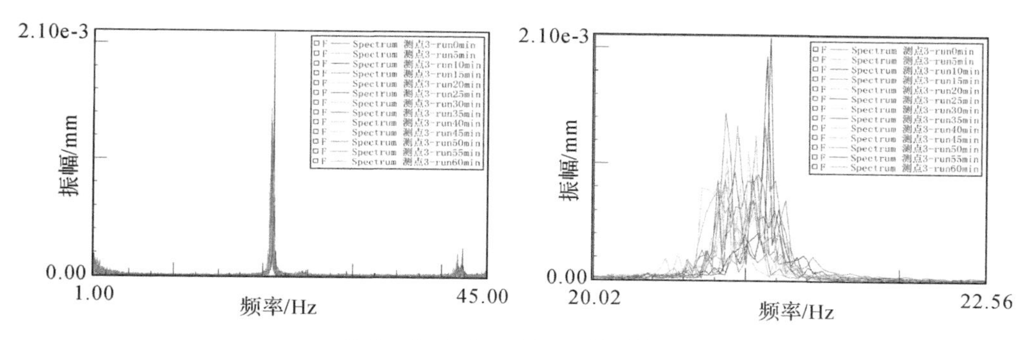

图 8.28　工况 5 测点 3 频域信号

8.4.2　在初始紧固状态，螺栓连接性能退化对盘鼓连接件的振动响应分析

以 7.6.1 小节综合信号分析为基础，以转频以及对应的响应幅值为主要特征，进一步研究螺栓连接性能退化对盘鼓连接件的振动响应分析。由图 8.29～8.30 所示的工况 4 运行 0 min、30 min 和 60 min 测点 1 和测点 2 的时域信号对比分析可知，随着运行时间的增加，测点 1 和测点 2 所采集到的转频有小幅度的减小，所对应的振动幅值呈明显的增大趋势，最大增幅约为 3.2 μm；由图 8.31 所示的工况 4 运行 0 min、30 min 和60 min 状态下测点 3 的时域信号对比分析可知，随着运行时间的增加，测点 3 所采集到的转频有小幅度的减小，所对应的振动幅值变化不明显，最大增幅约为 0.2 μm。

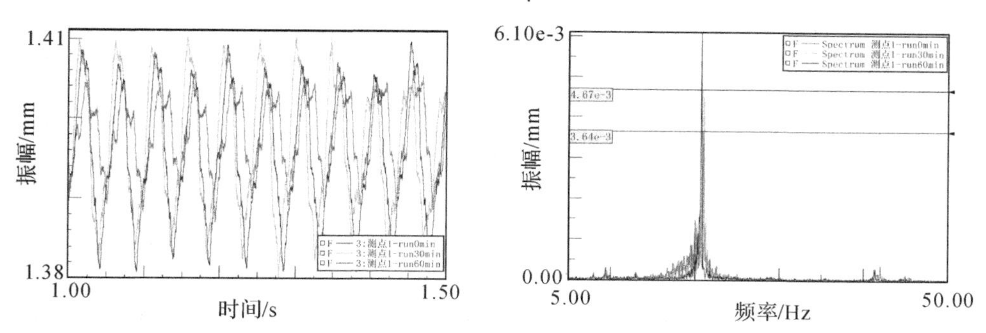

图 8.29　工况 4 运行 0 min、30 min 和 60 min 状态测点 1 的时域信号对比

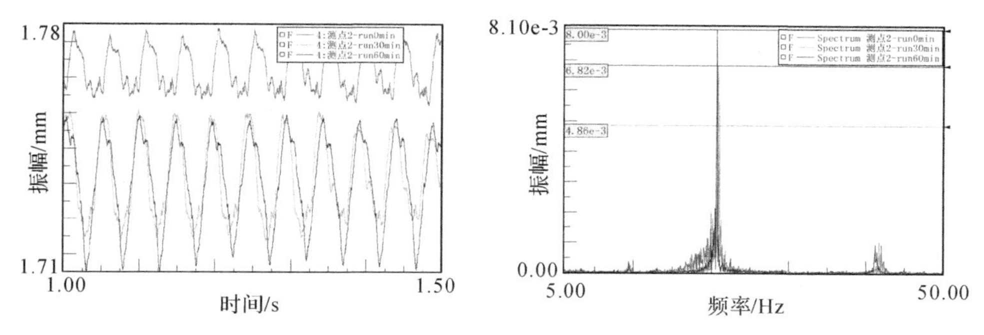

图 8.30　工况 4 运行 0 min、30 min 和 60 min 状态测点 2 的时域信号对比

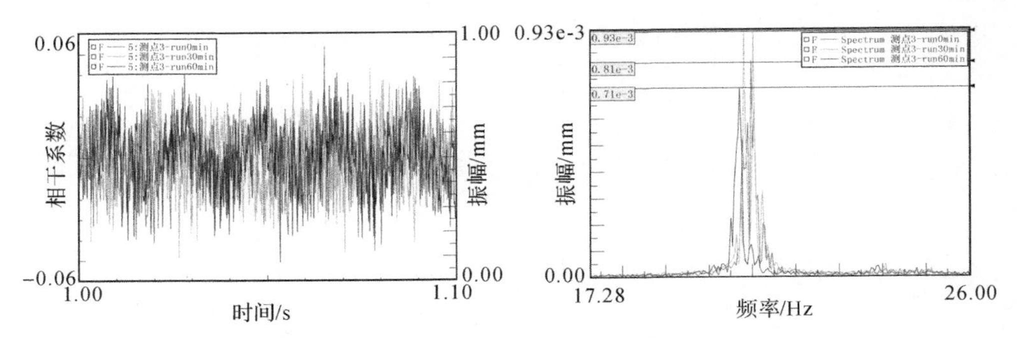

图 8.31 工况 4 运行 0 min、30 min 和 60 min 状态测点 3 的时域信号对比

8.4.3 在初始松动状态(1#2#螺栓松动),螺栓连接性能退化对盘鼓连接件的振动响应分析

由图 8.32 和图 8.33 所示的工况 5 运行 0 min、30 min 和 60 min 状态时测点 1 和测点 2 的时域信号对比分析可知,随着运行时间的增加,测点 1 和测点 2 所采集到的转频有小幅度的减小,所对应的振动幅值呈明显的增大趋势,最大增幅约为 4 μm;由图 8.32 所示的工况 5 运行 0 min、30 min 和 60 min 状态下测点 3 的时域信号对比分析可知,随着运行时间的增加,测点 3 所采集到的转频有小幅度的减小,所对应的振动幅值变化不明显,最大增幅约为 0.2 μm。

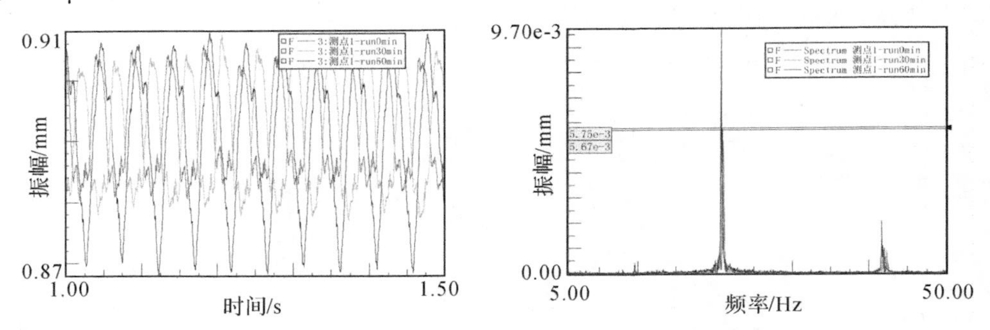

图 8.32 工况 5 运行 0 min、30 min 和 60 min 状态测点 1 的时域信号对比

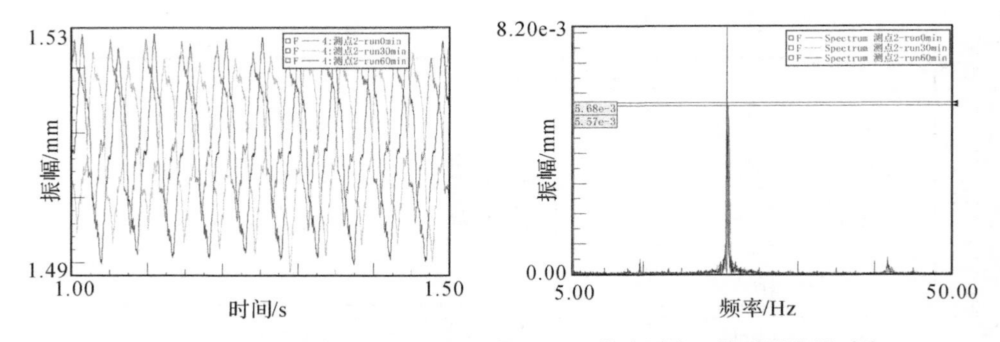

图 8.33 工况 5 运行 0 min、30 min 和 60 min 状态测点 2 的时域信号对比

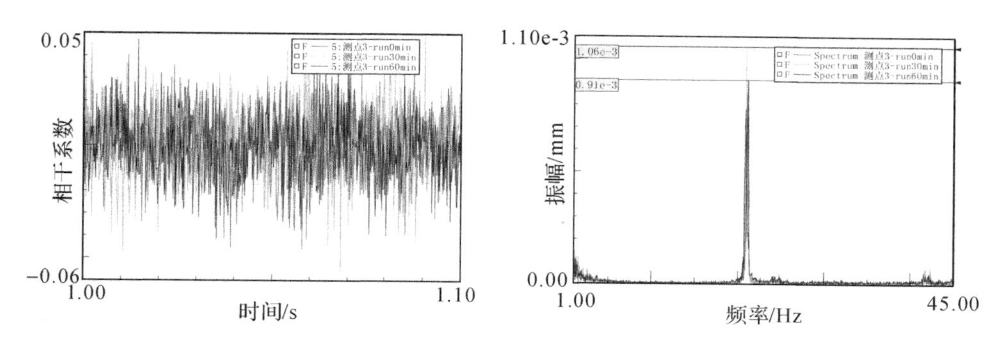

图8.34　工况5运行0 min、30 min和60 min状态测点3的时域信号对比

8.5　旋转态下螺栓松动对盘鼓连接件振动响应分析

每10 min一个间隔,将相同时刻紧固和松动状态下(1＃2＃螺栓松动)测点1和测点2时频域对比分析,如图8.35～8.48所示。从图中频响曲线对比分析可知,同一时刻,工况5的转频要稍微大于工况4的转频,可能原因是两次开机的控制器给值有少许误差。提取测点1和测点2拾振转频峰值,见表8.5和表8.6。由表中数据分析可知,除去异常数据(运行40 min时工况5较工况4幅值大),在整个时间段内同一时刻,工况5(螺栓松动)测点1的转频幅值要比工况4(全紧固)的大,而工况5和工况4相同时刻测点2的转频幅值变化无明显的规律。

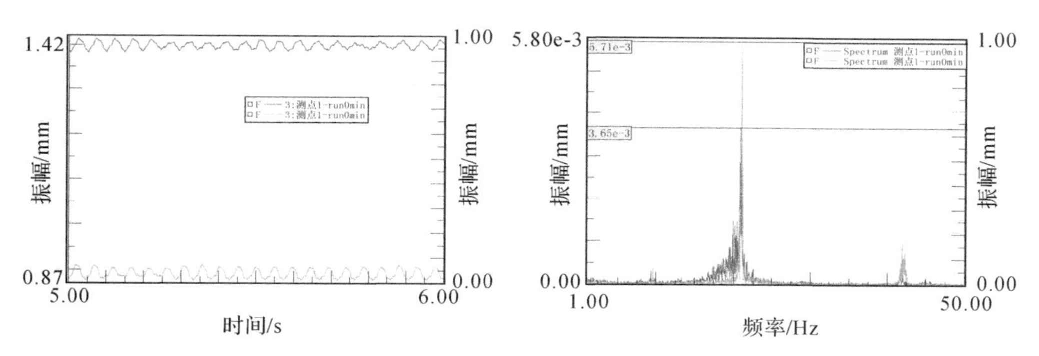

图8.35　工况4和工况5运行0 min状态测点1的时频域信号对比

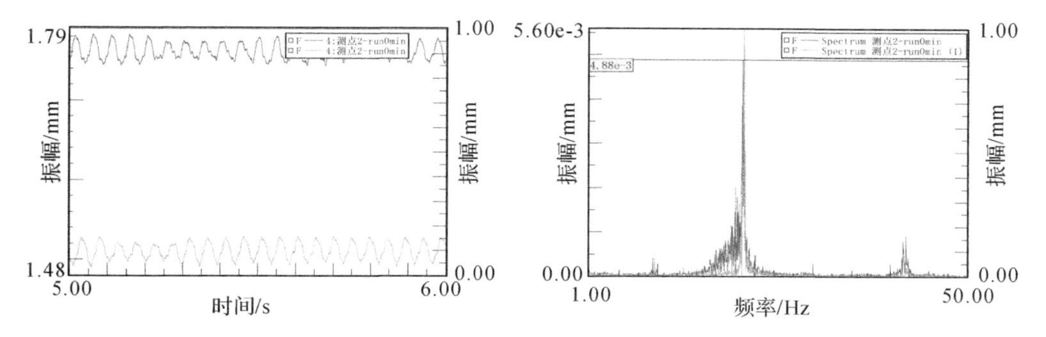

图8.36　工况4和工况5运行0 min状态测点2的时频域信号对比

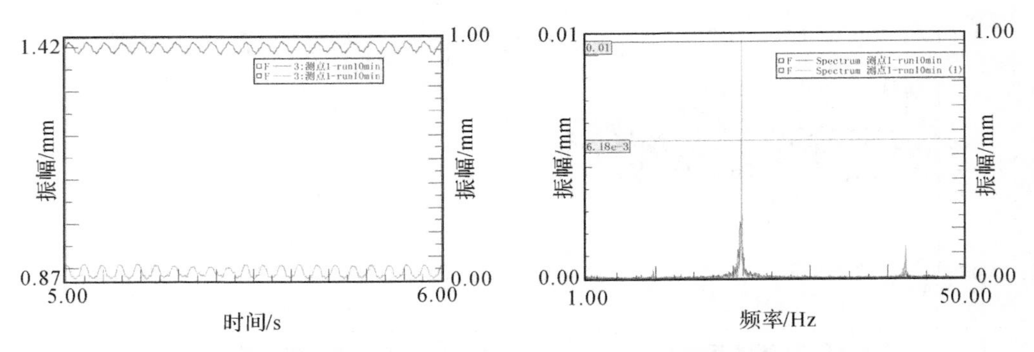

图 8.37　工况 4 和工况 5 运行 10 min 状态测点 1 的时频域信号对比

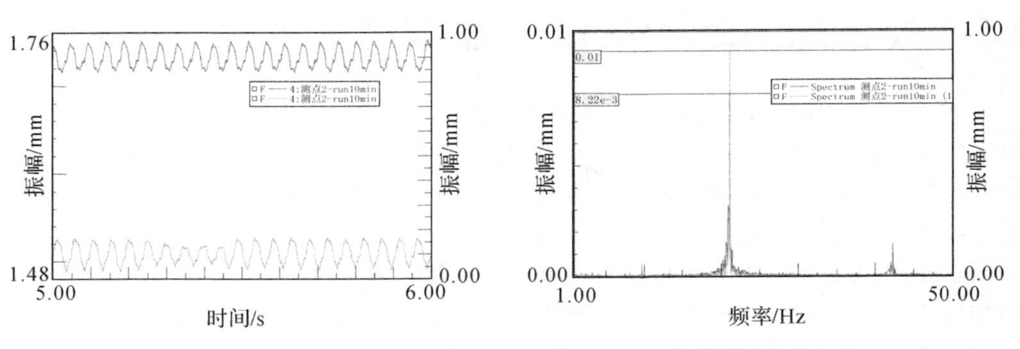

图 8.38　工况 4 和工况 5 运行 10 min 状态测点 2 的时频域信号对比

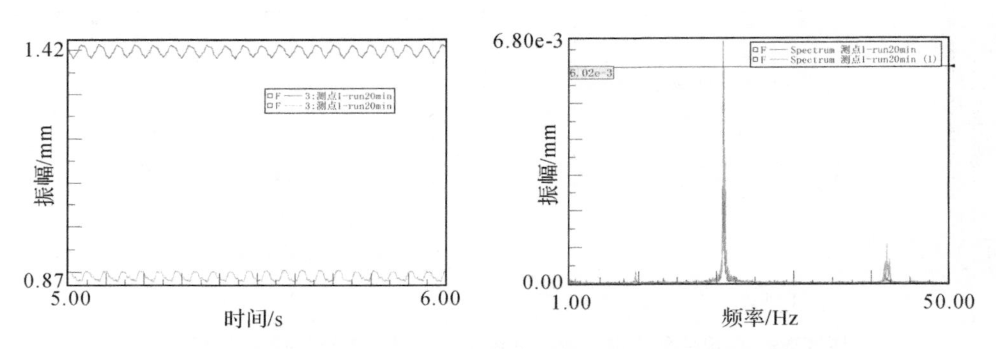

图 8.39　工况 4 和工况 5 运行 20 min 状态测点 1 的时频域信号对比

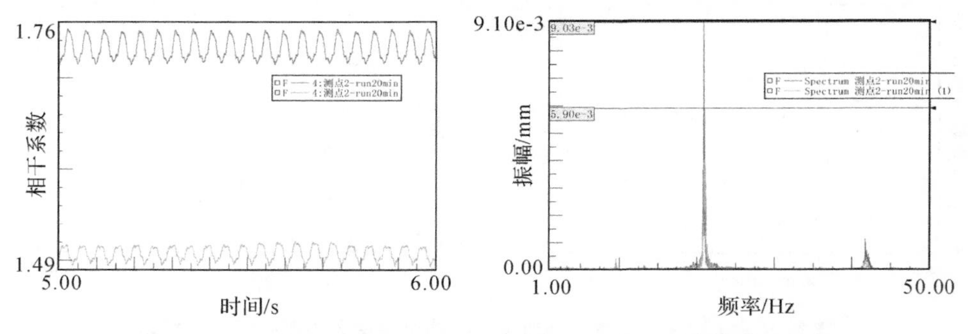

图 8.40　工况 4 和工况 5 运行 20 min 状态测点 2 的时频域信号对比

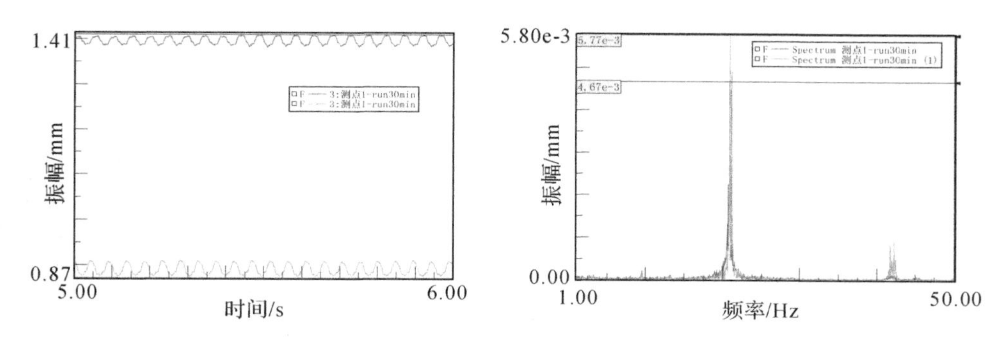

图 8.41　工况 4 和工况 5 运行 30 min 状态测点 1 的时频域信号对比

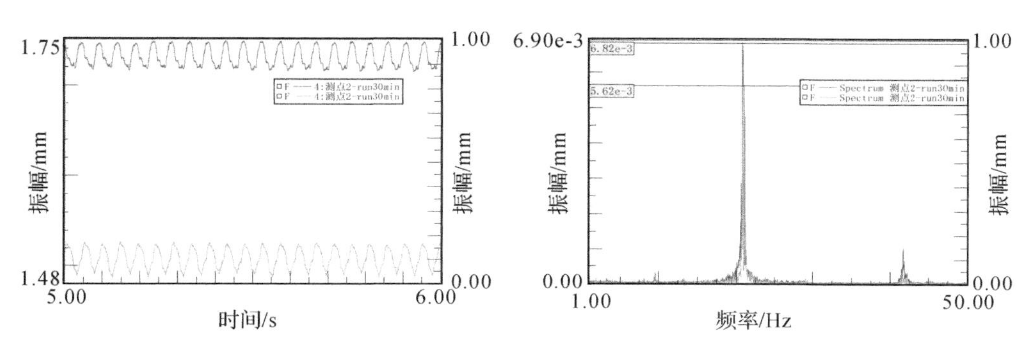

图 8.42　工况 4 和工况 5 运行 30 min 状态测点 2 的时频域信号对比

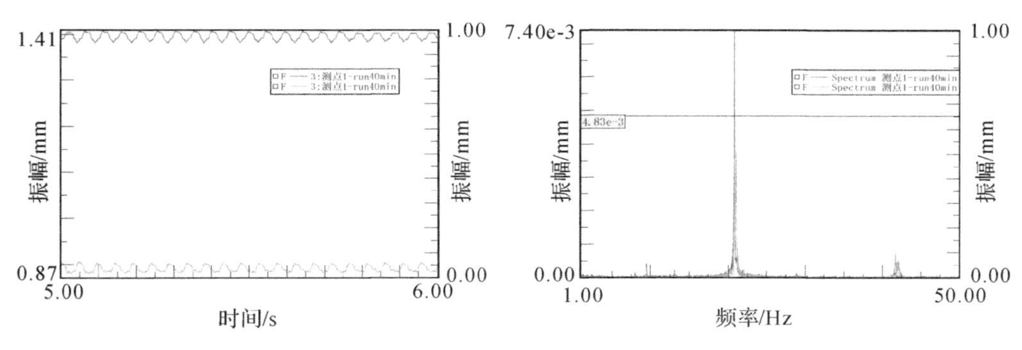

图 8.43　工况 4 和工况 5 运行 40 min 状态测点 1 的时频域信号对比

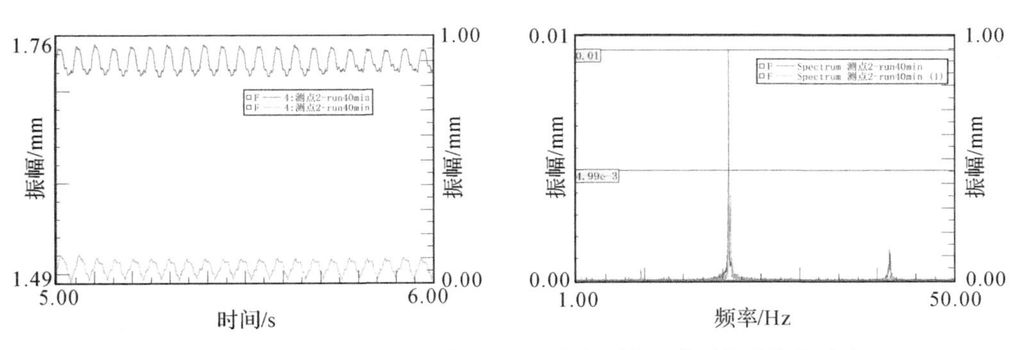

图 8.44　工况 4 和工况 5 运行 40 min 状态测点 2 的时频域信号对比

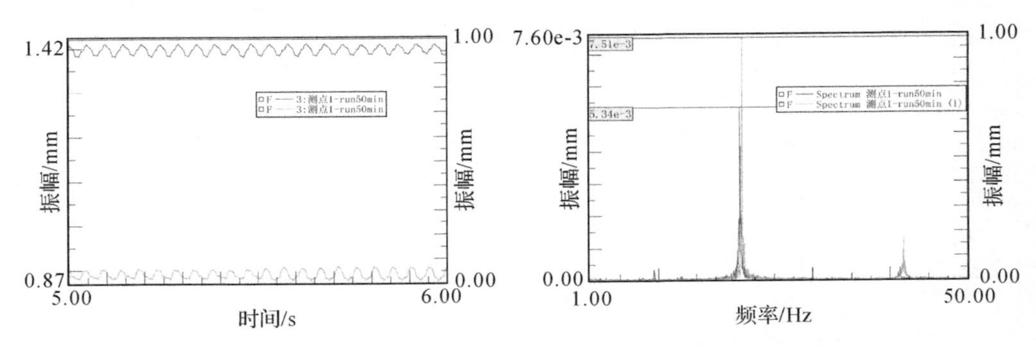

图 8.45 工况 4 和工况 5 运行 50 min 状态测点 1 的时频域信号对比

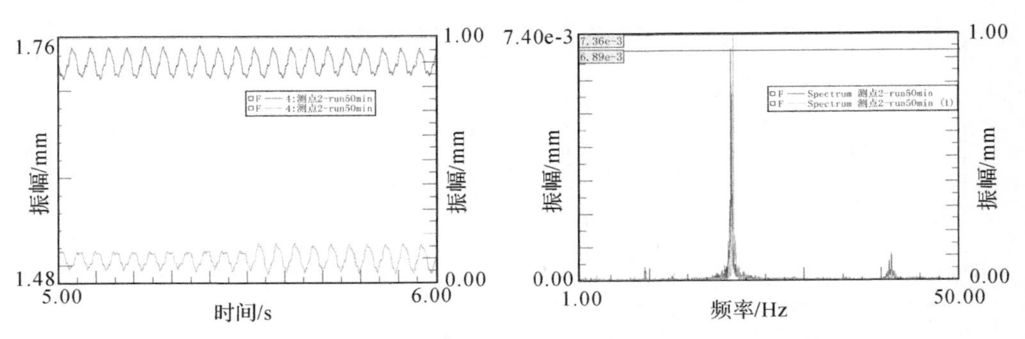

图 8.46 工况 4 和工况 5 运行 50 min 状态测点 2 的时频域信号对比

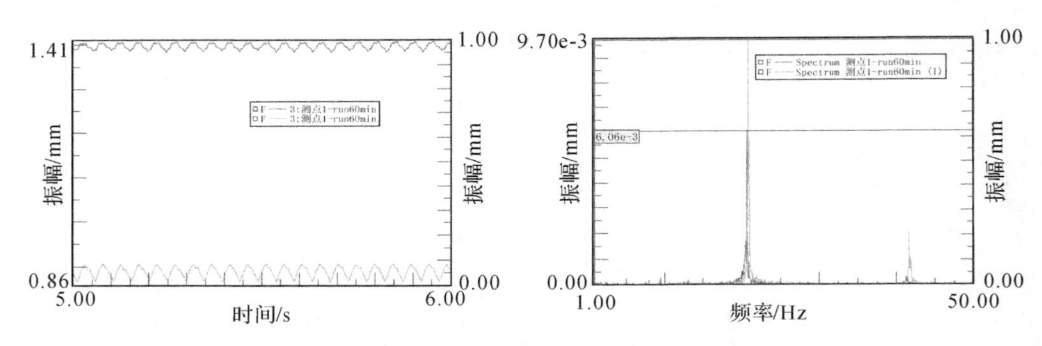

图 8.47 工况 4 和工况 5 运行 60 min 状态测点 1 的时频域信号对比

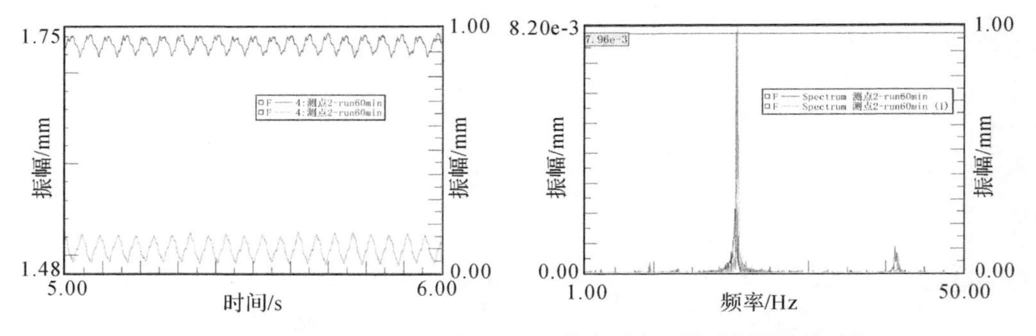

图 8.48 工况 4 和工况 5 运行 60 min 状态测点 2 的时频域信号对比

表 8.5　测点 1 拾振转频峰值提取

	峰值/μm						
	运行 0 min	运行 5 min	运行 10 min	运行 15 min	运行 20 min	运行 25 min	运行 30 min
工况 4	3.65	2.98	4.88	3.52	6.8	4.1	4.67
工况 5	5.71	5.08	5.6	6.71	6.02	8.77	5.77
	峰值/μm						
	运行 35 min	运行 40 min	运行 45 min	运行 50 min	运行 55 min	运行 60 min	
工况 4	4.47	7.4	5.19	5.34	6.02	6.06	
工况 5	4.83	4.83	8.27	7.51	5.72	9.7	

表 8.6　测点 2 拾振转频峰值提取(未标单位:μm)

	峰值/μm						
	运行 0 min	运行 5 min	运行 10 min	运行 15 min	运行 20 min	运行 25 min	运行 30 min
工况 4	4.88	9.1	8.22	6.9	9.03	8.1	6.82
工况 5	5.6	4.78	10	7.06	5.9	9.29	5.62
	峰值/μm						
		运行 35 min	运行 40 min	运行 45 min	运行 50 min	运行 55 min	运行 60 min
工况 4	6	10	6.3	6.89	7.9	7.96	
工况 5	4.04	4.99	7.34	7.36	6.45	8.2	

8.6　盘鼓连接组件螺栓磨损试验

工况 1:将 24 颗 M10 螺栓中的 1# 螺栓中间打孔,如图 8.49 所示。剩余的 23 颗 M10 螺栓为不处理的正常螺栓。采用扭矩扳手控制周向 24 颗 M10 螺栓预紧力矩,使其均为 M=56 N·m,如图 8.50 所示。

图 8.49　1# 打孔螺栓

图 8.50　预紧力矩设置 M=56 N·m

工况 2:在工况 1 的基础上,对 1# 打孔螺栓正上方的涡轮盘上施加 30 g 的螺栓,用于模拟不平衡量,如图 8.51 所示。

本次试验转速设置为 n=1 200 r/min,LMS 频率设置为 1 280 Hz。

图 8.51 施加不平衡质量

试验步骤如下:

(1)按工况 1 安装盘鼓连接组件,启动超转试验台,当转速稳定在 n=1 200 r/min 时,开始计时并测量存储数据,每 10 min 采集 1 次,共稳定运行 30 min 后停机,拆卸打孔螺栓,看螺栓是否发生破坏。

(2)将拆卸后的螺栓按工况 2 进行安装,保持其他设置不变,此时存在不平衡质量作用,当转速稳定在 n=1 200 r/min 时,开始计时并测量存储数据,每 10 min 采集 1 次,共稳定运行 120 min 后停机,拆卸打孔螺栓,看螺栓是否发生破坏。

典型现象:

(1)按试验步骤(1),即当无不平衡质量作用时,以转速 n=1 200 r/min,稳定运行 30 min 后,肉眼观察打孔螺栓的表面,基本无变化;此时用 56 N·m 的扭矩可以拆卸。

(2)在步骤(1)的基础上,考虑不平衡质量的作用,仍以转速 n=1 200 r/min 稳定运行 120 min 后,肉眼观察到打孔螺栓的螺纹部分区域变厚,有明显的磨损,如图 8.52 所示。此时用 56 N·m 的扭矩无法拆卸,需要用 70 N·m 的扭矩方可拆卸。

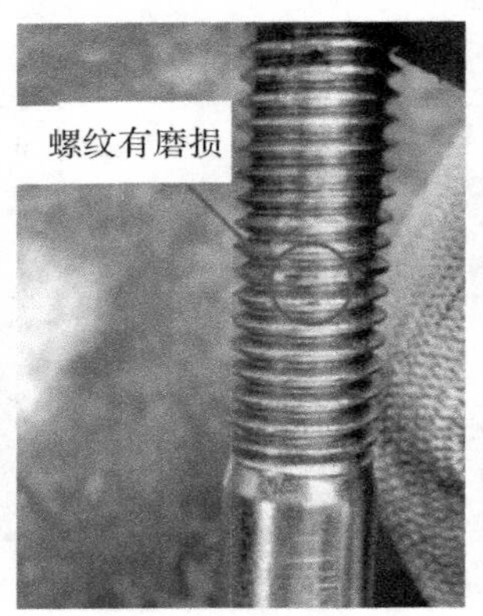

图 8.52 打孔螺栓螺纹破坏现象

(3)继续施加 56 N·m 安装打孔螺栓,此时螺栓底部发生断裂现象,如图 8.53 所示。

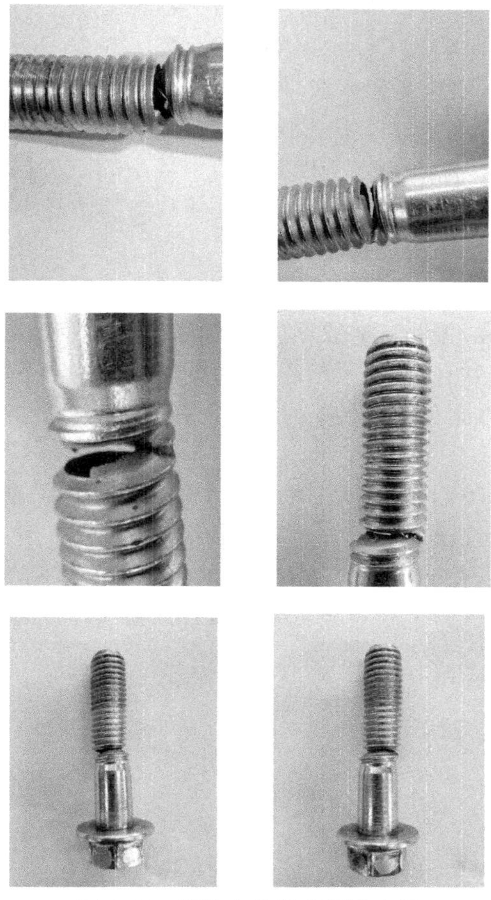

图 8.53　螺栓底部发生断裂破坏

由图 8.53 可以看出,受不平衡作用,由于打孔螺栓的强度、刚度下降,且螺栓根部变形和受力较大,使得中间螺纹处有磨损破坏并且无法再承受初始扭矩的作用,从而导致螺栓根部发生断裂现象。

8.7　本章小结

由试验数据结果可得出如下结论:

(1)由 0～2 400 r/min 升速试验确定全紧固状态下(预紧扭矩为 56 N·m)盘鼓连接件 1 阶临界转速,为 29 Hz。

(2)在旋转态下初始紧固状态(预紧扭矩均为 56 N·m)下,除去异常数据(幅值突变数据)外,随着运行时间的推移(运行 0～1 h),螺栓连接性能会产生退化,导致盘鼓连接件转频呈小幅度变小趋势,转频对应的振动幅值呈增大的趋势变化。具体表现在测点 1 转频幅值由最小的 3 μm 左右增大到 6 μm 左右，整体呈线性增大趋势变化。测点 2 转频幅值由最小的 5 μm 左右增大到 8 μm 左右，整体呈缓慢增大趋势变化。

(3)旋转态下初始松动状态(1＃2＃螺栓预紧力矩 28 N・m，其他螺栓预紧力矩 56 N・m)，除去异常数据(幅值突变数据)外，随着运行时间的推移(运行 0～1 h)，螺栓连接性能会产生退化，导致盘鼓连接件转频呈小幅度减小趋势变化，转频对应的振动幅值呈先减小后增大趋势变化。具体表现在测点 1 转频幅值由最小的 5.7 μm 左右先减小到 4.83 μm(运行 35 min)然后增大到 9.7 μm 左右。测点 2 转频幅值由最小的 5.6 μm 左右先减小到 4.04 μm(运行 35 min)然后增大到 8.2 μm 左右。

(4)综合(2)(3)可以初步推测，当初始装配预紧状态良好时，在旋转状态下，随着时间的推移，连接性能会产生退化，振动测试数据反馈为转频呈小幅度减小趋势变化，且转频幅值呈线性规律缓慢增加；当初始装配预紧状态松动时，在旋转状态下，随着时间的推移，连接性能会产生退化，振动测试数据反馈为转频呈小幅度减小趋势变化，但转频幅值呈先小幅度减小后剧烈增大的趋势变化。

(5)在旋转态下，同一时刻，松动状态的转频要稍微大于紧固状态的转频，可能原因是两次开机的控制器给值有少许误差。除去异常数据(运行 40 min 时工况 5 较工况 4 幅值大)，在整个时间段内同一时刻，螺栓松动状态测点 1 的转频幅值都要比全紧固状态时的大，表明螺栓松动会导致盘鼓连接件的振动响应呈增大趋势变化，但测点 2 不能反映出该规律，随机性较强。

参 考 文 献

[1] ARON H. Das gleichgewicht und die Bewegung einer unendlich dünnen, beliehig gekrümmten elastischen Schale [J]. J. Mathematik, 1984, 78: 136 - 174.

[2] LOVE A E H. A treatise on the mathematical theory of elasticity [M]. Cambridge: Cambridge University Press, 1952.

[3] FLUGGE W. Stresses in shells [M]. Berlin: Springer-Verlag, 1933.

[4] DR TARANTO R A, LESSEN M. Coriolis acceleration effect on the vibration of a rotating thin-walled circular cylinder[J]. Journal of Applied Mechanics 1964, 31: 700 - 701.

[5] ZOHAR A, ABOUDI J. The free vibrations of thin circular finite rotating cylinder [J]. International Journal of Mechanical Sciences, 1973, 15: 269 - 278.

[6] WANG S S, CHEN Y. Effects of rotation on vibrations of circular cylindrical shells [J]. Journal of the Acoustical Society of America, 1974, 55:1340 - 1342.

[7] SAITO T, ENDO M. Vibration of finite length, rotating cylindrical shells[J]. Journal of Sound and Vibration, 1986, 107: 17 - 28.

[8] PENZES L E, KRAUS H. Free vibrations of prestressed cylindrical shells having arbitrary homogeneous boundary conditions[J]. AIAA, 1972, 10: 1309 - 1313.

[9] LAM K Y, LOY C T. Analysis of rotating laminated cylindrical shells by different thin shell theories[J]. Journal of Sound and Vibration,1995,86(1):23 - 35.

[10] LAM K Y, LOY C T. Influence of boundary conditions for a thin laminated rotating cylindrical shell[J]. Composite Structures,1998,41:215 - 228.

[11] LACAZE L,GAL L P,DIZES L S. Elliptical instability of the flow in a rotating shell [J]. Physics of the Earth and Planetary Interiors, 2005, 151 (3): 194 - 205.

[12] TOTTENHAM H, SHIMIZU K. Analysis of the free vibration of cantilever cylindrical thin elastic shells by the matrix progression method[J]. International Journal of Mechanical Sciences, 1972,14: 293 - 310.

[13] IRIE T, YAMADA G, KANEKO Y. Free vibration of a conical shell with variable thickness[J]. Journal of Sound and Vibration,1982,82: 83 - 94.

[14] 洪杰，郭宝亭，朱梓根. 高速旋转薄壁壳体的行波振动理论与实验研究[J]. 航空发动机,1999, 1: 40 - 44.

[15] 洪杰，郭宝亭，朱梓根. 高速转动壳体行波振动实验研究[J]，航空动力学报，1998，13(4)：390－394.

[16] 钟芳林，刘彦生，胡启平，变厚度鼓筒轴对称弯曲问题的状态空间法[J]. 清华大学学报，2008，48：1845－1848.

[17] CHEN Y,ZHAO H B，SHEN Z P，et al. Vibrations of high speed rotating shells with calculations for cylindrical shells[J]. Journal of Sound and Vibration,1993，160:137－160.

[18] PADOVAN. Traveling waves vibrations and buckling of rotating anisotropic shells of revolution by finite elements [J]. International Journal of Solids and Structures，1975，11：1367－1380.

[19] GUO D，ZHENG Z C，CHU F L. Vibration analysis of spinning cylindrical shells by finite element method[J]. International Journal of Solids and Structures,2002，39:725－739.

[20] 曹航,朱梓根. 转动壳体行波振动的有限元分析方法[J]. 航空动力学报，2002，17(2):222－225.

[21] GOODIER J N，MCLVOR I K. The Elastic cylindrical shell under nearly uniform radial impulse[J]. Journal of Applied Mechanics，1964,31(2)，259－267.

[22] MACKE H J. Traveling wave vibration of gas turbine engine shells[J]. Trans of ASME，1966，88(2)：179－187.

[23] RONGONG J A，TOMLINSON G R. Suppression of ring vibration modes of high nodal diameter using constrained layer damping methods[J]. Smart Materials & Structures，1996,5：672－684.

[24] RINEHART S A，WANG J T S. Vibration of simply supported cylindrical shells with longitudinal stiffeners [J]. Journal of Sound and Vibration，1972，24：151－163.

[25] JOSEPH STANLEY A，GANESAN N. Free vibration characteristics of stiffened cylindrical shells[J]. Composite Structures，1998,65：33－45.

[26] 李学斌. 环肋鼓筒自由振动分析的能量法[J]. 船舶力学，2001，5：73－81.

[27] LEE Y S，KIM Y W. Effect of boundary conditions on natural frequencies for rotating composite cylindrical shells with orthogonal stiffeners[J]. Advances in Engineering Software，1999(30)：649－655.

[28] 晏砺堂，朱梓根，李其汉. 高速旋转机械振动[M]. 北京:国防工业出版社,1994.

[29] 曹志远. 板壳振动理论[M]. 北京:中国铁道出版社,1989.

[30] BAHAR L Y. A state space approach to elasticity[J]. Journal of the Franklin Institute，1975，299：33－41.

[31] 钟万勰. 结构动力学方程的精细时程积分. 大连理工大学学报，1994，34(2)：131－135.

附　录

附录 A.1

$$L_{11}=-\rho H\frac{\partial^2}{\partial t^2}+K\frac{\partial^2}{\partial x^2}+K\frac{1-\mu}{2R^2}\frac{\partial^2}{\partial\theta^2}+\rho H\Omega^2\frac{\partial^2}{\partial\theta^2}$$

$$L_{12}=K\frac{1+\mu}{2R}\frac{\partial^2}{\partial x\partial\theta}$$

$$L_{13}=K\frac{\mu}{R}\frac{\partial}{\partial x}-\rho H\Omega^2R\frac{\partial}{\partial x}$$

$$L_{21}=\left(K\frac{1+\mu}{2R}+\rho H\Omega^2R^2\right)\frac{\partial^2}{\partial x\partial\theta}$$

$$L_{22}=-\rho H\frac{\partial^2}{\partial t^2}+\rho H\Omega^2+K\frac{1-\mu}{2}\frac{\partial^2}{\partial x^2}+K\frac{1}{R^2}\frac{\partial^2}{\partial\theta^2}+D\frac{(1-\mu)}{2R^2}\frac{\partial^2}{\partial x^2}+D\frac{1}{R^4}\frac{\partial^2}{\partial\theta^2}$$

$$L_{23}=-2\rho H\Omega\frac{\partial}{\partial t}+K\frac{1}{R^2}\frac{\partial}{\partial\theta}-D\frac{1}{R^4}\frac{\partial^3}{\partial\theta^3}-D\frac{1}{R^2}\frac{\partial^3}{\partial x^2\partial\theta}$$

$$L_{31}=K\frac{\mu}{R}\frac{\partial}{\partial x}$$

$$L_{32}=-2\rho H\Omega\frac{\partial}{\partial t}+\left(K\frac{1}{R^2}+\rho H\Omega^2\right)\frac{\partial}{\partial\theta}-D\frac{1}{R^4}\frac{\partial^3}{\partial\theta^3}-D\frac{1}{R^2}\frac{\partial^3}{\partial x^2\partial\theta}$$

$$L_{33}=\rho H\frac{\partial^2}{\partial t^2}-\rho h\Omega^2+K\frac{1}{R^2}+D\frac{\partial^4}{\partial x^4}+D\frac{1}{R^4}\frac{\partial^4}{\partial\theta^4}+D\frac{2}{R^2}\frac{\partial^4}{\partial x^2\partial\theta^2}-\rho H\Omega^2\frac{\partial^2}{\partial\theta^2}$$

附录 A.2

$$U_{12}=-\frac{\mu n}{R}$$

$$U_{13}=-\frac{\mu}{R}$$

$$U_{18}=\frac{1-\mu^2}{EH}$$

$$U_{21}=\frac{12nR}{H^2+12R^2}$$

$$U_{24}=\frac{2H^2n}{H^2+12R^2}$$

$$U_{27}=\frac{24R^2(1+\mu)}{EH(H^2+12R^2)}$$

$$U_{34}=-1$$

$$U_{42}=-\frac{\mu n}{R^2}$$

$$U_{43}=-\frac{\mu n^2}{R^2}$$

$$U_{45}=\frac{12(1-\mu^2)}{EH^3}$$

$$U_{51}=-\frac{EH^3n^2}{R(1+\mu)(H^2+12R^2)}$$

$$U_{54}=\frac{2EH^3n^2}{(1+\mu)(H^2+12R^2)}$$

$$U_{56}=1$$

$$U_{57}=-\frac{2H^2n}{H^2+12R^2}$$

$$U_{62}=\rho H(n\Omega^2\pm 2\omega\Omega)+n\frac{EH}{R^2}\left(1+\frac{n^2H^2}{12R^2}\right)$$

$$U_{63}=-\rho H[\omega^2-(m^2-1)\Omega^2]+\frac{EH}{R^2}(\frac{H^2n^4}{12R^2}+1)$$

$$U_{65}=\frac{\mu n^2}{R^2},U_{68}=\frac{\mu}{R}$$

$$U_{72}=-\rho H[\omega^2+(1+\mu n^2)\Omega^2]+n^2\frac{EH}{R^2}\left(1+\frac{H^2}{12R^2}\right)$$

$$U_{73}=-\rho H(\pm 2\omega\Omega+\mu n\Omega^2)+n\frac{EH}{R^2}\left(1+\frac{n^2H^2}{12R^2}\right)$$

$$U_{75}=\frac{\mu n}{R^2}$$

$$U_{78}=\frac{\mu n}{R}+\frac{n(1-\mu^2)\rho R\Omega^2}{E}$$

$$U_{81}=-\rho H(\omega^2-n^2\Omega^2)+\frac{n^2EH^3}{2R^2(1+\mu)(H^2+12R^2)}$$

$$U_{84}=-\rho H\Omega^2R-\frac{n^2EH^3}{R(1+\mu)(H^2+12R^2)}$$

$$U_{87}=-\frac{12nR}{H^2+12R^2}$$

附录 A.3

$$c_{11}=\omega^2+\frac{K}{\rho H}\left[T_1-\frac{n^2(1-\mu)}{2R^2}\right]-(n\Omega)^2$$

$$c_{12}=K\frac{n(1+\mu)}{2\rho HRL}$$

$$c_{13}=K\frac{\mu}{\rho HRL}-\frac{R}{L}\Omega^2$$

$$c_{21}=-\left[K\frac{n(1+\mu)L}{2\rho HR}+nLR^2\Omega^2\right]T_2$$

$$c_{22}=\omega^2+\Omega^2+\frac{(K\ R^2+D)}{\rho HR^2}\left(\frac{1-\mu}{2}T_2-\frac{n^2}{R^2}\right)$$

$$c_{23}=\frac{Dn}{\rho HR^2}\left(T_2-\frac{n^2}{R^2}\right)-\frac{Kn}{\rho HR^2}+2\omega\Omega$$

$$c_{32}=\frac{Dn}{\rho HR^2}\left(T_2-\frac{n^2}{R^2}\right)-\frac{Kn}{\rho HR^2}-n\Omega^2+2\omega\Omega$$

$$c_{31}=-K\ \frac{\mu L}{\rho HR}\ T_2$$

$$c_{33}=\omega^2+(1-n^2)\Omega^2+D\ \frac{n^2}{\rho HR^2}\ \left(2T_2-\frac{n^2}{R^2}\right)-\frac{K}{\rho HR^2}-\frac{D}{\rho H}T_3$$

其中，$T_1=\dfrac{\int_0^L\varphi'(x)\ \varphi'''(x)\mathrm{d}x}{\int_0^L\varphi'(x)\ \varphi'(x)\mathrm{d}x}$，$T_2=\dfrac{\int_0^L\varphi(x)\ \varphi''(x)\mathrm{d}x}{\int_0^L\varphi(x)\ \varphi(x)\mathrm{d}x}$，$T_3=\dfrac{\int_0^L\varphi(x)\ \varphi''''(x)\mathrm{d}x}{\int_0^L\varphi(x)\ \varphi(x)dx}$。

附录 A.4

$$\beta_1=c_{11}+c_{22}+c_{33}-4\Omega^2$$

$$\beta_2=-2\Omega(c_{23}+c_{32})$$

$$\beta_3=c_{11}c_{22}+c_{11}c_{33}+c_{22}c_{33}-c_{12}c_{21}-c_{13}c_{31}-c_{23}c_{32}-4\Omega^2c_{11}$$

$$\beta_4=2\Omega(c_{13}c_{21}+c_{12}c_{31}-c_{11}c_{23}-c_{11}c_{32})$$

$$\beta_5=c_{11}c_{22}c_{33}+c_{12}c_{23}c_{31}+c_{13}c_{21}c_{32}-c_{13}c_{22}c_{31}-c_{11}c_{23}c_{32}-c_{12}c_{21}c_{33}$$

附录 A.5　两端简支旋转薄壁鼓筒体行波频率的经验公式

按照文献[29]，有如下求解两端简支旋转鼓筒体的行波频率的计算经验公式。

首先，按下式求解薄壁鼓筒的静频。

$$f_s{}^2=\frac{1}{4\pi^2\rho H}\left[D(\alpha_m^2+\beta_n^2)^2+\frac{EH}{R^2}\frac{\alpha_m^4}{(\alpha_m^2+\beta_n^2)^2}\right]\tag{A5.1}$$

式中：f_s 为壳体静频；$D=\dfrac{EH^3}{12(1-\mu^2)}$；$\alpha_m=m\pi/L$；$\beta_n=m/R$。

在动坐标系中旋转鼓筒体的行波频率表达式为

$$f=\sqrt{f_s^2+B\Omega^2}\pm\frac{2n}{n^2+1}\Omega\tag{A5.2}$$

式中：“+”为后行波；“−”为前行波；Ω 为壳体转动频率，Hz；B 为动频系数，其表达式为

$$B=\frac{n^2(n^2-1)^2}{(n^2+1)^2}\tag{A5.3}$$